内 容 简 介

《黎曼几何引论》分上、下两册出版，本书为下册，可以作为"黎曼几何"课程的后续课"黎曼几何Ⅱ"的教材。当前，微分几何与数学的各个分支的相互影响越来越深刻、关系越来越密切。本书较好地反映了这种紧密的联系，其内容共有三章，包括Kähler流形、黎曼对称空间及主纤维丛上的联络。每章末都附有大量的习题，书末并附有习题解答和提示，便于读者深入学习和自学。

本书的选材和叙述都有它独到之处，与现有的数学文献相比颇具特色，可作为综合大学、师范院校数学系、物理系等相关专业研究生课程或研究生讨论班的教材或参考书，也可供从事微分几何、调和分析，以及数学物理等专门方向的研究人员参考。

作 者 简 介

陈维桓 北京大学数学科学学院教授，博士生导师。1964年毕业于北京大学数学力学系，后师从吴光磊先生读研究生。长期从事微分几何方向的研究工作和教学工作，开设的课程有"微分几何"、"微分流形"、"黎曼几何引论"和"纤维丛的微分几何"等。已出版的著作有：《微分几何讲义》(与陈省身合著)，《黎曼几何选讲》(与伍鸿熙合著)，《微分几何初步》，《微分流形初步》和《极小曲面》等。

李兴校 河南师范大学数学系教授，1994年在四川大学获得博士学位，主要研究方向是子流形微分几何。

北京大学数学教学系列丛书

黎曼几何引论

（下　册）

陈维桓　李兴校　编著

北京大学出版社

·北　京·

图书在版编目 (CIP) 数据

黎曼几何引论（下册）/ 陈维桓，李兴校编著 . —北京：北京大学出版社，2004. 1
（北京大学数学教学系列丛书）
ISBN 978-7-301-06794-9

Ⅰ. ①黎… Ⅱ. ①陈… ②李… Ⅲ. ①黎曼几何—研究—研究生—教材
Ⅳ. ① O186.12

中国版本图书馆 CIP 数据核字〔2003〕第 118519 号

书　　　　名	黎曼几何引论（下册）
著作责任者	陈维桓　李兴校　编著
责 任 编 辑	邱淑清
标 准 书 号	ISBN 978-7-301-06794-9/O·0582
出 版 发 行	北京大学出版社
地　　　　址	北京市海淀区成府路 205 号　100871
网　　　　址	http://www.pup.cn
电 子 信 箱	zpup@pup.cn
新 浪 微 博	@北京大学出版社
电　　　　话	邮购部 62752015　发行部 62750672　编辑部 62752021
印 刷 者	北京虎彩文化传播有限公司
经 销 者	新华书店
	890 毫米 × 1240 毫米　A5 开本　11.25 印张　300 千字
	2004 年 1 月第 1 版　2024 年 8 月第 9 次印刷
定　　　　价	30.00 元

序　言

　　自 1995 年以来，在姜伯驹院士的主持下，北京大学数学科学学院根据国际数学发展的要求和北京大学数学教育的实际，创造性地贯彻教育部"加强基础，淡化专业，因材施教，分流培养"的办学方针，全面发挥我院学科门类齐全和师资力量雄厚的综合优势，在培养模式的转变、教学计划的修订、教学内容与方法的革新，以及教材建设等方面进行了全方位、大力度的改革，取得了显著的成效。2001 年，北京大学数学科学学院的这项改革成果荣获全国教学成果特等奖，在国内外产生很大反响。

　　在本科教育改革方面，我们按照加强基础、淡化专业的要求，对教学各主要环节进行了调整，使数学科学学院的全体学生在数学分析、高等代数、几何学、计算机等主干基础课程上，接受学时充分、强度足够的严格训练；在对学生分流培养阶段，我们在课程内容上坚决贯彻"少而精"的原则，大力压缩后续课程中多年逐步形成的过窄、过深和过繁的教学内容，为新的培养方向、实践性教学环节，以及为培养学生的创新能力所进行的基础科研训练争取到了必要的学时和空间。这样既使学生打下宽广、坚实的基础，又充分照顾到每个人的不同特长、爱好和发展取向。与上述改革相适应，积极而慎重地进行教学计划的修订，适当压缩常微、复变、偏微、实变、微分几何、抽象代数、泛函分析等后续课程的周学时。并增加了数学模型和计算机的相关课程，使学生有更大的选课余地。

　　在研究生教育中，在注重专题课程的同时，我们制定了 30 多门研究生普选基础课程（其中数学系 18 门），重点拓宽学生的专业基础和加强学生对数学整体发展及最新进展的了解。

　　教材建设是教学成果的一个重要体现。与修订的教学计划相配合，我们进行了有组织的教材建设。计划自 1999 年起用 8 年的时间修订、编写和出版 40 余种教材。这就是将陆续呈现在大家面前的《北京大学数学教学系列丛书》。这套丛书凝聚了我们近十年在人才培养方面的思考，记录了我们教学实践的足迹，体现了我们教学改革的成果，反映了我们对新世纪人才培养的理念，代表了我们新时期的数学教学水平。

经过 20 世纪的空前发展，数学的基本理论更加深入和完善，而计算机技术的发展使得数学的应用更加直接和广泛，而且活跃于生产第一线，促进着技术和经济的发展，所有这些都正在改变着人们对数学的传统认识。同时也促使数学研究的方式发生巨大变化。作为整个科学技术基础的数学，正突破传统的范围而向人类一切知识领域渗透。作为一种文化，数学科学已成为推动人类文明进化、知识创新的重要因素，将更深刻地改变着客观现实的面貌和人们对世界的认识。数学素质已成为今天培养高层次创新人才的重要基础。数学的理论和应用的巨大发展必然引起数学教育的深刻变革。我们现在的改革还是初步的。教学改革无禁区，但要十分稳重和积极；人才培养无止境，既要遵循基本规律，更要不断创新。我们现在推出这套丛书，目的是向大家学习。让我们大家携起手来，为提高中国数学教育水平和建设世界一流数学强国而共同努力。

张 继 平

2002 年 5 月 18 日

于北京大学蓝旗营

前　言

　　《黎曼几何引论》上、下两册的分工是：上册作为基础数学专业研究生课程"黎曼几何引论"的教材，其主要内容应该、而且能够在周学时为 3、或 4 的一学期课程中讲完，重点是黎曼几何的基本概念和基本理论，以及大范围黎曼几何的主要结果和变分方法的运用；下册可以作为后续课程"黎曼几何 II"的教材，或讨论班的学习材料.当前，微分几何与数学的各个分支的相互影响越来越深刻、关系越来越密切，本书的下册则体现了这种紧密的联系. 例如，Kähler 流形是复流形几何以及代数几何的主要角色，在本书我们从微分几何的角度论述了 Kähler 流形上的各种结构的相容性及其几何意义. 黎曼对称空间是一类特殊的黎曼流形，有相当丰富的对称性质，与李群和李代数有密切的联系，它是微分几何的重要研究对象，也是调和分析等的演绎舞台. 微分几何在数学各个分支中的主要应用是，它提供了一种对于光滑切向量场进行微分的结构，所以联络是微分几何的核心内容.本书的第十章从平行移动的角度阐述了主丛上的联络的由来及其几何意义. 一个约定俗成的准则是，一个数学命题是否属于微分几何的范畴，关键是看它是否涉及曲率的概念. 曲率是图形或某种空间结构通过微分手段获得的不变量，是微分几何中最基本的概念，是衡量空间的某种结构是否平凡的数量特征. 本书各章都要讲到各种结构的曲率及其几何意义为止.

　　翻阅本书不难发现，本书的选材和叙述与现有的数学文献相比较都有它的独到之处. 本书是作者在北京大学学习微分几何和长期从事微分几何教学和研究的经验总结. 在这里，我们特别怀念吴光磊教授，因为本书的有些讲法出自吴先生在讨论班上的演讲. 例如，复向量空间的对偶空间，向量丛上联络所诱导的水平分布等等都是吴先生在讨论班上曾经讲过的内容，凝集了他的学习心得. 而且，他经常要求我们用最简洁的语言把概念清晰地表达出来. 我们在本书所追求的目标之一就是把概念的由来和意义讲清楚, 而不满足于它们的形式表述. 数学的概念不只是术语和公式的堆砌, 它们都有发生、发展和推广的过程. 我们试图努力反映这种发展的过程. 例如, 第十章的 (2.18) 式定义的标架丛上的联络形式 θ 是主丛上的联络形式的特殊情形, 我们还进一步指出: 实际上它是向量丛 E 上的活动标架的相对分量. 在这样理解的基础上, 我们才能体会到抽象概念的丰富、生动的内涵, 而不只是一堆枯燥的公式. 当然, 本书只提供了 Kähler 流形、黎曼对称空间、主纤维丛上的联络的基础理论, 并不是直接从事这些课题的前沿研究, 但是它们为有关课题的前沿研究提供了坚实的基础, 我们相信这些内容对于从事微分几何、非线性分析、调和分析和数学物理研究的工作者是十分有用的.

和上册一样, 李兴校教授参与了本书的写作, 特别是本书的习题、答案和提示以及 §10.6 是由他执笔的. 本书的写作得到国家自然科学基金 (项目批准号 NSFC 10271004) 的资助, 我们对此表示衷心的感谢. 作者对责任编辑邱淑清老师的卓有成效的辛勤工作表示感谢. 20 年多来, 她为数学书籍的出版倾注了很多心血, 严格、细致的工作作风有口皆碑. 借此机会向她表示崇高的敬意.

限于作者的水平, 本书中的不足之处肯定是存在的, 诚恳地希望读者能不吝指正.

陈维桓

2003 年 8 月于北京大学

下 册 目 录

上 册 要 目

第一章 微分流形

微分流形, 光滑映射, 单位分解定理, 切向量和切空间, 光滑切向量场, 光滑张量场, 外微分式, 外微分式的积分和 Stokes 定理, 切丛和向量丛

第二章 黎曼流形

黎曼度量, 黎曼流形的例子, 切向量场的协变微分, 联络和黎曼联络, 黎曼流形上的微分算子, 联络形式, 平行移动, 向量丛上的联络

第三章 测地线

测地线的概念, 指数映射, 弧长的第一变分公式, Gauss 引理和法坐标系, 测地凸邻域, Hopf-Rinow 定理

第四章 曲率

曲率张量, 曲率形式, 截面曲率, Ricci 曲率和数量曲率, Ricci 恒等式

第五章 Jacobi 场和共轭点

Jacobi 场, 共轭点, Cartan-Hadamard 定理, Cartan 等距定理, 空间形式

第八章　Kähler 流形

在第二章到第四章，我们已经系统地介绍了黎曼几何的基本理论，特别是黎曼流形上的黎曼联络、测地线和黎曼曲率张量等等. 在当代数学的研究中，复流形的几何变得越来越重要了，特别是 Kähler 流形. 所谓的 Kähler 流形是一个具有在典型复结构的作用下不变的黎曼度量的复流形，同时它的典型复结构在相应的黎曼联络下又是平行的. 因此，Kähler 流形是一类特殊的黎曼流形，具有更加丰富的几何结构，从而具有更加丰富多彩的几何性质. 当然，Kähler 流形可以从代数几何的角度进行研究，而且它是代数几何的主角，但是从微分几何的角度来了解它的几何结构和特征是十分重要的，是研究 Kähler 流形的基础. 在本章主要介绍复流形、Hermite 流形和 Kähler 流形在微分几何方面的基础理论，即介绍这些特殊黎曼流形上的各种联络和曲率.

§8.1　复向量空间

8.1.1　复结构

在研究复流形时需要和复向量空间打交道，因此我们首先讨论复向量空间. 从代数上看，复向量空间和实向量空间的定义是一样的，只需要把基域实数域改为复数域. 但是从几何上看有它的复杂性. 一个复向量空间同时也是一个实向量空间 (因为实数域是复数域的子域)，但是具有一个特定的几何结构，即所谓的复结构. 在考虑复向量空间及其作为有复结构的实向量空间的对偶向量空间时便会出现各种不同的情况. 本节着重讨论复向量空间和实向量空间之间的关系.

设 V 是一个复向量空间，即在 V 中有两种运算: 加法以及与复数的乘法，它们满足条件:

(1) V 关于加法构成一个交换群;

(2) 对于任意的 $u, v \in V$, $\lambda, \mu \in \mathbb{C}$ 有

$$1 \cdot u = u, \quad (\lambda\mu)u = \lambda(\mu u),$$

$$\lambda(u + v) = \lambda u + \lambda v, \quad (\lambda + \mu)u = \lambda u + \mu u.$$

若有 V 的一组元素 $\{e_1, \cdots, e_n\}$，使得 V 的任意一个元素 v 都能够唯一地表示为它们的复系数线性组合，即存在唯一的一组复数 $(v^1, \cdots, v^n)$，使得

$$v = \sum_{i=1}^{n} v^i e_i, \tag{1.1}$$

则称 $\{e_1, \cdots, e_n\}$ 是复向量空间 V 的一个 **基底**. 很明显，V 的基底 $\{e_1, \cdots, e_n\}$ 是 V 中极大的复线性无关元素组. 极大复线性无关元素组的成员个数与该组的取法无关，称为复向量空间 V 的 **(复) 维数**.

当复向量空间 V 的基域限制为实数域时，即只考虑 V 中的元素与实数相乘时，则 V 本身也是一个实向量空间. 为了强调起见，在把 V 看作实向量空间时，记为 $V_{\mathbb{R}}$. 要指出的是，作为集合，$V = V_{\mathbb{R}}$；但是，在 V 中元素与复数的乘法是有意义的，而在 $V_{\mathbb{R}}$ 中只考虑其元素与实数的乘法.

假设 $\{e_1, \cdots, e_n\}$ 是复向量空间 V 的一个基底，则 $\{e_1, \cdots, e_n, \sqrt{-1}\,e_1, \cdots, \sqrt{-1}\,e_n\}$ 构成实向量空间 $V_{\mathbb{R}}$ 的基底. 事实上，对于 $v \in V$，有唯一的复线性表达式 (1.1). 若设

$$v^i = a^i + \sqrt{-1}\,b^i, \quad a^i, b^i \in \mathbb{R}, \tag{1.2}$$

则

$$v = \sum_{i=1}^{n} a^i e_i + \sum_{i=1}^{n} b^i(\sqrt{-1}\,e_i), \tag{1.3}$$

即 v 是 $\{e_i, \sqrt{-1}\,e_i\}$ 的实线性组合. 显然，$\{e_i, \sqrt{-1}\,e_i\}$ 是实线性无关的，因而构成 $V_{\mathbb{R}}$ 的基底. 由此可见，$V_{\mathbb{R}}$ 是 $2n$ 维实向量空间.

在 $V_{\mathbb{R}}$ 上可以定义实线性变换 $J : V_{\mathbb{R}} \to V_{\mathbb{R}}$，使得

$$\begin{cases} Je_i = \sqrt{-1}\, e_i, \\ J(\sqrt{-1}\, e_i) = -e_i, \quad 1 \le i \le n. \end{cases} \tag{1.4}$$

对于任意的 $v \in V_{\mathbb{R}}$，设 (1.3) 式成立，则

$$\begin{aligned} Jv &= \sum_{i=1}^{n} a^i J(e_i) + \sum_{i=1}^{n} b^i J(\sqrt{-1}\, e_i) \\ &= \sum_{i=1}^{n} a^i (\sqrt{-1}\, e_i) + \sum_{i=1}^{n} b^i (-e_i) \\ &= \sum_{i=1}^{n} (\sqrt{-1}\, a^i - b^i) e_i = \sqrt{-1} \cdot v. \end{aligned} \tag{1.5}$$

上式的含意是：J 在 $v \in V_{\mathbb{R}}$ 上的作用相当于把 v 看作 V 中的元素乘以 $\sqrt{-1}$，然后再把它作为 $V_{\mathbb{R}}$ 中的元素. 由此可见，实线性变换 J 在 $V_{\mathbb{R}}$ 上的作用是已定义好的，与 V 的基底 $\{e_i\}$ 的选取无关.

很明显，线性变换 J 满足 $J^2 = J \circ J = -\mathrm{id}$.

定义 1.1 设 W 是一个实向量空间. 若有一个线性变换 $J : W \to W$ 满足条件 $J^2 = -\mathrm{id}$，则称 J 是 W 上的一个 **复结构**.

很明显，复结构是实向量空间 W 上的一个特殊的 $(1,1)$ 型张量.

设 V 是一个有限维复向量空间，在把 V 视为实向量空间 $V_{\mathbb{R}}$ 时，由 (1.5) 式定义的映射 $J : V_{\mathbb{R}} \to V_{\mathbb{R}}$ 就是 $V_{\mathbb{R}}$ 上的一个复结构，称为 $V_{\mathbb{R}}$ 上的 **典型复结构**.

反过来，有下面的

命题 1.1 设 W 是有复结构 J 的 m 维实向量空间，则 m 必是偶数，设 $m = 2n$；并且存在 W 的一个基底 $\{e_\alpha, 1 \le \alpha \le 2n\}$，使得

$$Je_i = e_{n+i}, \quad Je_{n+i} = -e_i, \quad 1 \le i \le n.$$

因此存在一个 n 维复向量空间 V，使得 $V_{\mathbb{R}} = W$，并且 J 恰好是 $V_{\mathbb{R}}$ 上的典型复结构.

证明 首先定义复数和向量空间 W 中的元素的乘法如下：设 $a + \sqrt{-1}\,b \in \mathbb{C}$, $v \in W$, 命

$$(a + b\sqrt{-1}) \cdot v = av + bJv. \tag{1.6}$$

容易验证：对于任意的 $\lambda, \mu \in \mathbb{C}$, $u, v \in W$ 有

$$\lambda(\mu u) = (\lambda\mu)u,$$
$$\lambda(u + v) = \lambda u + \lambda v,$$
$$(\lambda + \mu)u = \lambda u + \mu u.$$

所以 W 关于与复数的乘法 (1.6) 成为一个复向量空间，记为 V. 很明显，$V_{\mathbb{R}} = W$, 且 J 是 $V_{\mathbb{R}}$ 的典型复结构.

若设 $\dim_{\mathbb{C}} V = n$, 则 $m = 2n$. 在复向量空间 V 中任意取定一个基底 $\{e_i : 1 \le i \le n\}$, 则 $Je_i = \sqrt{-1}\,e_i$, 并且 $\{e_1, \cdots, e_n, Je_1, \cdots, Je_n\}$ 是实向量空间 $W = V_{\mathbb{R}}$ 的基底. 证毕.

由此可见，复向量空间 V 等价于有一个确定的复结构 J 的偶数维实向量空间 $V_{\mathbb{R}}$.

定义 1.2 设 V, W 是两个复向量空间，$f : V \to W$ 是从 V 到 W 的一个映射. 如果对于任意的 $u, v \in V$ 和任意的 $\lambda \in \mathbb{C}$ 有

$$f(u + v) = f(u) + f(v),$$
$$f(\lambda u) = \lambda f(u),$$

则称 $f : V \to W$ 是 **复线性映射**. 如果进一步要求 $f : V \to W$ 是可逆的，则其逆也是复线性映射，此时称 f 是复向量空间 V 和 W 的 (**复线性**) **同构**.

很明显，从 n 维复向量空间 V 到它自身的复线性同构的集合关于映射的复合成为一个群，记为 $\mathrm{GL}(V)$. 若在 V 中取定一个基底 $\{e_i\}$, 则群 $\mathrm{GL}(V)$ 和 $\mathrm{GL}(n, \mathbb{C})$(非退化 $n \times n$ 复矩阵的集合) 是同构的.

从定义知道,复线性映射 $f: V \to W$ 也是实线性映射. 若用 $J, \tilde{J}$ 分别表示 $V_{\mathbb{R}}, W_{\mathbb{R}}$ 上的典型复结构, 由于 f 是复线性映射, 故 $f(\sqrt{-1}\,v) = \sqrt{-1}\,f(v)$, 即 $f \circ J(v) = \tilde{J} \circ f(v), \forall v \in V$, 因此 $f \circ J = \tilde{J} \circ f$. 如下的逆命题也成立:

命题 1.2 设 V, W 是两个有限维复向量空间, $J, \tilde{J}$ 分别是 $V_{\mathbb{R}}, W_{\mathbb{R}}$ 上的典型复结构. 若实线性映射 $f: V_{\mathbb{R}} \to W_{\mathbb{R}}$ 满足条件

$$f \circ J = \tilde{J} \circ f, \tag{1.7}$$

则 f 是从 V 到 W 的复线性映射.

证明 由于 $J, \tilde{J}$ 分别是 $V_{\mathbb{R}}, W_{\mathbb{R}}$ 上的典型复结构, 故 $v \in V, w \in W$ 与 $\sqrt{-1}$ 的乘积分别是

$$\sqrt{-1}\,v = Jv, \quad \sqrt{-1}\,w = \tilde{J}w.$$

这样, 对于任意的 $a, b \in \mathbb{R}, v \in V$ 有

$$\begin{aligned}
f((a + \sqrt{-1}\,b)v) &= f(av + bJv) = af(v) + bf(Jv) \\
&= af(v) + b\tilde{J}f(v) = (a + b\sqrt{-1})f(v),
\end{aligned}$$

即 f 是复线性映射. 证毕.

例 1.1 n 维复向量空间 $\mathbb{C}^n$.

设 $\mathbb{C}$ 是复数域, $\mathbb{C}^n$ 是 n 元有序复数组构成的集合, 即

$$\mathbb{C}^n = \{(z^1, \cdots, z^n);\ z^i \in \mathbb{C},\ 1 \le i \le n\}, \tag{1.8}$$

则 $\mathbb{C}^n$ 关于通常的加法和数乘运算构成一个 n 维复向量空间.

如果令 $z^i = x^i + \sqrt{-1}\,y^i$, $x^i, y^i \in \mathbb{R}$, $1 \le i \le n$, 则 $\mathbb{C}^n$ 与 $\mathbb{R}^{2n}$ 有如下的一一对应关系:

$$\mathbb{C}^n \ni (z^1, \cdots, z^n) \longleftrightarrow (x^1, \cdots, x^n, y^1, \cdots, y^n) \in \mathbb{R}^{2n}. \tag{1.9}$$

因此可以把 $\mathbb{C}^n$ 和 $\mathbb{R}^{2n}$ 等同起来. 在上述对应关系下,

$$\sqrt{-1}\,(z^1,\cdots,z^n) \longleftrightarrow (-y^1,\cdots,-y^n,x^1,\cdots,x^n). \qquad (1.10)$$

于是利用 (1.10) 式得到定义在 $\mathbb{R}^{2n}$ 上的复结构 $J_0 : \mathbb{R}^{2n} \to \mathbb{R}^{2n}$, 使得

$$J_0(x^1,\cdots,x^n,y^1,\cdots,y^n) = (-y^1,\cdots,-y^n,x^1,\cdots,x^n). \qquad (1.11)$$

容易看出, 在对应关系 (1.9) 下, $\mathbb{C}^n$ 等同于 $(\mathbb{R}^{2n}, J_0)$.

从实向量空间出发还可以通过另一条途径获得复向量空间, 即实向量空间的复化.

设 V 是一个 m 维实向量空间, 则 V 与它自身的直和 $W = V \oplus V$ 是 $2m$ 维实向量空间. 定义线性变换 $J : W \to W$, 使得

$$J(x,y) = (-y,x), \qquad \forall (x,y) \in V \oplus V, \qquad (1.12)$$

则有 $J^2 = -\mathrm{id}$. 因此, J 是 W 上的一个复结构. 我们把 (W,J) 所对应的 m 维复向量空间称为 m 维实向量空间 V 的 **复化 (空间)**, 并记为 $V^{\mathbb{C}}$.

复化向量空间 $V^{\mathbb{C}}$ 也可以看作复数 $\mathbb{C}$ 和 V 作为实向量空间的张量积 $\mathbb{C} \otimes_{\mathbb{R}} V$. 事实上, $\mathbb{C}$ 作为实向量空间的典型基底是 $\{1, \sqrt{-1}\,\}$. 取定 V 的基底 $\{e_1,\cdots,e_m\}$, 那么 $\mathbb{C} \otimes_{\mathbb{R}} V$ 的一个基底是

$$\{1 \otimes e_1,\cdots,1 \otimes e_m, \sqrt{-1} \otimes e_1,\cdots,\sqrt{-1} \otimes e_m\}.$$

为方便起见, 把它们简单地记为 $\{e_1,\cdots,e_m,\sqrt{-1}\,e_1,\cdots,\sqrt{-1}\,e_m\}$. 在 $\mathbb{C} \otimes_{\mathbb{R}} V$ 中定义线性变换 J_0 如下:

$$J_0(e_i) = \sqrt{-1}\,e_i, \qquad J_0(\sqrt{-1}\,e_i) = -e_i, \qquad (1.13)$$

则 J_0 与 V 的基底 $\{e_i\}$ 的选取无关, 且有 $J_0{}^2 = -\mathrm{id}$, 故 J_0 是 $\mathbb{C} \otimes_{\mathbb{R}} V$ 上的复结构.

另一方面, 设 $\{e_i\}$ 是 V 的基底, 则 $\{(e_i, 0), (0, e_i);\quad 1 \leq i \leq m\}$ 是 W 的基底, 并且由 (1.12) 式得知

$$J(e_i, 0) = (0, e_i), \qquad J(0, e_i) = -(e_i, 0).$$

定义线性映射 $\varphi : W \to \mathbb{C} \otimes_{\mathbb{R}} V$, 使得

$$\varphi(e_i, 0) = e_i, \qquad \varphi(0, e_i) = \sqrt{-1}\, e_i, \tag{1.14}$$

则 φ 是实线性同构, 并且满足

$$\varphi \circ J = J_0 \circ \varphi. \tag{1.15}$$

因此, φ 是 (W, J) 和 $(\mathbb{C} \otimes_{\mathbb{R}} V, J_0)$ 作为复向量空间的复线性同构, 于是 $V^{\mathbb{C}}$ 和 $(\mathbb{C} \otimes_{\mathbb{R}} V, J_0)$ 所对应的复向量空间可以等同起来. 这样, $V^{\mathbb{C}}$ 中的元素便可以表示为

$$\begin{aligned}
v &= \sum_{i=1}^{m} (a^i + \sqrt{-1}\, b^i) e_i \\
&= \sum_{i=1}^{m} a^i e_i + \sqrt{-1} \sum_{i=1}^{m} b^i e_i \in V \oplus \sqrt{-1}\, V,
\end{aligned}$$

由此可见, $V^{\mathbb{C}} = V \oplus \sqrt{-1}\, V$.

对于复化空间 $V^{\mathbb{C}}$ 而言, 原来的实向量空间 V 称为 $V^{\mathbb{C}}$ 的 **实形式**.

值得注意的是, 任意一个复向量空间都是某个实向量空间的复化空间, 因而复向量空间总是有它的实形式, 但是它的实形式却不是唯一的. 事实上, 在 m 维复向量空间 V 中任意取定一个基底 $\{e_1, \cdots, e_m\}$, 命

$$W = \mathrm{Span}_{\mathbb{R}}\{e_1, \cdots, e_m\} = \left\{ w = \sum_{i=1}^{m} a^i e_i : a^i \in \mathbb{R} \right\},$$

则 W 是 $2m$ 维实向量空间 $V_{\mathbb{R}}$ 的子空间. 很明显, $V = W^{\mathbb{C}}$.

8.1.2 复向量空间上的线性函数

下面来考虑复向量空间的对偶向量空间. 需要指出的是, 复向量空间上的线性函数有复数值复线性函数、复数值实线性函数和实数值实线性函数之分.

定义 1.3 设 V 是 n 维复向量空间, $\alpha : V \to \mathbb{C}$ 是 V 上的一个复数值函数. 如果

(1) 对于任意的 $x, y \in V$, 有 $\alpha(x + y) = \alpha(x) + \alpha(y)$;

(2) 对于任意的 $\lambda \in \mathbb{C}$ 和 $x \in V$, 有 $\alpha(\lambda x) = \lambda \alpha(x)$,

则称 α 是 V 上的 **复线性函数**. V 上的复线性函数全体构成的集合是一个复向量空间, 称为复向量空间 V 的 **(复) 对偶向量空间**, 并记为 V^*.

由此可见, 定义 1.3 是定义 1.2 在 $W = \mathbb{C}$ 时的特殊情形.

若在 (2) 中, 只要求 $\alpha(\lambda x) = \lambda \alpha(x)$ 对于任意的实数 λ 成立, 则称 α 是 V 上的 **(复值) 实线性函数**.

V 上的实值实线性函数可以类似地定义, 其全体构成集合是实向量空间 $V_{\mathbb{R}}$ 的对偶空间 $V_{\mathbb{R}}^*$.

显然, $V_{\mathbb{R}}^*$ 的复化向量空间 $(V_{\mathbb{R}}^*)^{\mathbb{C}}$ 恰好是 $V_{\mathbb{R}}$ 上的复值实线性函数的全体构成的集合 (证明留作习题). 从几何的角度来看, 比较常用的空间是 $V_{\mathbb{R}}^*$ 和 $(V_{\mathbb{R}}^*)^{\mathbb{C}}$.

$V_{\mathbb{R}}$ 上的复结构 J 在 $V_{\mathbb{R}}^*$ 上自然地诱导出一个复结构, 仍记作 J, 它的定义是: 对于任意的 $\alpha \in V_{\mathbb{R}}^*$,

$$(J\alpha)(x) = \alpha(Jx), \qquad \forall x \in V_{\mathbb{R}}. \tag{1.16}$$

显然, 对于任意的 $\alpha \in V_{\mathbb{R}}^*$, 有 $J(J(\alpha)) = -\alpha$.

在复向量空间 V 中取定一个基底 $\{e_1, \cdots, e_n\}$, 则 $V_{\mathbb{R}}$ 的一个基底是 $\{e_1, \cdots, e_n, Je_1, \cdots, Je_n\}$; 记 $e_{\bar{i}} = Je_i$, 其中 $\bar{i} = n + i$, $1 \leq i \leq n$.

用 $\{\theta^i, \theta^{\bar{i}}\}$ 表示在 $V_{\mathbb{R}}^*$ 中与 $\{e_i, e_{\bar{i}}\}$ 对偶的基底, 即 $\theta^\alpha(e_\beta) = \delta_\beta^\alpha$, $1 \leq \alpha, \beta \leq 2n$. 则由 (1.16) 式得到

$$J\theta^i = -\theta^{\bar{i}}, \qquad J\theta^{\bar{i}} = \theta^i. \tag{1.17}$$

由于 J 作为 $V_{\mathbb{R}}^*$ 上的线性变换满足 $J^2 = -\mathrm{id}$, 它的特征值是 $\pm\sqrt{-1}$, 不是实数, 所以在 $V_{\mathbb{R}}^*$ 中不存在 J 的特征向量. 为了得到 J 的特征向量, 必须在复化向量空间 $(V_{\mathbb{R}}^*)^{\mathbb{C}}$ 中考虑. 为此, 先将 J 作复线性扩张, 使之成为 $(V_{\mathbb{R}}^*)^{\mathbb{C}}$ 上的复结构. 这样, 对于任意的 $\alpha \in (V_{\mathbb{R}}^*)^{\mathbb{C}}$ 有

$$J(\alpha - \sqrt{-1}\, J\alpha) = \sqrt{-1}\, (\alpha - \sqrt{-1}\, J\alpha),$$
$$J(\alpha + \sqrt{-1}\, J\alpha) = -\sqrt{-1}\, (\alpha + \sqrt{-1}\, J\alpha).$$

因此, $\alpha - \sqrt{-1}\, J\alpha$, $\alpha + \sqrt{-1}\, J\alpha$ 分别是在 $(V_{\mathbb{R}}^*)^{\mathbb{C}}$ 中复结构 J 的对应于特征值 $\sqrt{-1}$ 和 $-\sqrt{-1}$ 的特征向量.

用 $(V_{\mathbb{R}}^*)^{(1,0)}$ 和 $(V_{\mathbb{R}}^*)^{(0,1)}$ 分别表示在 $(V_{\mathbb{R}}^*)^{\mathbb{C}}$ 中对应于特征值 $\sqrt{-1}$ 和 $-\sqrt{-1}$ 的特征向量所组成的复向量空间, 其中的元素分别称为 $V_{\mathbb{R}}$ 上的 **(1,0) 形式** 和 **(0,1) 形式**. 由于

$$\alpha = \frac{1}{2}(\alpha - \sqrt{-1}\, J\alpha) + \frac{1}{2}(\alpha + \sqrt{-1}\, J\alpha), \quad \forall \alpha \in (V_{\mathbb{R}}^*)^{\mathbb{C}}, \tag{1.18}$$

故有直和分解

$$(V_{\mathbb{R}}^*)^{\mathbb{C}} = (V_{\mathbb{R}}^*)^{(1,0)} \oplus (V_{\mathbb{R}}^*)^{(0,1)}. \tag{1.19}$$

由 (1.18) 式可知, 在 $V_{\mathbb{R}}$ 上的复值实线性函数 α 可以分解为 (1,0) 形式和 (0,1) 形式之和:

$$\alpha = \alpha^{(1,0)} + \alpha^{(0,1)}, \tag{1.20}$$

其中

$$\alpha^{(1,0)} = \frac{1}{2}(\alpha - \sqrt{-1}\, J\alpha), \quad \alpha^{(0,1)} = \frac{1}{2}(\alpha + \sqrt{-1}\, J\alpha). \tag{1.21}$$

所以，$\alpha \in (V_{\mathbb{R}}^*)^{\mathbb{C}}$ 是实值 1-形式的条件是 $\alpha^{(1,0)} = \overline{\alpha^{(0,1)}}$.

令

$$\omega^i = \theta^i - \sqrt{-1}\,J\theta^i, \quad \overline{\omega^i} = \theta^i + \sqrt{-1}\,J\theta^i, \tag{1.22}$$

则 $\{\omega^1, \cdots, \omega^n\}$ 和 $\{\overline{\omega^1}, \cdots, \overline{\omega^n}\}$ 分别是 $(V_{\mathbb{R}}^*)^{(1,0)}$ 和 $(V_{\mathbb{R}}^*)^{(0,1)}$ 的基底，并且

$$\theta^i = \frac{1}{2}(\omega^i + \overline{\omega^i}), \qquad \theta^{\bar{i}} = \frac{\sqrt{-1}}{2}(\overline{\omega^i} - \omega^i). \tag{1.23}$$

事实上，若 $\alpha \in (V_{\mathbb{R}}^*)^{(1,0)}$, 则 α 能够表示成

$$\alpha = \sum_{i=1}^n (a_i \theta^i + b_i \theta^{\bar{i}}), \quad 并且 \ J\alpha = \sqrt{-1}\alpha.$$

用 (1.17) 式得到

$$\sqrt{-1}a_i = b_i, \quad \sqrt{-1}b_i = -a_i,$$

因此

$$\begin{aligned}
\alpha &= \sum_{i=1}^n (a_i \theta^i - \sqrt{-1}a_i J\theta^i) \\
&= \sum_{i=1}^n a_i(\theta^i - \sqrt{-1}J\theta^i) = \sum_{i=1}^n a_i \omega^i.
\end{aligned}$$

同理，若 $\alpha \in (V_{\mathbb{R}}^*)^{(0,1)}$, 则 α 能够表示成 $\overline{\omega^i}$ 的复线性组合.

一般地，空间

$$\bigwedge^{p,q}(V_{\mathbb{R}}^*)^{\mathbb{C}} = \left(\bigwedge^p (V_{\mathbb{R}}^*)^{(1,0)}\right) \wedge \left(\bigwedge^q (V_{\mathbb{R}}^*)^{(0,1)}\right)$$

中的元素称为 $V_{\mathbb{R}}$ 上的 (p,q)**形式**. $V_{\mathbb{R}}$ 上的任意一个复值 $r(\leq 2n)$ 次外形式可以分解为

$$\alpha = \sum_{p+q=r} \alpha^{(p,q)}, \quad \alpha^{(p,q)} \in \bigwedge^{p,q}(V_{\mathbb{R}}^*)^{\mathbb{C}}. \tag{1.24}$$

用基底向量表示, (p, q) 形式 $\alpha^{(p,q)}$ 的表达式为

$$\alpha^{(p,q)} = \alpha_{i_1 \cdots i_p j_1 \cdots j_q} \omega^{i_1} \wedge \cdots \wedge \omega^{i_p} \wedge \overline{\omega^{j_1}} \wedge \cdots \wedge \overline{\omega^{j_q}}, \tag{1.25}$$

其中 $\alpha_{i_1 \cdots i_p j_1 \cdots j_q} \in \mathbb{C}$.

在复向量空间 V 中取一个基底 $\{e_1, \cdots, e_n\}$, 它在 V^* 中的对偶基底记为 $\{\omega^1, \cdots, \omega^n\}$, 则 ω^i 是 V 上的复线性函数, 并且满足条件 $\omega^i(e_j) = \delta^i_j$. 将 ω^i 看作 V 上的复数值实线性函数, 并把它分解为实部和虚部

$$\omega^i = \theta^i + \sqrt{-1}\, \theta^{\bar{i}}, \tag{1.26}$$

则 $\theta^i, \theta^{\bar{i}}$ 都是 V 上的实值实线性函数, 即 $\theta^i, \theta^{\bar{i}} \in V^*_{\mathbb{R}}$. 很明显, $\{\theta^i, \theta^{\bar{i}}\}$ 是在 $V^*_{\mathbb{R}}$ 中与 $\{e_i, e_{\bar{i}} = Je_i\}$ 对偶的基底, 故 (1.17) 式成立, 因而 $J\omega^i = \sqrt{-1}\,\omega^i$. 由此可见, 复向量空间 V^* 可以和 $(V^*_{\mathbb{R}})^{(1,0)}$ 等同起来: 只要把 $\alpha \in V^*$ 看作 V 上的实线性函数就行了. 反过来, $\alpha \in (V^*_{\mathbb{R}})^{\mathbb{C}}$ 能够作为 V 上的复线性函数的条件是 $\alpha \circ J = \sqrt{-1}\,\alpha$, 即 $J(\alpha) = \sqrt{-1}\,\alpha$, 也就是 $\alpha \in (V^*_{\mathbb{R}})^{(1,0)}$.

8.1.3　Hermite 内积

最后我们来讨论复向量空间 V 上的 Hermite 内积.

定义 1.4　设 V 是 n 维复向量空间, $h : V \times V \to \mathbb{C}$ 是定义在 V 上的二元复值函数. 如果 h 满足下列条件, 则称 h 是 V 上的一个 **Hermite 内积**:

(1) h 是实双线性函数, 即对于任意的 $x, y, z \in V$ 和 $\lambda \in \mathbb{R}$, 有

$$h(x + \lambda z, y) = h(x, y) + \lambda h(z, y),$$
$$h(x, y + \lambda z) = h(x, y) + \lambda h(x, z);$$

(2) h 关于第一个自变量是复线性的, 即对于任意的 $x, y \in V$ 和 $\lambda \in \mathbb{C}$, 有

$$h(\lambda x, y) = \lambda h(x, y);$$

(3) 对于任意的 $x, y \in V$ 有

$$h(y, x) = \overline{h(x, y)};$$

(4) 对于任意的 $x \in V$ 有 $h(x, x) \geq 0$, 并且等号只在 $x = 0$ 时成立.

条件 (4) 称为 Hermite 内积 h 的 **正定性**.

从条件 (2), (3) 可知: 对于任意的 $x, y \in V$ 和 $\lambda \in \mathbb{C}$, 有

$$h(x, \lambda y) = \overline{\lambda} h(x, y). \tag{1.27}$$

把 h 分解为实部和虚部, 即令

$$h(x, y) = g(x, y) + \sqrt{-1}\, k(x, y), \tag{1.28}$$

则由条件 (1) 得知 g, k 都是 V 上的实值实双线性函数. 由于在 V 作为实向量空间 $V_{\mathbb{R}}$ 时有复结构 J, 使得 $Jx = \sqrt{-1}\, x, \forall x \in V_{\mathbb{R}}$, 故由条件 (2) 得到

$$\begin{aligned}
g(Jx, y) + \sqrt{-1}\, k(Jx, y) &= h(Jx, y) = h(\sqrt{-1}\, x, y) \\
&= \sqrt{-1}\, h(x, y) = \sqrt{-1}\, (g(x, y) + \sqrt{-1}\, k(x, y)) \\
&= -k(x, y) + \sqrt{-1}\, g(x, y).
\end{aligned}$$

因此

$$k(x, y) = -g(Jx, y), \quad g(x, y) = k(Jx, y), \quad \forall x, y \in V_{\mathbb{R}}. \tag{1.29}$$

这意味着, k 和 g 可以借助于复结构 J 互相表示.

将条件 (3) 用于 (1.28) 式得到

$$g(y, x) + \sqrt{-1}\, k(y, x) = h(y, x) = \overline{h(x, y)} = g(x, y) - \sqrt{-1}\, k(x, y),$$

故有

$$g(y, x) = g(x, y), \qquad k(y, x) = -k(x, y). \tag{1.30}$$

再由 (1.29) 和 (1.30) 两式得到

$$g(Jx, Jy) = -k(x, Jy) = k(Jy, x) = g(y, x) = g(x, y). \tag{1.31}$$

同理,

$$k(Jx, Jy) = k(x, y), \quad \forall x, y \in V_{\mathbb{R}}. \tag{1.32}$$

所以 g 是 $V_{\mathbb{R}}$ 上在复结构 J 的作用下保持不变的对称双线性形式; k 是 $V_{\mathbb{R}}$ 上在 J 的作用下保持不变的 2 次外形式, 称为 h 的 **Kähler 形式**.

从条件 (4) 和 (1.30) 式得到

$$h(x, x) = g(x, x) \geq 0; \tag{1.33}$$

同时等号成立当且仅当 $x = 0$, 故 g 是正定的.

综上所述, 如果 h 是复向量空间 V 上的 Hermite 内积, 那么它的实部 g 是 $V_{\mathbb{R}}$ 上在复结构 J 的作用下不变的欧氏内积; 其虚部 k 可以由 g 通过下式确定:

$$k(x, y) = -g(Jx, y) = g(x, Jy), \quad \forall x, y \in V. \tag{1.29}'$$

反过来, 如果在 $V_{\mathbb{R}}$ 上任意给定一个在 J 的作用下保持不变的欧氏内积 g, 那么在 V 上就决定了一个 Hermite 内积 h, 使得它的实部就是 g. 因此, 在 V 上指定一个 Hermite 内积相当于在 $V_{\mathbb{R}}$ 上指定一个 J-不变的欧氏内积. 至于 $V_{\mathbb{R}}$ 上的 J-不变内积的存在性是明显的. 实际上, 在 $V_{\mathbb{R}}$ 上任意取定一个欧氏内积 $g_0 : V_{\mathbb{R}} \times V_{\mathbb{R}} \to \mathbb{R}$, 令

$$g(x, y) = \frac{1}{2}(g_0(x, y) + g_0(Jx, Jy)), \quad \forall x, y \in V_{\mathbb{R}}, \tag{1.34}$$

则 g 就是 $V_{\mathbb{R}}$ 上的 J-不变欧氏内积.

现在来求 h, g, k 的坐标表达式. 在复向量空间 V 中取定一个基底 $\{e_i\}$, 它在 V^* 中的对偶基底记为 $\{\omega^i\}$, 其中 ω^i 是 V 上的复线性函数, 同时也是 $V_{\mathbb{R}}$ 上的复值实线性函数, 并且有 $\omega^i(e_j) = \delta^i_j$. 令

$$h_{ij} = h(e_i, e_j), \tag{1.35}$$

则由条件 (3) 得到

$$h_{ji} = \overline{h_{ij}}. \tag{1.36}$$

设

$$x = \sum x^i e_i, \quad y = \sum y^j e_j,$$

则

$$h(x,y) = \sum_{i,j} x^i \overline{y^j} h(e_i, e_j) = \sum_{i,j} h_{ij} \omega^i(x) \overline{\omega^j(y)}$$

$$= \left(\sum_{i,j} h_{ij} \omega^i \otimes \overline{\omega^j} \right)(x,y).$$

因此

$$h = \sum_{i,j} h_{ij} \omega^i \otimes \overline{\omega^j}. \tag{1.37}$$

另一方面，h 也是 $V_{\mathbb{R}}$ 上的复值实双线性函数 (定义 1.4 的条件 (1)). 因此，把表达式 (1.37) 中的 ω^i 理解为 $V_{\mathbb{R}}$ 上的复值实线性函数，将 ω^i 分解为实部和虚部，如 (1.26) 式所示. 那么 $\theta^i, \theta^{\bar{i}}(1 \le i \le n)$ 都是 $V_{\mathbb{R}}$ 上的实线性函数，并且构成 $V_{\mathbb{R}}^*$ 的基底. 令

$$g_{\alpha\beta} = g(e_\alpha, e_\beta), \quad 1 \le \alpha \le 2n, \tag{1.38}$$

则由 (1.29), (1.30) 两式得

$$g_{ij} = g_{\bar{i}\bar{j}} = g_{ji} = g_{\bar{j}\bar{i}},$$
$$g_{i\bar{j}} = -g_{\bar{i}j} = g_{\bar{j}i} = -g_{j\bar{i}}, \tag{1.39}$$

因而

$$h_{ij} = h(e_i, e_j) = g_{ij} + \sqrt{-1}\, g_{i\bar{j}}. \tag{1.40}$$

将 (1.40) 和 (1.26) 式代入 (1.37) 式得到

$$g = \sum g_{ij}(\theta^i \otimes \theta^j + \theta^{\bar{i}} \otimes \theta^{\bar{j}}) + \sum g_{i\bar{j}}(\theta^i \otimes \theta^{\bar{j}} + \theta^{\bar{j}} \otimes \theta^i), \tag{1.41}$$

$$k = \frac{1}{2} \sum g_{i\bar{j}}(\theta^i \wedge \theta^j + \theta^{\bar{i}} \wedge \theta^{\bar{j}}) - \sum g_{ij}\theta^i \wedge \theta^{\bar{j}}. \qquad (1.42)$$

从 (1.23) 式又可以得到

$$\theta^i \wedge \theta^j + \theta^{\bar{i}} \wedge \theta^{\bar{j}} = \frac{1}{2}(\overline{\omega^i} \wedge \omega^j + \omega^i \wedge \overline{\omega^j}),$$

$$\theta^i \wedge \theta^{\bar{j}} = -\frac{\sqrt{-1}}{4}(\omega^i \wedge \omega^j - \overline{\omega^i} \wedge \overline{\omega^j} - \omega^i \wedge \overline{\omega^j} + \overline{\omega^i} \wedge \omega^j),$$

$$\qquad (1.43)$$

代入 (1.42) 式, 并利用 (1.39) 式得到

$$\begin{aligned} k &= \frac{1}{4} \sum g_{i\bar{j}}(\overline{\omega^i} \wedge \omega^j + \omega^i \wedge \overline{\omega^j}) \\ &\quad + \frac{\sqrt{-1}}{4} \sum g_{ij}(\overline{\omega^i} \wedge \omega^j - \omega^i \wedge \overline{\omega^j}) \\ &= \frac{1}{2} \sum (g_{i\bar{j}} - \sqrt{-1}\, g_{ij})\omega^i \wedge \overline{\omega^j} \\ &= -\frac{\sqrt{-1}}{2} \sum h_{ij}\omega^i \wedge \overline{\omega^j}. \end{aligned} \qquad (1.44)$$

由此可见, 要从 Hermite 内积 h 的坐标表达式 (1.37) 得到它的 Kähler 形式 k 的表达式, 只要把其中的张量积 $\otimes$ 换成外积 $\wedge$, 并且乘以系数 $-\frac{\sqrt{-1}}{2}$ 即可. 不过, 此时的 ω^i 被看作是 $V_{\mathbb{R}}$ 上的复值实线性函数.

另外不难看出, 内积 g 具有如下的表达式:

$$\begin{aligned} g &= \frac{1}{2}(h + \bar{h}) = \frac{1}{2} \sum_{i,j}(h_{ij}\omega^i \otimes \overline{\omega^j} + \overline{h_{ij}}\,\overline{\omega^i} \otimes \omega^j) \\ &= \frac{1}{2} \sum_{i,j} h_{ij}(\omega^i \otimes \overline{\omega^j} + \overline{\omega^j} \otimes \omega^i) = \sum h_{ij}\omega^i\overline{\omega^j}, \end{aligned} \qquad (1.45)$$

其中

$$\omega^i\overline{\omega^j} = \frac{1}{2}(\omega^i \otimes \overline{\omega^j} + \overline{\omega^j} \otimes \omega^i)$$

是 ω^i 和 $\overline{\omega^j}$ 的对称化张量积. 此式也能够由将 (1.23) 式代入 (1.41) 式得到.

§8.2   复流形和近复流形

8.2.1   复流形结构

n 维光滑流形可以看作实向量空间 $\mathbb{R}^n$ 的一些开子集以光滑的方式拼接起来的结果. 类似地, n 维复流形则是复向量空间 $\mathbb{C}^n$ 的一些开子集以 "全纯" 的方式拼接起来的结果. 先解释 "全纯" 的意义.

对于任意的 $z = (z^1, \cdots, z^n) \in \mathbb{C}^n$, 令

$$z^i = x^i + \sqrt{-1}\, y^i, \quad x^i, y^i \in \mathbb{R}, \tag{2.1}$$

则由例 1.1, 在对应

$$(z^1, \cdots, z^n) \mapsto (x^1, \cdots, x^n, y^1, \cdots, y^n) \in \mathbb{R}^{2n}$$

下, $\mathbb{C}^n$ 和 $(\mathbb{R}^{2n}, J_0)$ 是等同的.

现在假定 $U \subset \mathbb{C}^n$ 是 $\mathbb{C}^n$ 的开子集, $f : U \to \mathbb{C}$ 是定义在 U 上的复值光滑函数, g 和 h 分别是它的实部和虚部, 则有

$$f = g + \sqrt{-1}\, h.$$

在本章, 如果不加申明, 记号 $C^\infty(U)$ 总是表示定义在 U 上的复值光滑函数的集合.

定义 2.1   设 $f \in C^\infty(U)$. 如果它的实部 g 和虚部 h 满足 Cauchy-Riemann 方程

$$\frac{\partial g}{\partial x^i} = \frac{\partial h}{\partial y^i}, \quad \frac{\partial g}{\partial y^i} = -\frac{\partial h}{\partial x^i}, \quad 1 \leq i \leq n, \tag{2.2}$$

则称 f 是 U 上的 **全纯函数**.

根据多复变函数理论, 全纯函数 $f : U \to \mathbb{C}$ 在每一点 $p \in U$ 的一个邻域内能够表示为 z^i 的收敛幂级数 (参看参考文献 [22]). 所以,

全纯函数也称为复解析函数. 另外, 由复变函数理论知道, Cauchy-Riemann 方程保证了全纯函数 f 可以对复坐标 z^i 求偏导数, 即 $\dfrac{\partial f}{\partial z^i}$ 是存在的, 并且

$$\frac{\partial f}{\partial z^i} = \frac{\partial f}{\partial x^i} = -\sqrt{-1}\,\frac{\partial f}{\partial y^i}. \tag{2.3}$$

另一方面, 可以引入作用在 $C^\infty(U)$ 上的微分算子

$$\begin{aligned}
\frac{\partial}{\partial z^i} &= \frac{1}{2}\left(\frac{\partial}{\partial x^i} - \sqrt{-1}\,\frac{\partial}{\partial y^i}\right), \\
\frac{\partial}{\partial \overline{z^i}} &= \frac{1}{2}\left(\frac{\partial}{\partial x^i} + \sqrt{-1}\,\frac{\partial}{\partial y^i}\right),
\end{aligned} \qquad 1 \le i \le n. \tag{2.4}$$

于是, 对于任意的 $f \in C^\infty(U)$ 有

$$\begin{aligned}
\frac{\partial f}{\partial \overline{z^i}} &= \frac{1}{2}\left(\frac{\partial f}{\partial x^i} + \sqrt{-1}\,\frac{\partial f}{\partial y^i}\right) \\
&= \frac{1}{2}\left(\frac{\partial g}{\partial x^i} - \frac{\partial h}{\partial y^i}\right) + \frac{\sqrt{-1}}{2}\left(\frac{\partial g}{\partial y^i} + \frac{\partial h}{\partial x^i}\right).
\end{aligned} \tag{2.5}$$

由 (2.2) 式可知: f 是 U 上的全纯函数当且仅当对于每一个 i 都有 $\dfrac{\partial f}{\partial \overline{z^i}} = 0$. 同时, 全纯函数 f 在 (2.4) 式定义的算子 $\dfrac{\partial}{\partial z^i}$ 作用下所得到的 $\dfrac{\partial f}{\partial z^i}$ 恰好是 f 关于 z^i 的偏导数 (2.3).

定义 2.2 设 U 是 $\mathbb{C}^n$ 的开子集, 其中的点记为 $(z^1, \cdots, z^n)$; 设 V 是 $\mathbb{C}^m$ 的开子集, 其中的点记为 $(w^1, \cdots, w^m)$. 则映射 $\varphi : U \to V$ 可以表示为

$$w^\alpha = \varphi^\alpha(z^1, \cdots, z^n), \quad 1 \le \alpha \le m.$$

如果每一个函数 φ^α 都是 U 上的全纯函数, 则称 φ 是从 U 到 V 内的 **全纯映射**.

设 U, V 都是 $\mathbb{C}^n$ 的开子集, $\varphi : U \to V$ 是同胚. 如果映射 φ 以及它的逆映射 φ^{-1} 都是全纯映射, 则称 φ 是从 U 到 V 的 **全纯变换** 或 **复解析变换**; 此时称开子集 U 和 V 是 **全纯等价** 的.

有了上述准备, 可以引入复流形的概念.

定义 2.3   设 M 是 $2n$ 维流形. 如果 M 有一个坐标卡集 $\Sigma = \{(U_a, \varphi_a); \, a \in I\}$, 其中 $\varphi_a : U_a \to \mathbb{C}^n (= \mathbb{R}^{2n})$ 是从 M 的开子集 U_a 到 $\mathbb{C}^n$ 内的同胚, 使得 $\{U_a\}$ 是 M 的一个开覆盖, 并且对于任意的 $a, b \in I$, 当 $U_a \cap U_b \neq \emptyset$ 时, 复合映射 $\varphi_a \circ \varphi_b^{-1}$ 是从 $\mathbb{C}^n$ 的开子集 $\varphi_b(U_a \cap U_b)$ 到 $\mathbb{C}^n$ 的开子集 $\varphi_a(U_a \cap U_b)$ 内的全纯变换, 则称坐标卡集 Σ 是流形 M 的一个 (**复解析相关的**) **复坐标覆盖**. M 的极大的复解析相关的复坐标覆盖称为 M 的一个 **复流形结构**; 指定了一个复流形结构的 $2n$ 维流形 M 称为一个 n 维 **复流形**, 属于复流形结构的每一个坐标卡 (U_a, φ_a) 称为 M 的 (**容许**) **复坐标卡**.

由定义可知, n 维复流形是 $\mathbb{C}^n$ 中的一些开子集借助于复解析变换拼接的结果.

如所周知, 光滑流形上的光滑结构使得在流形上定义光滑函数成为可能. 类似地, 复流形结构使我们能够在复流形上引入全纯函数的概念.

设 $f : M \to \mathbb{C}$ 是复流形 M 上的复值函数. 如果对于 M 的每一个容许的复坐标卡 (U_a, φ_a), 复合函数 $f \circ \varphi_a^{-1} : \varphi_a(U_a) \to \mathbb{C}$ 都是全纯的, 则称 f 是 M 上的 **全纯函数**. 不难看出, 在点 $p \in M$, 只要存在 p 点的一个容许复坐标卡 (U, φ) 使得 $f \circ \varphi^{-1}$ 是 $\varphi(U)$ 上的全纯函数, 则对于点 p 的任意一个容许复坐标卡 (V, ψ), $f \circ \psi^{-1}$ 必定是 $\psi(U \cap V)$ 上的全纯函数. 因此, 若要验证函数 f 在点 p 附近的全纯性, 只要在点 p 的一个容许复坐标卡上进行验证就可以了.

为了方便起见, 把 M 上全纯函数的全体构成的集合记作 $\mathcal{O}(M)$; 在点 $p \in M$ 的某个邻域内全纯的函数的全体构成的集合记为 $\mathcal{O}_p$.

8.2.2 复切向量

定义 2.4   设 M 是 n 维复流形, $p \in M$. 所谓 M 在点 p 的 **复切向量** v 指的是满足下列条件的映射 $v : \mathcal{O}_p \to \mathbb{C}$,

(1) $v(f + \lambda g) = v(f) + \lambda v(g)$;

(2) $v(f \cdot g) = f(p)v(g) + g(p)v(f)$,

其中 $f, g \in \mathcal{O}_p, \lambda \in \mathbb{C}$.

容易证明: n 维复流形 M 在点 p 的复切向量的集合是一个复向量空间, 记为 $T_p^h M$, 称为 M 在点 p 的 **复切空间**.

设 (U, φ) 是复流形 M 在点 p 的一个容许复坐标卡. 对于任意的 $q \in U$, 令 $z^i(q) = z^i(\varphi(q))$, $1 \leq i \leq n$, 右端的 (z^i) 是 $\mathbb{C}^n$ 中的复坐标系. 通过同胚 φ, $z^i(q)$ 是开集 $U \subset M$ 中的点 q 的复坐标. 以后把 $(U, \varphi; z^i)$ 或 $(U; z^i)$ 称为容许复坐标卡 (U, φ) 所对应的 (**容许**) **复坐标系**. 一旦有了这样的局部复坐标系, 就可以引入 M 在 p 点的复切向量 $\frac{\partial}{\partial z^i}\big|_p$, 其定义为

$$\frac{\partial}{\partial z^i}\bigg|_p (f) = \frac{\partial(f \circ \varphi^{-1})}{\partial z^i}\bigg|_{\varphi(p)}. \tag{2.6}$$

可以证明: $\dim T_p^h M = n$, 并且 $\left\{ \dfrac{\partial}{\partial z^i}\bigg|_p ; 1 \leq i \leq n \right\}$ 是 $T_p^h M$ 的一个基底 (本章习题第 4 题). 于是 $\left\{ \dfrac{\partial}{\partial z^i}\bigg|_p ; p \in U \right\}$ 是定义在局部坐标邻域 U 上一个复标架场, 称为在 M 上关于局部复坐标系 $(U; z^i)$ 的 **自然 (复) 标架场**, 简记为 $\left\{ \dfrac{\partial}{\partial z^i} \right\}$; 它的对偶复余标架场是 $\{\mathrm{d}z^i\}$.

为了简便起见, 常常把 (2.6) 式的右端简记为 $\dfrac{\partial f}{\partial z^i}(p)$.

n 维复流形 M 本身是一个 $2n$ 维光滑流形, 所以它在每一点 $p \in M$ 的切空间 $T_p M$ 是一个 $2n$ 维实向量空间. 设 $(U, \varphi; z^i)$ 是 M 的一个容许复坐标系, 令 $z^i = x^i + \sqrt{-1}y^i$, 则 $(U; x^i, y^i)$ 是光滑流形 M 的一个局部坐标系, 在 $T_p M$ 中与之相应的自然基底是 $\left\{ \dfrac{\partial}{\partial x^i}, \dfrac{\partial}{\partial y^i} \right\}$.

定理 2.1 设 M 是 n 维复流形, 每一点 $p \in M$ 的一个容许复坐标系是 $(U, \varphi; z^i)$, 设 $z^i = x^i + \sqrt{-1}y^i$. 定义映射 $J_p : T_p M \to T_p M$ 如

下：

$$J_p\left(\left.\frac{\partial}{\partial x^i}\right|_p\right) = \left.\frac{\partial}{\partial y^i}\right|_p, \quad J_p\left(\left.\frac{\partial}{\partial y^i}\right|_p\right) = -\left.\frac{\partial}{\partial x^i}\right|_p, \quad 1 \le i \le n,$$

$$(2.7)$$

则 J_p 是在 T_pM 上与容许复坐标系 $(U, \varphi; z^i)$ 的选取无关的复结构，并且 $\{J_p; \ p \in M\}$ 是 M 上的 $(1,1)$ 型光滑张量场，记为 J.

光滑张量场 J 称为复流形 M 上的 **典型复结构**.

证明 设 $(V, \psi; w^i)$ 是点 p 的另一个容许复坐标系，令 $w^i = u^i + \sqrt{-1}\,v^i$. 由于复合映射 $\varphi \circ \psi^{-1}$ 是全纯映射，相应的坐标变换函数

$$\begin{aligned}
z^i &= (\varphi \circ \psi^{-1})^i(w^1, \cdots, w^n) \\
&= x^i(u^1, \cdots, u^n, v^1, \cdots, v^n) + \sqrt{-1}\,y^i(u^1, \cdots, u^n, v^1, \cdots, v^n)
\end{aligned}$$

是全纯函数，所以 x^i, y^i 满足 Cauchy-Riemann 方程

$$\frac{\partial x^i}{\partial u^j} = \frac{\partial y^i}{\partial v^j}, \quad \frac{\partial x^i}{\partial v^j} = -\frac{\partial y^i}{\partial u^j}, \quad 1 \le i, j \le n. \tag{2.8}$$

自然基底 $\dfrac{\partial}{\partial u^j}, \dfrac{\partial}{\partial v^j}$ 和 $\dfrac{\partial}{\partial x^j}, \dfrac{\partial}{\partial y^j}$ 的变换公式是

$$\frac{\partial}{\partial u^j} = \frac{\partial x^i}{\partial u^j}\frac{\partial}{\partial x^i} + \frac{\partial y^i}{\partial u^j}\frac{\partial}{\partial y^i}, \quad \frac{\partial}{\partial v^j} = \frac{\partial x^i}{\partial v^j}\frac{\partial}{\partial x^i} + \frac{\partial y^i}{\partial v^j}\frac{\partial}{\partial y^i},$$

故由 (2.7) 和 (2.8) 两式得

$$\begin{aligned}
J_p\left(\frac{\partial}{\partial u^j}\right) &= \frac{\partial x^i}{\partial u^j} \cdot \frac{\partial}{\partial y^i} + \frac{\partial y^i}{\partial u^j}\left(-\frac{\partial}{\partial x^i}\right) \\
&= \frac{\partial y^i}{\partial v^j}\frac{\partial}{\partial y^i} + \frac{\partial x^i}{\partial v^j}\frac{\partial}{\partial x^i} = \frac{\partial}{\partial v^j};
\end{aligned}$$

同理，

$$J_p\left(\frac{\partial}{\partial v^j}\right) = -\frac{\partial}{\partial u^j}.$$

因此, 由 (2.7) 式定义的复结构 $J_p : T_pM \to T_pM$ 与容许复坐标系 $(U; z^i)$ 的选取无关. 这样, 在 M 的每一点的切空间上都定义了一个复结构, 因而给出了 M 上的一个 $(1,1)$ 型张量场 J. 在局部复坐标系 $(U; z^i)$ 下, 张量场 J 的表达式是

$$J|_U = \frac{\partial}{\partial y^i} \otimes \mathrm{d}x^i - \frac{\partial}{\partial x^i} \otimes \mathrm{d}y^i, \tag{2.9}$$

其中 $z^i = x^i + \sqrt{-1}\,y^i$. 这说明 J 是一个光滑张量场. 证毕.

复切空间 $T_p^h M$ 和 (T_pM, J) 所对应的复向量空间可以等同起来.

事实上, 如同 §8.1 对于 $V_{\mathbb{R}}^*$ 的作法, 首先将 T_pM 复化得到 $(T_pM)^{\mathbb{C}}$, 然后将 J 作复线性扩张成为 $(T_pM)^{\mathbb{C}}$ 上的复结构. J 仅有两个特征根 $\pm\sqrt{-1}$, 用 $T_p^{(1,0)}M$ 和 $T_p^{(0,1)}M$ 分别表示 J 在 $(T_pM)^{\mathbb{C}}$ 中对应于特征根 $\sqrt{-1}$ 和 $-\sqrt{-1}$ 的特征向量所组成的复子空间, 分别称为 M 在点 p 的 $(1,0)$ **切空间** 和 $(0,1)$ **切空间**. 于是有直和分解

$$(T_pM)^{\mathbb{C}} = T_p^{(1,0)}M \oplus T_p^{(0,1)}M. \tag{2.10}$$

这样, (T_pM, J) 所对应的复向量空间可以和 $T_p^{(1,0)}M$ 等同起来 (参看 §8.1 中 (1.26) 式以下的段落). 实际上, 在把 (T_pM, J) 看作复向量空间时, 只是令

$$\sqrt{-1}\,v = Jv, \quad \forall v \in T_pM,$$

从而 T_pM 中的任意一个元素 v 可以表示为

$$\begin{aligned}
v &= \sum_{i=1}^n a^i \frac{\partial}{\partial x^i} + \sum_{i=1}^n b^i \frac{\partial}{\partial y^i} \\
&= \sum_{i=1}^n a^i \frac{\partial}{\partial x^i} + \sum_{i=1}^n b^i J\left(\frac{\partial}{\partial x^i}\right) \\
&= \sum_{i=1}^n (a^i + \sqrt{-1}\,b^i) \frac{\partial}{\partial x^i},
\end{aligned}$$

即 (T_pM, J) 所对应的复向量空间是 $\mathrm{Span}_{\mathbb{C}}\left\{\dfrac{\partial}{\partial x^i}; 1 \leq i \leq n\right\}$. 但是,

$T_p^{(1,0)}M$ 的一个基底是 $\left\{ \left. \dfrac{\partial}{\partial z^i} \right|_p \right\}$, 其中

$$\left. \frac{\partial}{\partial z^i} \right|_p = \frac{1}{2}\left(\frac{\partial}{\partial x^i} - \sqrt{-1}\,\frac{\partial}{\partial y^i} \right) = \frac{1}{2}\left(\frac{\partial}{\partial x^i} - \sqrt{-1}\,J\left(\frac{\partial}{\partial x^i} \right) \right). \quad (2.11)$$

所以, 在对应 $\dfrac{\partial}{\partial x^i} \mapsto \dfrac{\partial}{\partial z^i}$ 下, $\operatorname{Span}_{\mathbb{C}}\left\{ \dfrac{\partial}{\partial x^i}; 1 \le i \le n \right\}$ 和 $T_p^{(1,0)}M$ 是复线性同构的.

另一方面, 由定义式 (2.4), $\dfrac{\partial}{\partial z^i}$ 和 $\dfrac{\partial}{\partial \overline{z^i}}$ 只不过是 $\dfrac{\partial}{\partial x^i}$, $\dfrac{\partial}{\partial y^i}$ 的复线性组合, 所以 $\left. \dfrac{\partial}{\partial z^i} \right|_p$, $\left. \dfrac{\partial}{\partial \overline{z^i}} \right|_p$ 也是从 C_p^{∞} 到 $\mathbb{C}$ 的映射. 如果

$$f = g + \sqrt{-1}\,h \in \mathcal{O}_p \subset C_p^{\infty},$$

则由 Cauchy-Riemann 方程得到

$$\begin{aligned}
\left. \frac{\partial}{\partial \overline{z^i}} \right|_p (f) &= \frac{1}{2}\left(\frac{\partial}{\partial x^i} + \sqrt{-1}\,\frac{\partial}{\partial y^i} \right)(g + \sqrt{-1}\,h) \\
&= \frac{1}{2}\left(\frac{\partial g}{\partial x^i} - \frac{\partial h}{\partial y^i} \right) + \frac{\sqrt{-1}}{2}\left(\frac{\partial g}{\partial y^i} + \frac{\partial h}{\partial x^i} \right) = 0.
\end{aligned}$$

另外,

$$\begin{aligned}
\left. \frac{\partial}{\partial z^i} \right|_p (f) &= \frac{1}{2}\left(\frac{\partial g}{\partial x^i} + \frac{\partial h}{\partial y^i} \right) + \frac{\sqrt{-1}}{2}\left(-\frac{\partial g}{\partial y^i} + \frac{\partial h}{\partial x^i} \right) \\
&= \frac{\partial f}{\partial x^i} = \frac{\partial f}{\partial z^i}(p),
\end{aligned}$$

其中最右端是全纯函数 f 关于复坐标 z^i 的偏导数. 这意味着, $T_p^{(1,0)}M$ 中的元素 $\left. \dfrac{\partial}{\partial z^i} \right|_p$ (由 (2.4) 式定义的算子) 在 $\mathcal{O}_p$ 上的作用恰好是 $T_p^h M$ 中的元素 $\left. \dfrac{\partial}{\partial z^i} \right|_p$ (由 (2.6) 式定义的偏导数算子) 在 $\mathcal{O}_p$ 上的作用. 因此, $T_p^h M$ 可以和 $T_p^{(1,0)}M$ 等同起来, 因而也可以和 $(T_p M, J)$ 所对应的复向量空间 $\operatorname{Span}_{\mathbb{C}}\left\{ \dfrac{\partial}{\partial x^i} \right\}$ 等同起来.

顺便指出, 记号 $\left.\dfrac{\partial}{\partial z^i}\right|_p$ 具有双重身份: 由 (2.6) 式, $\left.\dfrac{\partial}{\partial z^i}\right|_p \in T_p^h M$; 由 (2.11) 式, 又有 $\left.\dfrac{\partial}{\partial z^i}\right|_p \in T_p^{(1,0)} M$. 不过, 它们在 $\mathcal{O}_p$ 上的作用是一致的, 所以这两种身份不会引起混淆.

有了复流形结构, 便可以引入全纯映射和全纯变换的概念.

设 $f : M \to N$ 是复流形 M, N 之间的连续映射, $p \in M$. 如果存在 M 在点 p 的局部复坐标系 $(U, \varphi; z^i)$ 和 N 在点 $q = f(p)$ 的局部复坐标系 $(V, \psi; w^\alpha)$, 使得 $f(U) \subset V$, 并且 f 的局部坐标表示 $\tilde{f} = \psi \circ f \circ \varphi^{-1} : \varphi(U) \to \psi(V)$ 是全纯映射, 则称 f 在点 p 附近是全纯的; 如果 f 在 M 的每一点附近都是全纯的, 则称 f 是从 M 到 N 的 **全纯映射**. 如果 f 既是全纯映射又是浸入, 则称 f 是从 M 到 N 的 **全纯浸入**; 此时, 称 (f, M) 为 N 的 **(浸入) 复子流形**.

很明显, 复流形上的全纯函数是全纯映射的特例. 全纯映射的另一个特例是复流形上的全纯变换, 其定义如下: 设 $f : M \to M$ 是复流形 M 到其自身的同胚, 如果 f 和它的逆映射 f^{-1} 都是全纯映射, 则称 f 是复流形 M 上的 **全纯变换**. M 上的全体全纯变换关于映射的复合构成一个群, 称为复流形 M 的 **全纯变换群**.

全纯映射还可以用复结构来刻画:

命题 2.2 设 $f : M \to N$ 是复流形之间的光滑映射, $J, \tilde{J}$ 分别是 M, N 上的典型复结构. 则 f 是全纯映射当且仅当 $\tilde{J} \circ f_* = f_* \circ J$, 其中 $f_* : TM \to TN$ 是映射 f 的切映射.

命题 2.2 的证明留作练习.

8.2.3 近复流形

在复流形上存在典型复结构的事实提示我们引入如下的定义:

定义 2.5 设 M 是 $2n$ 维光滑流形. 如果在 M 上存在一个光滑的线性变换场 (即光滑的 $(1,1)$ 型张量场)J, 使得在每一点 $p \in M$, $J_p = J(p)$ 是切空间 $T_p M$ 上的复结构, 则称 (M, J) 是一个 **近复流形**,

并且称 J 为 M 上的 **复结构 (场)**.

简而言之, 近复流形是具有一个复结构的光滑流形. 因此, 近复流形在每一点的切空间是一个复向量空间. 自然, 复流形是近复流形. 反过来可以问: 一个近复流形的复结构是否一定是一个复流形的典型复结构? 近复流形的复结构在什么条件下才是一个复流形的典型复结构? 是否存在不具有任何复流形结构的近复流形? 这些都是困难的问题, 但是经过多人的努力, 已经找到了这些问题的答案. 下面将导出一个复结构能够作为复流形的典型复结构的条件, 即复结构的可积条件. 首先引入 (p,q)-微分 (形) 式的概念.

设 (M, J) 是 $2n$ 维近复流形, $U \subset M$ 是开子集. 对于任意的 $x \in U$, 切空间 (T_xM, J_x) 是 n 维复向量空间; 同时, J 可以复线性扩张为复化切空间 $(T_xM)^{\mathbb{C}}$ 上的复线性变换. U 上的一个 (复值) 外微分式 ω 称为 (p,q)-**微分 (形) 式**, 如果在任意一点 $x \in U$, ω 在点 x 的值 $\omega(x)$ 是 M 在点 x 的一个 (p,q)-形式, 即 $\omega(x) \in \bigwedge^{p,q}(T_x^*M)^{\mathbb{C}}$. U 上的全体 (p,q)-微分式构成一个 $C^{\infty}(U)$-模, 记为 $A^{p,q}(U)$. 显然, 复共轭 $\omega \mapsto \overline{\omega}$ 在 $A^{p,q}(M)$ 和 $A^{q,p}(M)$ 之间建立了一一对应关系. 此外, U 上任意一个 r 次复值外微分式 ω 都可以唯一地分解为 (参看 (1.24) 式)

$$\omega = \sum_{p+q=r} \omega^{(p,q)}, \quad \text{其中} \ \omega^{(p,q)} \in A^{p,q}(U). \tag{2.12}$$

现在考虑复结构 J 的可积条件.

设 $(U; u^{\alpha})$ 是 M 的一个局部坐标系. 令

$$J\left(\frac{\partial}{\partial u^{\alpha}}\right) = J_{\alpha}^{\beta} \frac{\partial}{\partial u^{\beta}}, \tag{2.13}$$

其中 J_{α}^{β} 是 U 上的实值光滑函数. J 是复结构的条件是

$$J_{\gamma}^{\beta} J_{\alpha}^{\gamma} = -\delta_{\alpha}^{\beta}. \tag{2.14}$$

把 J 在余切空间 $T_x^*M(x \in U)$ 上诱导的复结构仍然记为 J, 它可以扩充为复化余切空间 $(T_x^*M)^{\mathbb{C}}$ 上的复线性变换. 则 J 在 1 次复值微分式

ω 上的作用是 $J(\omega) = \omega \circ J$(参看 (1.16) 式). 于是, $\omega \in A^{1,0}(U)$ 当且仅当 $J(\omega) = \sqrt{-1}\,\omega$; $\omega \in A^{0,1}(U)$ 当且仅当 $J(\omega) = -\sqrt{-1}\,\omega$.

把诱导的复结构 J 作用于余切标架场 $\{\mathrm{d}u^\alpha\}$, 则有

$$J(\mathrm{d}u^\alpha)\left(\frac{\partial}{\partial u^\beta}\right) = \mathrm{d}u^\alpha\left(J\left(\frac{\partial}{\partial u^\beta}\right)\right) = \mathrm{d}u^\alpha\left(J_\beta^\gamma \frac{\partial}{\partial u^\gamma}\right) = J_\beta^\alpha,$$

因此

$$J(\mathrm{d}u^\alpha) = J_\beta^\alpha \mathrm{d}u^\beta. \tag{2.15}$$

令

$$\begin{aligned}
\omega^\alpha &= \mathrm{d}u^\alpha - \sqrt{-1}\,J(\mathrm{d}u^\alpha) = (\delta_\beta^\alpha - \sqrt{-1}\,J_\beta^\alpha)\mathrm{d}u^\beta, \\
\overline{\omega^\alpha} &= \mathrm{d}u^\alpha + \sqrt{-1}\,J(\mathrm{d}u^\alpha) = (\delta_\beta^\alpha + \sqrt{-1}\,J_\beta^\alpha)\mathrm{d}u^\beta,
\end{aligned} \tag{2.16}$$

则 ω^α, $\overline{\omega^\alpha}$ 分别是 U 上的 $(1,0)$-微分式和 $(0,1)$-微分式. 由于 $\mathrm{d}u^\alpha = \frac{1}{2}(\omega^\alpha + \overline{\omega^\alpha})$, 所以复化的余切空间 $(T_p^*M)^{\mathbb{C}}$ 有直和分解

$$(T_p^*M)^{\mathbb{C}} = T_p^{*(1,0)}M \oplus T_p^{*(0,1)}M, \quad \forall p \in U, \tag{2.17}$$

其中 $T_p^{*(1,0)}M$ 和 $T_p^{*(0,1)}M$ 分别是 $(T_p^*M)^{\mathbb{C}}$ 中的 $(1,0)$ 形式和 $(0,1)$ 形式所构成的子空间, 即

$$T_p^{*(1,0)}M = \mathrm{Span}_{\mathbb{C}}\{\omega^\alpha|_p\}, \quad T_p^{*(0,1)}M = \mathrm{Span}_{\mathbb{C}}\{\overline{\omega^\alpha}|_p\}.$$

因此, $(T_p^*M)^{\mathbb{C}}$ 的直和分解 (2.17) 是由复结构 J 决定的, 与局部坐标系 $(U; u^\alpha)$ 的选取无关.

现在假定复结构 J 是由 M 上的一个复流形结构诱导的典型复结构. 对于 M 的容许复坐标系 $(V; z^i)$, 不妨设 $V = U$, $z^i = x^i + \sqrt{-1}\,y^i$, 则有

$$J(\mathrm{d}x^i) = -\mathrm{d}y^i, \quad J(\mathrm{d}y^i) = \mathrm{d}x^i \tag{2.18}$$

(参看 (2.7) 式和 (1.17) 式). 此时, $\mathrm{d}z^i$ 是 U 上的 $(1,0)$-微分式, $\mathrm{d}\overline{z^i}$ 是 U 上的 $(0,1)$-微分式. 因此, $\{\omega^\alpha\}$ 和 $\{\mathrm{d}z^i\}$ 可以互相线性表示, $\{\overline{\omega^\alpha}\}$ 和 $\{\mathrm{d}\overline{z^i}\}$ 可以互相线性表示. 设

$$\omega^\alpha = A_i^\alpha \mathrm{d}z^i, \quad A_i^\alpha \in C^\infty(U), \tag{2.19}$$

则

$$d\omega^\alpha = \left(\frac{\partial A_i^\alpha}{\partial z^j} dz^j + \frac{\partial A_i^\alpha}{\partial \overline{z^j}} d\overline{z^j}\right) \wedge dz^i \equiv 0 \quad (\mathrm{mod}\ \omega^\beta). \tag{2.20}$$

用 $T_p''M$ 表示在 $(T_pM)^{\mathbb{C}}$ 中使 $\omega^\alpha(1 \le \alpha \le 2n)$ 化为零的极大子空间，并设

$$v = v^\alpha \frac{\partial}{\partial u^\alpha} = (a^\alpha + \sqrt{-1}\, b^\alpha)\frac{\partial}{\partial u^\alpha} \in (T_pM)^{\mathbb{C}},$$

则有

$$\omega^\alpha(v) = (\delta_\beta^\alpha - \sqrt{-1}\, J_\beta^\alpha)(a^\beta + \sqrt{-1}\, b^\beta)$$
$$= (a^\alpha + J_\beta^\alpha b^\beta) - \sqrt{-1}\, J_\gamma^\alpha(a^\gamma + J_\beta^\gamma b^\beta).$$

所以，$v \in T_p''M$ 当且仅当对于任意的 α, 向量 v 满足条件 $\omega^\alpha(v) = 0$, 即

$$a^\alpha = -J_\beta^\alpha b^\beta, \quad b^\alpha = J_\beta^\alpha a^\beta, \quad \forall\, \alpha. \tag{2.21}$$

于是，$v \in T_p''M$ 的充分必要条件是

$$v = a^\beta(\delta_\beta^\alpha + \sqrt{-1}\, J_\beta^\alpha)\frac{\partial}{\partial u^\alpha}. \tag{2.22}$$

如果令

$$v_\beta = (\delta_\beta^\alpha + \sqrt{-1}\, J_\beta^\alpha)\frac{\partial}{\partial u^\alpha}, \quad 1 \le \beta \le 2n, \tag{2.23}$$

则由 (2.22) 式得知

$$T_p''M = \mathrm{Span}_{\mathbb{C}}\{v_\alpha;\ 1 \le \alpha \le 2n\}. \tag{2.24}$$

然而 (2.20) 式的意义是：如果 J 是由 M 的复流形结构诱导的典型复结构，则条件 $d\omega^\alpha \equiv 0\ (\mathrm{mod}\ \omega^\beta)$ 成立. 这意味着

$$d\omega^\alpha|_{T_p''M \times T_p''M} = 0, \quad \forall \alpha.$$

因此

$$0 = d\omega^\alpha(v_\beta, v_\gamma)$$

$$=v_\beta(\omega^\alpha(v_\gamma)) - v_\gamma(\omega^\alpha(v_\beta)) - \omega^\alpha([v_\beta, v_\gamma])$$

$$= -\omega^\alpha([v_\beta, v_\gamma]), \quad \forall \alpha, \beta, \gamma. \tag{2.25}$$

经过直接计算得到

$$[v_\beta, v_\gamma] = \left(\sqrt{-1} \left(\frac{\partial J_\gamma^\mu}{\partial u^\beta} - \frac{\partial J_\beta^\mu}{\partial u^\gamma} \right) - J_\beta^\lambda \frac{\partial J_\gamma^\mu}{\partial u^\lambda} + J_\gamma^\lambda \frac{\partial J_\beta^\mu}{\partial u^\lambda} \right) \frac{\partial}{\partial u^\mu}. \tag{2.26}$$

另一方面, 对 (2.14) 式求导得到

$$\frac{\partial J_\gamma^\beta}{\partial u^\lambda} J_\alpha^\gamma + J_\gamma^\beta \frac{\partial J_\alpha^\gamma}{\partial u^\lambda} = 0,$$

所以, 由 ω^α 的定义式 (2.16) 得到

$$-\omega^\alpha([v_\beta, v_\gamma])$$

$$= -\left(\sqrt{-1} \left(\frac{\partial J_\gamma^\mu}{\partial u^\beta} - \frac{\partial J_\beta^\mu}{\partial u^\gamma} \right) - J_\beta^\lambda \frac{\partial J_\gamma^\mu}{\partial u_\lambda} + J_\gamma^\lambda \frac{\partial J_\beta^\mu}{\partial u^\lambda} \right) (\delta_\mu^\alpha - \sqrt{-1} J_\mu^\alpha)$$

$$= J_\beta^\lambda \left(\frac{\partial J_\gamma^\alpha}{\partial u^\lambda} - \frac{\partial J_\lambda^\alpha}{\partial u^\gamma} \right) - J_\gamma^\lambda \left(\frac{\partial J_\beta^\alpha}{\partial u^\lambda} - \frac{\partial J_\lambda^\alpha}{\partial u^\beta} \right)$$

$$- \sqrt{-1} J_\rho^\alpha \left(J_\beta^\lambda \left(\frac{\partial J_\gamma^\rho}{\partial u^\lambda} - \frac{\partial J_\lambda^\rho}{\partial u^\gamma} \right) - J_\gamma^\lambda \left(\frac{\partial J_\beta^\rho}{\partial u^\lambda} - \frac{\partial J_\lambda^\rho}{\partial u^\beta} \right) \right).$$

令

$$N_{\beta\gamma}^\alpha = J_\beta^\lambda \left(\frac{\partial J_\gamma^\alpha}{\partial u^\lambda} - \frac{\partial J_\lambda^\alpha}{\partial u^\gamma} \right) - J_\gamma^\lambda \left(\frac{\partial J_\beta^\alpha}{\partial u^\lambda} - \frac{\partial J_\lambda^\alpha}{\partial u^\beta} \right), \tag{2.27}$$

则

$$-\omega^\alpha([v_\beta, v_\gamma]) = N_{\beta\gamma}^\alpha - \sqrt{-1} J_\rho^\alpha N_{\beta\gamma}^\rho.$$

于是条件 (2.25) 成为

$$N_{\beta\gamma}^\alpha = 0, \qquad \forall \alpha, \beta, \gamma.$$

容易验证, $N_{\beta\gamma}^\alpha$ 是 M 上的一个 (1, 2) 型光滑张量场的分量. 事实上, 对于任意的 $X, Y \in \mathfrak{X}(M)$, 令

$$\mathcal{N}(X, Y) = [JX, JY] - J[JX, Y] - J[X, JY] - [X, Y], \tag{2.28}$$

则有 $\mathcal{N}(X,Y) = -\mathcal{N}(Y,X)$，并且对于任意的 $f \in C^\infty(M)$ 有

$$\mathcal{N}(fX,Y) = \mathcal{N}(X,fY) = f\mathcal{N}(X,Y).$$

另外，

$$\mathcal{N}(JX,JY) = -\mathcal{N}(X,Y).$$

因此，$\mathcal{N}$ 是近复流形 (M,J) 上由复结构 J 确定的 $(1,2)$ 型光滑张量场. 在局部坐标系 $(U;u^\alpha)$ 下，利用 (2.14) 式得到

$$\begin{aligned}
&\mathcal{N}\left(\frac{\partial}{\partial u^\beta}, \frac{\partial}{\partial u^\gamma}\right) \\
&= \left[J_\beta^\lambda \frac{\partial}{\partial u^\lambda}, J_\gamma^\mu \frac{\partial}{\partial u^\mu}\right] - J\left[J_\beta^\lambda \frac{\partial}{\partial u^\lambda}, \frac{\partial}{\partial u^\gamma}\right] - J\left[\frac{\partial}{\partial u^\beta}, J_\gamma^\lambda \frac{\partial}{\partial u^\lambda}\right] \\
&= \left(J_\beta^\lambda \frac{\partial J_\gamma^\alpha}{\partial u^\lambda} - J_\gamma^\lambda \frac{\partial J_\beta^\alpha}{\partial u^\lambda}\right)\frac{\partial}{\partial u^\alpha} - \left(\frac{\partial J_\gamma^\lambda}{\partial u^\beta} - \frac{\partial J_\beta^\lambda}{\partial u^\gamma}\right) J_\lambda^\alpha \frac{\partial}{\partial u^\alpha} \\
&= \left(J_\beta^\lambda \frac{\partial J_\gamma^\alpha}{\partial u^\lambda} - J_\gamma^\lambda \frac{\partial J_\beta^\alpha}{\partial u^\lambda} + J_\gamma^\lambda \frac{\partial J_\lambda^\alpha}{\partial u^\beta} - J_\beta^\lambda \frac{\partial J_\lambda^\alpha}{\partial u^\gamma}\right)\frac{\partial}{\partial u^\alpha} \\
&= N_{\beta\gamma}^\alpha \frac{\partial}{\partial u^\alpha}.
\end{aligned}$$

于是，张量场 $\mathcal{N}$ 的局部坐标表达式是

$$\begin{aligned}
\mathcal{N} &= N_{\beta\gamma}^\alpha \frac{\partial}{\partial u^\alpha} \otimes \mathrm{d}u^\beta \otimes \mathrm{d}u^\gamma \\
&= \frac{1}{2} N_{\beta\gamma}^\alpha \frac{\partial}{\partial u^\alpha} \otimes (\mathrm{d}u^\beta \wedge \mathrm{d}u^\gamma). \tag{2.29}
\end{aligned}$$

定义 2.6 设 (M,J) 是近复流形，则由 (2.28) 式定义的 $(1,2)$ 型光滑张量场 $\mathcal{N}$ 称为复结构 J 的 **挠率张量**. 如果挠率张量 $\mathcal{N}$ 为零，则称该复结构 J 是 **可积的**.

于是，前面的讨论给出了下面的结论：

定理 2.3 设 (M,J) 是近复流形. 如果 J 是由 M 上的一个复流形结构诱导的典型复结构，则 J 必是可积的.

定理 2.3 的逆命题也是成立的: 如果近复流形 (M, J) 的复结构是可积的, 则它必是 M 上的一个复流形结构诱导的典型复结构. 这个结论首先是在 1957 年由 A.Newlander 和 L.Nirenberg 得到, 后来 A.Nirenhuis 和 W.B.Woolf, J.Kohn, 以及 L.Hörmander 等人又先后证明了同样的结果. 他们分别假定复结构 J 是 C^∞ 的, 或具有更弱的光滑性. 当 M 是二维光滑流形时, 由于 $\mathcal{N}$ 的反对称性, 复结构的可积性是平凡的. 事实上, 在 $\dim M = 2$ 时, 在 M 上可取局部标架场 $\{X, JX\}$. 于是 $\mathcal{N}(X, JX) = \mathcal{N}(JX, X) = -\mathcal{N}(X, JX)$. 因此 $\mathcal{N}(X, JX) = 0$. 在这种情况下, Korn-Lichtenstein 证明了如下的结论: 二维光滑流形上的一个 $C^\alpha(0 < \alpha < 1)$ 类黎曼度量在局部上共形于平坦度量, 换言之, 二维黎曼流形在局部上必定存在等温坐标. 因此, 可定向的二维黎曼流形必有可积的复结构, 因而是一维复流形, 即所谓的黎曼面. 以上这些结果的证明都不是简单的, 在此不再赘述.

注记 2.1 在近复流形之间可以引入伪全纯映射的概念. 设 $f:$ $(M, J) \to (N, \tilde{J})$ 是近复流形之间的光滑映射, 如果 f 的切映射 f_* 满足 $\tilde{J} \circ f_* = f_* \circ J$, 则称 f 是从近复流形 M 到 N 的 **(伪) 全纯映射**.

与命题 1.1 相对照, 关于近复流形有下列命题:

命题 2.4 设 (M, J) 是个 $2n$ 维近复流形, 则在每一点 $p \in M$ 的一个邻域内必存在局部标架场 $(e_1, \cdots, e_{2n})$, 使得

$$Je_i = e_{n+i}, \qquad Je_{n+i} = -e_i.$$

证明 设 $(U; x^\alpha)$ 是点 p 的任意一个局部坐标系, 设 $e_1 = \frac{\partial}{\partial x^1}$, $e_{n+1} = Je_1$, 则 e_1, e_{n+1} 是 U 上的光滑切向量场, 并且处处线性无关. 事实上, 若有 $a, b \in \mathbb{R}$ 使得

$$ae_1 + be_{n+1} = 0,$$

则将复结构 J 作用于上述方程得到

$$-be_1 + ae_{n+1} = 0,$$

于是 $(a^2 + b^2)e_1 = 0$, 故 $a = b = 0$. 显然, Span $\{e_1, e_{n+1}\}$ 是 U 的 J-不变的二维分布, 不妨设 $\frac{\partial}{\partial x^2} \notin$ Span $\{e_1, e_{n+1}\}$. 于是命 $e_2 = \frac{\partial}{\partial x^2}$, $e_{n+2} = Je_2$, 则 $e_1, e_2, e_{n+1}, e_{n+2}$ 是 U 上的光滑切向量场, 且处处线性无关. 继续上述过程, 最后得到所要的局部标架场 $(e_1, \cdots, e_{2n})$. 证毕.

8.2.4 Hermite 结构

下面讨论近复流形和复流形上的 Hermite 结构.

定理 2.5 设 (M, J) 是满足第二可数公理的 $2n$ 维近复流形, 则在 M 上必存在 J-不变的黎曼度量.

证明 这是在复向量空间 V 上存在 J-不变欧氏内积的直接推论 (参看 §8.1 的 (1.34) 式). 事实上, 先在 M 上任意取定一个黎曼度量 g_0, 对于任意的 $p \in M$ 以及任意的 $X, Y \in T_pM$, 定义

$$g(X, Y) = \frac{1}{2}(g_0(X, Y) + g_0(JX, JY)). \tag{2.30}$$

容易验证, g 就是 M 上的 J-不变黎曼度量. 证毕.

设 g 是 M 上的一个 J-不变黎曼度量. 对于任意的 $p \in M$, 令

$$h(X, Y) = g(X, Y) + \sqrt{-1}\, g(X, JY), \quad \forall X, Y \in T_pM. \tag{2.31}$$

则 $h : T_pM \times T_pM \to \mathbb{C}$ 是 T_pM 上的复值实双线性函数, 它满足

$$
\begin{aligned}
h(Y, X) &= g(Y, X) + \sqrt{-1}\, g(Y, JX) \\
&= g(X, Y) - \sqrt{-1}\, g(X, JY) = \overline{h(X, Y)},
\end{aligned}
$$

并且

$$h(X, X) = g(X, X) \geq 0,$$

其中的等号只在 $X = 0$ 时成立. 如果对于任意的 $X \in T_pM$, 令

$$\sqrt{-1} \cdot X = JX,$$

则 T_pM 成为复向量空间, 而且

$$h(\sqrt{-1}\cdot X, Y) = h(JX, Y)$$
$$= g(JX, Y) + \sqrt{-1}\, g(JX, JY) = \sqrt{-1}\, h(X, Y).$$

因此, h 是 (T_pM, J) 所对应的复向量空间上的 Hermite 内积. 于是有下面的定义:

定义 2.7 设 (M, J) 是 $2n$ 维近复流形. 如果在 M 上以光滑地依赖于点 $p \in M$ 的方式, 在每一点 p 的切空间 (T_pM, J) 上给定了一个 Hermite 内积 $h_p = h(p)$, 则称 h 为近复流形 (M, J) 上的一个 **Hermite 结构**. 具有一个指定的 Hermite 结构 h 的近复流形 (M, J) 称为 **近 Hermite 流形**, 记为 (M, J, h) 或 (M, h).

这里, 所谓 "以光滑地依赖于点 $p \in M$ 的方式" 是指: 对于任意的 $X, Y \in \mathfrak{X}(M)$, 由 $(h(X, Y))(p) = h_p(X_p, Y_p)$ 定义的复值函数 $h(X, Y)$ 是光滑的.

根据前面的讨论, (M, J) 上的 Hermite 内积等价于 (M, J) 上的 J-不变黎曼度量, 后者是前者的实部. 根据 §8.1 中的讨论, Hermite 结构 h 的虚部是 M 上的 2 次外微分形式, 称为近 Hermite 流形 (M, J, h) 上的 **Kähler 形式**, 并记为 k, 即

$$k(X, Y) = g(X, JY), \quad \forall X, Y \in T_pM, \quad \forall p \in M. \tag{2.32}$$

定义 2.8 如果 M 是 n 维复流形, 并且在 M 上指定了一个 Hermite 结构, 则称 (M, h) 是一个 n 维 **Hermite 流形**.

在 Hermite 流形之间保持 Hermite 结构不变的全纯映射称为 **等距的全纯映射**; 这样的映射关于由 Hermite 结构给出的黎曼度量显然是等距浸入, 因而又称为 **全纯等距浸入**. 在 Hermite 流形 (M, h) 上保持 Hermite 结构 h 不变的全纯变换称为 (M, h) 上的 **全纯等距变换**. (M, h) 上的全纯等距变换构成的群称为 Hermite 流形 (M, h) 的 **全纯等距变换群**.

下面用 Hermite 流形 M 的局部复坐标把 Hermite 结构 h 表示出来, 为此需要对复流形 M 上的 Hermite 结构作一些说明. 根据定义 2.7, 复流形 M 上的 Hermite 结构 h 是指: 在每一点 $p \in M$, h_p 是切空间 T_pM 关于复流形的典型复结构 J 所对应的复向量空间上的 Hermite 内积.

设 $(U; z^i)$ 是 M 的一个局部复坐标系, 相应的自然复标架场为 $\left\{ \dfrac{\partial}{\partial z^i} \right\}$, 与其对偶的余切标架场是 $\{dz^i\}$. 令 $z^i = x^i + \sqrt{-1}\,y^i$, 则 $(U; x^i, y^i)$ 是光滑流形 M 的局部坐标系, 相应的自然标架场是 $\left\{ \dfrac{\partial}{\partial x^i}, \dfrac{\partial}{\partial y^i} \right\}$, 其对偶余切标架场是 $\{dx^i, dy^i\}$. 典型复结构 J 的作用是

$$J\left(\frac{\partial}{\partial x^i} \right) = \frac{\partial}{\partial y^i}, \quad J\left(\frac{\partial}{\partial y^i} \right) = -\frac{\partial}{\partial x^i},$$
$$J(dx^i) = -dy^i, \quad J(dy^i) = dx^i. \tag{2.33}$$

记 $\bar{i} = n + i$, $x^{\bar{i}} = y^i$, 并且令

$$g_{\alpha\beta} = g\left(\frac{\partial}{\partial x^\alpha}, \frac{\partial}{\partial x^\beta} \right), \quad 1 \leq \alpha, \beta \leq 2n. \tag{2.34}$$

则由 g 的 J-不变性得

$$g_{ij} = g_{\bar{i}\bar{j}} = g_{ji} = g_{\bar{j}\bar{i}},$$
$$g_{i\bar{j}} = -g_{\bar{i}j} = g_{\bar{j}i} = -g_{j\bar{i}}, \tag{2.35}$$

因而

$$\begin{aligned} g &= g_{\alpha\beta}dx^\alpha \otimes dx^\beta \\ &= g_{ij}(dx^i \otimes dx^j + dy^i \otimes dy^j) + g_{i\bar{j}}(dx^i \otimes dy^j + dy^j \otimes dx^i). \end{aligned} \tag{2.36}$$

由 Kähler 形式的定义和 (2.32) 式有

$$k = k_{\alpha\beta}dx^\alpha \otimes dx^\beta,$$

其中

$$k_{\alpha\beta} = k\left(\frac{\partial}{\partial x^\alpha}, \frac{\partial}{\partial x^\beta}\right) = g\left(\frac{\partial}{\partial x^\alpha}, J\left(\frac{\partial}{\partial x^\beta}\right)\right).$$

因此

$$k_{ij} = g_{i\bar{j}}, \quad k_{i\bar{j}} = -g_{ij}, \quad k_{\bar{i}j} = g_{ij}, \quad k_{\bar{i}\bar{j}} = g_{i\bar{j}}.$$

所以 Kähler 形式 k 可以表示为

$$k = g_{i\bar{j}}(\mathrm{d}x^i \otimes \mathrm{d}x^j + \mathrm{d}y^i \otimes \mathrm{d}y^j) + g_{ij}(-\mathrm{d}x^i \otimes \mathrm{d}y^j + \mathrm{d}y^j \otimes \mathrm{d}x^i). \tag{2.37}$$

从 (2.31) 式得到

$$h = g + \sqrt{-1}\,k = h_{ij}\mathrm{d}z^i \otimes \mathrm{d}\overline{z^j}, \tag{2.38}$$

其中

$$h_{ij} = g_{ij} + \sqrt{-1}\,g_{i\bar{j}}, \quad \mathrm{d}z^i = \mathrm{d}x^i + \sqrt{-1}\,\mathrm{d}y^i = \mathrm{d}x^i - \sqrt{-1}\,J\mathrm{d}x^i. \tag{2.39}$$

上式中的 $\mathrm{d}z^i$ 是 T_pM 上的复值实线性函数, 即 $\mathrm{d}z^i \in (T_p^*M)^{\mathbb{C}}$. 如果考虑 (T_pM, J) 所对应的复向量空间, 也就是对于任意的 $v \in T_pM$, 定义 $\sqrt{-1} \cdot v = Jv$, 则由 (2.39) 式不难知道

$$\mathrm{d}z^i(\sqrt{-1} \cdot v) = \sqrt{-1}\,\mathrm{d}z^i(v). \tag{2.40}$$

换句话说, $\mathrm{d}z^i$ 是 (T_pM, J) 所对应的复向量空间上的复线性函数. 由此可见, 表达式 (2.38) 是 (T_pM, J) 所对应的复向量空间上的复值实双线性函数, 并且它关于第一个自变量是复线性的.

n 维复流形 M 在每一点 $p \in M$ 有三个彼此复线性同构的复向量空间: 切空间 T_pM 关于典型复结构 J 所构成的复向量空间, 复切空间 T_p^hM 和 $(1,0)$ 切空间 $T_p^{(1,0)}M$. Hermite 结构 (2.38) 同时可以看作 T_p^hM 和 $T_p^{(1,0)}M$ 上的 Hermite 内积.

复向量空间 (T_pM, J) 的复自然基底是 $\left\{\dfrac{\partial}{\partial x^i}\right\}$, (2.38) 式中的系数是

$$h_{ij} = h\left(\frac{\partial}{\partial x^i}, \frac{\partial}{\partial x^j}\right) = g\left(\frac{\partial}{\partial x^i}, \frac{\partial}{\partial x^j}\right) + \sqrt{-1}\,g\left(\frac{\partial}{\partial x^i}, \frac{\partial}{\partial y^j}\right). \tag{2.41}$$

如果把 $\dfrac{\partial}{\partial x^i}$ 看作作用在全纯函数上的算子，则有

$$\frac{\partial f}{\partial x^i}\bigg|_p = \frac{\partial f}{\partial z^i}\bigg|_p, \qquad \forall f \in \mathcal{O}_p,$$

即 $\dfrac{\partial}{\partial x^i}$ 和复切向量 $\dfrac{\partial}{\partial z^i}$ 在全纯函数上作用的效果是相同的，$\mathrm{d}z^i$ 看作 $T_p^h M$ 上的复线性函数正好是 $T_p^h M$ 上关于自然基底 $\left\{\dfrac{\partial}{\partial z^i}\right\}$ 的坐标函数. 在这个意义上，(2.38) 式定义的 h 是复向量空间 $T_p^h M$ 上的 Hermite 内积，即

$$h = h\left(\frac{\partial}{\partial z^i}, \frac{\partial}{\partial z^j}\right) \mathrm{d}z^i \otimes \mathrm{d}\overline{z^j}. \tag{2.42}$$

另一方面，$\dfrac{\partial}{\partial z^i}$ 可以看作切向量的复系数线性组合

$$\frac{\partial}{\partial z^i} = \frac{1}{2}\left(\frac{\partial}{\partial x^i} - \sqrt{-1}\,\frac{\partial}{\partial y^i}\right), \tag{2.43}$$

而 $\mathrm{d}z^i = \mathrm{d}x^i + \sqrt{-1}\,\mathrm{d}y^i \in T_p^{*(1,0)} M = (T_p^{(1,0)} M)^*$，因此 (2.42) 式也是 $T_p^{(1,0)} M$ 上的 Hermite 内积.

最后引进一个新概念. 将 §8.1 中的 (1.37) 和 (1.44) 两式相对照，不难从 Hermite 流形 (M, h) 的 Hermite 内积 (2.38) 式得到 Kähler 形式 k 的局部坐标表达式

$$k = -\frac{\sqrt{-1}}{2} h_{ij} \mathrm{d}z^i \wedge \mathrm{d}\overline{z^j}, \tag{2.44}$$

它也能从化简 (2.37) 式得到. Kähler 形式作为光滑流形 M 上的 J-不变 2 次外微分形式的外微分是

$$\begin{aligned}
\mathrm{d}k &= -\frac{\sqrt{-1}}{2}\left(\frac{\partial h_{ij}}{\partial z^k}\mathrm{d}z^k + \frac{\partial h_{ij}}{\partial \overline{z^k}}\mathrm{d}\overline{z^k}\right)\mathrm{d}z^i \wedge \mathrm{d}\overline{z^j}\\
&= -\frac{\sqrt{-1}}{4}\left(\sum_{i,j,k}\left(\frac{\partial h_{ij}}{\partial z^k} - \frac{\partial h_{kj}}{\partial z^i}\right)\mathrm{d}z^k \wedge \mathrm{d}z^i \wedge \mathrm{d}\overline{z^j}\right.
\end{aligned}$$

$$+ \sum_{i,j,k} \left(\frac{\partial h_{ij}}{\partial \overline{z^k}} - \frac{\partial h_{ik}}{\partial \overline{z^j}} \right) d\overline{z^k} \wedge dz^i \wedge d\overline{z^j} \Bigg)$$

$$= -\frac{\sqrt{-1}}{4} \left(\sum_{i,j,k} \left(\frac{\partial h_{ij}}{\partial z^k} - \frac{\partial h_{kj}}{\partial z^i} \right) dz^k \wedge dz^i \wedge d\overline{z^j} \right.$$

$$\left. - \overline{\sum_{i,j,k} \left(\frac{\partial h_{ij}}{\partial z^k} - \frac{\partial h_{kj}}{\partial z^i} \right) dz^k \wedge dz^i \wedge d\overline{z^j}} \right). \qquad (2.45)$$

定义 2.9　设 (M,h) 是 Hermite 流形. 如果它的 Kähler 形式 k 是闭微分式, 则称 (M,h) 是 **Kähler 流形**.

于是, 由 (2.45) 式得知: Hermite 流形 (M,h) 是 Kähler 流形的充分必要条件是

$$\frac{\partial h_{ij}}{\partial z^k} = \frac{\partial h_{kj}}{\partial z^i} \quad \left(\text{或等价地} \quad \frac{\partial h_{ij}}{\partial \overline{z^k}} = \frac{\partial h_{ik}}{\partial \overline{z^j}} \right), \quad \forall i,j,k. \qquad (2.46)$$

Kähler 流形具有丰富的几何性质, 在 §8.4 将作详细的讨论.

§8.3　复向量丛上的联络

在第二章曾经对光滑流形和向量丛上的联络进行过详细的讨论. 在深入研究 Hermite 流形和 Kähler 流形的几何之前, 需要对复向量丛上联络的特点作一些分析.

8.3.1　复向量丛

所谓的复向量丛指的是一类以复向量空间为纤维的纤维丛, 它的底流形可以是光滑流形, 也可以是复流形; 在底流形是复流形的情形, 还可以对转移函数族提出更强的要求, 从而区分出一类特殊的复向量丛——全纯向量丛.

定义 3.1　设 E, M 是两个光滑流形, $\pi : E \to M$ 是一个光滑

的满映射，$V = \mathbb{C}^r$ 是 r 维复向量空间. 如果存在 M 的一个开覆盖 $\{U_\lambda, \lambda \in I\}$, 以及一组映射 $\{\psi_\lambda, \lambda \in I\}$ 满足下列条件：

(1) 对于每一个 λ, 映射 ψ_λ 是从 $U_\lambda \times \mathbb{C}^r$ 到 $\pi^{-1}(U_\lambda)$ 上的光滑同胚，并且对于任意的 $(p, y) \in U_\lambda \times \mathbb{C}^r$ 有

$$\pi \circ \psi_\lambda(p, y) = p;$$

(2) 对于任意固定的 $p \in U_\lambda$, 记

$$\psi_{\lambda, p}(y) = \psi_\lambda(p, y), \quad \forall y \in \mathbb{C}^r,$$

则 $\psi_{\lambda, p} : \mathbb{C}^r \to \pi^{-1}(p)$ 是同胚，并且当 $U_\lambda \cap U_\mu \neq \emptyset$ 时，映射

$$g_{\lambda\mu}(p) \equiv \psi_{\lambda, p}^{-1} \circ \psi_{\mu, p} : \mathbb{C}^r \to \mathbb{C}^r$$

是复线性同构，即 $g_{\lambda\mu}(p) \in \mathrm{GL}(r, \mathbb{C})$;

(3) 当 $U_\lambda \cap U_\mu \neq \emptyset$ 时，映射 $g_{\lambda\mu} : U_\lambda \cap U_\mu \to \mathrm{GL}(r, \mathbb{C})$ 是光滑的，则称 (E, M, π) 是光滑流形 M 上秩为 r 的 **复向量丛**，其中的 E 称为 **丛空间**，M 称为 **底空间**，π 称为 **丛投影**，$V = \mathbb{C}^r$ 称为 **纤维型**.

与第一章定义的实向量丛一样，常常把复向量丛 (E, M, π) 记为 E 或 $\pi : E \to M$; 同时，对于任意的 $p \in M$, $E_p = \pi^{-1}(p)$ 称为 E 在 p 点的纤维，它是 r 维复向量空间.

定义 3.1 中的映射 ψ_λ ($\forall \lambda \in I$) 称为复向量丛 E 的 **局部平凡化**，$g_{\lambda\mu}$ 称为 E 的 **转移函数**.

把复向量丛和实向量丛的定义相比较，不难看出它们的区别在于纤维型由原来的实向量空间 $\mathbb{R}^q$ 换成了复向量空间 $\mathbb{C}^r$; 与此同时，转移函数 $g_{\lambda\mu}(p)$ ($p \in U_\lambda \cap U_\mu$) 是复线性同构，即由原来的 $g_{\lambda\mu} \in \mathrm{GL}(q, \mathbb{R})$ 换成了 $g_{\lambda\mu} \in \mathrm{GL}(r, \mathbb{C})$.

设 $E = (E, M, \pi)$ 是光滑流形 M 上的一个秩为 $q = 2r$ 的实向量丛，$\{g_{\lambda\mu} : U_\lambda \cap U_\mu \to \mathrm{GL}(q, \mathbb{R})\}$ 是 E 的转移函数族. 如果存在 R^{2r}

的复结构 J_0 使得对于任意的满足条件 $U_\lambda \cap U_\mu \neq \emptyset$ 的指标 $\lambda, \mu \in I$，以及任意的 $p \in U_\lambda \cap U_\mu \neq \emptyset$ 都有

$$J_0 \circ g_{\lambda\mu}(p) = g_{\lambda\mu}(p) \circ J_0, \tag{3.1}$$

则转移函数 $g_{\lambda\mu}(p) : (R^{2r}, J_0) \to (R^{2r}, J_0)$ 是光滑地依赖于点 $p \in U_\lambda \cap U_\mu$ 的复线性同构. 而且，由于 (3.1) 式，在每一点 $p \in M$ 的纤维 E_p 上有确定的复结构

$$J_p = \psi_\lambda \circ J_0 \circ \psi_\lambda^{-1} = \psi_\mu \circ J_0 \circ \psi_\mu^{-1}, \quad p \in U_\lambda \cap U_\mu. \tag{3.2}$$

所以，$E_p = (E_p, J_p), \forall p \in M$ 是 r 维复向量空间，从而使 (E, M, π) 成为秩是 r 的复向量丛.

例 3.1　$2n$ 维近复流形 (M, J) 的切丛 TM 是 M 上秩为 n 的复向量丛.

设 $\pi : TM \to M$ 是 M 的切丛，$\{(U_a, \varphi_a) : a \in I\}$ 是光滑流形 M 的一个容许的坐标覆盖. 根据命题 2.4，在每一个 U_a 上存在局部标架场 $\{e_1^{(a)}, \cdots, e_{2n}^{(a)}\}$，使得

$$Je_i^{(a)} = e_{n+i}^{(a)}, \quad Je_{n+i}^{(a)} = -e_i^{(a)}, \quad 1 \leq i \leq n. \tag{3.3}$$

定义映射 $\psi_a : U_a \times \mathbb{R}^{2n} \to \pi^{-1}(U_a)$ 为

$$\psi_a(x, v) = \sum_{\alpha=1}^{2n} v^\alpha e_\alpha^{(a)}(x), \tag{3.4}$$

这是可微同胚，并且 $\pi \circ \psi_a(x, v) = x, \forall x \in U_a$. 因此 ψ_a 是 TM 的局部平凡化. 当 $U_a \cap U_b \neq \emptyset$ 时，在 $U_a \cap U_b$ 上有局部标架场的变换公式

$$e_\alpha^{(b)} = (g_{ab})_\alpha^\beta e_\beta^{(a)}, \tag{3.5}$$

其中 $(g_{ab})_\alpha^\beta \in C^\infty(U_a \cap U_b)$. 将复结构用于 (3.5) 式，并且考虑到标架场 $e_\alpha^{(a)}$ 和 $e_\alpha^{(b)}$ 所满足的条件 (3.3)，则不难得知

$$(g_{ab})_{n+i}^{n+j} = (g_{ab})_i^j, \quad (g_{ab})_i^{n+j} = -(g_{ab})_{n+i}^j. \tag{3.6}$$

用 J_0 记 R^{2n} 上的典型复结构 (参看 (1.10) 式), 即

$$J_0 = \begin{pmatrix} 0 & -I_n \\ I_n & 0 \end{pmatrix},$$

并且记

$$g_{ab} = \begin{pmatrix} (g_{ab})_1^1 & \cdots & (g_{ab})_{2n}^1 \\ \vdots & & \vdots \\ (g_{ab})_1^{2n} & \cdots & (g_{ab})_{2n}^{2n} \end{pmatrix},$$

则 (3.6) 式成为

$$g_{ab} \circ J_0 = J_0 \circ g_{ab}. \tag{3.7}$$

从 (3.4), (3.5) 式得到, 下列条件

$$\psi_a(x,v) = \psi_b(x,\tilde{v}), \quad \forall x \in U_a \cap U_b, \quad v, \tilde{v} \in \mathbb{R}^{2n},$$

即

$$\sum_{\beta=1}^{2n} v^\beta e_\beta^{(a)}(x) = \sum_{\alpha=1}^{2n} \tilde{v}^\alpha e_\alpha^{(b)}(x)$$

成立的充分必要条件是

$$v^\beta = (g_{ab}(x))_\alpha^\beta \tilde{v}^\alpha,$$

即 $g_{ab}(x)$ 恰好是转移函数 $\psi_{a,x}^{-1} \circ \psi_{b,x} : \mathbb{R}^{2n} \to \mathbb{R}^{2n}$. 由 (3.7) 式和命题 1.2, $g_{ab}(x) \in \mathrm{GL}(2n, \mathbb{R})$ 实际上等同于从 $\mathbb{C}^n$ 到它自身的复线性同构 $\tilde{g}_{ab}(x) = ((g_{ab})_j^i + \sqrt{-1}(g_{ab})_j^{n+i}) \in \mathrm{GL}(n, \mathbb{C})$. 因此 TM 是 M 上的复向量丛.

一般线性变换群 $\mathrm{GL}(r, \mathbb{C})$ 显然是一个复流形. 因此, 当一个复向量丛的底流形是复流形时, 可以对转移函数提出更高的要求.

定义 3.2 设 M 是 n 维复流形, $\pi : E \to M$ 是 M 上秩为 r 的复向量丛. 如果存在该复向量丛的局部平凡化结构 $\{(U_\lambda, \psi_\lambda); \lambda \in I\}$, 使

得对于任意的 $\lambda, \mu \in I$, 当 $U_\lambda \cap U_\mu \neq \emptyset$ 时, 转移函数 $g_{\lambda\mu} : U_\lambda \cap U_\mu \to$ GL$(r, \mathbb{C})$ 都是全纯映射, 则称 (E, M, π) 是复流形 M 上秩为 r 的 **全纯向量丛**.

对于全纯向量丛 (E, M, π) 来说, 在其丛空间 E 上具有自然的复流形结构, 使得 E 成为一个复流形. 事实上, 设 $\{(U_\lambda, \varphi_\lambda; z_\lambda^i)\}$ 是 M 的一个复坐标覆盖, 则 $\{\pi^{-1}(U_\lambda)\}$ 构成 E 的一个开覆盖. 同时, 借助于局部平凡化

$$\psi_\lambda : U_\lambda \times \mathbb{C}^r \to \pi^{-1}(U_\lambda),$$

使 $(z_\lambda^i, y_\lambda) \in \varphi_\lambda(U_\lambda) \times \mathbb{C}^r$ 成为 $\pi^{-1}(U_\lambda)$ 上的复坐标系. 当 $U_\lambda \cap U_\mu \neq \emptyset$ 时, 在 $\pi^{-1}(U_\lambda) \cap \pi^{-1}(U_\mu) = \pi^{-1}(U_\lambda \cap U_\mu)$ 上的复坐标系 (z_λ^i, y_λ) 和 (z_μ^i, y_μ) 之间的关系是

$$\begin{aligned} z_\lambda^i &= (\varphi_\lambda \circ \varphi_\mu^{-1})^i(z_\mu^1, \cdots, z_\mu^n), \\ y_\lambda &= (g_{\lambda\mu} \circ \varphi_\mu^{-1}(z_\mu^1, \cdots, z_\mu^n)) \cdot y_\mu. \end{aligned} \tag{3.8}$$

因为 $\varphi_\lambda \circ \varphi_\mu^{-1}$ 和 $g_{\lambda\mu} : U_\lambda \cap U_\mu \to$ GL$(r, \mathbb{C})$ 都是全纯映射, 所以 (z_λ^i, y_λ) 的每一个分量都是 (z_μ^i, y_μ) 的全纯函数. 由此得知, E 具有复流形结构, 因而是一个 $n + r$ 维复流形. 在此意义下, 丛投影 $\pi : E \to M$ 是全纯映射.

定义 3.3 设 (E, M, π) 是全纯向量丛. 如果 $\sigma : M \to E$ 是全纯映射, 并且满足条件 $\pi \circ \sigma = \mathrm{id}_M$, 则称 σ 是全纯向量丛 $\pi : E \to M$ 的一个 **全纯截面**.

全纯向量丛 E 上的全纯截面的集合记作 $\Gamma^h(E)$, 它是一个复向量空间.

例 3.2 设 M 是 n 维复流形, 则 M 的切丛 TM 是 M 上的全纯向量丛.

事实上, 由例 3.1 已知 TM 是 M 上的复向量丛. 因此, 只需要说明 TM 有一个局部平凡化结构, 使得它的转移函数都是全纯的. 设 $(U; z^i)$ 是 M 的一个复坐标系. 令 $z^i = x^i + \sqrt{-1}\, y^i$, 则 $T_p M (p \in U)$ 的

自然基底是 $\left\{\dfrac{\partial}{\partial x^i}, \dfrac{\partial}{\partial y^i}\right\}$，并且 $J\dfrac{\partial}{\partial x^i} = \dfrac{\partial}{\partial y^i}$，$J\dfrac{\partial}{\partial y^i} = -\dfrac{\partial}{\partial x^i}$，这里的 J 是 M 上的典型复结构. 在把 T_pM 看作复向量空间时有

$$\sqrt{-1} \cdot v = Jv, \quad \forall v \in T_pM.$$

因此，$\left\{\dfrac{\partial}{\partial x^i}\right\}$ 是复向量空间 (T_pM, J) 的基底.

设 $(V; \tilde{z}^i)$ 是 M 的另一个复坐标系，并且 $U \cap V \neq \emptyset$. 令 $\tilde{z}^i = \tilde{x}^i + \sqrt{-1}\,\tilde{y}^i$，则在 $U \cap V$ 上有

$$\begin{cases} \dfrac{\partial}{\partial x^i} = \dfrac{\partial \tilde{x}^j}{\partial x^i}\dfrac{\partial}{\partial \tilde{x}^j} + \dfrac{\partial \tilde{y}^j}{\partial x^i}\dfrac{\partial}{\partial \tilde{y}^j}, \\[2mm] \dfrac{\partial}{\partial y^i} = \dfrac{\partial \tilde{x}^j}{\partial y^i}\dfrac{\partial}{\partial \tilde{x}^j} + \dfrac{\partial \tilde{y}^j}{\partial y^i}\dfrac{\partial}{\partial \tilde{y}^j}. \end{cases}$$

由于 $\dfrac{\partial}{\partial \tilde{y}^j} = J\dfrac{\partial}{\partial \tilde{x}^j} = \sqrt{-1}\dfrac{\partial}{\partial \tilde{x}^j}$，上面的第一式可以写成

$$\dfrac{\partial}{\partial x^i} = \left(\dfrac{\partial \tilde{x}^j}{\partial x^i} + \sqrt{-1}\dfrac{\partial \tilde{y}^j}{\partial x^i}\right)\dfrac{\partial}{\partial \tilde{x}^j}.$$

因为 $U \cap V$ 上的复坐标变换 $\tilde{z}^j = \tilde{z}^j(z^1, \cdots, z^n)$ 是全纯的，所以

$$\dfrac{\partial \tilde{z}^j}{\partial z^i} = \dfrac{\partial \tilde{z}^j}{\partial x^i} = \dfrac{\partial \tilde{x}^j}{\partial x^i} + \sqrt{-1}\dfrac{\partial \tilde{y}^j}{\partial x^i}.$$

因此

$$\dfrac{\partial}{\partial x^i} = \dfrac{\partial \tilde{z}^j}{\partial z^i}\dfrac{\partial}{\partial \tilde{z}^j}, \tag{3.9}$$

这意味着相应的转移函数是

$$g_{VU} = \left(\dfrac{\partial \tilde{z}^j}{\partial z^i}\right). \tag{3.10}$$

因为 $\dfrac{\partial \tilde{z}^j}{\partial z^i}$ 是全纯函数，所以转移函数 $g_{VU} : U \cap V \to \mathrm{GL}(r, \mathbb{C})$ 是全纯映射. 这就证明了复向量丛 TM 是全纯向量丛.

由此可见, 复流形 M 的切丛 TM 本身是一个 $2n$ 维复流形. 切丛 TM 的全纯截面称为 M 上的 **全纯切向量场**.

此外, 设 ω 是复流形 M 上的 $(1,0)$-微分式. 如果对于 M 上任意的全纯切向量场 $X, \omega(X)$ 是 M 上的全纯函数, 则称 ω 是 M 上的 **全纯微分式**. 容易看出, ω 是 M 上的全纯微分式当且仅当对于 M 上任意的局部复坐标系 $(U; z^i)$, 存在 U 上的一组全纯函数 f_i, 使得 $\omega|_U = f_i \mathrm{d}z^i$. 特别地, $\mathrm{d}z^i$ 是 U 上的全纯微分式.

例 3.3 设 M 是 n 维复流形, 命

$$T^h M = \bigcup_{p \in M} T^h_p M, \qquad T^{(1,0)} M = \bigcup_{p \in M} T^{(1,0)}_p M,$$

则 $T^h M, T^{(1,0)} M$ 和 TM 一样, 都是复流形 M 上秩为 n 的全纯向量丛. 复切空间 $T^h_p M$, $(1,0)$ 切空间 $T^{(1,0)}_p M$ 以及作为复向量空间的切空间 $(T_p M, J)$ 都可以等同起来. 因此, 全纯向量丛 $T^h M, T^{(1,0)} M$ 和 TM 也可以等同起来, 并且它们有相同的转移函数族. 当然, 它们的元素有不同的几何含义 (参看 (2.6) 和 (2.11) 式). 在强调它们的区别时, 有时称 $T^h M$ 为 **复切丛**, 称 $T^{(1,0)} M$ 为 $(1,0)$**切丛**. 它们的全纯截面都是 M 上的全纯切向量场, 在不同的场合有不同的几何含义.

定义 3.4 设 (E, M, π) 是光滑流形 M 上的复向量丛. 如果在每一点 $p \in M$ 的纤维 $\pi^{-1}(p)$ 上以光滑地依赖于点 p 的方式给定了一个 Hermite 内积 h_p, 则称 $h = \{h_p; \ p \in M\}$ 是复向量丛 $\pi: E \to M$ 上的一个 Hermite 结构.

这里, "以光滑地依赖于点 p 的方式" 是指: 对于任意的 $X, Y \in \Gamma(E)$, 由 $(h(X, Y))(p) = h_p(X(p), Y(p))$ 定义的 $h(X, Y)$ 是 M 上的光滑函数.

指定一个 Hermite 结构 h 的复向量丛 (E, M, π) 称为 **Hermite 向量丛**, 记为 (E, M, π, h). 特别地, 如果在全纯向量丛 $\pi: E \to M$ 上指定一个 Hermite 结构 h, 则称 (E, M, π, h) 是 **Hermite 全纯向量丛**.

显然, 近 Hermite 流形的切丛是一个 Hermite 向量丛, 而 Hermite 流形的切丛 (或复切丛, 或 $(1,0)$ 切丛) 是 Hermite 全纯向量丛. 但是, 一般说来, Hermite 向量丛的底流形 M 可以是光滑流形, 而不必是近复流形或者复流形.

复向量丛的概念可以派生出很多子类. 图 7 描述了它们之间的关系, 箭头所指的概念是箭头出发处概念的特殊情形.

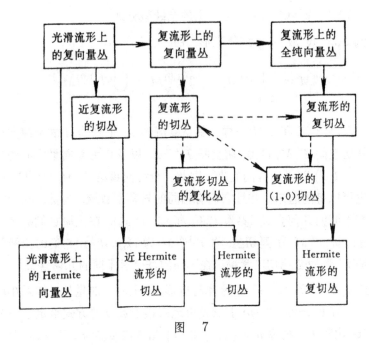

图 7

8.3.2 复向量丛上的联络

现在来讨论复向量丛上的联络.

定义 3.5 设 (E, M, π) 是光滑流形 M 上的复向量丛, $\Gamma(E)$ 是它的光滑截面的集合. 复向量丛 E 上的 **复联络** 是指满足下列条件的映射 $D : \Gamma(E) \times \mathfrak{X}(M) \to \Gamma(E)$ (其中对于任意的 $(\xi, X) \in \Gamma(E) \times \mathfrak{X}(M)$, 记 $D_X \xi = D(\xi, X)$): 对于任意的 $\xi, \eta \in \Gamma(E)$, $X, Y \in \mathfrak{X}(M)$, $\lambda \in \mathbb{C}$, 以

及 (实数值函数)$f \in C^{\infty}(M)$ 有

(1) $D_{X+fY}\xi = D_X\xi + fD_Y\xi$;

(2) $D_X(\xi + \lambda\eta) = D_X\xi + \lambda D_X\eta$;

(3) $D_X(f\xi) = X(f)\xi + fD_X\xi$.

很明显, 由于条件 (2), 故条件 (3) 对于任意的复值光滑函数 f 也成立. $D_X\xi$ 称为光滑截面 ξ 关于切向量场 X 的 **协变导数**.

把上述定义和第二章中的定义 8.1 相对照可知, 两者的区别在于条件 (2) 不只是对于任意的实数 λ 成立, 而且对于任意的复数 λ 也成立, 即对于复向量丛上的复联络, 增加了条件

$$D_X(\sqrt{-1}\,\xi) = \sqrt{-1}\,D_X\xi. \tag{3.11}$$

根据定义 3.1 后面的讨论, 复向量丛 E 是具有复结构 J 的实向量丛 (参看 (3.2) 式), 从而由定义 3.5 和 (3.11) 式得知, 复向量丛上的复联络 D 是在相应的实向量丛上满足条件

$$D_X \circ J = J \circ D_X, \quad \forall X \in \mathfrak{X}(M) \tag{3.12}$$

的联络. 将 J 看作定义在 M 上的张量场, $D_X J$ 是 J 沿切向量场 X 的协变导数, 即 $D_X J$ 仍然是定义在 M 上的张量场, 且对于任意的 $\xi \in \Gamma(E)$ 有

$$D_X J(\xi) = D_X(J\xi) - J(D_X\xi) = (D_X \circ J - J \circ D_X)(\xi).$$

于是 (3.12) 式的含义是: 对于任意的 $X \in \mathfrak{X}(M)$, 有 $D_X J = 0$, 即 $DJ = 0$. 因此复结构 J 关于复联络 D 是平行的. 反之也然, 于是有下面的命题:

命题 3.1 设 $E = (E, M, \pi)$ 是光滑流形 M 上的复向量丛, 复结构场是 J, D 是该向量丛上的一个联络, 则 D 是复向量丛 E 上的复联络的充分必要条件是 $DJ = 0$.

命题 3.1 的证明留给读者自己完成.

现设 $E = (E, M, \pi)$ 是秩为 r 的复向量丛, D 是该向量丛上的一个复联络. 对于定义在开集 $U \subset M$ 上的局部标架场 $\{s_a; 1 \leq a \leq r\}$, 令

$$\mathrm{D}s_a = \omega_a^b s_b, \quad 1 \leq a \leq r,$$

其中 ω_a^b $(1 \leq a, b \leq r)$ 是 U 上的复值 1 次微分式, 称为 D 在局部标架场 $\{s_a\}$ 下的联络形式. 当局部标架场变换时, 联络形式的变换公式与实向量丛的情形是一样的 (参看第二章 §2.8 的 (8.4) 式).

特别地, 如果 E 是全纯向量丛, D 是该向量丛上的一个复联络, 则对于任意的 $X \in \mathfrak{X}(M)$, 协变导数算子 D_X 是从光滑截面空间 $\Gamma(E)$ 到其自身的映射. 假定 $\{s_a; 1 \leq a \leq r\}$ 是定义在开集 $U \subset M$ 上的全纯标架场 (即它是由 r 个全纯截面构成的标架场), ω_a^b 是 D 在标架场 $\{s_a\}$ 下的联络形式, 即

$$\mathrm{D}s_a = \omega_a^b s_b, \quad 1 \leq a \leq r, \tag{3.13}$$

则 ω_a^b 只是 U 上的复值 1 次微分式, 而不是 U 上的全纯微分式 (全纯微分式是指系数是全纯函数的 $(1, 0)$ 微分式, 即余切丛 T^*M 的全纯截面). 原因是, 在定义 3.5 中只要求 $\mathrm{D}_X s_\alpha$ 是 U 上的光滑截面, 而不是全纯截面.

如果 $\{\tilde{s}_a; 1 \leq a \leq r\}$ 是定义在 $U \subset M$ 上的另一个全纯标架场, 则可设

$$\tilde{s}_a = A_a^b s_b, \tag{3.14}$$

其中 A_a^b 是 U 上的全纯函数. 若设 D 关于标架场 $\{\tilde{s}_a\}$ 的联络形式为 $\tilde{\omega}_a^b, 1 \leq a, b \leq r$, 即

$$\mathrm{D}\tilde{s}_a = \tilde{\omega}_a^b \tilde{s}_b, \quad 1 \leq a \leq r, \tag{3.15}$$

则由第二章的 (8.4) 式得到

$$A_c^b \tilde{\omega}_a^c = \mathrm{d}A_a^b + \omega_c^b A_a^c, \quad 1 \leq a, b \leq r. \tag{3.16}$$

由于 A_a^b 是全纯函数, 在 U 上的复坐标系 $\{z^i\}$ 下有

$$\mathrm{d}A_a^b = \frac{\partial A_a^b}{\partial z^i}\mathrm{d}z^i, \tag{3.17}$$

即 $\mathrm{d}A_a^b$ 是 U 的全纯微分式. 由此可见, 当 ω_a^b 是 U 上的 $(1,0)$-微分式时, $\tilde{\omega}_a^b$ 也必定是 U 上的 $(1,0)$-微分式, 即联络形式 ω_a^b 是否为 $(1,0)$-微分式与全纯标架场 $\{s_a\}$ 的选取无关. 此现象导致下面的定义:

定义 3.6 设 (E, M, π) 是复流形 M 上的全纯向量丛, D 是全纯向量丛 E 上的一个复联络. 如果对于定义在 M 的任意一个开子集 U 上的全纯标架场 $\{s_a\}$, 联络 D 的联络形式 ω_a^b 都是 U 上的 $(1,0)$-微分式, 则称 D 是全纯向量丛 E 上的一个 $(1,0)$**型联络**.

定理 3.2 设 M 是 n 维复流形, D 是复切丛 $T^h M$ 上的一个复联络. 则 D 是 $(1,0)$ 型联络, 当且仅当 D 的挠率形式是 M 上的 $(2,0)$-微分式.

证明 设 $\{e_i\}$ 是 $T^h M$ 的一个局部标架场, $\{\omega^i\}$ 是与之对偶的余切标架场, 则在局部复坐标系 $(U; z^i)$ 下有

$$e_i = A_i^j \frac{\partial}{\partial z^j}, \quad \mathrm{d}z^j = A_i^j \omega^i, \tag{3.18}$$

其中 $A_i^j \in C^\infty(U)$, 且 $\det(A_i^j) \neq 0$. 设

$$\mathrm{D}e_i = \omega_i^j e_j, \quad 1 \leq i \leq n, \tag{3.19}$$

则

$$\Omega^i = \mathrm{d}\omega^i - \omega^j \wedge \omega_j^i, \quad 1 \leq i \leq n \tag{3.20}$$

是联络 D 的挠率形式. 当局部标架场 $\{e_i\}$ 变换时, $\{\Omega^i\}$ 遵循反变向量分量的变换规律, 因而它们的类型与局部标架场的选取无关.

特别地, 取 $e_i = \dfrac{\partial}{\partial z^i}$, $\omega^i = \mathrm{d}z^i$, 则 $\{e_i\}$ 是全纯标架场. 此时, (3.20) 式化为

$$\Omega^i = -\mathrm{d}z^j \wedge \omega_j^i.$$

结合定义 3.6 便知，D 是 (1,0) 型联络当且仅当它的挠率形式 Ω^i 是 (2,0)-微分式. 证毕.

定理 3.2 的意义在于，在判断联络是否是 (1,0) 联络时不必取全纯标架场，只要看它的挠率形式是否为 (2,0)-微分式就可以了.

定义 3.7　设 (E, M, π, h) 是光滑流形 M 上的 Hermite 向量丛，D 是复向量丛 E 上的一个复联络. 如果对于任意的 $\xi, \eta \in \Gamma(E)$, 以及任意的 $X \in \mathfrak{X}(M)$, 有

$$X(h(\xi,\eta)) = h(\mathrm{D}_X\xi,\eta) + h(\xi, \mathrm{D}_X\eta), \tag{3.21}$$

则称联络 D 和 Hermite 结构 h 是相容的，或称 D 是 Hermite 结构 h 的 **容许联络**.

如所周知，Hermite 向量丛 E 的 Hermite 结构 h 具有 J-不变的实部 g 和虚部 k，其中 g 是 E 上的 J-不变黎曼结构，k 由 g 唯一确定. 利用 (3.21) 式不难证明，E 上的复联络 D 与 Hermite 结构 h 是相容的充分必要条件是 D 与作为 h 的实部的黎曼结构 g 是相容的.

定理 3.3　设 (E, M, π, h) 是复流形 M 上秩为 r 的 Hermite 全纯向量丛，则在 E 上存在唯一的一个与 Hermite 结构相容的 (1,0) 型联络.

证明　在 M 的复坐标域 $(U; z^i)$ 上取全纯向量丛 E 的全纯标架场 $\{s_a, 1 \le a \le r\}$, 令

$$h_{ab} = h(s_a, s_b), \quad 1 \le a, b \le r. \tag{3.22}$$

设 D 是向量丛 (E, M, π, h) 上的容许联络，$\omega_a^b, 1 \le a, b \le r$ 是 D 关于 $\{s_a\}$ 的联络形式，则有

$$\mathrm{D}s_a = \omega_a^b s_b, \quad 1 \le a \le r,$$

并且

$$\mathrm{d}h_{ab} = \omega_a^c h_{cb} + \overline{\omega_b^c} h_{ac}. \tag{3.23}$$

如果 D 是 $(1,0)$ 型联络, 即 ω_a^b 是 U 上的 $(1,0)$-微分式, 则从 (3.23) 式得到

$$\frac{\partial h_{ab}}{\partial z^i}\mathrm{d}z^i = \omega_a^c h_{cb}. \tag{3.24}$$

用 (h^{ab}) 表示矩阵 (h_{ab}) 的逆矩阵, 假设

$$h^{ac}h_{bc} = \delta_b^a, \tag{3.25}$$

则从 (3.24) 式得到

$$\omega_a^b = h^{bc}\frac{\partial h_{ac}}{\partial z^i}\mathrm{d}z^i. \tag{3.26}$$

这就说明了与 Hermite 结构 h 相容的 $(1,0)$ 型联络是唯一的.

反过来, 对于每一个全纯标架场 $\{s_a\}$ 可以用 (3.26) 式来定义一组 $(1,0)$-微分式 ω_a^b, $1 \le a,b \le r$. 容易证明: 当 $\{s_a\}$ 变换为全纯标架场 $\{\tilde{s}_a\}$ 时, 如果 $\tilde{s}_a = A_a^b s_b$, 其中 A_a^b 是全纯函数, 则有

$$\tilde{h}_{ab} = h(\tilde{s}_a, \tilde{s}_b) = A_a^c \overline{A_b^d} h_{cd}, \quad h^{ab} = A_c^a \overline{A_d^b} \tilde{h}^{cd},$$

由 (3.26) 式不难得到

$$A_c^b \tilde{\omega}_a^c = \mathrm{d}A_a^b + \omega_c^b A_a^c,$$

这恰好是联络形式在标架场变换时的变换公式. 因此, 由

$$\mathrm{D}s_a = \omega_a^b s_b$$

在向量丛 $\pi: E \to M$ 上定义了一个复联络, 记为 D. 不难验证, D 是与 Hermite 结构 h 相容的 $(1,0)$ 型联络. 证毕.

推论 3.4 设 (M,h) 是 Hermite 流形, 则 $T^h M$ 作为 Hermite 全纯向量丛有唯一的一个 $(1,0)$ 型容许联络, 称为 (M,h) 上的 **Hermite 联络**.

设 $(U; z^i)$ 是 Hermite 流形 (M,h) 的复坐标系, $\left\{\dfrac{\partial}{\partial z^i}\right\}$ 是自然的复标架场, 它是全纯标架场. ω_i^j 是 Hermite 联络 D 关于 $\left\{\dfrac{\partial}{\partial z^i}\right\}$ 的

联络形式, 即

$$D\frac{\partial}{\partial z^i} = \omega_i^j \frac{\partial}{\partial z^j}. \tag{3.27}$$

如果

$$h = h_{ij}dz^i \otimes d\overline{z^j}, \quad \text{其中} \ \ h_{ij} = h\left(\frac{\partial}{\partial z^i}, \frac{\partial}{\partial z^j}\right), \tag{3.28}$$

则有 $(1,0)$ 型容许联络形式 ω_i^j 的表达式

$$\omega_i^j = h^{jk}\frac{\partial h_{ik}}{\partial z^l}dz^l, \tag{3.29}$$

这里 (h^{ij}) 是矩阵 (h_{ij}) 的逆矩阵, 使得 $h^{ij}h_{kj} = \delta_k^i$.

§8.4   Kähler 流形的几何

8.4.1   Kähler 流形上的联络

设 (M, h) 是 n 维 Hermite 流形, J 是它的典型复结构. 在下面的讨论中 M 既看作 n 维复流形, 也看作 $2n$ 维光滑流形. 因此, M 的切丛有双重身份, 它既是秩为 n 的复向量丛, 又是秩为 $2n$ 的实向量丛. 在把 M 的切丛理解为复向量丛时, 将它等同于 $(1,0)$ 切丛 $T^{(1,0)}M$ 比较方便.

根据推论 3.4, (M, h) 上的 Hermite 联络 D 是在作为复向量丛的切丛 TM 上与 Hermite 结构 h 相容的唯一的 $(1,0)$ 型联络. 当然, D 也是 M 的作为实向量丛的切丛 TM 上的联络. 首先, 要弄清楚 D 作为复、实联络两种身份的关系. 在 M 的局部复坐标系 $(U; z^i)$ 下, 设

$$D\frac{\partial}{\partial z^i} = \omega_i^j \frac{\partial}{\partial z^j}, \quad 1 \le i \le n, \tag{4.1}$$

则 ω_i^j 由 (3.28) 和 (3.29) 两式给出, 它们是 U 上的 $(1,0)$-微分式.

设 $z^i = x^i + \sqrt{-1}\,y^i$, 则 $(U; x^i, y^i)$ 是 M 作为 $2n$ 维光滑流形的局部坐标系. 根据命题 3.1, 典型复结构 J 关于切丛 TM 上的联络 D 是平行的, 即

$$DJ = 0,$$

或等价地,

$$\mathrm{D} \circ J = J \circ \mathrm{D}. \tag{4.2}$$

联络形式 ω_i^j 作为 M 上的复值微分式可以分解成实部和虚部

$$\omega_i^j = \theta_i^j + \sqrt{-1}\,\theta_i^{\bar{j}}, \tag{4.3}$$

其中 $\bar{j} = n + j$. 那么从 (4.1) 和 (4.2) 式得到

$$\mathrm{D}\frac{\partial}{\partial x^i} = \theta_i^j\frac{\partial}{\partial x^j} + \theta_i^{\bar{j}}\frac{\partial}{\partial y^j}, \quad \mathrm{D}\frac{\partial}{\partial y^i} = -\theta_i^{\bar{j}}\frac{\partial}{\partial x^i} + \theta_i^j\frac{\partial}{\partial y^j}.$$

因此, D 关于自然标架场 $\left\{\dfrac{\partial}{\partial x^i}, \dfrac{\partial}{\partial y^i}\right\}$ 的联络形式为 θ_α^β, $1 \le \alpha, \beta \le 2n$, 其中

$$\theta_{\bar{i}}^{\bar{j}} = \theta_i^j, \quad \theta_{\bar{i}}^j = -\theta_i^{\bar{j}}. \tag{4.4}$$

再把相容性条件

$$\mathrm{d}h_{ij} = h_{kj}\omega_i^k + h_{ik}\overline{\omega_j^k}$$

的两端分解成实部和虚部, 得到

$$\begin{aligned}
\mathrm{d}g_{ij} &= \theta_i^k g_{kj} + \theta_i^{\bar{k}} g_{\bar{k}j} + \theta_j^k g_{ik} + \theta_j^{\bar{k}} g_{i\bar{k}}, \\
\mathrm{d}g_{i\bar{j}} &= \theta_i^k g_{k\bar{j}} + \theta_i^{\bar{k}} g_{\bar{k}\bar{j}} + \theta_j^k g_{ik} + \theta_j^{\bar{k}} g_{i\bar{k}}.
\end{aligned} \tag{4.5}$$

由此可见, D 与 J-不变黎曼度量 g 是相容的.

但是, $\omega^i = \mathrm{d}z^i = \mathrm{d}x^i + \sqrt{-1}\,\mathrm{d}y^i$, 复联络 D 的挠率形式是

$$\begin{aligned}
\Omega^i &= \mathrm{d}\omega^i - \omega^j \wedge \omega_j^i \\
&= -(\mathrm{d}x^j + \sqrt{-1}\,\mathrm{d}y^j) \wedge (\theta_j^i + \sqrt{-1}\,\theta_j^{\bar{i}}) \\
&= -(\mathrm{d}x^j \wedge \theta_j^i + \mathrm{d}y^j \wedge \theta_j^i) - \sqrt{-1}(\mathrm{d}x^j \wedge \theta_j^{\bar{i}} + \mathrm{d}y^j \wedge \theta_j^{\bar{i}}) \\
&= \Theta^i + \sqrt{-1}\,\Theta^{\bar{i}}.
\end{aligned} \tag{4.6}$$

于是, D 作为光滑实流形 M 上的联络的挠率形式恰好是上式中的实部 Θ^i 和虚部 $\Theta^{\bar{i}}$.

综上所述， Hermite 联络 D 作为黎曼流形 (M,g) 上的联络是与黎曼度量 g 相容的复联络 (即满足 (4.2) 式和 (4.5) 式), 它的挠率形式是 $(2,0)$ 形式, 但未必为零; 因此, 它未必是黎曼流形 (M,g) 的黎曼联络.

另一方面， Hermite 流形 (M,h) 作为黎曼流形 (M,g) 又有唯一的黎曼联络，暂记为 ∇. 它是与 g 相容的无挠联络, 但是它未必是复联络, 即未必满足 (4.2) 式. 对于 M 的复坐标系 $(U;z^i)$, 令 $z^i = x^i + \sqrt{-1}\, y^i$, 并设

$$\nabla \frac{\partial}{\partial x^\alpha} = \varphi_\alpha^\beta \frac{\partial}{\partial x^\beta}, \quad 1 \le \alpha \le 2n \tag{4.7}$$

其中记 $\bar{i} = n + i, x^{\bar{i}} = y^i$, 那么

$$(\nabla \circ J - J \circ \nabla)\left(\frac{\partial}{\partial x^i}\right) = \left(\varphi_i^j + \varphi_i^{\bar{j}}\right) \frac{\partial}{\partial x^j} + \left(\varphi_i^{\bar{j}} - \varphi_i^j\right) \frac{\partial}{\partial y^j},$$

$$(\nabla \circ J - J \circ \nabla)\left(\frac{\partial}{\partial y^i}\right) = -\left(\varphi_i^{\bar{j}} - \varphi_i^j\right) \frac{\partial}{\partial x^j} + \left(\varphi_i^j + \varphi_i^{\bar{j}}\right) \frac{\partial}{\partial y^j}.$$

因此， ∇ 成为复联络的条件是它的联络形式满足关系式

$$\varphi_i^j = \varphi_{\bar{i}}^{\bar{j}}, \quad \varphi_{\bar{i}}^j = -\varphi_i^{\bar{j}}. \tag{4.8}$$

根据定理 3.2 和上面的讨论得到

定理 4.1 设 (M,h) 是 n 维 Hermite 流形， J 是 M 上的典型复结构， $g = \mathrm{Re}(h)$. 则 (M,h) 的 Hermite 联络 D 是黎曼流形 (M,g) 的黎曼联络当且仅当它的挠率为零. 反过来， (M,g) 上的黎曼联络 ∇ 是 (M,h) 的 Hermite 联络当且仅当它是复联络, 即 $\nabla \circ J = J \circ \nabla$.

利用联络形式的表达式 (3.29), 可以得到 Hermite 联络的挠率形式为零的几何意义:

定理 4.2 设 (M,h) 是 n 维 Hermite 流形, 则它的 Hermite 联络 D 的挠率为零当且仅当 (M,h) 是 Kähler 流形.

证明 设 $(U; z^i)$ 是 M 的局部复坐标系, 令 $h_{ij} = h\left(\dfrac{\partial}{\partial z^i}, \dfrac{\partial}{\partial z^j}\right)$, 则由 (3.29) 式得到

$$\omega_i^j = h^{jk}\frac{\partial h_{ik}}{\partial z^l}\mathrm{d}z^l,$$

故 D 的挠率形式为

$$\Omega^i = \mathrm{d}(\mathrm{d}z^i) - \mathrm{d}z^j \wedge \omega_j^i = -h^{ik}\frac{\partial h_{jk}}{\partial z^l}\mathrm{d}z^j \wedge \mathrm{d}z^l$$
$$= \frac{1}{2}h^{il}\left(\frac{\partial h_{kl}}{\partial z^j} - \frac{\partial h_{jl}}{\partial z^k}\right)\mathrm{d}z^j \wedge \mathrm{d}z^k. \tag{4.9}$$

于是由 (2.46) 式得知, $\Omega^i = 0$ 当且仅当 (M, h) 是 Kähler 流形. 证毕.

推论 4.3 设 (M, h) 是 Kähler 流形, 则它的 Hermite 联络和黎曼联络是同一个联络; 特别地, Kähler 流形上的黎曼联络 D 和典型复结构 J 满足如下的关系:

$$\mathrm{D} \circ J = J \circ \mathrm{D}. \tag{4.10}$$

综合上面的讨论可知, Kähler 流形 (M, h) 上的三种结构: 典型复结构 J、 Hermite 结构 h 和黎曼联络 D 相互间有密切的联系; 典型复结构 J 和 Hermite 内积 h 关于黎曼联络 D 都是平行张量场, 即

$$\mathrm{D}J = 0, \quad \mathrm{D}h = 0 \quad (\text{或等价地 } \mathrm{D}g = 0). \tag{4.11}$$

由此可见, Kähler 流形是一类特殊的黎曼流形, 具有更为丰富的几何性质.

8.4.2 Kähler 流形上的曲率张量

定理 4.4 设 (M, h) 是 Kähler 流形, J 是 M 上的典型复结构, $g = \mathrm{Re}(h)$. 那么作为黎曼流形, (M, g) 的曲率算子 $\mathcal{R}$ 除了具有黎曼流形的曲率算子的一般性质以外, 还具有下列性质: 对于任意的 $X, Y \in \mathfrak{X}(M)$,

(1) $\mathcal{R}(X, Y) \circ J = J \circ \mathcal{R}(X, Y)$;

(2) $\mathcal{R}(JX, JY) = \mathcal{R}(X, Y)$.

证明 (1) 利用 $\mathcal{R}(X, Y) = D_X D_Y - D_Y D_X - D_{[X,Y]}$ 以及关系式 $D \circ J = J \circ D$, 可以直接得到

$$\mathcal{R}(X, Y) \circ J = J \circ \mathcal{R}(X, Y).$$

(2) 对于任意的 $Z, W \in \mathfrak{X}(M)$ 有

$$\begin{aligned}
g(\mathcal{R}(JX, JY)Z, W) &= g(\mathcal{R}(Z, W)(JX), JY) \\
&= g(J(\mathcal{R}(Z, W)X), JY) = g(\mathcal{R}(Z, W)X, Y) \\
&= g(\mathcal{R}(X, Y)Z, W),
\end{aligned}$$

由 $Z, W \in \mathfrak{X}(M)$ 的任意性便得到

$$\mathcal{R}(JX, JY) = \mathcal{R}(X, Y).$$

定理得证.

定理 4.5 设 (M, h) 是 n 维 Kähler 流形, J 是 M 上的典型复结构, $g = \mathrm{Re}(h)$. 则黎曼流形 (M, g) 的 Ricci 曲率张量 Ric 具有下列性质: 对于任意的 $X, Y \in \mathfrak{X}(M)$ 有

(1) $\mathrm{Ric}(JX, JY) = \mathrm{Ric}(X, Y)$;

(2) $\mathrm{Ric}(X, Y) = \dfrac{1}{2} \mathrm{tr}\,(J \circ \mathcal{R}(X, JY))$.

证明 任取一点 $p \in M$, 设 $\{e_\alpha, 1 \le \alpha \le 2n\}$ 是 $T_p M$ 的一个单位正交基底. 由于黎曼度量 g 是 J-不变的, 故 $\{Je_\alpha, 1 \le \alpha \le 2n\}$ 也是 $T_p M$ 的单位正交基底.

(1) 根据 Ricci 曲率张量的定义和定理 4.4,

$$\begin{aligned}
\mathrm{Ric}(JX, JY) &= \sum_\alpha g(\mathcal{R}(JX, e_\alpha)e_\alpha, JY) \\
&= \sum_\alpha g(\mathcal{R}(X, Je_\alpha)(Je_\alpha), Y) = \mathrm{Ric}(X, Y).
\end{aligned}$$

(2) 利用 Bianchi 恒等式,

$$\text{tr}\,(J\circ\mathcal{R}(X,JY))$$
$$= \sum_\alpha g(J(\mathcal{R}(X,JY)e_\alpha),e_\alpha) = -\sum_\alpha g(\mathcal{R}(X,JY)e_\alpha,Je_\alpha)$$
$$= \sum_\alpha g(\mathcal{R}(JY,e_\alpha)X,Je_\alpha) + \sum_\alpha g(\mathcal{R}(e_\alpha,X)(JY),Je_\alpha)$$
$$= \sum_\alpha g(\mathcal{R}(Y,Je_\alpha)(Je_\alpha),X) + \sum_\alpha g(J(\mathcal{R}(e_\alpha,X)Y),Je_\alpha)$$
$$= \sum_\alpha g(\mathcal{R}(Y,Je_\alpha)(Je_\alpha),X) + \sum_\alpha g(\mathcal{R}(Y,e_\alpha)e_\alpha,X)$$
$$= 2\text{Ric}(X,Y).$$

定理证毕.

在前面已经知道, 从 J-不变度量 g 可以得到 2 次外微分式 k(Kähler 形式), 即 $k(X,Y) = g(X,JY)$ $(\forall X,Y \in \mathfrak{X}(M))$. 现在, Ricci 曲率张量 Ric 是 (M,g) 上另一个 J-不变的 2 阶协变对称张量场, 所以对应地在 M 上有 2 次外微分式 ρ, 使得

$$\rho(X,Y) = \text{Ric}(X,JY), \quad \forall X,Y \in \mathfrak{X}(M). \tag{4.12}$$

这个 2 次外微分式 ρ 称为 Kähler 流形 (M,h) 的 **Ricci 形式**.

8.4.3 Kähler 流形上的曲率张量的局部坐标表达式

本小节的目的是在局部坐标系下给出 Kähler 流形上的 Hermite 联络的曲率形式用黎曼曲率张量表示的表达式.

设 $(U;z^i)$ 是 Kähler 流形 (M,h) 的一个局部复坐标系, $z^i = x^i + \sqrt{-1}y^i$. 记 $\bar{i} = n+i$, $x^{\bar{i}} = y^i$. 用 ω_i^j 表示 (M,h) 上的 Hermite 联络 D 关于标架场 $\left\{\dfrac{\partial}{\partial z^i}\right\}$ 的联络形式, 即 $\text{D}\dfrac{\partial}{\partial z^i} = \omega_i^j\dfrac{\partial}{\partial z^j}$. 把 ω_i^j 分解为实部和虚部

$$\omega_i^j = \theta_i^j + \sqrt{-1}\,\theta_i^{\bar{j}},$$

并且令

$$\theta_{\bar{i}}^{\bar{j}} = \theta_i^j, \quad \theta_{\bar{i}}^j = -\theta_i^{\bar{j}},$$

则 θ_α^β $(1 \leq \alpha, \beta \leq 2n)$ 是黎曼联络 D 的联络形式, 即

$$D\frac{\partial}{\partial x^\alpha} = \theta_\alpha^\beta \frac{\partial}{\partial x^\beta}, \quad 1 \leq \alpha \leq 2n.$$

令

$$\Omega_i^j = d\omega_i^j - \omega_i^k \wedge \omega_k^j, \quad \Theta_\alpha^\beta = d\theta_\alpha^\beta - \theta_\alpha^\gamma \wedge \theta_\gamma^\beta. \tag{4.13}$$

则 Θ_α^β 是黎曼流形 (M, g) 的曲率形式. 将 ω_i^j 的分解式代入 Ω_i^j 得到

$$\Omega_i^j = \Theta_i^j + \sqrt{-1}\,\Theta_i^{\bar{j}}, \tag{4.14}$$

且有

$$\Theta_{\bar{i}}^{\bar{j}} = \Theta_i^j, \quad \Theta_{\bar{i}}^j = -\Theta_i^{\bar{j}}. \tag{4.15}$$

根据第四章的定理 2.1,

$$\Theta_\alpha^\beta = \frac{1}{2}R_{\alpha\gamma\delta}^\beta dx^\gamma \wedge dx^\delta, \tag{4.16}$$

其中 $R_{\alpha\gamma\delta}^\beta$ 是黎曼流形 (M, g) 的曲率张量, 即有

$$R_{\alpha\gamma\delta}^\beta = dx^\beta \left(\mathcal{R}\left(\frac{\partial}{\partial x^\gamma}, \frac{\partial}{\partial x^\delta} \right) \frac{\partial}{\partial x^\alpha} \right). \tag{4.17}$$

由 (4.15) 式得

$$R_{\bar{i}\gamma\delta}^{\bar{j}} = R_{i\gamma\delta}^j, \quad R_{\bar{i}\gamma\delta}^j = -R_{i\gamma\delta}^{\bar{j}}. \tag{4.18}$$

另外, 从定理 4.4 的 (2) 可得

$$R_{\alpha\bar{i}\bar{j}}^\beta = R_{\alpha ij}^\beta, \quad R_{\alpha\bar{i}j}^\beta = -R_{\alpha i\bar{j}}^\beta. \tag{4.19}$$

另一方面, 经过直接计算得到

$$dz^i \wedge d\overline{z^j}$$

$$= (dx^i \wedge dx^j + dy^i \wedge dy^j) + \sqrt{-1}\,(-dx^i \wedge dy^j + dy^i \wedge dx^j),$$

因而

$$dx^i \wedge dx^j + dy^i \wedge dy^j = \frac{1}{2}(dz^i \wedge d\overline{z^j} + d\overline{z^i} \wedge dz^j),$$

$$- dx^i \wedge dy^j + dy^i \wedge dx^j = -\frac{\sqrt{-1}}{2}(dz^i \wedge d\overline{z^j} - d\overline{z^i} \wedge dz^j). \tag{4.20}$$

把 (4.16) 代入 (4.14) 式, 并利用 (4.20) 式得到

$$\begin{aligned}
\Omega_i^j &= \frac{1}{2}(R_{i\gamma\delta}^j + \sqrt{-1}\, R_{i\gamma\delta}^{\bar{j}})dx^\gamma \wedge dx^\delta \\
&= \frac{1}{2}(R_{ikl}^j + \sqrt{-1}\, R_{ikl}^{\bar{j}})(dx^k \wedge dx^l + dy^k \wedge dy^l) \\
&\quad + \frac{1}{2}(R_{ik\bar{l}}^j + \sqrt{-1}\, R_{ik\bar{l}}^{\bar{j}})(dx^k \wedge dy^l - dy^k \wedge dx^l) \\
&= \frac{1}{2}((R_{ikl}^j + R_{i\bar{k}l}^{\bar{j}}) + \sqrt{-1}\,(R_{ik\bar{l}}^j + R_{i\bar{k}\bar{l}}^{\bar{j}}))dz^k \wedge d\overline{z^l}.
\end{aligned}$$

令

$$K_{ikl}^j = (R_{ikl}^j + R_{i\bar{k}l}^{\bar{j}}) + \sqrt{-1}\,(R_{ik\bar{l}}^j + R_{i\bar{k}\bar{l}}^{\bar{j}}), \tag{4.21}$$

则有

$$\Omega_i^j = \frac{1}{2}K_{ikl}^j dz^k \wedge d\overline{z^l}. \tag{4.22}$$

注记 4.1 记号 K_{ikl}^j 有几何意义. 首先, 把曲率张量 $\mathcal{R}$ 作复线性扩张成为复化切空间上的线性函数, 那么利用 (4.18), (4.19) 两式不难得到

$$\mathcal{R}\left(\frac{\partial}{\partial z^k}, \frac{\partial}{\partial \overline{z^l}}\right)\frac{\partial}{\partial z^i} = \frac{1}{2}K_{ikl}^j\frac{\partial}{\partial z^j}, \tag{4.23}$$

其中 $\dfrac{\partial}{\partial z^k}, \dfrac{\partial}{\partial \overline{z^l}}$ 是复化切向量 (参看 (2.4) 式). 这说明 $\dfrac{1}{2}K_{ikl}^j$ 是复线性变换 $\mathcal{R}\left(\dfrac{\partial}{\partial z^k}, \dfrac{\partial}{\partial \overline{z^l}}\right) : T_p^h M \to T_p^h M, p \in M$ 在自然基底 $\dfrac{\partial}{\partial z^i}$ 下的矩阵.

命 $K_{ijkl} = h_{pj}K_{ikl}^p$, 则 $K_{ikl}^j = h^{jp}K_{ipkl}$, 并且

$$h\left(\mathcal{R}\left(\frac{\partial}{\partial z^k}, \frac{\partial}{\partial \overline{z^l}}\right)\frac{\partial}{\partial z^i}, \frac{\partial}{\partial z^j}\right) = \frac{1}{2}K_{ijkl}.$$

利用 $g_{i\bar{j}} = -g_{\bar{i}j}$, $g_{\bar{i}\bar{j}} = g_{ij}$, 可以算得

$$K_{ijkl} = (R_{ijkl} - R_{i\bar{j}k\bar{l}}) + \sqrt{-1}\,(R_{i\bar{j}kl} + R_{ijk\bar{l}}). \tag{4.24}$$

注记 4.2 容易证明:

$$K^j_{ikl} = K^j_{kil}. \tag{4.25}$$

事实上, 反复利用 Bianchi 恒等式, 黎曼曲率张量的对称性和 (4.18), (4.19) 式得到

$$
\begin{aligned}
K^j_{ikl} &= (R^j_{ikl} + R^{\bar{j}}_{i\bar{k}l}) + \sqrt{-1}\,(R^j_{ik\bar{l}} + R^{\bar{j}}_{i\bar{k}\bar{l}})\\
&= (-R^j_{kli} - R^j_{lik} + R^{\bar{j}}_{i\bar{k}l}) + \sqrt{-1}\,(-R^j_{k\bar{l}i} - R^{\bar{j}}_{\bar{l}ik} + R^{\bar{j}}_{i\bar{k}\bar{l}})\\
&= K^j_{kil} + (-R^{\bar{j}}_{k\bar{i}l} - R^j_{lik} + R^{\bar{j}}_{i\bar{k}l}) + \sqrt{-1}\,(-R^{\bar{j}}_{k\bar{i}\bar{l}} - R^j_{\bar{l}ik} + R^{\bar{j}}_{i\bar{k}\bar{l}})\\
&= K^j_{kil} + (-R^{\bar{j}}_{\bar{l}ki} - R^j_{lik}) + \sqrt{-1}\,(R^{\bar{j}}_{lki} - R^j_{\bar{l}ik}) = K^j_{kil}.
\end{aligned}
$$

注记 4.3 顺便能够得到 K^j_{ikl} 用 h_{ij} 表示的表达式. 由于

$$\omega^j_i = h^{jk}\frac{\partial h_{ik}}{\partial z^l}\mathrm{d}z^l,$$

故

$$
\begin{aligned}
\Omega^j_i &= \mathrm{d}\omega^j_i - \omega^k_i \wedge \omega^j_k\\
&= \left(\frac{\partial h^{jk}}{\partial z^p}\mathrm{d}z^p + \frac{\partial h^{jk}}{\partial \overline{z^p}}\mathrm{d}\overline{z^p}\right)\wedge\frac{\partial h_{ik}}{\partial z^l}\mathrm{d}z^l + h^{jk}\left(\frac{\partial^2 h_{ik}}{\partial z^p \partial z^l}\mathrm{d}z^p\right.\\
&\quad + \left.\frac{\partial^2 h_{ik}}{\partial \overline{z^p} \partial z^l}\mathrm{d}\overline{z^p}\right)\wedge\mathrm{d}z^l - h^{kp}\frac{\partial h_{ip}}{\partial z^r}\mathrm{d}z^r \wedge h^{jq}\frac{\partial h_{kq}}{\partial z^l}\mathrm{d}z^l\\
&= \left(\frac{\partial h^{jp}}{\partial \overline{z^k}}\frac{\partial h_{ip}}{\partial z^l} + h^{jp}\frac{\partial^2 h_{ip}}{\partial \overline{z^k}\partial z^l}\right)\mathrm{d}\overline{z^k}\wedge\mathrm{d}z^l\\
&= \frac{\partial}{\partial \overline{z^k}}\left(h^{jp}\frac{\partial h_{ip}}{\partial z^l}\right)\mathrm{d}\overline{z^k}\wedge\mathrm{d}z^l.
\end{aligned}
$$

将上式与 (4.22) 式相对照得到

$$K^j_{ikl} = -2\frac{\partial}{\partial \overline{z^l}}\left(h^{jp}\frac{\partial h_{ip}}{\partial z^k}\right). \tag{4.26}$$

由于 (M, h) 是 Kähler 流形, 故由 (2.46) 式也能得到

$$K_{ikl}^j = -2\frac{\partial}{\partial \overline{z^l}}\left(h^{jp}\frac{\partial h_{ip}}{\partial z^k}\right) = -2\frac{\partial}{\partial \overline{z^l}}\left(h^{jp}\frac{\partial h_{kp}}{\partial z^i}\right) = K_{kil}^j.$$

8.4.4 Ricci 形式

根据定义 (第四章的 (4.2) 式), Ricci 曲率张量的分量为

$$R_{\alpha\beta} = \sum_\gamma R_{\alpha\gamma\beta}^\gamma = \sum_k R_{\alpha k\beta}^k + \sum_k R_{\alpha\bar{k}\beta}^{\bar{k}}. \tag{4.27}$$

利用 (4.18) 和 (4.19) 两式得到

$$R_{\bar{i}\bar{j}} = R_{ij}, \quad R_{\bar{i}j} = -R_{i\bar{j}}. \tag{4.28}$$

由此可知, Ricci 曲率张量的表达式是

$$\mathrm{Ric} = \sum_{\alpha,\beta} R_{\alpha\beta}\mathrm{d}x^\alpha \otimes \mathrm{d}x^\beta$$

$$= \sum_{i,j} R_{ij}(\mathrm{d}x^i \otimes \mathrm{d}x^j + \mathrm{d}y^i \otimes \mathrm{d}y^j) + \sum_{i,j} R_{i\bar{j}}(\mathrm{d}x^i \otimes \mathrm{d}y^j - \mathrm{d}y^i \otimes \mathrm{d}x^j).$$

于是由 Ricci 形式 ρ 的定义式 (4.12) 以及典型复结构 J 在余标架场上作用的公式 $J(\mathrm{d}x^i) = -\mathrm{d}y^i, J(\mathrm{d}y^i) = \mathrm{d}x^i$ 得到

$$\rho = \sum_{\alpha,\beta} R_{\alpha\beta}\mathrm{d}x^\alpha \otimes J(\mathrm{d}x^\beta)$$

$$= \sum_{i,j} R_{ij}(-\mathrm{d}x^i \otimes \mathrm{d}y^j + \mathrm{d}y^i \otimes \mathrm{d}x^j) + \sum_{i,j} R_{i\bar{j}}(\mathrm{d}x^i \otimes \mathrm{d}x^j + \mathrm{d}y^i \otimes \mathrm{d}y^j)$$

$$= \sum_{i,j} R_{ij}\mathrm{d}y^i \wedge \mathrm{d}x^j + \frac{1}{2}\sum_{i,j} R_{i\bar{j}}(\mathrm{d}x^i \wedge \mathrm{d}x^j + \mathrm{d}y^i \wedge \mathrm{d}y^j)$$

$$= \frac{1}{2}\sum_{i,j}(R_{ij}(-\mathrm{d}x^i \wedge \mathrm{d}y^j + \mathrm{d}y^i \wedge \mathrm{d}x^j) + R_{i\bar{j}}(\mathrm{d}x^i \wedge \mathrm{d}x^j + \mathrm{d}y^i \wedge \mathrm{d}y^j)).$$

将 (4.20) 式代入便得到

$$\rho = -\frac{\sqrt{-1}}{2}\sum_{i,j}(R_{ij} + \sqrt{-1}\,R_{i\bar{j}})\mathrm{d}z^i \wedge \mathrm{d}\overline{z^j}. \tag{4.29}$$

从 K_{ikl}^j 的表达式 (4.21) 以及 (4.25) 式得到

$$\sum_k K_{kij}^k = \sum_k K_{ikj}^k = R_{ij} + \sqrt{-1}\, R_{i\bar{j}}.$$

于是由 (4.22) 式得到

$$\rho = -\frac{\sqrt{-1}}{2} \sum_{i,j,k} K_{kij}^k \mathrm{d}z^i \wedge \mathrm{d}\overline{z^j} = -\sqrt{-1} \sum_i \Omega_i^i. \qquad (4.30)$$

(4.30) 式也能够从定理 4.5 的 (2) 得到. 根据表达式 (4.30) 容易证明下面的重要结论:

定理 4.6　设 (M, h) 是 n 维 Kähler 流形, 则它的 Ricci 形式 ρ 是闭的 2 次外微分式.

证明　对曲率形式 Ω_i^j 的定义式 (4.13) 求外微分得到 (第二个)Bianchi 恒等式

$$\mathrm{d}\Omega_i^j = \omega_i^k \wedge \Omega_k^j - \Omega_i^k \wedge \omega_k^j.$$

将上式关于指标 i, j 进行缩并便得

$$\mathrm{d}\rho = -\sqrt{-1} \sum_i \mathrm{d}\Omega_i^i = -\sqrt{-1}\,(\omega_i^k \wedge \Omega_k^i - \Omega_i^k \wedge \omega_k^i) = 0.$$

定理证毕.

定理 4.7　设 (M, h) 是 n 维 Kähler 流形, 在复坐标系 $(U; z^i)$ 下, 令 $h_{ij} = h\left(\dfrac{\partial}{\partial z^i}, \dfrac{\partial}{\partial z^j}\right)$, 则 Ricci 形式为

$$\rho = \sqrt{-1}\, \frac{\partial^2 \ln H}{\partial z^i \partial \overline{z^j}} \mathrm{d}z^i \wedge \mathrm{d}\overline{z^j}, \qquad (4.31)$$

其中 $H = \det(h_{ij})$.

证明　由曲率形式的定义得到 $\sum_i \Omega_i^i = \sum_i \mathrm{d}\omega_i^i$. 根据 (3.29) 式,

$$\sum_i \omega_i^i = h^{ik} \frac{\partial h_{ik}}{\partial z^j} \mathrm{d}z^j = \frac{1}{H} \frac{\partial H}{\partial z^i} \mathrm{d}z^i = \frac{\partial \ln H}{\partial z^i} \mathrm{d}z^i.$$

因此, 由 (4.30) 式

$$\rho = -\sqrt{-1} \sum_i \Omega_i^i = -\sqrt{-1} \sum_i d\omega_i^i$$

$$= -\sqrt{-1} \sum_{i,j} \frac{\partial^2 \ln H}{\partial z^{\overline{j}} \partial z^i} dz^{\overline{j}} \wedge dz^i$$

$$= \sqrt{-1} \sum_{i,j} \frac{\partial^2 \ln H}{\partial z^i \partial z^{\overline{j}}} dz^i \wedge dz^{\overline{j}}.$$

定理证毕.

注记 4.4 Ricci 形式 ρ 和 Kähler 形式 k 都是闭的 2 次外微分式. ρ 的表达式 (4.31) 启示我们去寻找 k 的类似表达式. 首先, 对于复流形上的外微分算子 d 作一些说明. 设 f 是复流形 M 上的复数值光滑函数, 则有

$$df = \frac{\partial f}{\partial z^i} dz^i + \frac{\partial f}{\partial z^{\overline{i}}} dz^{\overline{i}}.$$

命

$$\partial = dz^i \frac{\partial}{\partial z^i}, \qquad \overline{\partial} = dz^{\overline{i}} \frac{\partial}{\partial z^{\overline{i}}},$$

则

$$d = \partial + \overline{\partial}, \tag{4.32}$$

于是 $df = \partial f + \overline{\partial} f$. 一般地, 外微分算子 d 在外微分式上的作用也能分解成 (4.32) 式. 特别地,

$$d(df) = d(\partial f + \overline{\partial} f) = \partial\partial f + (\partial\overline{\partial} + \overline{\partial}\partial)f + \overline{\partial}\,\overline{\partial} f = 0,$$

由于 $\partial\partial f, (\partial\overline{\partial} + \overline{\partial}\partial)f, \overline{\partial}\,\overline{\partial} f$ 分别是 $(2,0)$-微分式, $(1,1)$-微分式和 $(0,2)$-微分式, 所以它们必须分别为零, 故有

$$\partial\partial f = 0, \quad (\partial\overline{\partial} + \overline{\partial}\partial)f = 0, \quad \overline{\partial}\,\overline{\partial} f = 0. \tag{4.33}$$

上式对于任意的外微分式也成立.

现在要证明: 在 Kähler 流形上存在局部定义的实值光滑函数 F, 使得

$$k = \sqrt{-1} \sum_{i,j} \frac{\partial^2 F}{\partial z^i \partial \overline{z^j}} \mathrm{d}z^i \wedge \mathrm{d}\overline{z^j}. \tag{4.34}$$

事实上, 因为 k 是实值闭微分式, 根据 Poincaré 引理, 对于任意一点 $p \in M$, 都有一个局部复坐标系 $(U; z^i)$ 以及 U 上的实值 1 次微分式 α, 使得 $k = \mathrm{d}\alpha$. 设

$$\alpha = \alpha' + \alpha'', \quad \alpha' \in A^{(1,0)}(U), \quad \alpha'' \in A^{(0,1)}(U).$$

因为 α 是实值微分式, 故有 $\alpha'' = \overline{\alpha'}$. 于是

$$k = \mathrm{d}\alpha = \partial\alpha + \overline{\partial}\alpha = \partial\alpha' + (\overline{\partial}\alpha' + \partial\alpha'') + \overline{\partial}\alpha''.$$

因为 k 是 $(1,1)$-微分式, 而 $\partial\alpha', \overline{\partial}\alpha''$ 分别是 $(2,0)$-微分式和 $(0,2)$-微分式, 所以

$$\partial\alpha' = 0, \quad \overline{\partial}\alpha'' = 0.$$

根据 Dolbeault-Grothendieck 引理 (参看参考文献 [16, §3, 定理 E]), 存在局部定义的复值光滑函数 u, 使得

$$\alpha'' = \overline{\partial}u = \frac{\partial u}{\partial \overline{z^i}} \mathrm{d}\overline{z^i}, \quad \alpha' = \overline{\alpha''} = \frac{\partial \overline{u}}{\partial z^i} \mathrm{d}z^i.$$

因此

$$\begin{aligned} k &= \overline{\partial}\alpha' + \partial\alpha'' \\ &= \frac{\partial^2 \overline{u}}{\partial \overline{z^j} \partial z^i} \mathrm{d}\overline{z^j} \wedge \mathrm{d}z^i + \frac{\partial^2 u}{\partial z^i \partial \overline{z^j}} \mathrm{d}z^i \wedge \mathrm{d}\overline{z^j} \\ &= \frac{\partial^2 (u - \overline{u})}{\partial z^i \partial \overline{z^j}} \mathrm{d}z^i \wedge \mathrm{d}\overline{z^j}. \end{aligned}$$

定义实值光滑函数 F 为

$$F = -\sqrt{-1}\,(u - \overline{u}),$$

则得 (4.34) 式.

比较 (4.34) 和 (2.44) 式可知

$$h_{ij} = h\left(\frac{\partial}{\partial z^i}, \frac{\partial}{\partial z^j}\right) = -2\frac{\partial^2 F}{\partial z^i \partial \overline{z^j}}.$$

于是, Hermite 内积可以表示为

$$h = -2\frac{\partial^2 F}{\partial z^i \partial \overline{z^j}} \mathrm{d}z^i \otimes \mathrm{d}\overline{z^j}. \tag{4.35}$$

反过来, 对于任意的实值光滑函数 $F \in C^\infty(M)$, 只要由

$$h_{ij} = -2\frac{\partial^2 F}{\partial z^i \partial \overline{z^j}}$$

构成的矩阵是处处正定的, 则 $h = h_{ij}\mathrm{d}z^i \otimes \mathrm{d}\overline{z^j}$ 与局部复坐标系 $(U; z^i)$ 的选取无关, 因而给出了 M 上的一个 Hermite 结构. 显然, 上述定义的 h_{ij} 满足 (2.46) 式, 因而相应的 Hermite 流形是 Kähler 流形. 这个事实在构造 Kähler 流形的例子时很有用处.

§8.5 全纯截面曲率

8.5.1 全纯截面曲率的定义和局部坐标表达式

在本节, 首先给出在 Kähler 流形上全纯截面曲率的定义, 然后讨论 Kähler 流形具有常全纯截面曲率的条件.

定义 5.1 设 (M, h) 是 n 维 Kähler 流形, 对于任意的点 $p \in M$, $X \in T_pM$, 沿二维截面 $[X \wedge JX]$ 的截面曲率 $K(X) \equiv K(X, JX)$ 称为 Kähler 流形 (M, h) 在点 p 沿方向 X 的 **全纯截面曲率**; 相应的二维截面 $[X \wedge JX]$ 称为 M 在点 p 的一个二维 **全纯截面**.

由于 $JX \perp X$, $g(X, X)g(JX, JX) - (g(X, JX))^2 = (g(X, X))^2$, 故全纯截面曲率的定义式为

$$K(X) = -\frac{R(X, JX, X, JX)}{g(X, X)^2}. \tag{5.1}$$

注记 5.1   在近 Hermite 流形 (M, J, h) 上同样能够定义在点 p 沿方向 X 的全纯截面曲率 $K(X) = K(X, JX)$, 这里的截面曲率 K 是关于 (M, J, h) 的黎曼联络定义的.

命题 5.1   设 (M, h) 是 n 维 Kähler 流形, $p \in M$, (U, z^i) 是点 p 的复坐标系, $z^i = x^i + \sqrt{-1}\, y^i$. 则在 p 点对于任意一个非零切向量 $X = X^i \dfrac{\partial}{\partial x^i} + X^{\bar{i}} \dfrac{\partial}{\partial y^i} \in T_p M$ 的全纯截面曲率是

$$K(X) = \frac{K_{ijkl} Z^i \overline{Z^j} Z^k \overline{Z^l}}{(h_{ij} Z^i \overline{Z^j})^2}, \tag{5.2}$$

其中 $Z^i = X^i + \sqrt{-1}\, X^{\bar{i}}$.

证明   将 $R(X, Y, Z, W) = g(\mathcal{R}(Z, W)X, Y)$ 作复线性扩张, 使得 $R : (T_p M)^{\mathbb{C}} \times (T_p M)^{\mathbb{C}} \times (T_p M)^{\mathbb{C}} \times (T_p M)^{\mathbb{C}} \to \mathbb{C}$ $(\forall p \in M)$ 成为四重复线性函数, 它仍然满足黎曼曲率张量的对称性质 (即引理 5.2 中的条件 (1)~(3)). 同样地, 让黎曼度量也作复线性扩张. 对于 $X \in T_p M$, 命

$$Z = \frac{1}{2}(X - \sqrt{-1}\, JX) \in T_p^{(1,0)} M, \tag{5.3}$$

则当 $X = X^i \dfrac{\partial}{\partial x^i} + X^{\bar{i}} \dfrac{\partial}{\partial y^i}$ 时, $Z = (X^i + \sqrt{-1}\, X^{\bar{i}}) \dfrac{\partial}{\partial z^i} = Z^i \dfrac{\partial}{\partial z^i}$. 由 Z 的定义得到

$$X = Z + \bar{Z}, \qquad JX = \sqrt{-1}\,(Z - \bar{Z}), \tag{5.4}$$

所以

$$\begin{aligned} g(X, X) &= g(Z + \bar{Z}, Z + \bar{Z}) \\ &= g(Z, Z) + 2g(Z, \bar{Z}) + g(\bar{Z}, \bar{Z}). \end{aligned}$$

由 g 的 J-不变性 (参看 (2.35) 式) 得到

$$g\left(\frac{\partial}{\partial z^i}, \frac{\partial}{\partial z^j}\right) = \frac{1}{4} g\left(\frac{\partial}{\partial x^i} - \sqrt{-1}\, \frac{\partial}{\partial y^i}, \frac{\partial}{\partial x^j} - \sqrt{-1}\, \frac{\partial}{\partial y^j}\right)$$

$$= \frac{1}{4}\left(g_{ij} - \sqrt{-1}\,g_{ij} - \sqrt{-1}\,g_{i\bar{j}} - g_{i\bar{j}}\right) = 0,$$

因此

$$g(Z, Z) = Z^i Z^j g\left(\frac{\partial}{\partial z^i}, \frac{\partial}{\partial z^j}\right) = 0.$$

同理

$$g\left(\frac{\partial}{\partial \overline{z^i}}, \frac{\partial}{\partial \overline{z^j}}\right) = 0, \quad g(\bar{Z}, \bar{Z}) = 0.$$

此外,

$$
\begin{aligned}
g\left(\frac{\partial}{\partial z^i}, \frac{\partial}{\partial \overline{z^j}}\right) &= \frac{1}{4} g\left(\frac{\partial}{\partial x^i} - \sqrt{-1}\frac{\partial}{\partial y^i}, \frac{\partial}{\partial x^j} + \sqrt{-1}\frac{\partial}{\partial y^j}\right) \\
&= \frac{1}{4}\left(g\left(\frac{\partial}{\partial x^i}, \frac{\partial}{\partial x^j}\right) + g\left(\frac{\partial}{\partial y^i}, \frac{\partial}{\partial y^j}\right)\right) \\
&\quad + \frac{\sqrt{-1}}{4}\left(g\left(\frac{\partial}{\partial x^i}, \frac{\partial}{\partial y^j}\right) - g\left(\frac{\partial}{\partial y^i}, \frac{\partial}{\partial x^j}\right)\right) \\
&= \frac{1}{4}(g_{ij} + g_{i\bar{j}}) + \frac{\sqrt{-1}}{4}(g_{i\bar{j}} - g_{\bar{i}j}) \\
&= \frac{1}{2}(g_{ij} + \sqrt{-1}\,g_{i\bar{j}}) = \frac{1}{2}h_{ij}.
\end{aligned}
$$

因此

$$g(Z, \bar{Z}) = Z^i \overline{Z^j} g\left(\frac{\partial}{\partial z^i}, \frac{\partial}{\partial \overline{z^j}}\right) = \frac{1}{2}h_{ij} Z^i \overline{Z^j}, \tag{5.5}$$

故

$$g(X, X) = h_{ij} Z^i \overline{Z^j} = h(Z, Z). \tag{5.6}$$

另一方面, 利用黎曼曲率张量的对称性质得到

$$
\begin{aligned}
& R(X, JX, X, JX) \\
&= -R(Z + \bar{Z}, Z - \bar{Z}, Z + \bar{Z}, Z - \bar{Z}) \\
&= -4R(Z, \bar{Z}, Z, \bar{Z}) \\
&= -4Z^i \overline{Z^j} Z^k \overline{Z^l} R\left(\frac{\partial}{\partial z^i}, \frac{\partial}{\partial \overline{z^j}}, \frac{\partial}{\partial z^k}, \frac{\partial}{\partial \overline{z^l}}\right)
\end{aligned}
$$

$$= -4Z^i\overline{Z^j}Z^k\overline{Z^l}g\left(\mathcal{R}\left(\frac{\partial}{\partial z^k}, \frac{\partial}{\partial \overline{z^l}}\right)\frac{\partial}{\partial z^i}, \frac{\partial}{\partial \overline{z^j}}\right).$$

用 (4.23) 式代入，得到

$$
\begin{aligned}
R(X, JX, X, JX) \\
&= -2Z^i\overline{Z^j}Z^k\overline{Z^l}g\left(K^p_{ikl}\frac{\partial}{\partial z^p}, \frac{\partial}{\partial \overline{z^j}}\right) \\
&= -2Z^i\overline{Z^j}Z^k\overline{Z^l}K^p_{ikl}g\left(\frac{\partial}{\partial z^p}, \frac{\partial}{\partial \overline{z^j}}\right) \\
&= -Z^i\overline{Z^j}Z^k\overline{Z^l}K^p_{ikl}h_{pj} = -K_{ijkl}Z^i\overline{Z^j}Z^k\overline{Z^l}.
\end{aligned}
$$

因此

$$K(X) = -\frac{R(X, JX, X, JX)}{g(X,X)^2} = \frac{K_{ijkl}Z^i\overline{Z^j}Z^k\overline{Z^l}}{(h_{ij}Z^i\overline{Z^j})^2}.$$

证毕.

8.5.2 常全纯截面曲率 Kähler 流形

为了进一步讨论全纯截面曲率，需要作一些代数上的准备.

引理 5.2 设 V 是 n 维复向量空间， J 是 V 上的典型复结构， R 是 V 上的四重实线性函数，满足下列条件：

(1) $R(X, Y, Z, W) = -R(Y, X, Z, W) = -R(X, Y, W, Z)$;

(2) $R(X, Y, Z, W) = R(Z, W, X, Y)$;

(3) $R(X, Y, Z, W) + R(Z, Y, W, X) + R(W, Y, X, Z) = 0$;

(4) $R(JX, JY, Z, W) = R(X, Y, JZ, JW) = R(X, Y, Z, W)$.

如果 T 是 V 上另一个满足上述条件的四重实线性函数，并且对于任意的 $X \in V$ 有

$$R(X, JX, X, JX) = T(X, JX, X, JX), \tag{5.7}$$

则必有 $R = T$.

在实向量空间的情形下有类似的结果 (参看第四章的引理 3.1). 引理中的前三个条件说明 R 是曲率型张量, 条件 (4) 则是 Kähler 流形的黎曼曲率张量的特有性质 (参看定理 4.4).

证明　不妨假定 $T = 0$, 于是只要证明当 R 满足条件 $R(X, JX, X, JX) = 0, \forall X \in V$ 时必有 $R = 0$ 即可. 首先, 把函数 $R(X, JY, Z, JW)$ 关于自变量 X, Y, Z, W 作对称化. 利用 R 所满足的条件 (1)~(4) 不难验证:

$$Q(X, Y, Z, W)$$
$$= R(X, JY, Z, JW) + R(X, JZ, Y, JW) + R(X, JW, Y, JZ) \quad (5.8)$$

关于 X, Y, Z, W 是对称的. 根据假设

$$Q(X, X, X, X) = 3R(X, JX, X, JX) = 0, \quad \forall X \in V. \quad (5.9)$$

因此, 根据 Q 的对称性容易证明

$$Q(X, Y, Z, W) = 0, \quad \forall X, Y, Z, W \in V. \quad (5.10)$$

实际上, 由假设 (5.9) 得到, 对于任意的 $X, Y \in V$ 和 $t \in \mathbb{R}$ 有

$$Q(X + tY, X + tY, X + tY, X + tY) = 0,$$

将它按照 t 展开得到

$$t(t^2 Q(X, Y, Y, Y) + 2tQ(X, X, Y, Y) + Q(X, X, X, Y)) = 0, \quad \forall t.$$

因此

$$Q(X, Y, Y, Y) = Q(X, X, X, Y) = Q(X, X, Y, Y) = 0.$$

再用 $X + tZ, Y + tW$ 代入上式, 并且按照 t 展开便可得到 (5.10) 式.

在 (5.8) 式中令 $Z = X, W = Y$, 得

$$2R(X, JY, X, JY) + R(X, JX, Y, JY) = 0. \quad (5.11)$$

利用条件 (3), (1) 和 (4) 得到

$$R(X, JX, Y, JY) = -R(Y, JX, JY, X) - R(JY, JX, X, Y)$$
$$= R(X, Y, X, Y) + R(X, JY, X, JY).$$

代入 (5.11) 式得

$$3R(X, JY, X, JY) + R(X, Y, X, Y) = 0. \tag{5.12}$$

用 JY 代替上式中的 Y 得

$$3R(X, Y, X, Y) + R(X, JY, X, JY) = 0. \tag{5.13}$$

联合 (5.12) 和 (5.13) 两式得知

$$R(X, Y, X, Y) = 0, \quad \forall X, Y \in V.$$

根据第四章的引理 3.1, $R = 0$.

十分幸运的是，借助于 J-不变黎曼度量能够构造出满足引理 5.2 的各个条件的四重实线性函数 R_0. 具体的作法如下：假设 g 是 V 上的一个 J-不变黎曼度量. 对于任意的 $X, Y, Z, W \in V$, 定义

$$r(X, Y, Z, W) = g(X, Z)g(Y, W) - g(X, W)g(Y, Z),$$

则 r 满足条件 (1), (2) 和 (3)(参看第四章定理 3.2 的证明), 并且满足

$$r(JX, JY, Z, W) = r(X, Y, JZ, JW),$$
$$r(JX, JY, JZ, JW) = r(X, Y, Z, W).$$

再令

$$\tilde{r}(X, Y, Z, W) = r(X, Y, Z, W) + r(X, Y, JZ, JW),$$

则 $\tilde{r}$ 满足条件 (1), (2) 和 (4), 但是 $\tilde{r}$ 未必满足条件 (3).

经直接计算得到

$$\tilde{r}(X,Y,Z,W) + \tilde{r}(Z,Y,W,X) + \tilde{r}(W,Y,X,Z)$$
$$= r(X,Y,JZ,JW) + r(Z,Y,JW,JX) + r(W,Y,JX,JZ)$$
$$= -2(g(X,JY)g(Z,JW) + g(Z,JY)g(W,JX)$$
$$+ g(W,JY)g(X,JZ)).$$

容易验证, $g(X,JY)g(Z,JW)$ 恰好满足引理 5.2 的条件 (1), (2) 和 (4). 因此, 如果令

$$R_0(X,Y,Z,W) = \tilde{r}(X,Y,Z,W) + 2g(X,JY)g(Z,JW),$$

则 R_0 满足引理 5.2 的条件 (1)~(4). 将 $\tilde{r}(X,Y,Z,W)$ 的表达式代入 R_0 便得到

$$R_0(X,Y,Z,W)$$
$$= g(X,Z)g(Y,W) - g(X,W)g(Y,Z)$$
$$+ g(X,JZ)g(Y,JW) - g(X,JW)g(Y,JZ)$$
$$+ 2g(X,JY)g(Z,JW). \tag{5.14}$$

这就是满足引理 5.2 的条件的四重实线性函数. 由表达式 (5.14) 式得到

$$R_0(X,Y,X,Y) = g(X,X)g(Y,Y) - g(X,Y)^2 + 3g(X,JY)^2,$$
$$R_0(X,JX,X,JX) = 4(g(X,X))^2. \tag{5.15}$$

引理证毕.

现在回到 Kähler 流形上来.

定义 5.2　设 (M,h) 是 n 维 Kähler 流形. 如果对于所有的点 $p \in M$ 以及所有的切向量 $X \in T_pM$, 沿 X 的全纯截面曲率 $K(X)$ 都等于常值 c, 则称 (M,h) 是 **具有常全纯截面曲率** c 的 Kähler 流形, 简称为 **常全纯曲率空间**.

从引理 5.2 和 (5.15) 式不难得知

定理 5.3　Kähler 流形 (M, h) 具有常全纯截面曲率 c, 当且仅当它的曲率张量是

$$
\begin{aligned}
R(X,Y,Z,W) \\
= & -\frac{c}{4} R_0(X,Y,Z,W) \\
= & -\frac{c}{4}(g(X,Z)g(Y,W) - g(X,W)g(Y,Z) \\
& + g(X,JZ)g(Y,JW) - g(X,JW)g(Y,JZ) \\
& + 2g(X,JY)g(Z,JW)), \quad \forall X,Y,Z,W \in \mathfrak{X}(M). \quad (5.16)
\end{aligned}
$$

如果 X, Y 是 M 在点 p 处的任意两个彼此正交的单位切向量, 则沿二维截面 $[X \wedge Y]$ 的截面曲率是

$$
K(X,Y) = -R(X,Y,X,Y) = \frac{c}{4}(1 + 3\cos^2\alpha), \quad (5.17)
$$

其中 $\alpha = \angle(X, JY)$. 由此可见, 常全纯曲率空间未必具有常截面曲率. 但是, 下面的定理成立:

定理 5.4　常全纯截面曲率的 Kähler 流形的 Ricci 曲率必是常数, 因而是 Einstein 流形.

证明　事实上, 对于任意取定的的单位切向量 $X \in T_pM$, 取 T_pM 的单位正交基底 $\{e_i, Je_i\}$, 使得 $e_1 = X$, 那么

$$
\mathrm{Ric}(X) = \sum_{i=2}^{n} K(e_1, e_i) + \sum_{i=1}^{n} K(e_1, Je_i).
$$

当 $i \geq 2$ 时, $e_1 \perp e_i$, $e_1 \perp Je_i$, 故由 (5.17) 式得到

$$
\mathrm{Ric}(X) = \frac{c}{4} \cdot 2(n-1) + c = \frac{n+1}{2}c. \quad (5.18)
$$

证毕.

作为本节的结束, 我们用曲率张量在局部复坐标系下的分量来刻画常全纯曲率空间的特征.

定理 5.5 Kähler 流形 (M, h) 具有常全纯截面曲率 c 的充分必要条件是在任意一个局部复坐标系 $(U; z^i)$ 下有

$$K_{ikl}^j = \frac{c}{2}(\delta_i^j h_{kl} + \delta_k^j h_{il}), \qquad (5.19)$$

其中 $h_{ij} = h\left(\dfrac{\partial}{\partial z^i}, \dfrac{\partial}{\partial z^j}\right)$.

证明 由命题 5.1 得知充分性是显然的, 在此只要证明必要性.

当 Kähler 流形 (M, h) 具有常全纯截面曲率 c 时, 它的黎曼曲率张量由 (5.12) 式给出. 设 $z^i = x^i + \sqrt{-1}\, y^i$, 则

$$
\begin{aligned}
R_{ijkl} &= R\left(\frac{\partial}{\partial x^i}, \frac{\partial}{\partial x^j}, \frac{\partial}{\partial x^k}, \frac{\partial}{\partial x^l}\right) \\
&= -\frac{c}{4}R_0\left(\frac{\partial}{\partial x^i}, \frac{\partial}{\partial x^j}, \frac{\partial}{\partial x^k}, \frac{\partial}{\partial x^l}\right) \\
&= \frac{c}{4}\left\{ g\left(\frac{\partial}{\partial x^i}, J\frac{\partial}{\partial x^l}\right) g\left(\frac{\partial}{\partial x^j}, J\frac{\partial}{\partial x^k}\right) \right. \\
&\quad + g\left(\frac{\partial}{\partial x^i}, \frac{\partial}{\partial x^l}\right) g\left(\frac{\partial}{\partial x^j}, \frac{\partial}{\partial x^k}\right) \\
&\quad - g\left(\frac{\partial}{\partial x^i}, J\frac{\partial}{\partial x^k}\right) g\left(\frac{\partial}{\partial x^j}, J\frac{\partial}{\partial x^l}\right) \\
&\quad - g\left(\frac{\partial}{\partial x^i}, \frac{\partial}{\partial x^k}\right) g\left(\frac{\partial}{\partial x^j}, \frac{\partial}{\partial x^l}\right) \\
&\quad \left. - 2g\left(\frac{\partial}{\partial x^i}, J\frac{\partial}{\partial x^j}\right) g\left(\frac{\partial}{\partial x^k}, J\frac{\partial}{\partial x^l}\right) \right\} \\
&= \frac{c}{4}(g_{i\bar{l}}g_{j\bar{k}} + g_{il}g_{jk} - g_{i\bar{k}}g_{j\bar{l}} - g_{ik}g_{jl} - 2g_{i\bar{j}}g_{k\bar{l}}).
\end{aligned}
$$

同理可得

$$
\begin{aligned}
R_{i\bar{j}k\bar{l}} &= \frac{c}{4}(-g_{il}g_{\bar{j}\bar{k}} + g_{i\bar{l}}g_{\bar{j}k} + g_{ik}g_{\bar{j}\bar{l}} - g_{ik}g_{\bar{j}\bar{l}} - 2g_{ij}g_{kl}), \\
R_{i\bar{j}kl} &= \frac{c}{4}(g_{i\bar{l}}g_{\bar{j}\bar{k}} + g_{il}g_{\bar{j}k} - g_{i\bar{k}}g_{\bar{j}\bar{l}} - g_{ik}g_{\bar{j}l} + 2g_{ij}g_{k\bar{l}}), \\
R_{ijk\bar{l}} &= \frac{c}{4}(-g_{il}g_{j\bar{k}} + g_{i\bar{l}}g_{jk} + g_{i\bar{k}}g_{jl} - g_{ik}g_{j\bar{l}} + 2g_{i\bar{j}}g_{kl}).
\end{aligned}
$$

因此

$$
\begin{aligned}
K_{ijkl} &= (R_{ijkl} - R_{i\bar{j}k\bar{l}}) + \sqrt{-1}\,(R_{i\bar{j}kl} + R_{ijk\bar{l}}) \\
&= \frac{c}{2}(g_{i\bar{l}}g_{j\bar{k}} + g_{il}g_{jk} + g_{ij}g_{kl} - g_{i\bar{j}}g_{k\bar{l}}) \\
&\quad + \frac{c}{2}\sqrt{-1}\,(g_{i\bar{l}}g_{jk} + g_{il}g_{\bar{j}k} + g_{ij}g_{k\bar{l}} + g_{i\bar{j}}g_{kl}) \\
&= \frac{c}{2}\{(g_{ij}g_{kl} - g_{i\bar{j}}g_{k\bar{l}} + g_{il}g_{kj} - g_{i\bar{l}}g_{k\bar{j}}) \\
&\quad + \sqrt{-1}\,(g_{ij}g_{k\bar{l}} + g_{i\bar{j}}g_{kl} + g_{il}g_{k\bar{j}} + g_{i\bar{l}}g_{kj})\}.
\end{aligned}
$$

另一方面，因为 $h_{ij} = g_{ij} + \sqrt{-1}\,g_{i\bar{j}}$，所以

$$
\begin{aligned}
h_{ij}&h_{kl} + h_{il}h_{kj} \\
&= (g_{ij} + \sqrt{-1}\,g_{i\bar{j}})(g_{kl} + \sqrt{-1}\,g_{k\bar{l}}) \\
&\quad + (g_{il} + \sqrt{-1}\,g_{i\bar{l}})(g_{kj} + \sqrt{-1}\,g_{k\bar{j}}) \\
&= g_{ij}g_{kl} - g_{i\bar{j}}g_{k\bar{l}} + g_{il}g_{kj} - g_{i\bar{l}}g_{k\bar{j}} \\
&\quad + \sqrt{-1}\,(g_{ij}g_{k\bar{l}} + g_{i\bar{j}}g_{kl} + g_{il}g_{k\bar{j}} + g_{i\bar{l}}g_{kj}).
\end{aligned} \tag{5.20}
$$

因此

$$
K_{ijkl} = \frac{c}{2}(h_{ij}h_{kl} + h_{il}h_{kj}), \quad K_{ikl}^{j} = \frac{c}{2}(\delta_i^j h_{kl} + \delta_k^j h_{il}).
$$

证毕.

推论 5.6 Kähler 流形 (M, h) 具有常全纯截面曲率 c 的充分必要条件是，它在任意一个局部复坐标系 $(U; z^i)$ 下的曲率形式的表达式是

$$
\Omega_i^j = \frac{c}{4}(\delta_i^j h_{kl} + \delta_k^j h_{il})\mathrm{d}z^k \wedge \mathrm{d}\overline{z^l}. \tag{5.21}
$$

8.5.3 Kähler 流形上的酉标架场

我们知道，在 Kähler 流形 (M, h) 上，典型复结构 J 关于黎曼联络 D 是平行的. 所以，在 M 上使用活动标架是比较方便的. 下面的

推导尽管与 §8.4 中在复坐标系下的计算是平行的, 但是对于了解和掌握 Kähler 流形的几何是重要的.

设 (M, h) 是一个 n 维 Kähler 流形, 则 $g = \mathrm{Re}(h)$ 是切丛 TM 上的 J-不变黎曼度量. 所以, 对于任意的 $X \in TM$, 有 $X \perp JX$. 于是, 在每一点 $p \in M$ 的一个邻域 U 内必存在单位正交标架场 $\{e_i, Je_i\}$. 记

$$\bar{i} = n + i, \quad e_{\bar{i}} = Je_i$$

并用 $\{\theta^\alpha, 1 \le \alpha \le 2n\}$ 表示 $\{e_i, e_{\bar{i}}\}$ 的对偶标架场, 那么

$$J\theta^i = -\theta^{\bar{i}}, \quad J\theta^{\bar{i}} = \theta^i.$$

如果令

$$\delta_i = \frac{1}{2}(e_i - \sqrt{-1}\, e_{\bar{i}}), \quad \omega^i = \theta^i + \sqrt{-1}\, \theta^{\bar{i}}, \tag{5.22}$$

则 $\{\delta_i\}$ 是复向量丛 $T^{(1,0)}M$ 的一个局部标架场, 并且以 $\{\omega^i\}$ 为它的对偶标架场. 这时, J-不变黎曼度量 g 具有表达式

$$g = \sum_{\alpha=1}^{2n} \theta^\alpha \otimes \theta^\alpha; \tag{5.23}$$

相应的 Kähler 形式为

$$k = \sum_{\alpha=1}^{2n} \theta^\alpha \otimes J\theta^\alpha = \sum_{i=1}^{n} \theta^{\bar{i}} \wedge \theta^i = -\frac{\sqrt{-1}}{2} \sum_{i=1}^{n} \omega^i \wedge \overline{\omega^i}. \tag{5.24}$$

因此, Hermite 内积为

$$h = g + \sqrt{-1}\, k = \sum_{i=1}^{n} \omega^i \otimes \overline{\omega^i}. \tag{5.25}$$

显然, $h_{ij} = h(\delta_i, \delta_j) = \delta_{ij}$. 这样的标架场 $\{\delta_i\}$ 称为 (M, h) 上的 **酉标架场**, 与其对偶的余切标架场 $\{\omega^i\}$ 称为 (M, h) 上的 **酉余标架场**.

设 D 是黎曼联络, 令

$$\mathrm{D}e_\alpha = \theta_\alpha^\beta e_\beta. \tag{5.26}$$

由于在 Kähler 流形上黎曼联络必是复联络 (见推论 4.3), 故有

$$\mathrm{D}(Je_\alpha) = J(\mathrm{D}e_\alpha). \tag{5.27}$$

因此, 联络形式 θ_α^β 满足如下的关系式:

$$\theta_i^{\bar{j}} = \theta_i^j, \quad \theta_{\bar{i}}^j = -\theta_i^{\bar{j}}. \tag{5.28}$$

定义

$$\omega_i^j = \theta_i^j + \sqrt{-1}\,\theta_i^{\bar{j}}, \tag{5.29}$$

则 ω_i^j 是复向量丛 TM 上的复联络 D 在酉标架场 $\{\delta_i\}$ 下的联络形式, 即

$$\mathrm{D}\delta_i = \omega_i^j \delta_j. \tag{5.30}$$

从黎曼联络的性质得到复联络形式 ω_i^j 满足下列条件:

$$\mathrm{d}\omega^i = \omega^j \wedge \omega_j^i, \quad \omega_i^j + \overline{\omega_j^i} = 0, \tag{5.31}$$

它们反映了 ω_i^j 的无挠性以及与 Hermite 结构的相容性.

设联络 D 关于标架场 $\{e_\alpha\}$ 的曲率形式是

$$\Theta_\alpha^\beta = \mathrm{d}\theta_\alpha^\beta - \theta_\alpha^\gamma \wedge \theta_\gamma^\beta = \frac{1}{2}R_{\alpha\gamma\delta}^\beta \theta^\gamma \wedge \theta^\delta, \tag{5.32}$$

其中 $R_{\alpha\gamma\delta}^\beta$ 是黎曼流形 (M, g) 曲率张量关于标架场 $\{e_\alpha\}$ 的分量. 由 (5.28) 式可得

$$\Theta_i^{\bar{j}} = \Theta_i^j, \quad \Theta_{\bar{i}}^j = -\Theta_i^{\bar{j}}. \tag{5.33}$$

于是

$$R_{i\gamma\delta}^{\bar{j}} = R_{i\gamma\delta}^j, \quad R_{\bar{i}\gamma\delta}^j = -R_{i\gamma\delta}^{\bar{j}}. \tag{5.34}$$

根据定理 4.4

$$R_{\alpha\bar{i}j}^\beta = R_{\alpha ij}^\beta, \quad R_{\alpha\bar{i}j}^\beta = -R_{\alpha i\bar{j}}^\beta. \tag{5.35}$$

复联络形式 ω_i^j 的曲率形式是

$$\Omega_i^j = \mathrm{d}\omega_i^j - \omega_i^k \wedge \omega_k^j. \tag{5.36}$$

经直接计算得到

$$\Omega_i^j = \Theta_i^j + \sqrt{-1}\,\Theta_i^{\bar{j}}. \tag{5.37}$$

因此

$$\Omega_i^j + \overline{\Omega_j^i} = 0. \tag{5.38}$$

把 (5.29) 式代入 (5.37) 式又可得到

$$\Omega_i^j = \frac{1}{2} K_{ikl}^j \omega^k \wedge \overline{\omega^l}, \tag{5.39}$$

其中

$$K_{ikl}^j = (R_{ikl}^j + R_{i\bar{k}l}^{\bar{j}}) + \sqrt{-1}\,(R_{ik\bar{l}}^j + R_{i\bar{k}\bar{l}}^{\bar{j}}). \tag{5.40}$$

现在, 定理 5.5 可以重新叙述成

定理 5.5′ n 维 Kähler 流形 (M, h) 具有常全纯截面曲率 c 当且仅当对于任意的酉余标架场 $\{\omega^i\}$, 相应的曲率形式是

$$\Omega_i^j = \frac{c}{4}\left(\omega^j \wedge \overline{\omega^i} + \delta_{ij} \sum_k \omega^k \wedge \overline{\omega^k}\right). \tag{5.41}$$

定理的证明留给读者完成.

§8.6   Kähler 流形的例子

在学习了 Kähler 流形的一般理论之后, 下面要介绍一些常见的 Kähler 流形的例子. 一方面要搞清楚它们的复流形结构和 Hermite 结构, 另一方面要计算它们的全纯截面曲率以及 Ricci 形式.

例 6.1 n 维复向量空间 $\mathbb{C}^n$.

设 $\mathbb{C}^n$ 是由有序的 n 个复数组成的数组的全体构成的 n 维复向量空间, 其元素记为 $z = (z^1, \cdots, z^n)$. 令

$$h = \sum_i \mathrm{d}z^i \otimes \mathrm{d}\overline{z^i}, \tag{6.1}$$

则 h 是 $\mathbb{C}^n$ 上的 Hermite 度量, 它的实部是

$$g = \sum_{i=1}^{n} (\mathrm{d}x^i \otimes \mathrm{d}x^i + \mathrm{d}y^i \otimes \mathrm{d}y^i),$$

其中 $z^i = x^i + \sqrt{-1}\, y^i$. 可见, $\mathbb{C}^n$ 作为黎曼流形等同于通常的欧氏空间 $\mathbb{R}^{2n}$, 因而是完备平坦的. $\mathbb{C}^n$ 上的 Kähler 形式是

$$k = -\frac{\sqrt{-1}}{2} \sum_i \mathrm{d}z^i \wedge \overline{\mathrm{d}z^i} = -\sum_i \mathrm{d}x^i \wedge \mathrm{d}y^i. \tag{6.2}$$

显然 $\mathrm{d}k = 0$, 因而 $\mathbb{C}^n$ 是一个 Kähler 流形. 因为 $\mathbb{C}^n$ 是平坦的, 故 $\mathbb{C}^n$ 的全纯截面曲率恒为零, Ricci 形式也是零.

由 (6.1) 式定义的 Hermite 度量 h 称为 $\mathbb{C}^n$ 上的 **标准 Hermite 度量 (内积)**, 通常记为 $\langle \cdot, \cdot \rangle$.

例 6.2 复射影空间 $\mathbb{C}P^n$.

设 $\mathbb{C}_*^{n+1} = \mathbb{C}^{n+1} \backslash \{0\}$, 其中 0 表示 $\mathbb{C}^{n+1}$ 中的零向量. $\mathbb{C}^{n+1}$ 中的标准 Hermite 内积是

$$\langle z, w \rangle = \sum_{\alpha=1}^{n+1} z^\alpha \overline{w^\alpha}, \tag{6.3}$$

其中 $z = (z^1, \cdots, z^{n+1})$, $w = (w^1, \cdots, w^{n+1}) \in \mathbb{C}^{n+1}$. 在 $\mathbb{C}_*^{n+1}$ 中引入等价关系 $\sim$ 如下: $\forall z, w \in \mathbb{C}_*^{n+1}$, $z \sim w$ 当且仅当存在一个非零复数 λ, 使得 $w = \lambda z$. 用 $[z]$ 表示 $z \in \mathbb{C}_*^{n+1}$ 所在的等价类, 令

$$\mathbb{C}P^n = \mathbb{C}_*^{n+1} / \sim\, = \{[z];\ z \in \mathbb{C}_*^{n+1}\},$$

并用 $\pi : \mathbb{C}_*^{n+1} \to \mathbb{C}P^n$ 表示自然投影, 则 $\mathbb{C}P^n$ 相当于 $\mathbb{C}^{n+1}$ 中的一维复子空间的全体所构成的集合. 对于任意的 $z = (z^1, \cdots, z^{n+1}) \in \mathbb{C}_*^{n+1}$, $\pi(z) = [z]$ 对应于 $\mathbb{C}^{n+1}$ 中由非零向量 z 所确定的一维复子空间. 设 $\mathscr{T}$ 是 $\mathbb{C}P^n$ 上的商拓扑, 即令

$$\mathscr{T} = \{U \subset \mathbb{C}P^n;\ \pi^{-1}(U) \text{是 } \mathbb{C}_*^{n+1} \text{ 中的开集}\},$$

则 $\mathbb{C}P^n$ 关于 $\mathscr{T}$ 成为一个拓扑空间. 由于对角线集

$$S = \{(z, w) \in \mathbb{C}_*^{n+1};\ z \sim w\}$$

是 $\mathbb{C}_*^{n+1} \times \mathbb{C}_*^{n+1}$ 的闭子集, $\mathbb{C}P^n$ 是 Hausdorff 空间 (参看参考文献 [3, 第二章, 引理 5.1]).

对于每一个 $\alpha = 1, 2, \cdots, n+1$, 定义 $\mathbb{C}P^n$ 的子集

$$U_\alpha = \{[(z^1, \cdots, z^{n+1})] \in \mathbb{C}P^n;\ z^\alpha \neq 0\}.$$

显然, $\{U_\alpha;\ 1 \leq \alpha \leq n+1\}$ 是 $\mathbb{C}P^n$ 的开复盖. 对于每一个 α, 定义映射 $\varphi_\alpha : U_\alpha \to \mathbb{C}^n$, 使得

$$\varphi_\alpha([(z^1, \cdots, z^{n+1})]) = (\xi_\alpha^1, \cdots, \xi_\alpha^n)$$
$$(\forall [z] = [(z^1, \cdots, z^{n+1})] \in U_\alpha), \tag{6.4}$$

其中

$$\xi_\alpha^i = \begin{cases} \dfrac{z^i}{z^\alpha}, & \text{当 } 1 \leq i < \alpha \text{ 时;} \\[2mm] \dfrac{z^{i+1}}{z^\alpha}, & \text{当 } n \geq i \geq \alpha \text{ 时.} \end{cases} \tag{6.5}$$

容易看出, φ_α 与 U_α 中元素的代表元的选取无关, 并且是 U_α 到 $\mathbb{C}^n$ 上的一一对应, 其逆映射 $\varphi_\alpha^{-1} : \mathbb{C}^n \to U_\alpha$ 由

$$\varphi^{-1}(\xi^1, \cdots, \xi^n) = [(\xi^1, \cdots, \xi^{\alpha-1}, 1, \xi^\alpha, \cdots, \xi^n)]$$
$$(\forall \xi = (\xi^1, \cdots, \xi^n) \in \mathbb{C}^n)$$

给出. 由商拓扑的定义还可以看出, 每一个映射 φ_α 都是同胚.

对于任意的 $\alpha \neq \beta$, 必有 $U_\alpha \cap U_\beta \neq \emptyset$, 并且

$$\varphi_\beta \circ \varphi_\alpha^{-1}(\xi_\alpha^1, \cdots, \xi_\alpha^n) = (\xi_\beta^1, \cdots, \xi_\beta^n)$$
$$(\forall (\xi_\alpha^1, \cdots, \xi_\alpha^n) \in \varphi_\alpha(U_\alpha \cap U_\beta)), \tag{6.6}$$

其中 (不妨设 $\alpha < \beta$)

$$
\xi_\beta^i = \begin{cases}
\dfrac{\xi_\alpha^i}{\xi_\alpha^{\beta-1}}, & \text{当 } i < \alpha \text{ 或 } i \geq \beta \text{ 时}; \\[3mm]
\dfrac{1}{\xi_\alpha^{\beta-1}}, & \text{当 } i = \alpha \text{ 时}; \\[3mm]
\dfrac{\xi_\alpha^{i-1}}{\xi_\alpha^{\beta-1}}, & \text{当 } \alpha < i < \beta \text{ 时}.
\end{cases}
\tag{6.7}
$$

由此可见，$\varphi_\beta \circ \varphi_\alpha^{-1}$ 是从 $\mathbb{C}^n$ 中的开子集 $\varphi_\alpha(U_\alpha \cap U_\beta)$ 映到开子集 $\varphi_\beta(U_\alpha \cap U_\beta)$ 的全纯映射. 根据定义, $\mathbb{C}P^n$ 是 n 维复流形, 称为 n 维 **复射影空间**.

容易证明, 自然投影 $\pi : \mathbb{C}_*^{n+1} \to \mathbb{C}P^n$ 是全纯的开映射 (参看本章习题第 20 题的 (2)).

下面在 $\mathbb{C}P^n$ 上引入 Hermite 度量.

对于每一个 α, 在局部复坐标域 U_α 内定义函数

$$
f_\alpha = 1 + \sum_{i=1}^n |\xi_\alpha^i|^2.
\tag{6.8}
$$

则当 $\alpha \neq \beta$ 时, $U_\alpha \cap U_\beta \neq \emptyset$, 并且利用 (6.7) 式可得

$$
\begin{aligned}
f_\beta &= 1 + \sum_{i=1}^n |\xi_\beta^i|^2 = 1 + \frac{1}{|\xi_\alpha^\beta|^2}\left(1 + \sum_{i \neq \beta} |\xi_\alpha^i|^2\right) \\
&= \frac{1}{|\xi_\alpha^\beta|^2}\left(|\xi_\alpha^\beta|^2 + 1 + \sum_{i \neq \beta} |\xi_\alpha^i|^2\right) = \frac{f_\alpha}{|\xi_\alpha^\beta|^2},
\end{aligned}
$$

即有关系式

$$
f_\alpha = f_\beta |\xi_\alpha^\beta|^2.
\tag{6.9}
$$

因此在 $U_\alpha \cap U_\beta$ 上有

$$
\frac{\partial^2 \ln f_\alpha}{\partial \xi_\alpha^i \partial \bar{\xi}_\alpha^j} = \frac{\partial^2 \ln f_\beta}{\partial \xi_\alpha^i \partial \bar{\xi}_\alpha^j} + \frac{\partial^2}{\partial \xi_\alpha^i \partial \bar{\xi}_\alpha^j}(\ln \xi_\alpha^\beta + \ln \bar{\xi}_\alpha^\beta)
$$

$$= \frac{\partial}{\partial \xi_\alpha^i}\left(\frac{\partial \ln f_\beta}{\partial \overline{\xi}_\beta^l}\frac{\partial \overline{\xi}_\beta^l}{\partial \overline{\xi}_\alpha^j}\right) = \frac{\partial^2 \ln f_\beta}{\partial \xi_\beta^k \partial \overline{\xi}_\beta^l}\frac{\partial \xi_\beta^k}{\partial \xi_\alpha^i}\frac{\partial \overline{\xi}_\beta^l}{\partial \overline{\xi}_\alpha^j}. \tag{6.10}$$

取定 $c > 0$, 则对于任意的 $\alpha \neq \beta$ 有

$$\frac{4}{c}\sum_{i,j}\frac{\partial^2 \ln f_\alpha}{\partial \xi_\alpha^i \partial \overline{\xi}_\alpha^j}\mathrm{d}\xi_\alpha^i \otimes \mathrm{d}\overline{\xi}_\alpha^j$$

$$= \frac{4}{c}\sum_{i,j,k,l}\frac{\partial^2 \ln f_\beta}{\partial \xi_\beta^k \partial \overline{\xi}_\beta^l}\frac{\partial \xi_\beta^k}{\partial \xi_\alpha^i}\frac{\partial \overline{\xi}_\beta^l}{\partial \overline{\xi}_\alpha^j}\mathrm{d}\xi_\alpha^i \otimes \mathrm{d}\overline{\xi}_\alpha^j$$

$$= \frac{4}{c}\sum_{i,j}\frac{\partial^2 \ln f_\beta}{\partial \xi_\beta^i \partial \overline{\xi}_\beta^j}\mathrm{d}\xi_\beta^i \otimes \mathrm{d}\overline{\xi}_\beta^j. \tag{6.11}$$

于是上式在 $\mathbb{C}P^n$ 上大范围地确定了一个 Hermite 形式, 记为 h, 使得

$$h|_{U_\alpha} = \frac{4}{c}\sum_{i,j}\frac{\partial^2 \ln f_\alpha}{\partial \xi_\alpha^i \partial \overline{\xi}_\alpha^j}\mathrm{d}\xi_\alpha^i \otimes \mathrm{d}\overline{\xi}_\alpha^j. \tag{6.12}$$

容易证明 h 是正定的, 所以 h 是 $\mathbb{C}P^n$ 上的一个 Hermite 度量, 通常称该度量为 **Fubini-Study 度量**. 事实上, 通过直接计算得到

$$h_{ij}^{(\alpha)} \equiv \frac{4}{c}\frac{\partial^2 \ln f_\alpha}{\partial \xi_\alpha^i \partial \overline{\xi}_\alpha^j} = \frac{4(1 + \sum_k |\xi_\alpha^k|^2)\delta_{ij} - 4\xi_\alpha^j \overline{\xi}_\alpha^i}{c(1 + \sum_k |\xi_\alpha^k|^2)^2}, \tag{6.13}$$

因此对于任意的 $Z|_{U_\alpha} = \sum Z_\alpha^i \dfrac{\partial}{\partial \xi_\alpha^i}$ 有

$$\sum_{i,j}h_{ij}^{(\alpha)}Z_\alpha^i \overline{Z_\alpha^j} = \frac{2(2\sum_i |Z_\alpha^i|^2 + \sum_{i,j}|\xi_\alpha^i Z_\alpha^j - \xi_\alpha^j Z_\alpha^i|^2)}{c(1 + \sum_k |\xi_\alpha^k|^2)^2}.$$

与 Hermite 度量 h 对应的 Kähler 形式是

$$k|_{U_\alpha} = -\frac{\sqrt{-1}}{2} \cdot \frac{4}{c}\sum_{i,j}\frac{\partial^2 \ln f_\alpha}{\partial \xi_\alpha^i \partial \overline{\xi}_\alpha^j}\mathrm{d}\xi_\alpha^i \wedge \mathrm{d}\overline{\xi}_\alpha^j$$

$$= -\frac{2}{c}\sqrt{-1}\,\partial\overline{\partial}\ln f_\alpha. \tag{6.14}$$

根据定理 4.7 后面的注记 4.4 知道 k 是闭微分式, 所以 $\mathbb{C}P^n$ 是一个 Kähler 流形. 用 $\mathbb{C}P^n$ 的齐次坐标 z^α 表示, 则它的 Fubini-Study 度量是

$$
\begin{aligned}
h &= \frac{4}{c} \frac{\sum_\alpha |z^\alpha|^2 \sum_\beta \mathrm{d}z^\beta \mathrm{d}\overline{z^\beta} - \sum_\alpha \overline{z^\alpha} \mathrm{d}z^\alpha \sum_\beta z^\beta \mathrm{d}\overline{z^\beta}}{(\sum_\alpha |z^\alpha|^2)^2} \\
&= \frac{4}{c} \frac{\langle z, z \rangle \langle \mathrm{d}z, \mathrm{d}z \rangle - \langle \mathrm{d}z, z \rangle \langle z, \mathrm{d}z \rangle}{\langle z, z \rangle^2}.
\end{aligned} \tag{6.15}
$$

下面求 $\mathbb{C}P^n$ 的全纯截面曲率. 为此, 考虑作用在 $\mathbb{C}^{n+1}$ 上的 $n+1$ 阶酉群 $\mathrm{U}(n+1)$. 对于任意的 $A \in \mathrm{U}(n+1)$, 由于 A 是线性的, 它自然地诱导出 $\mathbb{C}P^n$ 到自身的一个变换 (仍记为 A), 使得

$$
A([z]) = [A(z)], \quad \forall [z] \in \mathbb{C}P^n, \tag{6.16}
$$

其中 $z \in \mathbb{C}_*^{n+1}$ 是 $[z]$ 的代表元. 由酉群的定义可知, $\mathrm{U}(n+1)$ 在 $\mathbb{C}^{n+1}$ 上的作用保持标准 Hermite 度量 $\langle \cdot, \cdot \rangle$ 不变, 于是从 (6.15) 式得知 $\mathrm{U}(n+1)$ 在 $\mathbb{C}P^n$ 上的诱导作用 (6.16) 保持 Fubini-Study 度量 h 不变. 另一方面, $\mathrm{U}(n+1)$ 在 $\mathbb{C}_*^{n+1}$ 上的作用是全纯的, 很明显 $\mathrm{U}(n+1)$ 在 $\mathbb{C}P^n$ 上的诱导作用也是全纯的, 并且是可迁的, 即 $\mathrm{U}(n+1)$ 在 $\mathbb{C}P^n$ 上的诱导作用构成 $\mathbb{C}P^n$ 上的一个可迁的全纯等距变换群. 由此可见, 在 $\mathbb{C}P^n$ 上任意两点的局部结构在全纯等距的意义下是一样的. 要求出 $\mathbb{C}P^n$ 的全纯截面曲率, 只需要在一点处进行计算即可.

在局部坐标系 $(U_1; \xi_1^i)$ 下, 记 $\xi^i = \xi_1^i$, 并设 U_1 中对应于 $\xi^i = 0$ 的点为 O 点. 则由 (6.13) 式得知, 在点 O 处有

$$
h_{ij} = \frac{4}{c} \delta_{ij}; \quad h^{ij} = \frac{c}{4} \delta^{ij}; \quad \frac{\partial h_{ij}}{\partial \xi^k} = 0; \quad \frac{\partial h_{ij}}{\partial \overline{\xi^k}} = 0;
$$

$$
\frac{\partial^2 h_{ij}}{\partial \xi^k \partial \overline{\xi^l}} = -\frac{4}{c} (\delta_{ij} \delta_{kl} + \delta_{il} \delta_{kj}). \tag{6.17}
$$

代入 (4.26) 式得到在点 O 处有

$$
K_{ikl}^j = -2 \frac{\partial h^{jp}}{\partial \overline{\xi^l}} \frac{\partial h_{ip}}{\partial \xi^k} - 2 h^{jp} \frac{\partial^2 h_{ip}}{\partial \xi^k \partial \overline{\xi^l}}
$$

$$= 2(\delta_i^j \delta_{kl} + \delta_k^j \delta_{il}) = \frac{c}{2}(\delta_i^j h_{kl} + \delta_k^j h_{il}).$$

根据定理 5.5, $\mathbb{C}P^n$ 在点 O 处具有常全纯截面曲率 c, 因而 $\mathbb{C}P^n$ 的全纯截面曲率恒等于 c.

例 6.3 复双曲空间 D^n.

设 D^n 是 n 维复空间 $\mathbb{C}^n$ 中的单位开球, 即

$$D^n = \{z = (z^1, \cdots, z^n) \in \mathbb{C}^n;\ |z|^2 = z\bar{z}^t < 1\}.$$

对于固定的常数 $c > 0$, 在复坐标系 $z = (z^1, \cdots, z^n) \in D^n$ 下定义 D^n 上的 Hermite 度量

$$h = h_{ij}\mathrm{d}z^i \otimes \mathrm{d}\overline{z^j}, \quad \text{其中} \quad h_{ij} = \frac{4((1-|z|^2)\delta_{ij} + z^j\overline{z^i})}{c(1-|z|^2)^2}. \tag{6.18}$$

容易验证

$$h_{ij} = -\frac{4}{c}\frac{\partial^2 \ln(1-|z|^2)}{\partial z^i \partial \overline{z^j}},$$

所以相应的 Kähler 形式是

$$k = -\frac{\sqrt{-1}}{2}h_{ij}\mathrm{d}z^i \wedge \mathrm{d}\overline{z^j} = \frac{2}{c}\sqrt{-1}\,\partial\overline{\partial}\ln(1-|z|^2). \tag{6.19}$$

因此, k 是闭微分式, D^n 关于 Hermite 度量 (6.18) 是 Kähler 流形, 称为 n 维 **复双曲空间**.

当 $z = 0$ 时, 由 (6.18) 式可以求出

$$h_{ij} = \frac{4}{c}\delta_{ij}, \quad h^{ij} = \frac{c}{4}\delta^{ij}, \quad \frac{\partial h_{ij}}{\partial z^k} = \frac{\partial h_{ij}}{\partial \overline{z^k}} = 0;$$
$$\frac{\partial^2 h_{ij}}{\partial z^k \partial \overline{z^l}} = \frac{4}{c}(\delta_{ij}\delta_{kl} + \delta_{il}\delta_{kj}).$$

于是在点 $z = 0$ 处,

$$K_{ikl}^j = -2\frac{\partial h^{jp}}{\partial \overline{z^l}}\frac{\partial h_{ip}}{\partial z^k} - 2h^{jp}\frac{\partial^2 h_{ip}}{\partial z^k \partial \overline{z^l}}$$

$$= -2(\delta_i^j \delta_{kl} + \delta_k^j \delta_{il}) = -\frac{c}{2}(\delta_i^j h_{kl} + \delta_k^j h_{il}).$$

根据定理 5.5, D^n 在点 $z = 0$ 处的全纯截面曲率等于 $-c$.

为了证明 D^n 具有常全纯曲率, 需要引入它的另一个几何模型.

在 $\mathbb{C}^{n+1}$ 上定义一个内积 $\langle \cdot, \cdot \rangle_1$, 使得对于任意的 $Z = (z^1, \cdots, z^n, z^{n+1})$, $W = (w^1, \cdots, w^n, w^{n+1}) \in \mathbb{C}^{n+1}$, 有

$$\langle Z, W \rangle_1 = \sum_{i=1}^n z^i \overline{w^i} - z^{n+1} \overline{w^{n+1}}. \tag{6.20}$$

令

$$\tilde{D} = \{Z \in \mathbb{C}^{n+1}; \langle Z, Z \rangle_1 < 0\}, \tag{6.21}$$

则 $\tilde{D}$ 是 $\mathbb{R}^{2n+2} = \mathbb{C}^{n+1}$ 中的一个开子集. 设 $\mathrm{U}(n+1, 1)$ 是 $\mathbb{C}^{n+1}$ 上保持内积 $\langle \cdot, \cdot \rangle_1$ 不变的复线性变换群, 则 $\mathrm{U}(n+1, 1)$ 在 $\mathbb{C}^{n+1}$ 上的作用保持 $\tilde{D}$ 不变, 因而可以看作作用在 $\tilde{D}$ 上的变换群. 于是, $\mathrm{U}(n+1, 1)$ 是 $\tilde{D}$ 上的全纯变换群. 在 $\tilde{D}$ 上引进等价关系 "$\sim$", 使得

$$(z^1, \cdots, z^n, z^{n+1}) \sim (w^1, \cdots, w^n, w^{n+1})$$
$$\iff (w^1, \cdots, w^n, w^{n+1}) = \lambda(z^1, \cdots, z^n, z^{n+1}),$$

其中 $\lambda \in \mathbb{C}_* = \mathbb{C} \backslash \{0\}$. 令 $\tilde{D}^n = \tilde{D}/\sim$, 则通过自然投影 $\pi : \tilde{D} \to \tilde{D}^n$, $\mathrm{U}(n+1, 1)$ 在 $\tilde{D}^n$ 上具有自然的诱导作用, 很明显这个作用是可迁的. 定义映射 $\psi : D^n \to \tilde{D}^n$, 使得对于任意的 $(z^1, \cdots, z^n) \in D^n$, 有

$$\psi(z^1, \cdots, z^n) = [(z^1, \cdots, z^n, 1)] = \pi(z^1, \cdots, z^n, 1).$$

容易验证, ψ 是 D^n 到 $\tilde{D}^n$ 的一一对应. 因此, 通过映射 ψ 可以把 D^n 和 $\tilde{D}^n$ 等同起来. 此时, Hermite 度量 h 用齐次坐标 $Z = (z^1, \cdots, z^n, z^{n+1})$ 表示为

$$h = -\frac{4}{c} \frac{\langle Z, Z \rangle_1 \langle \mathrm{d}Z, \mathrm{d}Z \rangle_1 - \langle \mathrm{d}Z, Z \rangle_1 \langle Z, \mathrm{d}Z \rangle_1}{(\langle Z, Z \rangle_1)^2}. \tag{6.22}$$

由于 U$(n+1,1)$ 保持 $\langle \cdot, \cdot \rangle_1$ 不变, 所以它借助于等同 ψ 在 D^n 上诱导的可迁作用保持 Hermite 内积不变. 由此可见, D^n 具有常全纯曲率 $-c$.

不难把 U$(n+1,1)$ 在 D^n 上的可迁作用显式表示出来. 设 M$(n, \mathbb{C})$ 是 n 阶复方阵的全体构成的集合, 则任意的 $T \in$ U$(n+1,1)$ 可以表示为如下的分块矩阵

$$T = \begin{pmatrix} A & B \\ C & d \end{pmatrix}, \tag{6.23}$$

其中 $n \times n$ 复矩阵 $A \in$ M$(n, \mathbb{C})$、$n \times 1$ 复矩阵 B、$1 \times n$ 复矩阵 C 以及复数 d 满足如下条件

$$A \cdot \bar{A}^{\mathrm{t}} - B \cdot \bar{B}^{\mathrm{t}} = I, \quad A \cdot \bar{C}^{\mathrm{t}} - B \cdot \bar{d} = 0, \quad |d|^2 = 1 + C \cdot \bar{C}^{\mathrm{t}}.$$

设 $z = (z^1, \cdots, z^n) \in D^n$, 则 $T(z)$ 具有如下的表达式

$$T(z) = \frac{z \cdot A + C}{z \cdot B + d}. \tag{6.24}$$

例 6.4 n 维复环面 $\mathbb{C}T^n$.

在 $\mathbb{C}^n = \mathbb{R}^{2n}$ 中任意取定 $2n$ 个实线性无关的向量 $v_\alpha; 1 \leq \alpha \leq 2n$. 设 Γ 是在 $\mathbb{C}^n$ 中由 $\{v_1, v_2, \cdots, v_{2n}\}$ 生成的加法子群 (称为 **格**), 即

$$\Gamma = \left\{ \sum_{\alpha=1}^{2n} m^\alpha v_\alpha; \ m^\alpha \in \mathbb{Z} \right\}, \quad \mathbb{Z} \text{是整数集.} \tag{6.25}$$

定义 Γ 在 $\mathbb{C}^n$ 上的作用为: 对于任意的 $g = \sum_{\alpha=1}^{2n} m^\alpha v_\alpha \in \Gamma$ 以及 $z \in \mathbb{C}^n$, 命

$$\Phi_g(z) = z + g = z + \sum_{\alpha=1}^{2n} m^\alpha v_\alpha,$$

则 Γ 成为自由地、纯不连续地作用在 $\mathbb{C}^n$ 上的离散李氏变换群 (参看参考文献 [3, 第二章, 例 2°]). 于是, 仿照参考文献 [3] 中第一章定理 5.2 的证明方法可以说明: 在商空间 $\mathbb{C}T^n = \mathbb{C}^n / \Gamma$ 中存在确定的复流

形结构, 使得自然投影 $\pi : \mathbb{C}^n \to \mathbb{C}T^n$ 在局部上是双全纯映射. 事实上, 对于任意的 $p \in \mathbb{C}T^n$, 存在点 p 的开邻域 U, 使得 $\pi^{-1}(U) = \bigcup_i U_i$, 并且 $\pi|_{U_i} : U_i \to U$ 是双全纯映射, 其中 $\{U_i\}$ 是 $\pi^{-1}(U)$ 中的所有连通分支. 于是, 每一个 $(\pi|_{U_i})^{-1} : U \to U_i$ 都可以作为 $\mathbb{C}T^n$ 在点 p 的复坐标映射. 显而易见, Γ 在 $\mathbb{C}^n$ 上的作用关于 $\mathbb{C}^n$ 上的标准 Hermite 结构是全纯等距. 所以, 在 $\mathbb{C}T^n$ 上存在唯一的 Hermite 结构 h 使得 $\pi^* h$ 正好是 $\mathbb{C}^n$ 上的标准 Hermite 度量 (证明留作练习). 于是 $\pi : \mathbb{C}^n \to \mathbb{C}T^n$ 是局部全纯等距, 因而 $\mathbb{C}T^n$ 和 $\mathbb{C}^n$ 作为 Kähler 流形具有相同的局部结构. 特别地, $\mathbb{C}T^n$ 的全纯截面曲率和 Ricci 形式恒为 0.

需要指出的是, 对于不同的格 $\Gamma, \tilde{\Gamma}$, 所得到的复环面 $\mathbb{C}^n/\Gamma$ 和 $\mathbb{C}^n/\tilde{\Gamma}$ 未必是全纯同胚的, 也就是说在 $\mathbb{C}^n/\Gamma$ 和 $\mathbb{C}^n/\tilde{\Gamma}$ 之间未必存在同胚 f, 使得 f 和 f^{-1} 都是全纯映射.

例 6.5　典型域 $D_{p,q}$.

设 p, q 是两个自然数, $\mathrm{M}(p, q; \mathbb{C})$ 是 $p \times q$ 复矩阵的全体构成的集合, 它等同于 pq 维复向量空间 $\mathbb{C}^{pq}$, 是平坦的 Kähler 流形 (参看例 6.1). 对于任意的 $X \in \mathrm{M}(p, q; \mathbb{C})$, 用 $\overline{X}$ 和 X^t 分别表示矩阵 X 的复共轭矩阵和转置矩阵. 此外, 还用 $Y > 0$ 表示方阵 Y 是正定的. 令

$$D_{p,q} = \{Z \in \mathrm{M}(p, q; \mathbb{C}); \ I_q - \overline{Z}^t Z > 0\}, \tag{6.26}$$

其中 I_q 表示 q 阶单位矩阵. 则 $D_{p,q}$ 是复流形 $\mathrm{M}(p, q; \mathbb{C})$ 的非空开子集, 因而是一个 pq 维复流形, 用 J 记它的典型复结构. 设 $Z = (z_i^\lambda)$, 约定 $1 \le \lambda \le p$, $1 \le i \le q$.

对于任意的正数 c, 在 $D_{p,q}$ 上定义 2 次外微分式

$$k = \frac{2}{c} \sqrt{-1} \, \partial \overline{\partial} \ln(\det(I_q - \overline{Z}^t Z)), \quad Z \in D_{p,q}. \tag{6.27}$$

显然, k 是闭微分式. 命

$$h = -\frac{4}{c} \sum_{i,j,\lambda,\mu} \frac{\partial^2 \ln(\det(I_q - \overline{Z}^t Z))}{\partial z_i^\lambda \partial \overline{z_j^\mu}} \mathrm{d}z_i^\lambda \otimes \mathrm{d}\overline{z_j^\mu}. \tag{6.28}$$

下面要证明 h 是正定的, 因而 $(D_{p,q}, h)$ 是一个 Kähler 流形.

首先定义集合 $\mathrm{U}(p+q, q)$ 如下:

$$\mathrm{U}(p+q, q) = \{T \in \mathrm{M}(p+q, p+q; \mathbb{C}); \ \overline{T}^t \varepsilon_{p,q} T = \varepsilon_{p,q}\}, \qquad (6.29)$$

其中

$$\varepsilon_{p,q} = \begin{pmatrix} I_p & 0 \\ 0 & -I_q \end{pmatrix}.$$

很明显, 它关于矩阵的乘法构成一个群. 若把 $T \in \mathrm{U}(p+q, q)$ 表示为分块矩阵

$$T = \begin{pmatrix} A & B \\ C & D \end{pmatrix},$$

其中 $A \in \mathrm{M}(p, p; \mathbb{C})$, $B \in \mathrm{M}(p, q; \mathbb{C})$, $C \in \mathrm{M}(q, p; \mathbb{C})$, $D \in \mathrm{M}(q, q; \mathbb{C})$, 则矩阵 A, B, C, D 必须满足下列条件:

$$\bar{A}^t \cdot A - \bar{C}^t \cdot C = I_p, \quad \bar{A}^t \cdot B - \bar{C}^t \cdot D = 0, \quad \bar{B}^t \cdot B - \bar{D}^t \cdot D = -I_q. \quad (6.30)$$

我们将要说明: 对于任意的 $Z \in D_{p,q}$, 矩阵 $CZ + D$ 是可逆的. 实际上, 从条件 (6.30) 得到

$$\begin{aligned} & \overline{(CZ+D)}^t(CZ+D) \\ &= \bar{Z}^t \bar{C}^t CZ + \bar{D}^t CZ + \bar{Z}^t \bar{C}^t D + \bar{D}^t D \\ &= \bar{Z}^t(\bar{A}^t A - I_p)Z + \bar{B}^t AZ + \bar{Z}^t \bar{A}^t B + \bar{B}^t B + I_q \\ &= \overline{(AZ+B)}^t(AZ+B) + (I_q - \bar{Z}^t Z). \end{aligned} \qquad (6.31)$$

终端的第一项是半正定矩阵, 第二项是正定矩阵, 所以 $\overline{(CZ+D)}^t(CZ+D)$ 是正定矩阵, 故 $CZ+D$ 是可逆的.

因此, 对于上面的 $T \in \mathrm{U}(p+q, q)$, 可以定义映射 $\Phi_T : D_{p,q} \to \mathrm{M}(p, q; \mathbb{C})$, 使得

$$\Phi_T(Z) = (AZ+B)(CZ+D)^{-1}, \quad \forall Z \in D_{p,q}. \qquad (6.32)$$

经过直接计算得到

$$
\begin{aligned}
&I_q - \overline{\Phi_T(Z)}^{\mathrm t}\Phi_T(Z)\\
&= I_q - (\overline{(AZ+B)(CZ+D)^{-1}})^{\mathrm t}(AZ+B)(CZ+D)^{-1}\\
&= I_q - ((\overline{CZ+D})^{-1})^{\mathrm t}\,(\overline{AZ+B})^{\mathrm t}(AZ+B)(CZ+D)^{-1}\\
&= ((\overline{CZ+D})^{-1})^{\mathrm t}\Big\{(\overline{CZ+D})^{\mathrm t}(CZ+D)\\
&\quad - \overline{(AZ+B)}^{\mathrm t}(AZ+B)\Big\}(CZ+D)^{-1}\\
&= ((\overline{CZ+D})^{-1})^{\mathrm t}(I_q - \overline{Z}^{\mathrm t}Z)(CZ+D)^{-1},
\end{aligned}\tag{6.33}
$$

然而矩阵的正定性在矩阵的合同变换下是不变的, 故 $I_q - \overline{\Phi_T(Z)}^{\mathrm t}\Phi_T(Z)$ > 0, 即 $\Phi_T(Z) \in D_{p,q}$. 因此, (6.32) 式定义了群 $\mathrm U(p+q,q)$ 在 $D_{p,q}$ 上的作用, 而且每一个 $\Phi_T(T \in \mathrm U(p+q,q))$ 是从 $D_{p,q}$ 到它自身的全纯同胚. 另外, 还可以证明 $\mathrm U(p+q,q)$ 在 $D_{p,q}$ 上的作用是可迁的 (留作练习).

由 (6.33) 式得到

$$
\begin{aligned}
&\partial\overline\partial \ln(\det(I_q - \overline{\Phi_T(Z)}^{\mathrm t}\Phi_T(Z)))\\
&=\partial\overline\partial \ln(((\overline{CZ+D})^{-1})^{\mathrm t}(I_q - \overline{Z}^{\mathrm t}Z)(CZ+D)^{-1})\\
&=\partial\overline\partial \ln(\det(I_q - \overline{Z}^{\mathrm t}Z)) - \partial\overline\partial \ln|\det(CZ+D)|^2\\
&=\partial\overline\partial \ln(\det(I_q - \overline{Z}^{\mathrm t}Z)).
\end{aligned}\tag{6.34}
$$

由此可见, 2 次外微分式 k 在 $\mathrm U(p+q,q)$ 的作用下是不变的, 所以形式 h 在 $\mathrm U(p+q,q)$ 的作用下也是不变的.

容易验证: 在 $Z=0$ 处

$$
h = \frac{4}{c}\sum_{i,\lambda;j,\mu}\delta_{ij}\delta_{\lambda\mu}\mathrm dz_i^\lambda \otimes \overline{\mathrm dz_j^\mu} = \frac{4}{c}\sum_{i\lambda}\mathrm dz_i^\lambda \otimes \overline{\mathrm dz_i^\lambda}.\tag{6.35}
$$

因此, h 是在 $D_{p,q}$ 上处处正定的 Hermite 度量, 并以 k 为其 Kähler 形式. $\mathrm U(p+q,q)$ 是可迁地作用在 $(D_{p,q},h)$ 上的一个全纯等距变换群.

请读者求出 $D_{p,q}$ 的全纯截面曲率. 不难看出, 当 $p = n, q = 1$ 时本例就是例 6.3 中的复双曲空间 D^n.

例 6.6　Kähler 子流形.

设 (N, h) 是 Kähler 流形, M 是复流形, $f : M \to N$ 是全纯浸入. 因为 $g = \mathrm{Re}(h)$ 是 N 上的 J-不变黎曼度量. 由映射 f 的全纯性知道, $f_* \circ J = J \circ f_*$. 所以 $f^* g$ 是 M 上的 J-不变黎曼度量, 因而 $f^* h$ 是 M 上的一个 Hermite 结构. 利用等式 $\mathrm{d} \circ f^* = f^* \circ \mathrm{d}$ 又可以说明 $f^* h$ 所对应的 Kähler 形式是闭微分式, 所以 $(M, f^* h)$ 也是一个 Kähler 流形. 这样得到的 Kähler 流形 $(M, f^* h)$ 称为 (N, h) 的复子流形, 或 **Kähler 子流形**. 既然 M 是 N 的浸入子流形, 因此第七章有关子流形的理论适用于 M 和 N.

下面将导出 Kähler 流形 N 及其 Kähler 子流形 M 的全纯截面曲率、 Ricci 曲率张量之间的关系. 为简便起见, 在以下讨论中略去映射 f 及其切映射 f_* 等记号.

设 M 和 N 的复维数分别是 m 和 $n = m + p$, D 和 $\tilde{\mathrm{D}}$ 分别是 M 和 N 的黎曼联络, 它们也分别是 M 和 N 的 Hermite 联络.

如果用 $B : \mathfrak{X}(M) \times \mathfrak{X}(M) \to \Gamma(T^{\perp}M)$ 记 M 在 N 中的第二基本形式 (参看第七章, §7.1), 则由定义, 对于任意的 $X, Y \in \mathfrak{X}(M)$ 有

$$\tilde{\mathrm{D}}_X(JY) = \mathrm{D}_X(JY) + B(X, JY).$$

因为 D 和 $\tilde{\mathrm{D}}$ 都是复联络, $J \circ \mathrm{D} = \mathrm{D} \circ J$ 成立, 即 $J \circ \tilde{\mathrm{D}} = \tilde{\mathrm{D}} \circ J$, 所以上式又能写成

$$\tilde{\mathrm{D}}_X(JY) = J\tilde{\mathrm{D}}_X Y = J(\mathrm{D}_X Y) + JB(X, Y).$$

将两式相对照, 并且利用 B 的对称性得到

$$B(JX, Y) = B(X, JY) = JB(X, Y). \tag{6.36}$$

从上式容易导出下面的命题:

命题 6.1 Kähler 流形 (N, h) 的复子流形必是 (N, h) 的极小子流形.

证明 设 $f : M \to N$ 是 (N, h) 的复子流形. 在 M 上取单位正交标架场 $\{e_i, Je_i\}$, 则由 (6.36) 式得到 M 在 N 中的平均曲率向量是

$$
\begin{aligned}
H &= \frac{1}{2m} \sum_{i=1}^{m} (B(e_i, e_i) + B(Je_i, Je_i)) \\
&= \frac{1}{2m} \sum_{i=1}^{m} (B(e_i, e_i) - B(e_i, e_i)) = 0.
\end{aligned}
$$

因此 (M, f^*h) 是 (N, h) 的极小子流形. 证毕.

假设 R 和 $\tilde{R}$ 分别是黎曼流形 M 和 N 的黎曼曲率张量, 则由第七章 §7.2 的 Gauss 方程、度量 g 的 J-不变性以及 (6.36) 式, 对于任意的 $X, Y \in \mathfrak{X}(M)$ 有

$$
\begin{aligned}
R(X, Y, Y, X) = {}& \tilde{R}(X, Y, Y, X) + g(B(X, X), B(Y, Y)) \\
& - g(B(X, Y), B(X, Y)), \\
R(X, JY, JY, X) = {}& \tilde{R}(X, JY, JY, X) - g(B(X, X), B(Y, Y)) \\
& - g(B(X, Y), B(X, Y)), \quad (6.37) \\
R(X, JX, JX, X) = {}& \tilde{R}(X, JX, JX, X) - 2g(B(X, X), B(X, X)).
\end{aligned}
$$

$$
\tag{6.38}
$$

所以, M 和 N 的全纯截面曲率 K 和 $\tilde{K}$ 有如下关系:

$$
\begin{aligned}
K(X, JX) = {}& \tilde{K}(X, JX) \\
& - \frac{2g(B(X, X), B(X, X))}{(g(X, X))^2}, \quad \forall X \in \mathfrak{X}(M), X \neq 0. \quad (6.39)
\end{aligned}
$$

上式说明, Kähler 子流形 M 的全纯截面曲率不大于外围空间 N 的全纯截面曲率.

设 M 和 N 的 Ricci 曲率张量分别记为 $\mathrm{Ric}_M, \mathrm{Ric}_N$. 设 $x \in M$. 取 $X_1, \cdots, X_{m+p} \in T_x N$, 使得 $X_1, \cdots, X_m \in T_x M$, 并且 $\{X_1, \cdots, X_{m+p},$

$JX_1, \cdots, JX_{m+p}\}$ 构成 $T_x N$ 的一个单位正交基. 则对于任意的 $X \in T_x M$, 有

$$\mathrm{Ric}_M(X, X) = \sum_{i=1}^{m}(R(X, X_i, X_i, X) + R(X, JX_i, JX_i, X)),$$
(6.40)

$$\mathrm{Ric}_N(X, X) = \sum_{\alpha=1}^{m+p}(\tilde{R}(X, X_\alpha, X_\alpha, X) + \tilde{R}(X, JX_\alpha, JX_\alpha, X)).$$
(6.41)

由 (6.37) 和 (6.40) 式,

$$\begin{aligned}
\mathrm{Ric}_M(X, X) = &\sum_{i=1}^{m}(\tilde{R}(X, X_i, X_i, X) + \tilde{R}(X, JX_i, JX_i, X)) \\
&- 2\sum_{i=1}^{m} g(B(X_i, X), B(X_i, X)).
\end{aligned}$$

于是

$$\begin{aligned}
\mathrm{Ric}_M&(X, X) \\
=&\mathrm{Ric}_N(X, X) - \sum_{\alpha=m+1}^{m+p}(\tilde{R}(X, X_\alpha, X_\alpha, X) + \tilde{R}(X, JX_\alpha, JX_\alpha, X)) \\
&- 2\sum_{i=1}^{m} g(B(X_i, X), B(X_i, X)).
\end{aligned}$$
(6.42)

§8.7 陈示性类

纤维丛是在 20 世纪 30 年代末提出来的重要数学结构, 受到几何学家和拓扑学家的高度重视. 在 20 世纪 40 年代末出现的"示性类"在纤维丛的分类理论中扮演重要的角色. 示性类理论经过许多杰出数学家的努力已经形成公理化系统, 但是难以计算在几何问题中出现的

纤维丛的示性类. 陈省身在 1946 年用联络的曲率形式给出复向量丛的示性类代表元的显式表示, 使示性类理论的面貌完全更新了. 现在把陈省身给出的曲率表达式称为陈示性式, 它们代表的示性类称为陈类. 陈示性式和陈类是复流形、纤维丛理论、代数几何以及拓扑学中最基本的概念, 在这里对此作一些初步的介绍. 陈省身除了最初在 1946 年发表的论文《Characteristic classes of Hermitian manifolds》外, 还撰写了多篇论文阐述陈类的理论, 本节就是按照陈省身的论文 [19] 改写的.

设 $E = (E, M, \pi)$ 是 m 维光滑流形 M 上秩为 r 的复向量丛, D 是 E 上的一个复联络. 对于任意的 $X, Y \in \mathfrak{X}(M)$, 可以定义映射 $\mathcal{R}(X, Y) : \Gamma(E) \to \Gamma(E)$, 使得对于任意的 $\sigma \in \Gamma(E)$ 有

$$\mathcal{R}(X, Y)\sigma = \mathrm{D}_X \mathrm{D}_Y \sigma - \mathrm{D}_Y \mathrm{D}_X \sigma - \mathrm{D}_{[X,Y]}\sigma.$$

该映射具有如下的性质: 对于任意的 $X, Y \in \mathfrak{X}(M)$,

(1) $\mathcal{R}(X, Y)\sigma$ 关于 X, Y 是实线性的, 关于 σ 是复线性的;

(2) $\mathcal{R}(X, Y) = -\mathcal{R}(Y, X)$;

(3) 对于任意的 (实值光滑函数)$f \in C^\infty(M)$, 有

$$\mathcal{R}(fX, Y) = \mathcal{R}(X, fY) = f\mathcal{R}(X, Y);$$

(4) 对于 M 上的复值光滑函数 f 有 $\mathcal{R}(X, Y)(f\sigma) = f\mathcal{R}(X, Y)\sigma$. 映射 $\mathcal{R}(X, Y)$ 称为联络 D 的 **曲率算子**.

设 $\{s_\alpha, 1 \le \alpha \le r\}$ 是复向量丛 E 在 $U \subset M$ 上的一个局部标架场, 令

$$\mathrm{D}s_\alpha = \omega_\alpha^\beta s_\beta, \tag{7.1}$$

则称 ω_α^β 为 D 在标架场 $\{s_\alpha\}$ 下的联络形式. 相应的曲率形式是

$$\Omega_\alpha^\beta = \mathrm{d}\omega_\alpha^\beta - \omega_\alpha^\gamma \wedge \omega_\gamma^\beta = \mathrm{d}\omega_\alpha^\beta + \omega_\gamma^\beta \wedge \omega_\alpha^\gamma. \tag{7.2}$$

容易证明：

$$\mathcal{R}(X, Y)s_\alpha = \Omega_\alpha^\beta(X, Y)s_\beta. \tag{7.3}$$

对 (7.2) 式求外微分，得到

$$\mathrm{d}\Omega_\alpha^\beta = \omega_\alpha^\gamma \wedge \Omega_\gamma^\beta - \Omega_\alpha^\gamma \wedge \omega_\gamma^\beta = \Omega_\gamma^\beta \wedge \omega_\alpha^\gamma - \omega_\gamma^\beta \wedge \Omega_\alpha^\gamma. \tag{7.4}$$

(7.4) 式称为 Bianchi 恒等式.

若 $\{\tilde{s}_\alpha, 1 \le \alpha \le r\}$ 是复向量丛 E 在 V 上的局部标架场，则当 $U \cap V \ne \emptyset$ 时，在 $U \cap V$ 上可设

$$\tilde{s}_\alpha = A_\alpha^\beta s_\beta, \tag{7.5}$$

其中复值函数 $A_\alpha^\beta \in C^\infty(U \cap V)$, 且 $\det(A_\alpha^\beta) \ne 0$. 设联络 D 在局部标架场 $\{\tilde{s}_\alpha\}$ 下的联络形式为 $\tilde{\omega}_\alpha^\beta$, 曲率形式为

$$\tilde{\Omega}_\alpha^\beta = \mathrm{d}\tilde{\omega}_\alpha^\beta - \tilde{\omega}_\alpha^\gamma \wedge \tilde{\omega}_\gamma^\beta,$$

则

$$A_\beta^\gamma \tilde{\omega}_\alpha^\beta = \mathrm{d}A_\alpha^\gamma + \omega_\beta^\gamma A_\alpha^\beta.$$

对它求外微分得

$$A_\beta^\gamma \tilde{\Omega}_\alpha^\beta = \Omega_\beta^\gamma A_\alpha^\beta.$$

若记矩阵 $\omega = (\omega_\alpha^\beta)$, $\Omega = (\Omega_\alpha^\beta)$, $A = (A_\alpha^\beta)$, 并且上指标代表行数、下指标代表列数 (如同在 §2.6 中的规定), 则上面两式成为

$$A\tilde{\omega} = \mathrm{d}A + \omega A, \quad \tilde{\Omega} = A^{-1}\Omega A. \tag{7.6}$$

由于 Ω_α^β 是 2 次外微分式，它们之间的外积是可交换的，故能够定义行列式 $\det\left(I + \dfrac{\sqrt{-1}}{2\pi}\Omega\right)$, 其中 I 是单位矩阵, 即

$$\det\left(I + \frac{\sqrt{-1}}{2\pi}\Omega\right)$$

$$= \delta_{1\cdots r}^{\alpha_1\cdots\alpha_r} \left(\delta_{\alpha_1}^1 + \frac{\sqrt{-1}}{2\pi}\Omega_{\alpha_1}^1\right) \wedge \cdots \wedge \left(\delta_{\alpha_r}^r + \frac{\sqrt{-1}}{2\pi}\Omega_{\alpha_r}^r\right)$$

$$= \frac{1}{r!}\delta_{\beta_1\cdots\beta_r}^{\alpha_1\cdots\alpha_r}\left(\delta_{\alpha_1}^{\beta_1} + \frac{\sqrt{-1}}{2\pi}\Omega_{\alpha_1}^{\beta_1}\right) \wedge \cdots \wedge \left(\delta_{\alpha_r}^{\beta_r} + \frac{\sqrt{-1}}{2\pi}\Omega_{\alpha_r}^{\beta_r}\right).$$

将上式展开得

$$\det\left(I + \frac{\sqrt{-1}}{2\pi}\Omega\right) = 1 + c_1(\Omega) + \cdots + c_r(\Omega), \tag{7.7}$$

其中 $c_i(\Omega)$ $(1 \le i \le r)$ 是 $2i$ 次外微分式. 由于在不同的局部标架场下, 联络的曲率形式的矩阵之间差一个相似变换 (见 (7.6) 式的第二式), 故

$$\det\left(I + \frac{\sqrt{-1}}{2\pi}\Omega\right) = \det\left(I + \frac{\sqrt{-1}}{2\pi}\tilde{\Omega}\right).$$

这意味着

$$c_i(\Omega) = c_i(\tilde{\Omega}), \quad 1 \le i \le r, \tag{7.8}$$

所以 $c_i(\Omega)$ 是大范围地定义在光滑流形 M 上的 $2i$ 次外微分式. 为了突出它们对于复向量丛 E 上的联络 D 的依赖性, 记成

$$c_i(E; D) = c_i(\Omega), \quad 1 \le i \le r. \tag{7.9}$$

外微分式 $c_i(E, D)$ 称为复向量丛 E 关于联络 D 的 **第 i 个陈示性式**.

还可以考虑另一组外微分式

$$b_i(\Omega) = \mathrm{tr}\left(\frac{\sqrt{-1}}{2\pi}\Omega\right)^i, \quad 1 \le i \le r. \tag{7.10}$$

这里的 $(\ )^i$ 是指 i 个矩阵 $\frac{\sqrt{-1}}{2\pi}\Omega$ 的乘积. 很明显, $b_i(\Omega)$ 同样与局部标架场 $\{s_\alpha\}$ 的取法无关, 故 $b_i(\Omega)$ 也是大范围地定义在 M 上的 $2i$ 次外微分式.

为了考察 $c_i(\Omega)$ 和 $b_i(\Omega)$ 之间的关系, 先对数值矩阵的情形进行讨论. 设 A 是 $r \times r$ 矩阵, $c_i(A)$ 是 A 的特征多项式的系数, 即

$$\det(\lambda I + A) = \sum_{i=0}^{r} c_i(A)\lambda^{r-i}.$$

命 $b_i(A) = \mathrm{tr}\,(A^i)$. 设 A 的若当型是 B, 则 $c_i(A)$ 恰好是 B 的对角线元素 (即 A 的特征值) 的第 i 个初等对称多项式, $b_i(A)$ 是 B 的对角线元素的 i 次幂之和, 也是 B 的对角线元素的对称多项式. 众所周知, 在 r 个变量的各个初等对称多项式和这 r 个变量的同次方幂和之间有如下的 Newton 恒等式

$$b_i - c_1 b_{i-1} + c_2 b_{i-2} + \cdots + (-1)^{i-1} c_{i-1} b_1 + (-1)^i i c_i = 0, \quad 1 \le i \le r.$$
$$(7.11)$$

由此可见, $b_i(A)$ 是 $c_1(A), \cdots, c_i(A)$ 的整系数多项式, $c_i(A)$ 是 $b_1(A)$, $\cdots, b_i(A)$ 的有理系数多项式. 例如:

$$b_1 = c_1,$$
$$b_2 = c_1^2 - 2c_2,$$
$$b_3 = c_1^3 - 3c_1 c_2 + 3c_3,$$
$$\cdots\cdots$$

上述关系式对于外微分式 $c_i(\Omega)$ 和 $b_i(\Omega)$ 也成立.

定理 7.1 外微分式 $b_i, c_i, 1 \le i \le r$ 是 M 上的闭形式.

证明 只要证明 b_i 是闭微分式就够了.

利用 Bianchi 恒等式 (7.4) 得到 $d\Omega = \Omega \wedge \omega - \omega \wedge \Omega$. 于是

$$\begin{aligned}
d(\mathrm{tr}\,\Omega^i) &= \mathrm{tr}\,(d\Omega^i) = i\,\mathrm{tr}\,(d\Omega \wedge \Omega^{i-1}) \\
&= i\,\mathrm{tr}\,((\Omega \wedge \omega - \omega \wedge \Omega) \wedge \Omega^{i-1}) \\
&= i\,\mathrm{tr}\,(\Omega \wedge \omega \wedge \Omega^{i-1} - \omega \wedge \Omega^i) = 0.
\end{aligned}$$

证毕.

定理 7.2 设 D_0 和 D_1 是复向量丛 (E, M, π) 上的任意两个复联络, 则 $b_i(E; D_0) - b_i(E; D_1)$ 和 $c_i(E; D_0) - c_i(E; D_1)$ $(1 \le i \le r)$ 都是恰当微分式.

证明 因为 c_i 是 $b_1, \cdots, b_i$ 的有理系数多项式, 而恰当微分式与闭微分式的外积仍然是恰当的, 于是只要对 b_i 证明定理就可以了. 例如: 因为 $c_2 = \frac{1}{2}b_1^2 - \frac{1}{2}b_2$, 所以

$$
\begin{aligned}
&c_2(E, D_0) - c_2(E, D_1) \\
&= \frac{1}{2}(b_1(E, D_0) - b_1(E, D_1)) \wedge b_1(E, D_0) \\
&\quad + \frac{1}{2}b_1(E, D_1) \wedge (b_1(E, D_0) - b_1(E, D_1)) \\
&\quad - \frac{1}{2}(b_2(E, D_0) - b_2(E, D_1)).
\end{aligned}
$$

因此, 若能证明 $b_i(E, D_0) - b_i(E, D_1)$ 是恰当微分式, 则 $c_2(E, D_0) - c_2(E, D_1)$ 也是恰当微分式.

令

$$
D_t = (1 - t)D_0 + tD_1, \quad 0 \le t \le 1,
$$

则 D_t 也是 (E, M, π) 上的复联络. 设它在局部标架场 $\{s_\alpha\}$ 下的联络形式的矩阵是 ω_t, 则

$$
\omega_t = (1 - t)\omega_0 + t\omega_1 = \omega_0 + t(\omega_1 - \omega_0), \tag{7.12}
$$

其曲率形式的矩阵为

$$
\Omega_t = d\omega_t + \omega_t \wedge \omega_t, \tag{7.13}
$$

相应的 Bianchi 恒等式是

$$
d\Omega_t = \Omega_t \wedge \omega_t - \omega_t \wedge \Omega_t. \tag{7.14}
$$

令

$$
\eta = \omega_1 - \omega_0, \tag{7.15}
$$

则在局部标架场的变换 (7.5) 下, 由 (7.6) 式得到

$$
\tilde{\eta} = A^{-1}\eta A, \quad \tilde{\Omega}_t = A^{-1}\Omega_t A. \tag{7.16}
$$

因此

$$\tilde{\eta} \wedge \tilde{\Omega}_t^{i-1} = A^{-1}\eta \wedge \Omega_t^{i-1}A.$$

从而

$$\alpha = \mathrm{tr}\,(\eta \wedge \Omega_t^{i-1}) \tag{7.17}$$

是在 M 上大范围定义的 $2i-1$ 次外微分式.

对 (7.17) 式求外微分, 并且用 (7.14) 式代入得到

$$
\begin{aligned}
\mathrm{d}\alpha =& \mathrm{tr}\ \mathrm{d}(\eta \wedge \Omega_t^{i-1})\\
=& \mathrm{tr}\left(\mathrm{d}\eta \wedge \Omega_t^{i-1} - \eta \wedge \sum_{a=1}^{i-1}\Omega_t^{a-1} \wedge \mathrm{d}\Omega_t \wedge \Omega_t^{i-a-1}\right)\\
=& \mathrm{tr}\left(\mathrm{d}\eta \wedge \Omega_t^{i-1} - \eta \wedge \sum_{a=1}^{i-1}\Omega_t^{a-1} \wedge (\Omega_t \wedge \omega_t - \omega_t \wedge \Omega_t) \wedge \Omega_t^{i-a-1}\right)\\
=& \mathrm{tr}\,(\mathrm{d}\eta \wedge \Omega_t^{i-1} + \eta \wedge \omega_t \wedge \Omega_t^{i-1} - \eta \wedge \Omega_t^{i-1} \wedge \omega_t)\\
=& \mathrm{tr}\,((\mathrm{d}\eta + \eta \wedge \omega_t + \omega_t \wedge \eta) \wedge \Omega_t^{i-1}).
\end{aligned}
$$

将上式终端圆括号内的第一个因子记作 β, 则

$$
\begin{aligned}
\beta =& \mathrm{d}\eta + \eta \wedge \omega_t + \omega_t \wedge \eta\\
=& \mathrm{d}\eta + \eta \wedge (\omega_0 + t\eta) + (\omega_0 + t\eta) \wedge \eta\\
=& \mathrm{d}\eta + \eta \wedge \omega_0 + \omega_0 \wedge \eta + 2t\eta \wedge \eta.
\end{aligned}
$$

另一方面, 将 (7.13) 式展开得到

$$
\begin{aligned}
\Omega_t =& \mathrm{d}(\omega_0 + t\eta) + (\omega_0 + t\eta) \wedge (\omega_0 + t\eta)\\
=& \Omega_0 + t(\mathrm{d}\eta + \eta \wedge \omega_0 + \omega_0 \wedge \eta) + t^2\eta \wedge \eta.
\end{aligned}
$$

所以 $\dfrac{\mathrm{d}}{\mathrm{d}t}\Omega_t = \beta$. 由此可得

$$\frac{1}{i}\frac{\mathrm{d}}{\mathrm{d}t}(\mathrm{tr}\,\Omega_t^i) = \mathrm{tr}\left(\frac{\mathrm{d}\Omega_t}{\mathrm{d}t} \wedge \Omega_t^{i-1}\right) = \mathrm{tr}\,(\beta \wedge \Omega_t^{i-1}) = \mathrm{d}\alpha.$$

两边对 t 求积分，得到

$$\text{tr } \Omega_1^i - \text{tr } \Omega_0^i = i \int_0^1 (\text{d}\alpha)\text{d}t = \text{d}\left(i \int_0^1 \alpha \text{d}t \right), \tag{7.18}$$

这意味着 $b_i(E; D_0)$ 和 $b_i(E; D_1)$ 只差一个恰当微分式. 证毕.

在第一章 §1.7 已经把光滑流形 M 上的 r 次闭微分式的集合记为 $Z^r(M)$；把 M 上的 r 次恰当微分式的集合记为 $B^r(M) = \text{d}A^{r-1}(M)$. 则 $B^r(M)$ 是 $Z^r(M)$ 的加法子群. 商群 $Z^r(M)/B^r(M)$ 称为光滑流形 M 上的第 r 个 de Rham 上同调群，记为 $H^r(M; \mathbb{R})$. 现在，每个 $c_i(E; D)$ 是光滑流形 M 上的复值 $2i$ 次闭微分式，故 $c_i(E; D)$ 给出了复系数 de Rham 上同调群 $H^{2i}(M; \mathbb{C})$ 中的一个元素，即 de Rham 上同调类 $\{c_i(E; D)\}$. 然而，定理 7.2 说明：若在复向量丛 $\pi: E \to M$ 上取不同的复联络 D 和 D_1，则 $c_i(E; D)$ 和 $c_i(E; D_1)$ 只差一个恰当微分式，因而 de Rham 上同调类 $\{c_i(E; D)\} = \{c_i(E; D_1)\}$. 换言之，de Rham 上同调类 $\{c_i(E; D)\}$ 仅与复向量丛 E 有关. 于是可以记

$$c_i(E) = \{c_i(E; D)\}, \tag{7.19}$$

称为复向量丛 $\pi: E \to M$ 的 **第 i 个陈类**(Chern Class).

同样道理，$b_i(E; D)$ 也确定了 $H^{2i}(M; \mathbb{C})$ 中的一个元素，它与联络 D 的取法无关. de Rham 上同调类 $\{b_i(E; D)\}$ 称为复向量丛 $\pi: E \to M$ 的 **第 i 个陈特征**(Chern Character)，记为 $ch_i(E)$.

如果 M 是紧致的偶数维有向光滑流形，设它的维数是 $m = 2n$. 取一组非负整数 $i_1, \cdots, i_r$，使得 $i_1 + \cdots + i_r = n$，则可以求 $c_{i_1}(E) \wedge \cdots \wedge c_{i_r}(E)$ 在 M 上的积分，得

$$c_{i_1 \cdots i_r}(E) = \int_M c_{i_1}(E) \wedge \cdots \wedge c_{i_r}(E), \tag{7.20}$$

称为 E 的 **陈数**(Chern Number).

对于给定的复向量丛 (E, π, M)，任意取定 E 的一个复联络 D，用该联络的曲率形式按照矩阵特征值的初等对称多项式构造出一些 M

上的闭微分式, 它们的 de Rham 上同调类与联络 D 的取法是无关的, 从而得到向量丛 E 的一系列不变量. 这个事实是很了不起的. 在用局部平凡化结构构造向量丛的时候, 并不知道它是否是平凡的, 即不知道它是否是底流形 M 和纤维空间的直积. 如果 E 是一个平凡丛, 则在 E 上存在大范围定义的标架场 $\{s_\alpha\}$. 因此可以在 E 上定义复联络使得标架场 $\{s_\alpha\}$ 是平行的, 于是相应的曲率形式为零. 故平凡向量丛的陈类 $c_i(E)$, $1 \le i \le r$, 都是零. 由此可见, 陈示性类刻画了复向量丛偏离平凡丛的程度, 因而对于复向量丛的研究具有重要的意义.

进一步可以证明, 陈类在实际上是实系数的 de Rham 上同调类.

定理 7.3 设 $\pi : E \to M$ 是光滑流形 M 上的复向量丛, 则陈类 $c_i(E) \in H^{2i}(M; \mathbb{R})$.

证明 在复向量丛 (E, M, π) 上取一个 Hermite 结构 h, 以及与 h 相容的复联络 D. 这样的联络总是存在的.

对于任意一点 $p \in M$, 存在 p 点的一个邻域 U 以及复向量丛在 U 上的酉标架场 $\{s_\alpha, 1 \le \alpha \le r\}$, 即 s_α 满足条件

$$h(s_\alpha, s_\beta) = \delta_{\alpha\beta}, \quad 1 \le \alpha, \beta \le r.$$

设 D 关于标架场 $\{s_\alpha\}$ 的联络形式为 ω_α^β, 那么 D 与 h 相容的条件成为

$$\omega_\alpha^\beta + \overline{\omega_\beta^\alpha} = 0.$$

这样, 相应的曲率形式 Ω_α^β 也有同样的性质. 实际上

$$\overline{\Omega_\beta^\alpha} = \mathrm{d}\overline{\omega_\beta^\alpha} - \overline{\omega_\beta^\gamma} \wedge \overline{\omega_\gamma^\alpha} = -\mathrm{d}\omega_\alpha^\beta - \omega_\gamma^\beta \wedge \omega_\alpha^\gamma = -\Omega_\alpha^\beta.$$

用矩阵记法, 上面的性质可以表示为

$$\overline{\Omega} = -\Omega^t,$$

这里 Ω^t 表示 Ω 的转置. 因此

$$\overline{\det \left(I + \frac{\sqrt{-1}}{2\pi} \Omega \right)} = \det \left(I - \frac{\sqrt{-1}}{2\pi} \overline{\Omega} \right)$$

$$= \det \left(I + \frac{\sqrt{-1}}{2\pi} \Omega^{\mathrm{t}} \right) = \det \left(I + \frac{\sqrt{-1}}{2\pi} \Omega \right).$$

由 (7.7) 式得知

$$\overline{c_i(\Omega)} = c_i(\Omega), \quad 1 \leq i \leq r,$$

即 $c_i(\Omega)$ 是实值 $2i$ 次闭微分式, 换言之, $c_i(E) = \{c_i(\Omega)\} \in H^{2i}(M, \mathbb{R})$. 证毕.

注记 7.1 还可以证明 $c_i(E)$ 是整系数上同调类, 即 $c_i(E) \in H^{2i}(M, \mathbb{Z})$. 有关的证明细节可以参阅参考文献 [26].

同样的作法也适用于实向量丛, 这是因为表达式 (7.7)、定理 7.1 和定理 7.2 对于实向量丛仍然成立. 设 $\pi : E \to M$ 是光滑流形 M 上的一个实向量丛, 在上面取一个黎曼结构 g, 并设 D 是向量丛 E 上与 g 相容的联络. 设 $\{s_\alpha, 1 \leq \alpha \leq r\}$ 是局部的单位正交标架场, ω_α^β 是 D 关于标架场 $\{s_\alpha\}$ 的联络形式, 则有

$$\omega_\alpha^\beta + \omega_\beta^\alpha = 0, \quad \Omega_\alpha^\beta + \Omega_\beta^\alpha = 0,$$

即

$$\Omega = -\Omega^{\mathrm{t}}.$$

此时 Ω 是实数值外微分式的矩阵, 故

$$\overline{\det \left(I + \frac{\sqrt{-1}}{2\pi} \Omega \right)} = \det \left(I - \frac{\sqrt{-1}}{2\pi} \Omega \right)$$

$$= \det \left(I + \frac{\sqrt{-1}}{2\pi} \Omega^{\mathrm{t}} \right) = \det \left(I + \frac{\sqrt{-1}}{2\pi} \Omega \right).$$

因此所有的 $c_i(\Omega)$ 都是实的. 另外, 上式还蕴含着

$$\det \left(I - \frac{\sqrt{-1}}{2\pi} \Omega \right) = \det \left(I + \frac{\sqrt{-1}}{2\pi} \Omega \right),$$

展开之后得到

$$c_i(\Omega) = (-1)^i c_i(\Omega), \quad 1 \leq i \leq r.$$

因此, 当 i 是奇数时

$$c_i(\Omega) = 0.$$

令

$$p_i(\Omega) = (-1)^i c_{2i}(\Omega), \tag{7.21}$$

则 p_i 是 M 上的 $4i$ 次闭微分式, 称为实向量丛 $\pi: E \to M$ 的 **Pontrjagin 示性式**, 它所决定的 de Rham 上同调类 $p_i(E) = \{p_i(\Omega)\} \in H^{4i}(M; \mathbb{R})$ 称为 E 的第 i 个 **Pontrjagin 示性类**.

定义 7.1 设 M 是 n 维复流形, 则它的切丛 TM 可以看作秩为 n 的复向量丛. 复向量丛 TM 的第 i 个陈类称为 M 的第 i 个陈类, 记为 $c_i(M)$.

例 7.1 Hermite 全纯向量丛的第一陈类.

设 $\pi: E \to M$ 是复流形 M 上的全纯向量丛, h 是该向量丛上的 Hermite 结构. 则在 $\pi: E \to M$ 上存在唯一的一个 Hermite 联络 D(参看定理 3.3).

设 $(U; z^i)$ 是 M 上的局部复坐标系, $\{s_a, 1 \le a \le r\}$ 是全纯向量丛 E 在开邻域 U 上的一个全纯标架场. 令

$$h_{ab} = h(s_a, s_b),$$

则 Hermite 联络 D 由

$$\omega_a^b = h^{bc} \frac{\partial h_{ac}}{\partial z^i} dz^i$$

给出. 根据曲率形式的定义,

$$\sum_a \Omega_a^a = \sum_a d\omega_a^a = \frac{\partial^2 \ln H}{\partial z^i \partial \overline{z^j}} d\overline{z^j} \wedge dz^i,$$

其中 $H = \det(h_{ab})$. 因此 E 的第一陈类由

$$c_1(\Omega) = \frac{\sqrt{-1}}{2\pi} \sum_a \Omega_a^a = \frac{\sqrt{-1}}{2\pi} \frac{\partial^2 \ln H}{\partial z^i \partial \overline{z^j}} d\overline{z^j} \wedge dz^i \tag{7.22}$$

确定.

作为例 7.1 的特例则有

定理 7.4 设 (M,h) 是 Kähler流形, ρ 是 (M,h) 的 Ricci 形式, 则 M 的第一陈类 $c_1(M) = -\dfrac{1}{2\pi}\{\rho\}$.

证明 这是 (4.30) 式和 (7.22) 式的直接推论.

例 7.2 复线丛的陈类.

所谓的 **复线丛** 是指秩为 1 的复向量丛, 它在数学的许多分支中有重要的应用. 尤其是, 在一般复向量丛的陈类计算中, 复线丛陈类的计算是基础.

设 $\pi : E \to M$ 是光滑流形 M 上的复线丛. 设 $\{s\}$ 是 E 的局部标架场, 则 s 是 E 的一个处处不为零的局部截面. 设 D 是该复线丛上的一个联络, 于是联络形式 ω 定义为

$$Ds = \omega s,$$

这里 ω 是在 M 上局部定义的复值 1 次微分式. 相应的曲率形式为

$$\Omega = d\omega.$$

所以 E 的第一陈类为

$$c_1(E) = \left\{ \frac{\sqrt{-1}}{2\pi}\Omega \right\}. \tag{7.23}$$

在复线丛上取 Hermite 结构 h, 以及关于 h 的酉标架场 $\{s\}$(即 $h(s,s) = 1$), 并设 D 是与 h 相容的联络, 则有

$$\omega + \overline{\omega} = 0, \quad \Omega + \overline{\Omega} = 0,$$

于是 $\dfrac{\sqrt{-1}}{2\pi}\Omega$ 是 M 上的实值 2 次闭微分式.

例 7.3 $\mathbb{C}P^n$ 上的典型复线丛.

在 §8.6 已经知道, 对于任意的正数 c, 在 $\mathbb{C}P^n$ 上存在 Fubini-Study 度量使得 $\mathbb{C}P^n$ 成为具有常全纯截面曲率 c 的 Kähler 流形.

$\mathbb{C}P^n$ 可以看作在 $\mathbb{C}^{n+1}$ 中的一维复子空间的集合, 并且有自然投影

$$\pi : \mathbb{C}_*^{n+1} = \mathbb{C}^{n+1} \backslash \{0\} \to \mathbb{C}P^n.$$

$z \in \mathbb{C}_*^{n+1}$ 称为 $[z] = \pi(z) \in \mathbb{C}P^n$ 的 **齐次坐标**. 因此, 在每一点 $p = \pi(z) \in \mathbb{C}P^n$ 处有一个确定的一维复向量空间 $\pi^{-1}(p) \cup \{0\} = \mathrm{Span}_{\mathbb{C}}\{z\}$, 它们构成 $\mathbb{C}P^n$ 上的一个复线丛 $(E, \tilde{\pi}, \mathbb{C}P^n)$, 称为 $\mathbb{C}P^n$ 上的 **典型复线丛**.

令

$$U_\alpha = \{[z^1, \cdots, z^{n+1}] \in \mathbb{C}P^n; \ z^\alpha \neq 0\}, \quad 1 \leq \alpha \leq n+1.$$

在 U_α 上的复坐标定义为

$$\xi_\alpha^i = \begin{cases} \dfrac{z^i}{z^\alpha}, & \text{当 } 1 \leq i < \alpha \text{ 时}; \\ \dfrac{z^{i+1}}{z^\alpha}, & \text{当 } n \geq i \geq \alpha \text{ 时}. \end{cases}$$

由此得到复向量丛 $\tilde{\pi} : E \to \mathbb{C}P^n$ 的局部平凡化映射 $\psi_\alpha : U_\alpha \times \mathbb{C} \to \tilde{\pi}^{-1}(U_\alpha)$ 是

$$\begin{aligned}
\psi_\alpha&([z^1, \cdots, z^{n+1}], \lambda) \\
&= \lambda\left(\frac{z^1}{z^\alpha}, \cdots, \frac{z^{\alpha-1}}{z^\alpha}, 1, \frac{z^{\alpha+1}}{z^\alpha}, \cdots, \frac{z^{n+1}}{z^\alpha}\right) \\
&= \frac{\lambda}{z^\alpha}(z^1, \cdots, z^{n+1}), \quad \forall z \in U_\alpha, \ \lambda \in \mathbb{C}. \tag{7.24}
\end{aligned}$$

因此, 转移函数是

$$g_{\beta\alpha}(x) = \psi_{\beta,x}^{-1} \circ \psi_{\alpha,x} = \frac{z^\beta}{z^\alpha} = \xi_\alpha^\beta \neq 0, \quad \forall x = [z] \in U_\alpha \cap U_\beta.$$

$$\tag{7.25}$$

在 $E|_{U_\alpha} = \pi^{-1}(U_\alpha)$ 中引进 Hermite 结构 h, 使得

$$h(\psi_\alpha([z], \lambda), \psi_\alpha([z], \lambda)) = |\psi_\alpha([z], \lambda)|^2 = |\lambda|^2 \sum_{\beta=1}^{n+1} \left| \frac{z^\beta}{z^\alpha} \right|^2.$$

定义

$$h_\alpha([z]) = \sum_{\beta=1}^{n+1} \left| \frac{z^\beta}{z^\alpha} \right|^2, \quad [z] \in U_\alpha. \tag{7.26}$$

这是在 E 上定义好的 Hermite 结构. 实际上, 当 $[z] \in U_\alpha \cap U_\beta$ 时, $\psi_\alpha([z], \lambda) = \psi_\beta([z], \mu)$ 当且仅当 $\mu = \lambda \cdot \dfrac{z^\beta}{z^\alpha}$; 于是

$$|\psi_\beta([z], \mu)|^2 = |\mu|^2 \sum_{\gamma=1}^{n+1} \left| \frac{z^\gamma}{z^\beta} \right|^2 = |\lambda|^2 \sum_{\gamma=1}^{n+1} \left| \frac{z^\gamma}{z^\alpha} \right|^2 = |\psi_\alpha([z], \lambda)|^2.$$

任意固定 α, 命 $U = U_\alpha$, 只要在 U 中计算即可, 其余情形是一样的. 在 U 上, Hermite 结构 h 的分量是

$$h_\alpha = \sum_{\beta=1}^{n+1} \left| \frac{z^\beta}{z^\alpha} \right|^2 = 1 + \sum_{i=1}^{n} |\xi^i|^2, \tag{7.27}$$

其中 $\xi^i = \xi_\alpha^i$. 根据推论 3.4 中的 (3.29) 式, 在 E 上与 Hermite 结构 h 相容的 $(1, 0)$ 型联络形式是

$$\omega = h_\alpha^{-1} \frac{\partial h_\alpha}{\partial \xi^j} \mathrm{d}\xi^j = \frac{\sum_j \overline{\xi}^j \mathrm{d}\xi^j}{1 + \sum\limits_{k=1}^{n} |\xi^k|^2}, \tag{7.28}$$

曲率形式为

$$\begin{aligned} \Omega &= \mathrm{d}\omega = \frac{\partial^2 \ln h_\alpha}{\partial \xi^j \partial \overline{\xi}^i} \mathrm{d}\overline{\xi}^i \wedge \mathrm{d}\xi^j \\ &= -\frac{(1 + \sum_k |\xi^k|^2) \sum_j \mathrm{d}\xi^j \wedge \mathrm{d}\overline{\xi}^j - \sum_{i,j} \xi^i \overline{\xi}^j \mathrm{d}\xi^j \wedge \mathrm{d}\overline{\xi}^i}{(1 + \sum_k |\xi^k|^2)^2}. \end{aligned} \tag{7.29}$$

把 (7.29) 与 Fubini-Study 度量的 Kähler 形式 k 相对照便知 (参看 (6.13)
和 (6.14) 两式)

$$\Omega = -\frac{\sqrt{-1}\,c}{2}k. \tag{7.30}$$

因此由例 7.2, $\mathbb{C}P^n$ 的典型复线丛的第一陈类是

$$c_1 = \left\{ \frac{\sqrt{-1}}{2\pi}\Omega \right\} = \frac{c}{4\pi}\{k\}, \tag{7.31}$$

其中 k 是 $\mathbb{C}P^n$ 在 Fubini-Study 度量下的 Kähler 形式.

特别地, 若取 $c = 4$, 则有

$$c_1 = \frac{1}{\pi}\{k\}. \tag{7.32}$$

习　题　八

1. 设 V 是复向量空间, 同时 V 也是实向量空间 (此时把它记为
$V_{\mathbb{R}}$), $V^{\mathbb{C}}$ 是 $V_{\mathbb{R}}$ 的复化空间. V 的典型复结构 J 经复线性扩张后成为
$V^{\mathbb{C}}$ 上的复结构 $\tilde{J}$. 用 $V^{(1,0)}$ 表示 $\tilde{J}$ 的对应于特征根 $\sqrt{-1}$ 的所有特征
向量构成的集合, 即

$$V^{(1,0)} = \{v \in V^{\mathbb{C}};\ \tilde{J}(v) = \sqrt{-1}\,v\}.$$

证明:

(1) $V^{(1,0)}$ 是 $V^{\mathbb{C}}$ 的复向量子空间.

(2) 对于任意的 $X \in V_{\mathbb{R}} = V$, 令 $\Phi(X) = \frac{1}{2}(X - \sqrt{-1}\,JX)$, 则由
$X \mapsto \Phi(X) \in V^{(1,0)}$ 确定的映射 $\Phi : V \to V^{(1,0)}$ 是复线性同构.

2. 设 V^* 是实向量空间 V 的对偶空间. 证明: V^* 的复化空间
$(V^*)^{\mathbb{C}}$ 恰好是由 V 上的复值实线性函数构成的.

3. 设 V 是复向量空间, h 是 V 上的一个 Hermite 内积, $g = \mathrm{Re}(h)$
是 h 的实部. 又设 $V^{\mathbb{C}}$ 是实向量空间 $V_{\mathbb{R}}$ 的复化空间. 把 g 进行复线

性扩张, 得到 $V^{\mathbb{C}}$ 上的双复线性形式 $\tilde{g}$(称为 $V^{\mathbb{C}}$ 上的对称内积). 定义映射 $\tilde{h}: V^{\mathbb{C}} \times V^{\mathbb{C}} \to \mathbb{C}$, 使得

$$\tilde{h}(X, Y) = \tilde{g}(X, \overline{Y}), \quad \forall X, Y \in V^{\mathbb{C}},$$

其中 $\overline{Y}$ 表示 $V^{\mathbb{C}}$ 中向量 Y 的复共轭. 证明:

(1) $\tilde{h}$ 是 $V^{\mathbb{C}}$ 上的 Hermite 内积, 它在 $V^{(1,0)}$ 上的限制是 $V^{(1,0)}$ 上的 Hermite 内积.

(2) 通过复线性同构 Φ(见上页第 1 题的 (2)), Hermite 内积 h 在 $V^{(1,0)}$ 上诱导出一个 Hermite 内积, 仍记为 h, 则在 $V^{(1,0)}$ 上有 $h = 2\tilde{h}$.

4. 设 M 是 n 维复流形, $p \in M$, $(U; z^i)$ 是 p 点附近的复坐标系. 证明:

(1) 设 $(U; z^i)$ 是包含点 p 的复坐标系, 则对于任意的 $f \in \mathcal{O}_p$ 有

$$f(q) = f(p) + \sum_{i=1}^{n}(z^i(q) - z^i(p))F_i(q),$$

其中 $F_i \in \mathcal{O}_p$, 并且 $F_i(p) = \left.\dfrac{\partial f}{\partial z^i}\right|_p$.

(2) M 在 p 点的全体复切向量构成一个复向量空间 $T_p^h M$.

(3) $\left\{\dfrac{\partial}{\partial z^i}|_p;\ 1 \leq i \leq n\right\}$ 是复向量空间 $T_p^h M$ 的一个基底, 因而 $\dim T_p^h M = n$.

5. 证明命题 2.2 的结论.

6. 证明等式 (2.40).

7. 证明: 例 3.3 中给出的复切丛 $T^h M$ 和 $(1,0)$ 切丛 $T^{(1,0)} M$ 是 M 上的全纯向量丛.

8. 设 M 是复流形, J 是 M 上的典型复结构. 对于任意的 $p \in M$, 在余切空间 $T_p^* M$ 上由 J 诱导的复结构仍记为 J. 把 $(T_p^* M, J)$ 看作复向量空间. 在此意义下, 证明: 余切丛 $T^* M$ 是 M 上的全纯向量丛.

9. 设 M 是复流形, 定义

$$T^{*(1,0)}M = \bigcup_{p \in M} T_p^{*(1,0)}M, \quad T^{*(0,1)}M = \bigcup_{p \in M} T_p^{*(0,1)}M,$$

$$(T^*M)^{\mathbb{C}} = \bigcup_{p \in M} (T_p^*M)^{\mathbb{C}}.$$

证明:

(1) $T^{*(1,0)}M, T^{*(0,1)}M$ 和 $(T^*M)^{\mathbb{C}}$ 都是 M 上的复向量丛.

(2) $T^{*(1,0)}M$ 是 M 上的全纯向量丛.

10. 证明命题 3.1.

11. 设 D 是 Hermite 向量丛 (E, h) 上的一个复联络, g 是 Hermite 结构 h 的实部. 证明: D 是 Hermite 结构 h 的容许联络当且仅当 D 与黎曼结构 g 是相容的.

12. 设 F 是复流形 M 上的一个实值光滑函数, 并且对于任意的局部复坐标系 $(U; z^i)$, $\left(\dfrac{\partial^2 F}{\partial z^i \partial \overline{z^j}}\right)$ 是正定的 Hermite 矩阵. 令 $h_{ij} = \dfrac{\partial^2 F}{\partial z^i \partial \overline{z^j}}$, 证明: $h = h_{ij}\mathrm{d}z^i \otimes \mathrm{d}\overline{z^j}$ 与局部复坐标系 $(U; z^i)$ 的选取无关, 并且 (M, h) 是一个 Kähler 流形.

13. 设 G 是一个复流形, 同时又是一个群. 此时, 乘积空间 $G \times G$ 具有自然的复流形结构. 如果 G 的乘法运算 $(g_1, g_2) \mapsto g_1 g_2$ 以及求逆运算 $g \mapsto g^{-1}$ 都是全纯映射, 则称 G 是一个 **复李群**. 显然, 每一个复李群都是 (实) 李群 (参看第一章习题中的第 44 题). 设 J 是 G 上由复流形结构确定的典型复结构, L_a 和 $R_a : G \to G$ $(a \in G)$ 分别是 G 上的左移动和右移动, $\mathrm{ad}(a) = L_a \circ R_{a^{-1}}$ 是 G 上的内自同构. $\mathrm{Ad}(a) = (\mathrm{ad}(a))_*$ 是 G 的伴随表示.

(1) 证明: L_a, R_a 和 $\mathrm{Ad}(a)$ 均保持 J-不变, 即有

$$(L_a)_* \circ J = J \circ (L_a)_*, \quad (R_a)_* \circ J = J \circ (R_a)_*,$$

$$\mathrm{Ad}(a) \circ J = J \circ \mathrm{Ad}(a).$$

(2) 设 $\mathrm{M}(m, n; \mathbb{C})$ 是全体 $m \times n$ 复矩阵构成的集合,

$$\mathrm{M}(n, \mathbb{C}) = \mathrm{M}(n, n; \mathbb{C}), \quad \mathrm{GL}(n, \mathbb{C}) = \{a \in \mathrm{M}(n, \mathbb{C}); \ \det(a) \neq 0\}.$$

证明: $\mathrm{M}(m, n; \mathbb{C})$ 和 $\mathrm{GL}(n, \mathbb{C})$ 分别关于矩阵加法和乘法是复李群; 其中 $\mathrm{GL}(n, \mathbb{C})$ 等同于 $\mathbb{C}^n$ 上的非退化复线性变换构成的乘法群, 称为**复一般线性群**.

14. 设 H 和 G 都是复李群, $H \subset G$. 如果 H 是 G 的子群并且包含映射 $i: H \to G$ 是全纯浸入, 则称 H 是 G 的 **复李子群**. 显然, G 的任意一个复李子群必定是 G 的 (实) 李子群 (参看第一章习题中的第 46 题). 定义

$$\mathrm{SL}(n, \mathbb{C}) = \{A \in \mathrm{GL}(n, \mathbb{C}); \ \det A = 1\},$$
$$\mathrm{O}(n, \mathbb{C}) = \{A \in \mathrm{GL}(n, \mathbb{C}); \ AA^{\mathrm{t}} = I_n\},$$
$$\mathrm{SO}(n, \mathbb{C}) = \mathrm{SL}(n, \mathbb{C}) \cap \mathrm{O}(n, \mathbb{C}).$$

证明: $\mathrm{SL}(n, \mathbb{C})$, $\mathrm{O}(n, \mathbb{C})$ 和 $\mathrm{SO}(n, \mathbb{C})$ 都是 $\mathrm{GL}(n, \mathbb{C})$ 的复李子群, 同时, $\mathrm{SO}(n, \mathbb{C})$ 又是 $\mathrm{SL}(n, \mathbb{C})$ 和 $\mathrm{O}(n, \mathbb{C})$ 的复李子群. $\mathrm{SL}(n, \mathbb{C})$, $\mathrm{O}(n, \mathbb{C})$ 和 $\mathrm{SO}(n, \mathbb{C})$ 分别称为 n 阶 **复特殊线性群**, **复正交群** 和 **复特殊正交群**.

15. 证明: 第 14 题中定义的复一般线性群 $\mathrm{GL}(n, \mathbb{C})$ 是 (实) 一般线性群 $\mathrm{GL}(2n, \mathbb{R})$ 的 $2n^2$ 维 (实) 李子群 (参看第一章习题中的第 44 题和第 46 题).

16. 设 $\langle \cdot, \cdot \rangle$ 是 n 维复向量空间 $\mathbb{C}^n$ 上的标准 Hermite 内积, 即对于任意的 $z = (z^1, \cdots, z^n)$, $w = (w^1, \cdots, w^n) \in \mathbb{C}^n$, 有

$$\langle z, w \rangle = z^1 \overline{w^1} + \cdots + z^n \overline{w^n}.$$

定义

$$\mathrm{U}(n) = \{A \in \mathrm{GL}(n, \mathbb{C}); \ \langle z \cdot A, w \cdot A \rangle = \langle z, w \rangle, \ \forall z, w \in \mathbb{C}^n\},$$
$$\mathrm{SU}(n) = \{A \in \mathrm{U}(n); \ \det A = 1\}.$$

证明: U(n) 和 SU(n) 都是李群 GL($n,\mathbb{C}$) 的 (实) 李子群, 同时, SU(n) 又是 U(n) 的 (实) 李子群. U(n) 和 SU(n) 分别称为 n 阶 **酉群** 和 **特殊酉群**.

17. 设 M 是连通的 Kähler 流形, 其复维数不小于 2. 证明: 如果在每一点点 $p \in M$, M 在点 p 的全纯截面曲率与全纯截面的取法无关, 则 M 的全纯截面曲率为常数.

18. 证明定理 5.5$'$.

19. 设 M 是具有常全纯截面曲率 c 的 n 维 Kähler 流形, $n > 1$. 证明: 如果 M 作为黎曼流形具有常截面曲率, 则它必是平坦的, 并且 $c = 0$.

20. 设 $\mathbb{C}P^n$ 是在例 6.2 中定义的商空间, $\mathscr{T}$ 是相应的商拓扑, 映射 $\varphi_\alpha : U_\alpha \to \mathbb{C}^n$ 由 (6.4), (6.5) 式定义. 证明:

(1) $\mathscr{T}$ 可以等价地表示为

$$\mathscr{T} = \{V \subset \mathbb{C}P^n;\ \varphi_\alpha(V \cap U_\alpha) \text{是} \mathbb{C}^n \text{中的开集},\quad 1 \le \alpha \le n+1\};$$

由此说明, 对于每一个 $\alpha: 1 \le \alpha \le n+1$, 映射 $\varphi_\alpha : U_\alpha \to \mathbb{C}^n$ 是同胚.

(2) 自然射影 $\pi : \mathbb{C}_*^{n+1} \to \mathbb{C}P^n$ 是连续的开映射; 进一步说明, 相对于在例 6.2 中确定的复流形结构, 映射 π 是全纯的.

21. 设 $\mathbb{C}P^n$ 是具有 Fubini-Study 度量的复射影空间 (参看例 6.2), 试求 $\mathbb{C}P^n$ 的 Ricci 形式的表达式.

22. 证明: 在例 6.3 中定义的 U($n+1,1$) 是复一般线性群 GL($n+1,\mathbb{C}$) 的 (实) 李子群.

23. 证明: 复环面 $\mathbb{C}T^n$ 是紧致连通复李群. 此结论之逆也是成立的, 即: 任何连通的紧致复李群全纯等价于一个复环面 (其证明参看参考文献 [29, Vol.II, 第 131 页]).

24. 在复环面 $\mathbb{C}T^n$ 上定义一个 Hermite 结构 h, 使得 π^*h 是 $\mathbb{C}^n$ 上的标准 Hermite 度量, 其中 $\pi : \mathbb{C}^n \to \mathbb{C}T^n$ 是自然投影.

25. 设 M 是 Kähler 流形, 如果 M 的 Ricci 形式是 Kähler 形式 k 的常数倍, 则称 M 是 **Kähler-Einstein 流形**. 证明:

(1) Kähler 流形 M 是 Kähler-Einstein 流形当且仅当 M 作为黎曼流形是 Einstein 流形.

(2) n 维复向量空间 $\mathbb{C}^n$, 复射影空间 $\mathbb{C}P^n$, 复双曲空间 D^n 以及复环面 $\mathbb{C}T^n$ 都是 Kähler-Einstein 流形.

26. 设 (M, g) 是一个有向的二维黎曼流形. 证明: 在 M 上存在一个自然的复流形结构, 使得 M 关于度量 g 成为一维 Kähler 流形.

27. 设 D^n 是复双曲空间, $\tilde{D}$, $\tilde{D}^n$ 以及映射 $\pi: \tilde{D} \to \tilde{D}^n$ 和 $\psi: D^n \to \tilde{D}^n$ 由例 6.3 给出.

(1) 证明: 映射 ψ 是从 D^n 到 $\tilde{D}^n$ 上的双全纯映射.

(2) 对于任意的 $T \in \mathrm{U}(n+1, 1)$, 如果把 T 写成如下的分块矩阵

$$T = \begin{pmatrix} A & B \\ C & d \end{pmatrix}, \quad \text{其中} \ A \in \mathrm{M}(n, \mathbb{C}),$$

证明: 对于任意的 $z \in D^n$, $z \cdot B + d$ 不等于零, 并且 $\dfrac{z \cdot A + C}{z \cdot B + d} \in D^n$.

(3) $\mathrm{U}(n+1, 1)$ 在 D^n 上的作用定义为:

$$T(z) = \psi^{-1}([(z^1, \cdots, z^n, 1) \cdot T]),$$
$$\forall z = (z^1, \cdots, z^n) \in D^n, \qquad \forall T \in \mathrm{U}(n+1, 1),$$

证明: 如果 $T = \begin{pmatrix} A & B \\ C & d \end{pmatrix}$, $A \in \mathrm{M}(n, \mathbb{C})$, 则 $T(z) = \dfrac{z \cdot A + C}{z \cdot B + d}$.

28. 证明: 例 6.5 中定义的 $\mathrm{U}(p+q, q)$ 是复一般线性群 $\mathrm{GL}(p+q, \mathbb{C})$ 的 (实) 李子群.

29. 设 $D_{p,q}$ 是例 6.5 中定义的典型域, $\mathrm{U}(p+q, q)$ 由 (6.29) 确定. 证明:

(1) 对于任意的 $T \in \mathrm{U}(p+q, q)$, 由 (6.32) 式定义的映射 $\Phi_T: D_{p,q} \to D_{p,q}$ 既是可逆的, 也是双全纯的.

(2) $\mathrm{U}(p+q, q)$ 在 $D_{p,q}$ 上的作用是可迁的.

30. 求典型域 $D_{p,q}$ 在点 $Z = 0$ 处的全纯截面曲率和 Ricci 形式; 由此进一步判定 $D_{p,q}$ 是否为 Kähler-Einstein 流形.

31. 设 N 是 Kähler 流形，M 是 N 的 Kähler 子流形．证明：如果 N 作为黎曼流形是平坦的，则 M 的 Ricci 曲率张量 Ric_M 是负半定的，即对于任意的 $X \in \mathfrak{X}(M)$，$\text{Ric}_M(X, X) \leq 0$.

32. 设 N 是具有常全纯截面曲率 c 的 Kähler 流形，M 是 N 的一个 m 维 Kähler 子流形．对于任意的 $x \in M$，取定 $X_1, \cdots, X_m \in T_x M$，使得 $\{X_1, \cdots, X_m, JX_1, \cdots, JX_m\}$ 构成 $T_x M$ 的一个单位正交基．证明：M 的 Ricci 曲率张量 Ric_M 由下式给出：

$$\text{Ric}_M(X, X) = \frac{1}{2}(m+1)cg(X, X) - 2\sum_{i=1}^{m} g(B(X_i, X), B(X_i, X)),$$

其中 B 是子流形 M 在 N 中的第二基本形式．

33. 试推导 Kähler 流形 N 及其 Kähler 子流形 M 的 Ricci 形式之间的关系式．

34. 设 D 是复向量丛 $\pi : E \to M$ 上的复联络，$\mathcal{R}$ 是 D 的曲率算子，Ω_α^β 是 D 关于局部标架场 $\{s_\alpha\}$ 的曲率形式．证明：对于任意的 $X, Y \in \mathfrak{X}(M)$，$\mathcal{R}(X, Y)s_\alpha = \Omega_\alpha^\beta(X, Y)s_\beta$.

35. 设 $c_i = c_i(\Omega)$ 和 $b_i = b_i(\Omega)$ 分别是由 (7.7) 式和 (7.10) 式定义的 $2i$ 次外微分式．证明：b_i 是 $c_1, \cdots, c_i$ 的整系数多项式，c_i 是 $b_1, \cdots, b_i$ 的有理数系数多项式．

36. 设 $\Omega = (\Omega_\beta^\alpha)$ 是复向量丛 $\pi : E \to M$ 在一个局部标架场下的曲率矩阵．证明：E 的陈示性式具有如下的表达式：

$$c_i(\Omega) = \frac{1}{i!}\left(\frac{\sqrt{-1}}{2\pi}\right)^i \delta_{\beta_1 \cdots \beta_i}^{\alpha_1 \cdots \alpha_i} \Omega_{\alpha_1}^{\beta_1} \wedge \cdots \wedge \Omega_{\alpha_i}^{\beta_i}.$$

37. 设 D 和 D_1 是复向量丛 $\pi : E \to M$ 上的两个复联络．试用定理 7.1 和定理 7.2 的证明方法直接说明：(1) 每一个陈示性式 $c_i(E, D)$ 是闭形式；(2) $c_i(E, D) - c_i(E, D_1)$ 是恰当形式．

38. 设 E_1 和 E_2 是光滑流形 M 上的复向量丛，试求直和 $E_1 \oplus E_2$ 的陈类．

39. 设 $f: M \to N$ 是光滑流形间的光滑映射，$\pi: E \to N$ 是复向量丛，D 是 E 上的复联络. 证明:

(1) 拉回向量丛 f^*E 是 M 上的一个复向量丛, 并且联络 D 在 f^*E 上的诱导联络 $\tilde{D}$ 也是一个复联络.

(2) $c_i(f^*E) = f^*(c_i(E))$.

40. 设 E 是光滑流形 M 上的一个秩为 q 的复向量丛，L 是 M 上的一个复线丛. 证明:

$$c_1(E \otimes L) = c_1(E) + q \cdot c_1(L).$$

41. 设 $\pi: E \to M$ 是光滑流形 M 上的一个秩为 q 的复向量丛.

(1) 仿照实向量丛的情形, 定义复向量丛 E 的对偶复向量丛 E^*.

(2) 证明: $c_i(E^*) = (-1)^i c_i(E)$.

42. 设 T^*M 是复流形 M 的余切向量丛, 它是 M 上的秩为 $n = \dim_{\mathbb{C}} M$ 的全纯向量丛.

(1) 证明: $\bigwedge^n T^*M$ 是 M 上的一个全纯线丛.

(2) 求复线丛 $\bigwedge^n T^*M$ 的第一陈类.

第九章　黎曼对称空间

在第五章我们已经知道最重要、最简单的黎曼流形是所谓的空间形式，即完备、单连通的常曲率空间 $\mathbb{R}^n$, S^n 和 H^n. 在本章，我们将把空间形式纳入一类更广的特殊黎曼空间——黎曼对称空间. 在这类空间上有等距变换群的可迁作用，对这类空间的研究与李群、李代数理论有密切的关系，而且这类空间中的子流形微分几何、该空间上的函数论以及谱几何都是当前重要的研究课题. 因此，熟悉黎曼对称空间的基本理论对于深入地开展大范围分析的研究工作有重要的意义. 本章的目的是介绍黎曼对称空间的基本概念和性质，并且把黎曼对称空间的研究转化为对应的李群、李代数理论的研究.

§9.1　定义和例子

先从欧氏空间谈起. 设 $\mathbb{R}^n$ 为 n 维欧氏空间，它同时又是一个实向量空间. 分别用 d 和 $\langle \cdot, \cdot \rangle$ 表示其中的距离和标准内积. 对于任意取定的一点 $p \in \mathbb{R}^n$，都有 $\mathbb{R}^n$ 关于点 p 的"中心对称"$\sigma_p : \mathbb{R}^n \to \mathbb{R}^n$，它把任意一点 $q \in \mathbb{R}^n$ 映为点 $q' = \sigma_p(q)$，使得有向线段 $\overrightarrow{pq'} = -\overrightarrow{pq}$. 从几何上来讲，关于点 p 的中心对称 σ_p 就是 $\mathbb{R}^n$ 关于点 p 的反射变换.

如果在 $\mathbb{R}^n$ 中取以点 p 为原点的笛卡儿直角坐标系 (x^i)，则上面引入的关于点 p 的中心对称 σ_p 可以用坐标表示为

$$\sigma_p(x^1, \cdots, x^n) = (-x^1, \cdots, -x^n).$$

显然，中心对称 σ_p 具有下列性质：

(1) σ_p 是等距变换，即对于任意的 $q, \tilde{q} \in \mathbb{R}^n$，距离 $d(\sigma_p(q), \sigma_p(\tilde{q})) = d(q, \tilde{q})$. 或等价地讲，对于在 $\mathbb{R}^n$ 的任意一点 q 处的任意两个切向量 X, Y，都有 $\langle (\sigma_p)_{*q}(X), (\sigma_p)_{*q}(Y) \rangle = \langle X, Y \rangle$. 这里需要特别指出的是，

由于目前的 σ_p 是一个线性映射, 它的切映射 $(\sigma_p)_{*q}$ 和它自身是等同的;

(2) $\sigma_p \circ \sigma_p = \mathrm{id}$, 即 σ_p 是 $\mathbb{R}^n$ 上的一个对合变换;

(3) p 是 σ_p 的孤立不动点, 即 $\sigma_p(p) = p$, 并且在点 p 的一个邻域内除点 p 以外 σ_p 没有其他不动点.

在黎曼流形上仍然可以定义具有上述性质的变换.

定义 1.1 设 (M, g) 是 m 维黎曼流形, $p \in M$. 若有映射 σ_p: $M \to M$ 满足下列条件, 则称映射 σ_p 是 M 关于点 p 的 **中心对称**:

(1) σ_p 是黎曼流形 (M, g) 到它自身的等距变换, 即 $\sigma_p : M \to M$ 是光滑同胚, 并且满足 $\sigma_p^*(g) = g$;

(2) σ_p 是 **对合**, 即 $\sigma_p \circ \sigma_p = \mathrm{id}$;

(3) p 是 σ_p 的孤立不动点, 即 $\sigma_p(p) = p$, 并且存在点 p 的一个邻域 U, 使得 σ_p 在 U 内除点 p 以外 σ_p 没有其他不动点.

如果 M 有关于点 $p \in M$ 的中心对称, 则称黎曼流形 (M, g) 关于点 p 是对称的.

定义 1.2 如果黎曼流形 (M, g) 关于它的每一点都是对称的, 则称 (M, g) 是 **黎曼对称空间**.

显然, 欧氏空间 $\mathbb{R}^n$ 是黎曼对称空间.

例 1.1 n 维单位球面 S^n.

设 S^n 是 $\mathbb{R}^{n+1}$ 中以原点为中心的单位球面, 即

$$S^n = \left\{ (x^1, \cdots, x^{n+1}) \in \mathbb{R}^{n+1}; \sum_{i=1}^{n+1} (x^i)^2 = 1 \right\}.$$

对于任意的 $p \in S^n$, 用 $\tilde{\sigma}_p$ 记 $\mathbb{R}^{n+1}$ 关于直线 Op 的对称, 即对于任意的 $q \in \mathbb{R}^{n+1}$, $q' = \sigma_p(q)$ 满足条件

$$\overrightarrow{Oq'} = -\overrightarrow{Oq} + 2\langle \overrightarrow{Oq}, \overrightarrow{Op} \rangle \overrightarrow{Op},$$

则 $\tilde{\sigma}_p$ 是 $\mathbb{R}^{n+1}$ 到它自身的等距变换, 并把 S^n 映到它自己.

令 $\sigma_p = \tilde{\sigma}|_{S^n}$, 则 $\sigma_p : S^n \to S^n$ 仍然是等距变换, 并且 $\sigma_p(p) = p$. 由于 $\sigma_p \circ \sigma_p = \tilde{\sigma}_p \circ \tilde{\sigma}_p|_{S^n} = \mathrm{id}$, 所以 σ_p 是对合. 因为 $\tilde{\sigma}_p$ 以直线 Op 为不动点集, 所以 σ_p 的不动点是直线 Op 与 S^n 的交点, 也就是点 p 自身及其对径点 $-p$, 因而 p 是 σ_p 的孤立不动点. 根据定义, σ_p 是 S^n 关于点 p 的中心对称. 由于点 p 在 S^n 上的任意性, 故 S^n 是黎曼对称空间.

例 1.2 双曲空间 $H^n(1)$.

在 §2.2 中已经给出过双曲空间 $H^n(1)$ 的模型. 在 $\mathbb{R}^{n+1}$ 中定义 Lorentz 内积为

$$\langle x, y \rangle_1 = \sum_{i=1}^n x^i y^i - x^{n+1} y^{n+1},$$

记 $\mathbb{R}_1^{n+1} = (\mathbb{R}^{n+1}, \langle \cdot, \cdot, \rangle)$, 并设

$$H^n(1) = \{ x = (x^1, \cdots, x^{n+1}) \in \mathbb{R}^{n+1} : \langle x, x \rangle_1 = -1, \text{ 并且 } x^{n+1} > 0 \}.$$

将 Lorentz 内积 $\langle \cdot, \cdot \rangle_1$ 通过包含映射 $i : H^n(1) \to \mathbb{R}^{n+1}$ 在 $H^n(1)$ 上的诱导度量记为 g, 它具有常截面曲率 -1. 设 $p_0 = (0, \cdots, 0, 1)$, 则在 $\mathbb{R}_1^{n+1}$ 上关于直线 Op_0 的对称 $\tilde{\sigma}_0$ 是它到自身的等距对应, 且保持 $H^n(1)$ 不变. 令 $\sigma_0 = \tilde{\sigma}_0|_{H^n(1)}$, 则 σ_0 是 $(H^n(1), g)$ 到它自身的等距变换, 以 p_0 为仅有的不动点, 并且 $\sigma_0 \circ \sigma_0 = \mathrm{id}$, 所以 σ_0 是关于点 p_0 的中心对称. 利用 $\mathbb{R}^{n+1}$ 中的坐标系, 映射 $\sigma_0 : H^n(1) \to H^n(1)$ 的表达式是

$$\sigma_0(x^1, \cdots, x^n, x^{n+1}) = (-x^1, \cdots, -x^n, x^{n+1}),$$

$$\forall (x^1, \cdots, x^n, x^{n+1}) \in H^n(1).$$

$H^n(1)$ 的坐标映射 $\varphi : H^n(1) \to \mathbb{R}^n$ 是

$$\varphi(x^1, \cdots, x^{n+1}) = \left(\frac{x^1}{1 + x^{n+1}}, \cdots, \frac{x^n}{1 + x^{n+1}} \right),$$

其逆映射为

$$\varphi^{-1}(\xi^1, \cdots, \xi^n) = \left(\frac{2\xi^1}{1 - \sum (\xi^i)^2}, \cdots, \frac{2\xi^n}{1 - \sum (\xi^i)^2}, \frac{1 + \sum (\xi^i)^2}{1 - \sum (\xi^i)^2} \right),$$

其中 $(\xi^1, \cdots, \xi^n) \in \mathbb{R}^n$ 并且 $\sum (\xi^i)^2 < 1$. 这样，在 $H^n(1)$ 的坐标系 (ξ^i) 下，映射 σ_0 的坐标表达式是

$$\varphi \circ \sigma_0 \circ \varphi^{-1}(\xi^1, \cdots, \xi^n) = (-\xi^1, \cdots, -\xi^n).$$

由此可见

$$(\sigma_0)_{*p_0} = -\mathrm{id} : T_{p_0} H^n(1) \to T_{p_0} H^n(1).$$

设 p 是 $H^n(1)$ 中的任意一点，由于常曲率空间的等距变换群的作用是可迁的 (参看第五章的定理 5.4)，故存在等距变换 $\tau : H^n(1) \to H^n(1)$，使得 $\tau(p) = p_0$. 令

$$\sigma_p = \tau^{-1} \circ \sigma_0 \circ \tau, \tag{1.1}$$

则 $\sigma_p : H^n(1) \to H^n(1)$ 是以 p 为孤立不动点的等距变换，并且 $\sigma_p \circ \sigma_p = \mathrm{id}$，所以 σ_p 是关于点 p 的中心对称. 由点 p 在 $H^n(1)$ 上的任意性便知，双曲空间 $H^n(1)$ 是黎曼对称空间.

定义 1.3　如果黎曼流形 (M, g) 有一个可迁地作用在 M 上的李氏变换群，而且每一个群元素在 M 上的作用是 M 的等距变换，则称它为**齐性黎曼空间**.

于是，前面的推理过程在实际上已经证明了如下的命题:

命题 1.1　关于一点对称的齐性黎曼空间是黎曼对称空间.

为了获得黎曼对称空间的更多的例子，需要对黎曼对称空间的几何性质有更加深入的了解；同时需要建立黎曼对称空间和李群、李代数理论之间的联系.

§9.2　黎曼对称空间的性质

对于任意一个黎曼流形 (M, g)，用 $I(M)$ 表示它的等距变换群，即它是由 (M, g) 上的等距变换的全体关于映射的复合构成的群.

如果 (M, g) 是黎曼对称空间, 则对于每一点 $p \in M$ 都有中心对称 σ_p. 因为中心对称是非平凡的等距变换, 所以黎曼对称空间的等距变换群是非平凡的.

引理 2.1 设 (M, g) 是黎曼对称空间, $p \in M$, σ_p 是 M 关于点 p 的中心对称, 则

$$(\sigma_p)_{*p} = -\mathrm{id} : T_p M \to T_p M. \tag{2.1}$$

证明 由于 p 是 σ_p 的孤立不动点, 故有点 p 的一个开邻域 U, 使得 σ_p 在 U 中除 p 以外没有其他的不动点. 因为 $\sigma_p(p) = p$, 所以它的切映射 $(\sigma_p)_{*p}$ 是 $T_p M$ 到它自身的等距线性同构. 由 $\sigma_p \circ \sigma_p = \mathrm{id}$ 可知, $(\sigma_p)_{*p} \circ (\sigma_p)_{*p} = \mathrm{id}$, 即 $(\sigma_p)_{*p}$ 也是对合. 令

$$\begin{aligned} V^+ &= \{v \in T_p M : (\sigma_p)_{*p}(v) = v\}, \\ V^- &= \{v \in T_p M : (\sigma_p)_{*p}(v) = -v\}, \end{aligned} \tag{2.2}$$

则 $V^+ \cap V^- = \{0\}$. 对于任意的 $v \in T_p M$, 利用 $(\sigma_p)_{*p}$ 的对合性容易看出

$$v + (\sigma_p)_{*p} v \in V^+, \quad v - (\sigma_p)_{*p} v \in V^-. \tag{2.3}$$

因为

$$v = \frac{1}{2}(v + (\sigma_p)_{*p}(v)) + \frac{1}{2}(v - (\sigma_p)_{*p}(v)), \tag{2.4}$$

所以 $T_p M = V^+ \oplus V^-$. 下面要证明 $V^+ = \{0\}$.

如若不然, 则有 $v \in V^+, v \neq 0$. 考虑测地线 $\gamma(t) = \exp_p(tv)$. 由于 σ_p 是等距变换, $\sigma_p(\gamma(t))$ 仍然是 (M, g) 上的一条测地线. 它的起始点和初始切向量分别是

$$\sigma_p(\gamma(0)) = \sigma_p(p) = p = \gamma(0),$$

$$\left.\frac{\mathrm{d}}{\mathrm{d}t}\right|_{t=0} (\sigma_p(\gamma(t))) = (\sigma_p)_{*p}(\gamma'(0)) = (\sigma_p)_{*p}(v) = v = \gamma'(0).$$

因为测地线是由其起始点和初始切向量唯一确定的，所以

$$\sigma_p(\gamma(t)) = \gamma(t).$$

这说明 $\gamma(t)$ 上的点都是 σ_p 的不动点，与 p 是 σ_p 的孤立不动点相矛盾.

由此可见，$T_pM = V^-$，即 $(\sigma_p)_{*p} = -\mathrm{id} : T_pM \to T_pM$. 证毕.

注记 2.1 从上面的证明过程不难看出，σ_p 把每一条经过点 p 的测地线反向，即

$$\sigma_p(\exp_p(tv)) = \exp_p(t(\sigma_p)_{*p}v) = \exp_p(-tv). \tag{2.5}$$

如果令 $\gamma(t) = \exp_p(tv)$，则上式成为

$$\sigma_p(\gamma(t)) = \gamma(-t). \tag{2.6}$$

设 $(U; x^i)$ 是在点 p 处的法坐标系，则测地线 $\gamma(t)$ 的参数方程为

$$x^i(t) = x^i(\gamma(t)) = x^i(\exp_p(tv)) = tv^i, \tag{2.7}$$

因而 $\gamma(-t)$ 的参数方程是

$$x^i(-t) = x^i(\gamma(-t)) = -tv^i = -x^i(t), \tag{2.8}$$

于是 (2.6) 式成为

$$\sigma_p(x^1(t), \cdots, x^m(t)) = (x^1(-t), \cdots, x^m(-t)) = (-x^1(t), \cdots, -x^m(t)).$$

因此，中心对称 σ_p 在法坐标系 $(U; x^i)$ 下的表达式是

$$\sigma_p(x^1, \cdots, x^m) = (-x^1, \cdots, -x^m). \tag{2.9}$$

定理 2.2 设 (M, g) 是黎曼对称空间，$\mathcal{R}$ 是它的曲率张量，则对于任意的 $Z \in \mathfrak{X}(M)$ 都有 $\mathrm{D}_Z\mathcal{R} = 0$，即 $\mathrm{D}\mathcal{R} = 0$.

证明 根据张量的协变导数的定义, $\mathcal{R}$ 和 $D_Z\mathcal{R}$ 都是 $(1,3)$ 型张量场. 对于任意的 $X,Y,W \in \mathfrak{X}(M)$ 有

$$((D_Z\mathcal{R})(X,Y))W$$
$$=D_Z(\mathcal{R}(X,Y)W) - \mathcal{R}(D_Z X,Y)W$$
$$- \mathcal{R}(X,D_Z Y)W - \mathcal{R}(X,Y)(D_Z W). \tag{2.10}$$

设 $\sigma \in I(M)$, 则 σ 保持 (M,g) 上的黎曼联络 D 不变, 即对于任意的 $X,Y \in \mathfrak{X}(M)$ 有

$$D_{\sigma_* X}(\sigma_* Y) = \sigma_*(D_X Y). \tag{2.11}$$

因此对于任意的 $X,Y,W \in \mathfrak{X}(M)$ 有

$$\mathcal{R}(\sigma_* X,\sigma_* Y)(\sigma_* W)$$
$$=(D_{\sigma_* X} \circ D_{\sigma_* Y} - D_{\sigma_* Y} \circ D_{\sigma_* X} - D_{[\sigma_* X,\sigma_* Y]})(\sigma_* W)$$
$$=\sigma_*(\mathcal{R}(X,Y)W), \tag{2.12}$$

结合 (2.10) 和 (2.12) 两式得到

$$((D_{\sigma_* Z}\mathcal{R})(\sigma_* X,\sigma_* Y))(\sigma_* W)$$
$$=D_{\sigma_* Z}(\mathcal{R}(\sigma_* X,\sigma_* Y)(\sigma_* W)) - \mathcal{R}(D_{\sigma_* Z}(\sigma_* X),\sigma_* Y)(\sigma_* W)$$
$$- \mathcal{R}(\sigma_* X,D_{\sigma_* Z}(\sigma_* Y))(\sigma_* W) - \mathcal{R}(\sigma_* X,\sigma_* Y)(D_{\sigma_* Z}(\sigma_* W))$$
$$=D_{\sigma_* Z}(\sigma_*(\mathcal{R}(X,Y)W) - \sigma_*\mathcal{R}(D_Z X,Y)W)$$
$$- \sigma_*(\mathcal{R}(X,D_Z Y)W) - \sigma_*(\mathcal{R}(X,Y)(D_Z W))$$
$$=\sigma_*(((D_Z\mathcal{R})(X,Y))W),$$

即对于任意的 $X,Y,Z,W \in \mathfrak{X}(M)$, 有

$$\sigma_*^{-1} \circ ((D_{\sigma_* Z}\mathcal{R})(\sigma_* X,\sigma_* Y))(\sigma_* W) = ((D_Z\mathcal{R})(X,Y))W. \tag{2.13}$$

注意到 $((\mathrm{D}_Z\mathcal{R})(X,Y))W$ 关于四个自变量 $X,Y,Z,W \in \mathfrak{X}(M)$ 都是 $C^\infty(M)$-线性的, 所以它是 M 上的 $(1,4)$ 型光滑张量场. 特别地, 对于任意一点 $p \in M$, 以及任意的 $X,Y,Z,W \in T_pM$, $((\mathrm{D}_Z\mathcal{R})(X,Y))W$ 是有定义的, 并且是 T_pM 中的一个成员. 取 $\sigma = \sigma_p$, 则 $\sigma_{*p} = -\mathrm{id} : T_pM \to T_pM$. 于是 (2.13) 式成为

$$((\mathrm{D}_Z\mathcal{R})(X,Y))W = -((\mathrm{D}_Z\mathcal{R})(X,Y))W, \quad \forall X,Y,Z,W \in T_pM,$$

$$(2.14)$$

故

$$((\mathrm{D}_Z\mathcal{R})(X,Y))W = 0, \quad \forall X,Y,Z,W \in T_pM,$$

即

$$\mathrm{D}_Z\mathcal{R} = 0, \quad \forall Z \in T_pM.$$

证毕.

推论 2.3 设 (M,g) 是黎曼对称空间, 则它的黎曼曲率张量在 M 上关于黎曼联络是平行的.

证明 根据定义, 黎曼曲率张量是

$$R(X,Y,Z,W) = \langle \mathcal{R}(Z,W)X,Y \rangle,$$

因此它的协变导数 $\mathrm{D}_V R$ 是

$$
\begin{aligned}
(\mathrm{D}_V R)&(X,Y,Z,W) \\
&= V(R(X,Y,Z,W)) - R(\mathrm{D}_V X,Y,Z,W) - R(X,\mathrm{D}_V Y,Z,W) \\
&\quad - R(X,Y,\mathrm{D}_V Z,W) - R(X,Y,Z,\mathrm{D}_V W) \\
&= V\langle \mathcal{R}(Z,W)X,Y \rangle - \langle \mathcal{R}(Z,W)(\mathrm{D}_V X),Y \rangle - \langle \mathcal{R}(Z,W)X,\mathrm{D}_V Y \rangle \\
&\quad - \langle \mathcal{R}(\mathrm{D}_V Z,W)X,Y \rangle - \langle \mathcal{R}(Z,\mathrm{D}_V W)X,Y \rangle \\
&= \langle ((\mathrm{D}_V \mathcal{R})(Z,W))X,Y \rangle.
\end{aligned}
$$

由定理 2.2 得知, 曲率张量 $\mathcal{R}$ 作为 $(1,3)$ 型张量场在 M 上是平行的, 即上式右端为零; 因此, 黎曼曲率张量 R 作为 $(0,4)$ 型张量场在 M 上也是平行的. 证毕.

注记 2.2 设 $\{e_i\}$ 是黎曼对称空间 (M,g) 上的任意一个局部标架场, 令

$$R_{ijkl} = \langle \mathcal{R}(e_k,e_l)e_i, e_j \rangle,$$

则由定义, 其协变导数的分量为

$$
\begin{aligned}
R_{ijkl,h} =& e_h(R_{ijkl}) - \Gamma_{ih}^p R_{pjkl} - \Gamma_{jh}^p R_{ipkl} - \Gamma_{kh}^p R_{ijpl} - \Gamma_{lh}^p R_{ijkp} \\
=& (\mathrm{D}_{e_h} R)(e_i, e_j, e_k, e_l).
\end{aligned}
$$

因此, 黎曼曲率张量平行的条件是

$$R_{ijkl,h} \equiv 0, \quad \forall i,j,k,l,h. \tag{2.15}$$

定义 2.1 设 (M,g) 是黎曼流形, 若它的黎曼曲率张量在 M 上关于黎曼联络是平行的, 则称 (M,g) 是 **局部对称黎曼空间**.

根据注记 2.2, (M,g) 是局部对称黎曼空间当且仅当在任意一个局部标架场 $\{e_i\}$ 下, 黎曼曲率张量的分量 R_{ijkl} 满足条件 (2.15).

下面的定理说明了条件 (2.15) 的几何意义.

定理 2.4 设 (M,g) 是局部对称黎曼空间, 则对于任意一点 $p \in M$, 都有点 p 的一个开邻域 U 以及局部光滑等距 $\sigma_p : U \to U$, 使得 $\sigma_p \circ \sigma_p = \mathrm{id}$ 是对合, 并且以 p 为其唯一的不动点 (这样的映射 σ_p 称为 M 关于点 p 的 **局部中心对称**).

证明 设 $p \in M$, 取充分小的的正数 ε, 使得指数映射 $\exp_p$ 在 $B_p(\varepsilon) \subset T_pM$ 上有定义, 并且 $\exp_p : B_p(\varepsilon) \to \mathcal{B}_p(\varepsilon) = \exp_p(B_p(\varepsilon))$ 是光滑同胚. 令

$$\sigma_0 = -\mathrm{id} : T_pM \to T_pM, \quad \sigma_p = \exp_p \circ \sigma_0 \circ \exp_p^{-1} : \mathcal{B}_p(\varepsilon) \to \mathcal{B}_p(\varepsilon).$$

则 σ_p 是从 $\mathcal{B}_p(\varepsilon)$ 到它自身的光滑同胚，以 p 为仅有的不动点，并且 $\sigma_p \circ \sigma_p = \mathrm{id} : \mathcal{B}_p(\varepsilon) \to \mathcal{B}_p(\varepsilon)$. 取 $U = \mathcal{B}(\varepsilon)$，只要证明 σ_p 是等距映射就行了. 为此，需要用 Cartan 等距定理 (第五章的定理 4.1).

任取 $v \in B_p(\varepsilon)$，设 $\gamma(t) = \exp_p(tv)$ 是经过点 p、以 v 为初始切向量的测地线. 很明显，

$$\tilde{\gamma}(t) = \sigma_p(\gamma(t)) = \exp_p(-tv) = \gamma(-t), \qquad (2.16)$$

所以 σ_p 把经过点 p 的测地线反向 (只考虑落在测地球 $\mathcal{B}_p(\varepsilon)$ 内的部分). 设 $X(t), Y(t), Z(t)$ 和 $W(t)$ 是沿 $\gamma(t)$ 平行的切向量场. 我们断言： $R(X(t), Y(t), Z(t), W(t))$ 与变量 t 无关.

事实上，根据 (2.10) 式有

$$\begin{aligned}
\frac{\mathrm{d}}{\mathrm{d}t} &R(X(t), Y(t), Z(t), W(t)) \\
&= \frac{\mathrm{d}}{\mathrm{d}t} \langle \mathcal{R}(Z(t), W(t))X(t), Y(t) \rangle \\
&= \langle \mathrm{D}_{\gamma'(t)}(\mathcal{R}(Z(t), W(t))X(t)), Y(t) \rangle \\
&= \langle (\mathrm{D}_{\gamma'}\mathcal{R})(Z(t), W(t))X(t), Y(t) \rangle = 0,
\end{aligned}$$

因此

$$R(X(t), Y(t), Z(t), W(t)) = \mathrm{const}. \qquad (2.17)$$

参照第五章定理 4.1，令

$$\varphi_t = \tilde{P}_0^t \circ \sigma_0 \circ (P_0^t)^{-1} : T_{\gamma(t)}M \to T_{\tilde{\gamma}(t)}M,$$

其中 $P_0^t, \tilde{P}_0^t$ 分别是沿测地线 γ 和 $\tilde{\gamma}$ 从 $t = 0$ 到 t 的平行移动. 由于 $\tilde{\gamma}(t) = \gamma(-t)$，可知 $\tilde{P}_0^t = P_0^{-t}$，即 $\tilde{P}_0^t$ 是沿测地线 γ 从 $t = 0$ 到 $-t$ 的平行移动. 于是

$$\varphi_t = P_0^{-t} \circ \sigma_0 \circ (P_0^t)^{-1} = -P_0^{-t} \circ P_t^0 = -P_t^{-t}, \qquad (2.18)$$

其中 P_t^{-t} 是沿测地线 γ 从 t 到 $-t$ 的平行移动. 由 (2.17) 式可知, 对于任意的 $X, Y, Z, W \in T_{\gamma(t)}M$ 有

$$R(\varphi_t(X), \varphi_t(Y), \varphi_t(Z), \varphi_t(W))$$
$$= R(P_t^{-t}(Z), P_t^{-t}(Y), P_t^{-t}(Z), P_t^{-t}(W))$$
$$= R(X, Y, Z, W).$$

因此第五章定理 4.1 中的条件 (4.3) 成立, 故 σ_p 是等距. 证毕.

定理 2.5　设 (M, g) 是黎曼对称空间, 则 (M, g) 是完备的.

证明　根据 Hopf-Rinow 定理, 只要证明从一点 p 出发的任意一条正规测地线都能够无限地延伸即可.

设 $\gamma(t), 0 \le t \le l$, 是从 $p = \gamma(0)$ 出发的任意一条正规测地线, 长度为 l. 令 $q = \gamma\left(\dfrac{2}{3}l\right), v = \gamma'\left(\dfrac{2}{3}l\right) \in T_qM$. 用 σ_q 表示 (M, g) 关于点 q 的中心对称, 则 $\sigma_q(\gamma(t))$ 仍然是 (M, g) 上的一条正规测地线, 并且

$$\sigma_q\left(\gamma\left(\frac{2}{3}l\right)\right) = \sigma_q(q) = q.$$

对测地线 $\sigma_q(\gamma(t))$ 作参数变换

$$t = \frac{4}{3}l - s, \quad \frac{1}{3}l \le s \le \frac{4}{3}l,$$

并设

$$\tilde{\gamma}(s) = \sigma_q\left(\gamma\left(\frac{4}{3}l - s\right)\right), \quad \frac{1}{3}l \le s \le \frac{4}{3}l, \tag{2.19}$$

则 $\tilde{\gamma}(s)$ 是 (M, g) 上的正规测地线, 且有

$$\tilde{\gamma}\left(\frac{2}{3}l\right) = \sigma_q\left(\gamma\left(\frac{2}{3}l\right)\right) = \gamma\left(\frac{2}{3}l\right),$$

$$\tilde{\gamma}'\left(\frac{2}{3}l\right) = (\sigma_q)_{*q}\left(\frac{\mathrm{d}}{\mathrm{d}s}\gamma\left(\frac{4}{3}l - s\right)\Big|_{s=\frac{2}{3}l}\right)$$

$$= (\sigma_q)_{*q}\left(-\frac{\mathrm{d}}{\mathrm{d}t}\gamma(t)\Big|_{t=\frac{2}{3}l}\right)$$

$$=(\sigma_q)_{*q}\left(-\gamma'\left(\frac{2}{3}l\right)\right)=\gamma'\left(\frac{2}{3}l\right).$$

这意味着测地线 $\gamma,\tilde{\gamma}$ 都经过点 $q=\gamma\left(\frac{2}{3}l\right)$，并且在该点有相同的切向量 $\gamma'\left(\frac{2}{3}l\right)$. 因此，由测地线的唯一性得知， γ 和 $\tilde{\gamma}$ 在公共的定义域内是重合的. 特别地有

$$\gamma(t)=\tilde{\gamma}(t),\quad \frac{1}{3}l\le t\le l. \tag{2.20}$$

于是可以定义映射 $\gamma_1:\left[0,\frac{4}{3}l\right]\to M$，使得

$$\gamma_1(t)=\begin{cases}\gamma(t), & 0\le t\le l;\\[2mm]\tilde{\gamma}(t), & \dfrac{1}{3}l\le t\le \dfrac{4}{3}l,\end{cases} \tag{2.21}$$

则 $\gamma_1(t)$ 是在 (M,g) 上从点 p 出发、长度为 $\frac{4}{3}l$ 的测地线. 显然， $\gamma_1(t)$ 是测地线 γ 的延伸. 继续此过程便得知测地线 γ 能够无限延伸. 因此， (M,g) 是完备的黎曼流形. 证毕.

注记 2.3 定理 2.5 的证明告诉我们：若 $\gamma(t)(-\infty<t<\infty)$ 是 (M,g) 上的一条测地线，任取 $t_0\in(-\infty,\infty)$，并设 $q=\gamma(t_0)$，则中心对称 σ_q 把测地线 γ 映射到它自身，同时 σ_q 在 γ 上的限制是 γ 关于点 q 的对称，即对于任意的 $t\in(-\infty,\infty)$，$\sigma_q(\gamma(2t_0-t))=\gamma(t)$(参看 (2.19) 和 (2.20) 式).

定理 2.6 黎曼对称空间 (M,g) 的等距变换群 $I(M)$ 在 M 上的作用是可迁的，即 (M,g) 是齐性黎曼空间. 任意固定一点 $p\in M$，令 $K=\{\tau\in I(M):\tau(p)=p\}$，则 K 是 $I(M)$ 的一个子群，并且 M 和 $I(M)/K$ 作为点集是一一对应的. 子群 K 称为 $I(M)$ 在点 p 的 **迷向子群**.

证明 容易验证， K 的确是 $I(M)$ 的一个子群. 设 p,q 是 M 中的任意两点. 由于 (M,g) 是完备的，故存在连接 p,q 的最短正规测地

线 $\gamma(t), 0 \le t \le l, l = d(p, q)$, 使得 $\gamma(0) = p, \gamma(l) = q$. 记 $p_0 = \gamma\left(\dfrac{l}{2}\right)$, σ_{p_0} 是 (M, g) 关于 p_0 的中心对称. 由注记 2.3 得知

$$\sigma_{p_0}(\gamma(l - t)) = \gamma(t), \quad 0 \le t \le l,$$

特别地有

$$\sigma_{p_0}(\gamma(l)) = \gamma(0), \quad \sigma_{p_0}(\gamma(0)) = \gamma(l).$$

这意味着 $\sigma_{p_0} \in I(M)$, 并且它把点 $p = \gamma(0)$ 映射到点 $q = \gamma(l)$, 即 $I(M)$ 在 M 上的作用是可迁的.

任意固定一点 $p \in M$, 定义映射 $\pi : I(M) \to M$ 使得 $\pi(\tau) = \tau(p)$. 由于 $I(M)$ 在 M 上的作用是可迁的, 故 π 必是满射. 对于 $\tau, \tilde{\tau} \in I(M)$, 如果 $\pi(\tau) = \pi(\tilde{\tau})$, 即 $\tau(p) = \tilde{\tau}(p)$, 则 $\tau^{-1} \circ \tilde{\tau}(p) = p$, 这就是说 $\tau^{-1} \circ \tilde{\tau} \in K$. 因此 $\tau K = \tilde{\tau} K$. 由此可见, 在 M 和左陪集 $I(M)/K$ 之间存在一一对应. 证毕.

定理 2.7 设 (M, g) 是黎曼对称空间, $\gamma(t)$ $(-\infty < t < \infty)$ 是 (M, g) 上的一条正规测地线. 定义映射 $\varphi : \mathbb{R} \to I(M)$, 使得对于任意的 t, $\varphi(t) = \sigma_{\gamma(\frac{t}{2})} \circ \sigma_{\gamma(0)}$, 其中 $\sigma_{\gamma(0)}, \sigma_{\gamma(\frac{t}{2})}$ 分别是 (M, g) 关于 $\gamma(0)$ 和 $\gamma\left(\dfrac{t}{2}\right)$ 的中心对称. 如果记 $\varphi_t = \varphi(t)(\forall t)$, 则

(1) $\varphi_t(\gamma(s)) = \gamma(s + t)$;

(2) $(\varphi_t)_{*\gamma(s)} : T_{\gamma(s)} M \to T_{\gamma(s+t)} M$ 是沿测地线 γ 的平行移动;

(3) $\{\varphi_t; -\infty < t < \infty\}$ 是 $I(M)$ 单参数子群.

证明 (1) 根据注记 2.3, $\sigma_{\gamma(0)}$ 在 γ 上的作用是 γ 关于点 $\gamma(0)$ 的对称, $\sigma_{\gamma(\frac{t}{2})}$ 在 γ 上的作用是 γ 关于点 $\gamma\left(\dfrac{t}{2}\right)$ 的对称, 即有

$$\sigma_{\gamma(0)}(\gamma(s)) = \gamma(-s), \quad \sigma_{\gamma(\frac{t}{2})}(\gamma(s)) = \gamma(t - s).$$

所以

$$\varphi_t(\gamma(s)) = \sigma_{\gamma(\frac{t}{2})} \circ \sigma_{\gamma(0)}(\gamma(s)) = \sigma_{\gamma(\frac{t}{2})}(\gamma(-s)) = \gamma(t + s).$$

由此可见，φ_t 在测地线 γ 上的作用是沿测地线 γ 的位移.

(2) 设 X 是任意一个沿测地线 γ 平行的切向量场. 任意固定 $t_1 \in (-\infty, \infty)$, 则 $\sigma_{\gamma(t_1)} : M \to M$ 是等距变换, 并且

$$\sigma_{\gamma(t_1)}(\gamma(s)) = \gamma(2t_1 - s), \quad \forall s \in (-\infty, \infty) \tag{2.22}$$

(参看注记 2.3). 因此, 存在等距线性同构 $(\sigma_{\gamma(t_1)})_{*\gamma(s)} : T_{\gamma(s)}M \to T_{\gamma(2t_1-s)}M$ 使得

$$(\sigma_{\gamma(t_1)})_{*\gamma(s)}(\gamma'(s)) = -\gamma'(2t_1 - s), \quad \forall s \in (-\infty, \infty). \tag{2.23}$$

令

$$\tilde{X}(2t_1 - s) = (\sigma_{\gamma(t_1)})_{*\gamma(s)}(X(s)), \quad \forall s, \tag{2.24}$$

则 $\tilde{X}$ 是沿测地线 γ 定义的切向量场. 由于等距变换 $\sigma_{\gamma(t_1)}$ 保持黎曼联络不变, 故由 (2.23) 和 (2.24) 两式得到

$$\begin{aligned}
D_{\gamma'(2t_1-s)}\tilde{X} &= - D_{(\sigma_{\gamma(t_1)})_{*\gamma(s)}(\gamma'(s))}((\sigma_{\gamma(t_1)})_{*\gamma(s)}X) \\
&= - (\sigma_{\gamma(t_1)})_{*\gamma(s)}(D_{\gamma'(s)}X) = 0,
\end{aligned}$$

所以 $\tilde{X}$ 仍然是沿 γ 平行的切向量场.

因为在 t_1 处有

$$\tilde{X}(t_1) = (\sigma_{\gamma(t_1)})_{*\gamma(t_1)}(X(t_1)) = -X(t_1),$$

所以, 由 $\tilde{X}, X$ 沿 γ 的平行性得到 $\tilde{X}(t) = -X(t)$, $\forall t \in (\infty, \infty)$, 再利用 (2.24) 式得知

$$(\sigma_{\gamma(t_1)})_{*\gamma(s)}(X(s)) = \tilde{X}(2t_1 - s) = -X(2t_1 - s), \quad \forall t_1, s. \tag{2.25}$$

由此得到

$$\begin{aligned}
(\varphi_t)_{*\gamma(s)}(X(s)) &= (\sigma_{\gamma(\frac{t}{2})})_{*\gamma(-s)} \circ (\sigma_{\gamma(0)})_{*\gamma(s)}(X(s)) \\
&= (\sigma_{\gamma(\frac{t}{2})})_{*\gamma(-s)}(-X(-s)) = X(t+s), \tag{2.26}
\end{aligned}$$

这意味着 $(\varphi_t)_{*\gamma(s)} : T_{\gamma(s)}M \to T_{\gamma(s+t)}M$ 是沿测地线 γ 的平行移动.

(3) 黎曼流形 (M, g) 到它自身的等距变换是由它在任意一点的像以及在该点的切映射唯一确定的 (参看第五章的引理 5.1). 现在 $\varphi_t \circ \varphi_s$ 和 φ_{t+s} 都是 M 到它自身的等距变换, 所以要断言它们是同一个等距变换, 只要验证它们在点 $\gamma(0)$ 的像及其在点 $\gamma(0)$ 的切映射分别相同就可以了.

事实上, 由 (1) 得到

$$\varphi_t \circ \varphi_s(\gamma(0)) = \varphi_t(\gamma(s)) = \gamma(t+s) = \varphi_{t+s}(\gamma(0)). \tag{2.27}$$

再由 (2) 得到切映射 $(\varphi_{t+s})_{*\gamma(0)} : T_{\gamma(0)}M \to T_{\gamma(t+s)}M$ 是沿测地线 γ 的平行移动. 此外

$$(\varphi_t \circ \varphi_s)_{*\gamma(0)} = (\varphi_t)_{*\gamma(s)} \circ (\varphi_s)_{*\gamma(0)},$$

而 $(\varphi_s)_{*\gamma(0)}$ 和 $(\varphi_t)_{*\gamma(s)}$ 依次是沿测地线 γ 从 $T_{\gamma(0)}M$ 到 $T_{\gamma(s)}M$ 以及从 $T_{\gamma(s)}M$ 到 $T_{\gamma(t+s)}M$ 的平行移动. 所以由平行移动的传递性得知

$$(\varphi_t \circ \varphi_s)_{*\gamma(0)} = (\varphi_{t+s})_{*\gamma(0)}. \tag{2.28}$$

因此

$$\varphi_t \circ \varphi_s = \varphi_{t+s}. \tag{2.29}$$

很明显,

$$\varphi_0 = \sigma_{\gamma(0)} \circ \sigma_{\gamma(0)} = \mathrm{id}, \tag{2.30}$$

因此

$$\varphi_t \circ \varphi_{-t} = \varphi_0 = \mathrm{id},$$

故有

$$\varphi_{-t} = (\varphi_t)^{-1}. \tag{2.31}$$

所以, $\{\varphi_t; -\infty < t < \infty\}$ 是 $I(M)$ 的一个单参数子群. 证毕.

至此, 我们对于等距变换群 $I(M)$ 在黎曼对称空间 (M,g) 上的作用已经有相当多的了解. 现在需要对等距变换群 $I(M)$ 本身的结构有更清晰的认识. 首先要在 $I(M)$ 上引进拓扑结构, 然后再引进微分结构使它成为一个李群. 这样, $I(M)$ 便成为可迁地作用在黎曼对称空间 (M,g) 上的李氏变换群. 这意味着黎曼对称空间是一种特殊的 **齐性空间**. 因此, 对于黎曼对称空间的研究可以归结为对于相关的李群和李代数的研究.

通常, 在由映射构成的空间中引进所谓的紧开拓扑是比较方便的.

定义 2.2 设 (M,g) 是黎曼流形, $I(M)$ 是它的等距变换群. 设 C 是 M 的一个紧致子集, U 是 M 的一个开子集. 令

$$W(C,U) = \{\tau \in I(M);\ \tau(C) \subset U\}.$$

在 $I(M)$ 中使所有这样的子集 $W(C,U)$ 成为开集的最小拓扑称为在 $I(M)$ 上的 **紧开拓扑**.

具有紧开拓扑的 $I(M)$ 有许多好的性质, 在这里只提一下, 不作详细的证明了.

命题 2.8 设 (M,g) 是黎曼流形, 则等距变换群 $I(M)$ 关于它的紧开拓扑是一个局部紧致的 Hausdorff 空间, 具有可数的拓扑基, 并且是作用在 M 上的拓扑变换群. 对于任意固定的一点 $p \in M$, 设 K 是 $I(M)$ 在点 p 的迷向子群, 则 K 是 $I(M)$ 的紧子群, 因而 M 与商空间 $I(M)/K$ 是同胚的.

Myers 和 Steenrod 在 1939 年证明了下面的命题:

命题 2.9 黎曼流形 (M,g) 的等距变换群 $I(M)$ 关于紧开拓扑是作用在 M 上的李氏变换群. 如果 M 是紧致的, 则 $I(M)$ 也是紧致的.

当 (M,g) 是黎曼对称空间时, 命题 2.9 有一个比较简单的证明, 其主要步骤如下:

(1) 根据命题 2.8, 迷向子群 K 是 $I(M)$ 的紧子群. 设 $\dim M = m$,

则 K 可以看作 $T_p M$ 上的正交变换群 $O(m)$ 的一个闭子群. 事实上, 对于任意的 $k \in K$, 切映射 $k_{*p} : T_p M \to T_p M$ 是一个正交变换; 同时根据第五章的引理 5.1, 由 $k \mapsto k_{*p}$ 确定的映射 $\theta : K \to O(m)$ 是一个单同态. 由于 K 是紧致的, $\theta(K)$ 是 $O(m)$ 的紧致子群, 并且 K 与 $\theta(K)$ 同胚. 因此, 由 $O(m)$ 在 $\theta(K)$ 上诱导的微分结构可以移植到 K 上, 使得 K 成为一个李群.

(2) 取 M 在点 p 的一个法坐标邻域 $\mathcal{B}_p(r)$. 任取 $q \in \mathcal{B}_p(r)$, 则在 $\mathcal{B}_p(r)$ 内有唯一的一条连接 p, q 两点的最短测地线 $\gamma, 0 \le t \le l = d(p, q) < r$, 使得 $\gamma(0) = p$, $\gamma(l) = q$. 令 $\psi_q = \sigma_{\gamma(\frac{l}{2})} \circ \sigma_{\gamma(0)}$, 则 ψ_q 是 M 到它自身的等距变换, 并且限制到测地线 γ 上是一个位移; 特别地, 当 $q \neq p$ 时, p 不是 ψ_q 的不动点, 并且有 $\psi_q(p) = q$(参看定理 2.7). 假定 $\psi : \mathcal{B}_p(r) \to I(M)$ 是由 $q \mapsto \psi_q$ 确定的映射, 并记 $\Psi_p = \{\psi_q; q \in \mathcal{B}_p(r)\}$, 则 Ψ_p 是 $\mathcal{B}_p(r)$ 在映射 ψ 下的像集. 定义映射 $\pi : I(M) \to M$ 为 $\pi(\tau) = \tau(p), \forall \tau \in I(M)$, 则有

$$\pi(\psi_q) = \psi_q(p) = q,$$

因而 $\pi \circ \psi = \mathrm{id} : \mathcal{B}_p(r) \to \mathcal{B}_p(r)$. 这说明映射 $\psi : \mathcal{B}_p(r) \to I(M)$ 是纤维丛 $\pi : I(M) \to M \cong I(M)/K$ 的一个局部截面, 因而, $\mathcal{B}_p(r) \times K$ 和 $\pi^{-1}(\mathcal{B}_p(r)) = \Psi_p \cdot K$ 是同胚的, 其中

$$\Psi_p \cdot K = \{\tau \cdot k; \tau \in \Psi_p, k \in K\}.$$

因此, 在每一个 $\Psi_p \cdot K$ 中都可以引进光滑结构, 从而使得 $I(M)$ 成为光滑流形.

(3) 进一步可以证明, 相对于上述光滑结构, $I(M)$ 中的乘法 (即变换的复合) 和求逆运算是光滑的, 因而 $I(M)$ 是李群. 这就证明了 $I(M)$ 是作用在 M 上的李氏变换群.

在本章, 我们只需要上述各命题的结论, 证明的细节可以查看参考文献 [24, 第 4 章, §2 和 §3].

将命题 2.8 和命题 2.9 用于黎曼对称空间得到下面的命题:

命题 2.10 设 (M, g) 是黎曼对称空间, 则它的等距变换群 $I(M)$ 在紧开拓扑下具有光滑结构, 使之成为可迁地作用在 M 上的李氏变换群. 此外, 对于任意固定的一点 $p \in M$, $I(M)$ 在点 p 的迷向子群 K 是 $I(M)$ 的紧致子群, 并且 M 和齐性空间 $I(M)/K$ 是光滑同胚的.

§9.3 黎曼对称对

在上一节讨论了黎曼对称空间的性质, 并且得知黎曼对称空间 (M, g) 与齐性空间 $I(M)/K$ 光滑同胚, 其中 $I(M)$ 是 (M, g) 等距变换群, K 是 $I(M)$ 在一点 $p \in M$ 的迷向子群. 本节的目的是考察什么样的李群及其子群所构筑的齐性空间能够成为黎曼对称空间. 为此, 先讨论黎曼对称空间 (M, g) 作为齐性空间的性质.

定理 3.1 设 (M, g) 是黎曼对称空间, $I(M)$ 是 (M, g) 的等距变换群, $G = I_0(M)$ 是 $I(M)$ 的包含单位元 $e = \mathrm{id}_M$ 的连通分支. 设 $p \in M$, K 是 G 在点 p 的迷向子群, 则

(1) G 是连通李群, K 是 G 的紧致子群, 并且 M 和 G/K 是光滑同胚的.

(2) 设 (M, g) 在点 p 的中心对称是 σ_p, 定义映射 $\sigma : G \to G$, 使得 $\sigma(\tau) = \sigma_p \circ \tau \circ \sigma_p, \forall \tau \in G$, 同时设

$$K_\sigma = \{\tau \in G;\ \sigma(\tau) = \tau\}, \tag{3.1}$$

则 σ 是 G 上的一个对合自同构, 并且 K_σ 是 G 的闭子群.

(3) 如果 K_0 是 K_σ 的单位元连通分支, 则有

$$K_0 \subset K \subset K_\sigma, \tag{3.2}$$

并且在 K 中不含有 G 的任何非平凡正规子群.

(4) 设 G 的李代数为 $\mathfrak{g}$, K 的李代数为 $\mathfrak{k}$, 则

$$\mathfrak{k} = \{X \in \mathfrak{g}; \; \sigma_{*e}(X) = X\}. \tag{3.3}$$

另外, 如果定义

$$\mathfrak{m} = \{X \in \mathfrak{g}; \; \sigma_{*e}(X) = -X\}, \tag{3.4}$$

则有 $\mathfrak{g}$ 作为线性空间的直和分解

$$\mathfrak{g} = \mathfrak{k} \oplus \mathfrak{m}, \tag{3.5}$$

以及如下的包含关系:

$$[\mathfrak{k}, \mathfrak{k}] \subset \mathfrak{k}, \quad [\mathfrak{m}, \mathfrak{m}] \subset \mathfrak{k}, \quad [\mathfrak{k}, \mathfrak{m}] \subset \mathfrak{m}. \tag{3.6}$$

(5) 如果定义映射 $\pi : G \to M$ 为 $\pi(g) = g \cdot p, \forall g \in G$, 则有 $\pi_{*e}(\mathfrak{k}) = \{0\}$, $\pi_{*e}(\mathfrak{m}) = T_pM$. 设 $X \in \mathfrak{m}$, 则在 M 上从点 p 出发、并以 $\pi_{*e}(X)$ 为初始切向量的测地线是 $\gamma(t) = \exp(tX) \cdot p$, 其中 $\exp : \mathfrak{g} \to G$ 是李群 G 的指数映射. 再设 $Y \in T_pM$, 则 $(\exp(tX))_{*p}(Y)$ 是 Y 沿测地线 $\gamma(t)$ 的平行移动.

证明 (1) 命题 2.10 已经断言 $I(M)$ 是一个李群, 并且是可迁地作用在 M 上的李氏变换群. 众所周知, 李群在单位元的连通分支是一个连通李群. 另外, 命题 2.10 还告诉我们, $I(M)$ 在点 p 的迷向子群 $\tilde{K}$ 是 $I(M)$ 的紧致子群. 所以 G 在点 p 的迷向子群 $K = \tilde{K} \cap G$ 是 G 的紧致子群.

由于黎曼对称空间是完备的, 对于任意的 $q \in M$ 必有连接 p, q 两点的最短测地线 $\gamma(t), 0 \le t \le l = d(p, q)$, 使得 $\gamma(0) = p$, $\gamma(l) = q$. 由定理 2.7 知道, $\varphi_l = \sigma_{\gamma(\frac{l}{2})} \circ \sigma_{\gamma(0)}$ 把 $p = \gamma(0)$ 映到 $q = \gamma(l)$. 而在 $I(M)$ 的紧开拓扑下, $\varphi_t (0 \le t \le l)$ 是 $I(M)$ 中连接 φ_l 和 $\varphi_0 = \mathrm{id} : M \to M$ 的一条路径, 所以 $\varphi_l \in I_0(M) = G$, 因而 G 在 M 上的作用是可迁的. 由此可见, M 和 G/K 是光滑同胚的. 从 G/K 到 M 的对应由

$[\tau] \in G/K \mapsto \tau(p) \in M$ 给出, 其中 $[\tau] = \tau K$ 是 $\tau \in G$ 关于 K 的左陪集.

(2) 由 σ 的定义可知, σ 是 G 的一个对合自同构. 同时不难验证, σ 在 G 中的不动点集 K_σ 是 G 的闭子群, 称为 G 在对合自同构 σ 下的 **不动点子群**.

(3) 由 K 的定义, 对于任意的 $\tau \in K$, $\tau(p) = p$. 所以

$$(\sigma(\tau))(p) = \sigma_p \circ \tau \circ \sigma_p(p) = p = \tau(p),$$

并且

$$(\sigma(\tau))_{*p} = (\sigma_p)_{*p} \circ \tau_{*p} \circ (\sigma_p)_{*p} = \tau_{*p} : T_pM \to T_pM.$$

故由第五章的引理 5.1 得知, $\sigma(\tau) = \tau$, 即 $\tau \in K_\sigma$. 由于 τ 的任意性, $K \subset K_\sigma$.

很明显, K_σ 的李代数为

$$\mathfrak{k}_\sigma = \{X \in \mathfrak{g}; \ \sigma_{*e}(X) = X\}. \tag{3.7}$$

设 $X \in \mathfrak{k}_\sigma$, 则对于任意的 $t \in (-\infty, \infty)$, $\tau(t) = \exp(tX) \in K_\sigma$, 因而 $\tau(t)$ 属于 K_σ 的单位元连通分支 K_0. 特别地, 对于任意的 t, $\sigma(\tau(t)) = \tau(t)$. 将上式两边作用于点 p, 得到

$$\sigma_p(\exp(tX) \cdot p) = \exp(tX) \cdot p, \quad -\infty < t < \infty,$$

即 $\exp(tX) \cdot p$ 是 σ_p 的不动点. 因为 p 是 σ_p 的孤立不动点, 所以 $\exp(tX) \cdot p = p$. 这说明 $\exp(tX) \in K$, 因而 $X \in \mathfrak{k}$. 再由 $X \in \mathfrak{k}_\sigma$ 的任意性得知 $\mathfrak{k}_\sigma \subset \mathfrak{k}$. 另一方面, 已经证明了 $K \subset K_\sigma$, 因而又有 $\mathfrak{k} \subset k_\sigma$, 即 (3.3) 成立. 现在李群 K_0, K 和 K_σ 有相同的李代数 $\mathfrak{k}$, 并且 K_0 是连通李群, 故有 $K_0 \subset K$.

假设 K 含有 G 的一个非平凡正规子群, 即存在 K 的子群 $H \neq \{e\}$, 使得对于任意的 $\tau \in G$ 都有 $\tau H = H\tau$. 取 $\mu \in H$, 使得 $\mu \neq e =$

id_M. 因为 G 在 M 上的作用是可迁的, 所以对于任意的一点 $q \in M$, 必有某个 $\tau \in G$, 使得 $\tau(p) = q$. 又因为 H 是 G 的正规子群, 故有 $\mu' \in H$, 使得 $\mu \circ \tau = \tau \circ \mu'$. 将此式两边同时作用在点 p 上得到

$$\mu(q) = \mu(\tau(p)) = \tau(\mu'(p)) = \tau(p) = q, \quad \forall q \in M.$$

这意味着 μ 在 M 上的作用是恒等变换, 与假设矛盾. 因此, K 不含有 G 的非平凡正规子群.

(4) 因为 σ 是 G 的对合自同构, 所以 σ_{*e} 是李代数 $\mathfrak{g}$ 的一个对合自同构. 对于任意的 $X \in \mathfrak{g}$, 显然有

$$\frac{1}{2}(X + \sigma_{*e}(X)) \in \mathfrak{k}, \quad \frac{1}{2}(X - \sigma_{*e}(X)) \in \mathfrak{m}, \tag{3.8}$$

并且 $\mathfrak{k} \cap \mathfrak{m} = \{0\}$. 因此有直和分解 $\mathfrak{g} = \mathfrak{k} \oplus \mathfrak{m}$. 此外, 利用 σ_{*e} 是 $\mathfrak{g}$ 的对合自同构的事实, 容易得知 (3.6) 式成立.

(5) 任取 $X \in \mathfrak{k}$, 则 $\exp(tX) \in K_0 \subset K$, 从而有

$$\pi(\exp(tX)) = \exp(tX) \cdot p = p.$$

所以, $\pi_{*e}(X) = 0$. 再由 X 的任意性得知 $\pi_{*e}(\mathfrak{k}) = \{0\}$. 反过来, 设 $X \in \mathfrak{g}$ 满足 $\pi_{*e}(X) = 0$. 令 $\gamma(t) = \exp(tX) \cdot p = \pi(\exp(tX))$, 则

$$\begin{aligned}
\gamma'(t) &= \frac{\mathrm{d}}{\mathrm{d}s}\Big|_{s=0} \gamma(t+s) = \frac{\mathrm{d}}{\mathrm{d}s}\Big|_{s=0} \exp((t+s)X)(p) \\
&= \frac{\mathrm{d}}{\mathrm{d}s}\Big|_{s=0} (\exp tX \cdot \exp sX)(p) \\
&= (\exp tX)_{*p}(\pi_{*e}(X)) = 0.
\end{aligned}$$

因此, γ 是常值曲线. 因为 $\gamma(0) = p$, 所以 $\gamma(t) \equiv \exp(tX) \cdot p = p$. 这说明 $\exp(tX) \in K$, 因而 $X \in \mathfrak{k}$.

综上所述便得 $\mathfrak{k} = \ker \pi_{*e}$. 于是由 (3.5) 式知道 π_{*e} 在 $\mathfrak{m}$ 上的限制是单射. 另一方面, 由于 G 在 M 上的作用是可迁的, $\pi : G \to M$ 是满射. 于是

$$T_p M = \pi_{*e}(\mathfrak{g}) = \pi_{*e}(\mathfrak{m}).$$

由此得知，映射

$$\pi_{*e}|_{\mathfrak{m}} : \mathfrak{m} \to T_p M \tag{3.9}$$

是线性同构.

为了完成定理的证明，再设 $X \in \mathfrak{m}$, 并假定 $|\pi_{*e}(X)| = 1$. 用 $\gamma(t)$ 表示在 M 上从点 p 出发、以 $\pi_{*e}(X)$ 为初始切向量的测地线，则 t 是弧长参数. 需要说明 $\gamma(t) = (\exp tX) \cdot p$. 为此，令 $\varphi_t = \sigma_{\gamma(\frac{t}{2})} \circ \sigma_p$, 则由定理 2.7, $\{\varphi_t; -\infty < t < \infty\}$ 是李群 $G = I_0(M)$ 的单参数子群，并且

$$\gamma(t) = \varphi_t(p) = \pi(\varphi_t); \tag{3.10}$$

同时，映射

$$(\varphi_t)_{*p} : T_p M \to T_{\gamma(t)} M \tag{3.11}$$

是沿测地线 γ 的平行移动. 作为李群 G 的单参数子群，φ_t 可以表示为

$$\varphi_t = \exp(tZ), \quad \text{其中 } Z \in \mathfrak{g}. \tag{3.12}$$

因为

$$\sigma(\varphi_t) = \sigma_p \circ \varphi_t \circ \sigma_p = \sigma_p \circ \sigma_{\gamma(\frac{t}{2})},$$

所以

$$(\sigma(\varphi_t))(p) = \sigma_p(\sigma_{\gamma(\frac{t}{2})}(\sigma_p(p))) = \sigma_p(\gamma(t)) = \gamma(-t) = \varphi_{-t}(p),$$

$$(\sigma(\varphi_t))_{*p} = (\sigma_p)_{*\gamma(t)} \circ (\sigma_{\gamma(\frac{t}{2})})_{*p}.$$

假定 $\tilde{X}$ 是沿 γ 平行的切向量场，则由 (2.25) 式得到

$$\begin{aligned}
(\sigma(\varphi_t))_{*p}(\tilde{X}(0)) &= (\sigma_p)_{*\gamma(t)}((\sigma_{\gamma(\frac{t}{2})})_{*p}(\tilde{X}(0))) \\
&= (\sigma_{\gamma(0)})_{*\gamma(t)}((\sigma_{\gamma(\frac{t}{2})})_{*\gamma(0)}(\tilde{X}(0))) \\
&= (\sigma_{\gamma(0)})_{*\gamma(t)}(-\tilde{X}(t)) = \tilde{X}(-t) \\
&= (\varphi_{-t})_{*\gamma(0)}(\tilde{X}(0)) = (\varphi_{-t})_{*p}(\tilde{X}(0)).
\end{aligned}$$

由 $\tilde{X}$ 的任意性得知 $(\sigma(\varphi_t))_{*p} = (\varphi_{-t})_{*p}$. 根据第五章的引理 5.1,

$$\sigma(\varphi_t) = \varphi_{-t},$$

即

$$\sigma(\exp(tZ)) = \exp(-tZ). \tag{3.13}$$

因此, $\sigma_{*e}(Z) = -Z$, 即 $Z \in \mathfrak{m}$.

另一方面, 因为

$$\gamma(t) = \varphi_t(p) = \exp(tZ) \cdot p = \pi(\exp(tZ)),$$

所以

$$\pi_{*e}(X) = \gamma'(0) = \pi_{*e}(Z).$$

注意到 $\pi_{*e} : \mathfrak{m} \to T_p M$ 是单射, 故有 $X = Z$, 因而 $\varphi_t = \exp(tX)$. 因此, 从点 p 出发、以 $\pi_{*e}(X) \in T_p M (X \in \mathfrak{m})$ 为初始切向量的测地线是

$$\gamma(t) = \exp(tX) \cdot p. \tag{3.14}$$

同时, 沿 γ 的平行移动是 $(\exp(tX))_{*p} : T_p M \to T_{\gamma(t)} M$. 定理得证.

上述定理是一个十分重要的结果. 它告诉我们, 从每一个黎曼对称空间 (M, g) 出发, 都可以得到一对李群 (G, K) 和 G 的一个对合自同构 $\sigma : G \to G$, 使得 $K_0 \subset K \subset K_\sigma$. 在下面要进一步证明, 在一定条件下从 (G, K, σ) 出发可以构造出一个黎曼对称空间. 这为构造黎曼对称空间的例子, 以及把李群、李代数理论用于黎曼对称空间的研究开辟了广阔的途径.

先给出下面的定义:

定义 3.1　设 G 是连通李群, K 是 G 的一个闭子群. 如果存在李群 G 的一个对合自同构 $\sigma : G \to G$, 使得

$$K_0 \subset K \subset K_\sigma,$$

其中 $K_\sigma = \{g \in G : \sigma(g) = g\}$ 是 G 在对合自同构 σ 下的不动点子群, K_0 是 K_σ 的单位元连通分支, 则称 (G, K, σ) 是一个 **对称对**(symmetric pair).

用 $\text{Ad} : G \to \text{GL}(\mathfrak{g})$ 记李群 G 的伴随表示, 这里 $\mathfrak{g}$ 是 G 的李代数. 如果 (G, K, σ) 是一个对称对, 并且 $\text{Ad}(K)$ 是 $\text{GL}(\mathfrak{g})$ 的紧子群, 则称 (G, K, σ) 是一个 **黎曼对称对**.

需要说明的是, 对于任意的 $g \in G$, $\text{Ad}\,g = (L_g)_{*g^{-1}} \circ (R_{g^{-1}})_{*e} : \mathfrak{g} \to \mathfrak{g}$, 其中 $\mathfrak{g} = T_e G$, 并且 $\text{Ad}\,G$ 是 $\text{GL}(\mathfrak{g})$ 的子群. 现在 K 是 G 的子群, 故对于 $k \in K$, $\text{Ad}\,k$ 仍旧被看作 $\mathfrak{g}$ 到其自身的线性同构, 即 $\text{Ad}\,K$ 是 $\text{Ad}\,G$ 的子群, 因而是 $\text{GL}(\mathfrak{g})$ 的子群.

定理 3.1 说明, 黎曼对称空间 (M, g) 的等距变换群 $I(M)$ 的单位元连通分支 $G = I_0(M)$ 和它在点 $p \in M$ 的迷向子群 K 构成一个黎曼对称对. 下面定理的证明过程将告诉我们: $\text{Ad}(K) \subset \text{GL}(\mathfrak{g})$ 的紧致性假定保证了在齐性空间 G/K 上 G-不变黎曼度量的存在性.

定理 3.2   设 (G, K, σ) 是黎曼对称对, $\pi : G \to G/K$ 是自然投影. 记 $p = \pi(e)$, 其中 e 是 G 的单位元素. 则在齐性空间 G/K 上存在 G-不变的黎曼度量, 并且对于每一个这样的黎曼度量 Q, $(G/K, Q)$ 是一个黎曼对称空间. 此时, 关于点 p 的中心对称 σ_0 满足

$$\sigma_0 \circ \pi = \pi \circ \sigma, \tag{3.15}$$

并且对于任意的 $g \in G$ 有

$$\tau(\sigma(g)) = \sigma_0 \circ \tau(g) \circ \sigma_0, \tag{3.16}$$

其中映射 $\tau(g) : G/K \to G/K$ 由 $[h] = hK \mapsto \tau(g)([h]) = [gh] = (gh)K$ ($\forall h \in G$) 确定.

证明   记 $M = G/K$, 设 G 和 K 的李代数分别是 $\mathfrak{g}$ 和 $\mathfrak{k}$. 由于 $\sigma : G \to G$ 是对合自同构, 并且 $K_0 \subset K \subset K_\sigma$, 所以 $\mathfrak{k}$ 同时是 K_0 和 K_σ 的李代数, 并且 $\sigma_{*e} : \mathfrak{g} \to \mathfrak{g}$ 也是对合自同构. 由 K_σ 的定义易知

$$\mathfrak{k} = \{X \in \mathfrak{g} : \sigma_{*e}(X) = X\}.$$

如果令 $\mathfrak{m} = \{X \in \mathfrak{g}; \sigma_{*e}(X) = -X\}$, 则有线性空间的直和分解 $\mathfrak{g} = \mathfrak{k} \oplus \mathfrak{m}$, 并且 $\mathfrak{k} = \ker \pi_{*e}$, $T_pM = \pi_{*e}(\mathfrak{m}) \cong \mathfrak{m}$.

首先断言: $\mathrm{Ad}(K)$ 在 $\mathfrak{g}$ 上的作用保持 $\mathfrak{m}$ 不变. 事实上, 根据伴随表示 Ad 的定义, 对于任意的 $k \in K$ 以及 $X \in \mathfrak{m}$ 有

$$\exp((\mathrm{Ad}\, k)(tX)) = k \cdot \exp(tX) \cdot k^{-1}.$$

所以

$$\begin{aligned}
&\sigma(\exp((\mathrm{Ad}\, k)(tX)))\\
&= \sigma(k) \cdot \sigma(\exp tX) \cdot (\sigma(k))^{-1}\\
&= k \cdot \exp(t\sigma_{*e}(X)) \cdot k^{-1} = k \cdot \exp(-tX) \cdot k^{-1}\\
&= \exp(-t(\mathrm{Ad}\, k)(X)).
\end{aligned}$$

对上式两边分别求 $\frac{\mathrm{d}}{\mathrm{d}t}|_{t=0}$ 得到

$$\sigma_{*e}((\mathrm{Ad}\, k)X) = -(\mathrm{Ad}\, k)X,$$

即 $(\mathrm{Ad}\, k)X \in \mathfrak{m}$.

由于 $\mathrm{Ad}(K)$ 是 $\mathrm{GL}(\mathfrak{g})$ 的紧致子群, 故在 $\mathfrak{m}$ 上存在 $\mathrm{Ad}(K)$-不变的正定内积 $B : \mathfrak{m} \times \mathfrak{m} \to \mathbb{R}$. 实际上, 因为 $\mathrm{Ad}(K)$ 是紧致的, 故在 $\mathrm{Ad}(K)$ 上存在双不变体积元素 Ω, 使得 $\int_{\mathrm{Ad}(K)} \Omega = 1$. 在 $\mathfrak{m}$ 上任意取定一个正定内积 $\langle \cdot, \cdot \rangle : \mathfrak{m} \times \mathfrak{m} \to \mathbb{R}$, 令

$$B(X, Y) = \int_{\tilde{k} \in \mathrm{Ad}(K)} \langle \tilde{k}(X), \tilde{k}(Y) \rangle \Omega, \tag{3.17}$$

则 B 是在 $\mathfrak{m}$ 上的 $\mathrm{Ad}\, K$-不变的正定内积 (参看参考文献 [12, §2.2]).

对于任意的 $g \in G$, 由 g 在 G/K 上的作用 $\tau(g) : G/K \to G/K$ 的定义可知

$$\tau(g)(\pi(h)) = \pi(g \cdot h), \quad \forall h \in G. \tag{3.18}$$

于是当 $g \in K$ 时,

$$\tau(g) \circ \pi = \pi \circ \mathrm{ad}(g),$$

其中 $(\mathrm{ad}\, g)h = ghg^{-1}$. 因此

$$(\tau(g))_{*p} \circ \pi_{*e} = \pi_{*e} \circ \mathrm{Ad}(g) : \mathfrak{g} \to T_p M. \qquad (3.19)$$

此外, 当 $g \in K$ 时, $\mathrm{Ad}(g)$ 保持 $\mathfrak{m}$ 不变. 把上式限制在 $\mathfrak{m}$ 上时得到

$$(\tau(g))_{*p} \circ \pi_{*e} = \pi_{*e} \circ \mathrm{Ad}(g) : \mathfrak{m} \to T_p M. \qquad (3.20)$$

因为 $\pi_{*e} : \mathfrak{m} \to T_p M$ 是线性同构, 我们能够在 $T_p M$ 上引入内积 $Q_p : T_p M \times T_p M \to \mathbb{R}$, 使得

$$Q_p(\pi_{*e}(X), \pi_{*e}(Y)) = B(X, Y). \qquad (3.21)$$

由于 B 是 $\mathrm{Ad}(K)$-不变的, (3.20) 式说明内积 Q_p 是 $\tau(K)$-不变的.

对于任意的 $q \in M$, 必有 $g \in G$ 使得 $q = \pi(g) = [g] = \tau(g)([e])$. 由此可见, 微分同胚 $\tau(g)$ 把点 p 映射到 $q = [g]$. 特别地有线性同构 $(\tau(g))_{*p} : T_p M \to T_q M$. 这样, 在 $T_q M$ 上可以定义内积 $Q_q : T_q M \times T_q M \to \mathbb{R}$, 使得

$$Q_q(\tau(g)_{*p}(X), \tau(g)_{*p}(Y)) = Q_p(X, Y), \quad \forall X, Y \in T_p M,$$

即

$$Q_{[g]} = (\tau(g^{-1}))^* Q_p. \qquad (3.22)$$

Q_p 的 $\tau(K)$-不变性保证了 Q_q 的定义与 $q = [g]$ 的代表元 g 的选取无关, 即 Q 是在 M 上定义好的黎曼度量. 从定义可知, 黎曼度量 Q 是 $\tau(G)$-不变的 (或称为 G-不变的). 实际上, 对于任意的 $q = [g] \in G/K$ 及 $h \in G$, 有 $\tau(h)(q) = [h \cdot g]$, 于是

$$\begin{aligned} (\tau(h))^* Q_{[h \cdot g]} &= (\tau(h))^* ((\tau(g^{-1}h^{-1}))^* Q_p) \\ &= (\tau(h))^* ((\tau(h^{-1}))^* \circ \tau(g^{-1})^* (Q_p)) \end{aligned}$$

$$=(\tau(g^{-1}))^* Q_p = Q_{[g]}.$$

现在假定 Q 是 M 上的任意一个 G-不变黎曼度量. 定义映射 $\sigma_0 : G/K \to G/K$ 为

$$\sigma_0([g]) = [\sigma(g)], \quad \forall [g] \in G/K, \tag{3.23}$$

则有 $\sigma_0([e]) = [e]$, 并且

$$\sigma_0 \circ \sigma_0([g]) = [\sigma \circ \sigma(g)] = [g], \quad \forall [g] \in G/K,$$

所以 σ_0 是以 $[e]$ 为不动点的对合光滑同胚. (3.23) 式表明

$$\sigma_0 \circ \pi = \pi \circ \sigma : G \to G/K. \tag{3.24}$$

由于 $\pi_{*e} : \mathfrak{m} \to T_p M$ 是线性同构, 对于任意的 $X \in T_p M$, 存在 $\tilde{X} \in \mathfrak{m}$ 使得 $\pi_{*e}(\tilde{X}) = X$. 因此

$$\begin{aligned} (\sigma_0)_{*p}(X) &= (\sigma_0)_{*p} \circ \pi_{*e}(\tilde{X}) = \pi_{*e} \circ \sigma_{*e}(\tilde{X}) \\ &= -\pi_{*e}(\tilde{X}) = -X, \end{aligned}$$

即有

$$(\sigma_0)_{*p} = -\mathrm{id} : T_p M \to T_p M, \tag{3.25}$$

所以 $p = [e]$ 是 σ_0 的孤立不动点.

现在需要证明 σ_0 是 (M, Q) 的等距变换. 设 $[g] \in M, X, Y \in T_{[g]} M$. 由 (3.24) 式可知

$$\begin{aligned} \sigma_0(\tau(g)[h]) &= \sigma_0([gh]) = [\sigma(gh)] = [\sigma(g) \cdot \sigma(h)] \\ &= \tau(\sigma(g))([\sigma(h)]) = \tau(\sigma(g))(\sigma_0([h])), \quad \forall [h] \in G/K. \end{aligned}$$

因此

$$\sigma_0 \circ \tau(g) = \tau(\sigma(g)) \circ \sigma_0, \quad \forall g \in G. \tag{3.26}$$

令

$$X_p = (\tau(g^{-1}))_{*[g]}(X), \quad Y_p = (\tau(g^{-1}))_{*[g]}(Y) \in T_p M,$$

则由 (3.26) 和 (3.25) 式, 以及 Q 的 G-不变性得到

$$
\begin{aligned}
(\sigma_0^* Q)_{[g]}&(X, Y) \\
&= Q_{[\sigma(g)]}((\sigma_0)_{*[g]}(X), (\sigma_0)_{*[g]}(Y)) \\
&= Q_{[\sigma(g)]}((\sigma_0)_{*[g]} \circ (\tau(g))_{*p}(X_p), (\sigma_0)_{*[g]} \circ (\tau(g))_{*p}(Y_p)) \\
&= Q_{[\sigma(g)]}((\tau(\sigma(g)) \circ \sigma_0)_{*p}(X_p), (\tau(\sigma(g)) \circ \sigma_0)_{*p}(Y_p)) \\
&= Q_{[\sigma(g)]}((\tau(\sigma(g)))_{*p}(X_p), (\tau(\sigma(g)))_{*p}(Y_p)) \\
&= Q_p(X_p, Y_p) = Q_{[g]}(X, Y).
\end{aligned}
$$

由于 $X, Y \in T_{[g]}M$ 的任意性, 故

$$(\sigma_0)^* Q_{\sigma_0([g])} = Q_{[g]}, \quad \forall [g] \in M, \tag{3.27}$$

即 σ_0 是等距变换. 根据定义, σ_0 是 M 关于点 p 的中心对称.

对于任意的 $q = [g] = \tau(g)(p)$, 定义

$$\sigma_q = \tau(g) \circ \sigma_0 \circ \tau(g^{-1}). \tag{3.28}$$

由于 $\tau(g), \tau(g^{-1})$ 都是 (M, Q) 上的等距变换, 所以 σ_q 也是 (M, Q) 上的等距变换. 容易验证, σ_q 是以点 q 为孤立不动点的中心对称. 因此, $(G/K, Q)$ 是黎曼对称空间. 定理得证.

注记 3.1 $\operatorname{Ad}(K) \subset \operatorname{GL}(\mathfrak{g})$ 的紧性保证了在 G/K 上 G-不变黎曼度量 Q 的存在性. 但是 G/K 关于点 p 的中心对称 σ_0 与 G-不变黎曼度量 Q 的选取无关.

由于 $\mathfrak{m}$ 是 $\operatorname{Ad}(K)$ 的不变子空间, 映射 $k \in K \mapsto (\operatorname{Ad}k)|_{\mathfrak{m}}$ 是 K 在 $\mathfrak{m}$ 上的一个表示, 称为 K 的迷向表示. 如果这是一个不可约表示, 即 $\mathfrak{m}$ 没有非平凡的 $\operatorname{Ad}(K)$-不变子空间, 则在 $\mathfrak{m}$ 上的 $\operatorname{Ad}K$-不变内积在最多可以相差一个常数因子的意义下被唯一确定. 但是, 如果 K 的迷

向表示 $\mathrm{Ad} : K \to \mathrm{GL}(\mathfrak{m})$ 是可约的，则在 $\mathfrak{m}$ 上有比较多的 $\mathrm{Ad}(K)$-不变内积.

注记 3.2 从定理 3.2 的证明过程可以看出，群 G 通过 $g \in G \mapsto \tau(g)$ 在 G/K 上的作用是等距的，即保持黎曼度量 Q 不变. 但是 G 在 G/K 上的这种作用未必是有效的. 因此，还不能认为 G 本身是 $(G/K, Q)$ 的等距变换群的子群. 为了克服这个困难，需要对 G 作一些修改. 令

$$N = \{g \in G : \tau(g) = \mathrm{id}_{G/K}\},$$

则 N 是 G 的正规子群. 可以证明：商群 G/N 可迁地作用在 G/K 上，而且这种作用是有效的. 事实上，对于任意的 $g \in G$，令

$$\beta(gN) = \tau(g) : G/K \to G/K,$$

则得到映射 $\beta : G/N \to I(G/K)$，其中 $I(G/K)$ 是黎曼对称空间 $(G/K, Q)$ 的等距变换群. 进而可以证明：β 是从 G/N 到 $I(G/K)$ 的一个闭子群的 (李群) 同构，从而 G/N 是 $I(G/N)$ 的等距变换群的子群. 证明的细节可参阅参考文献 [24, 第 211 页].

§9.4 黎曼对称空间的例子

在 §9.1 中已经知道，常曲率空间在每一点都有中心对称，因而是黎曼对称空间. 本节的目的是给出黎曼对称空间的更多例子. 另一方面，§9.3 揭示了构造黎曼对称空间的途径，本节则通过例子来说明 §9.3 的理论，进而使我们对于黎曼对称空间有更深入和广泛的了解.

例 4.1 每一个连通的紧致李群都是黎曼对称空间.

设 G 是连通的紧致李群. 在群的直积 $G \times G$ 中定义对合自同构 σ 为

$$\sigma(g_1, g_2) = (g_2, g_1), \quad \forall (g_1, g_2) \in G \times G, \tag{4.1}$$

则 $G \times G$ 在 σ 下的不动点子群是

$$K = \{(g,g);\ g \in G\}. \tag{4.2}$$

显然 K 与 G 同构, 因而 K 也是连通的紧致李群. 所以 $(G \times G, K, \sigma)$ 是黎曼对称对. 根据定理 3.2, 在 $(G \times G)/K$ 上存在 $(G \times G)$-不变黎曼度量 Q, 使得 $((G \times G)/K, Q)$ 成为黎曼对称空间. $(g_1, g_2) \in G \times G$ 的 K 左陪集 $(g_1, g_2) \cdot K$, 记为 $[g_1, g_2]$.

考虑映射 $\varphi : (G \times G)/K \to G$, 使得

$$\varphi((g_1, g_2)K) = g_1 g_2^{-1}, \quad \forall (g_1, g_2) \in G \times G. \tag{4.3}$$

该定义是完全确定的. 事实上, 如果 (h_1, h_2) 是左陪集 $(g_1, g_2)K$ 的另一个代表元, 则有

$$(g_1, g_2)^{-1} \cdot (h_1, h_2) = (g_1^{-1} h_1, g_2^{-1} h_2) \in K,$$

即 $g_1^{-1} h_1 = g_2^{-1} h_2$. 于是 $g_1 g_2^{-1} = h_1 h_2^{-1}$.

接着还要说明 $\varphi : (G \times G)/K \to G$ 是一一对应. 首先, 对于任意的 $g \in G$, 显然有 $\varphi((g, e)K) = g$, 所以 φ 是满射; 其次, 设 $(g_1, g_2), (h_1, h_2) \in G \times G$, 如果 $\varphi((g_1, g_2)K) = \varphi((h_1, h_2)K)$, 即 $g_1 g_2^{-1} = h_1 h_2^{-1}$, 则 $g_1^{-1} h_1 = g_2^{-1} h_2$. 于是

$$(g_1^{-1}, g_2^{-1}) \cdot (h_1, h_2) = (g_1^{-1} h_1, g_2^{-1} h_2) \in K.$$

所以 $(g_1, g_2)K = (h_1, h_2)K$. 因此, φ 是单射.

此外, φ 及其逆映射 φ^{-1} 显然是光滑的. 所以, φ 是从 $(G \times G)/K$ 到 G 上的光滑同胚, 因而映射 φ^{-1} 在 G 上诱导出黎曼度量 $Q_1 = (\varphi^{-1})^* Q$, 使得 (G, Q_1) 成为黎曼对称空间.

下面进一步讨论 G 上的黎曼度量 Q_1 和中心对称.

李群 $G \times G$ 的元素 (g_1, g_2) 在黎曼对称空间 $(G \times G)/K$ 上的作用是 $\tau(g_1, g_2)$, 其定义为

$$\tau(g_1, g_2)((h_1, h_2)K) = (g_1, g_2) \cdot (h_1, h_2)K = (g_1 h_1, g_2 h_2)K.$$

于是 $(g_1, g_2) \in G \times G$ 在 G 上的作用为

$$\varphi \circ \tau(g_1, g_2) \circ \varphi^{-1}(h) = \varphi \circ \tau(g_1, g_2)((h, e)K)$$
$$= \varphi((g_1 h, g_2)K) = g_1 h g_2^{-1} = L_{g_1} \circ R_{g_2^{-1}}(h), \quad \forall h \in G,$$

其中 L_{g_1} 和 $R_{g_2^{-1}}$ 分别是 G 上的左移动和右移动. 所以

$$\varphi \circ \tau(g_1, g_2) \circ \varphi^{-1} = L_{g_1} \circ R_{g_2^{-1}}. \tag{4.4}$$

由此可见, 在 $(G \times G)/K$ 上的 $G \times G$-不变黎曼度量 Q 通过映射 φ^{-1} 诱导到 G 上的黎曼度量 Q_1 是双不变黎曼度量, 即在 G 的左移动和右移动下都保持不变的黎曼度量.

设 $(G \times G)/K$ 关于 $O = [e, e] = (e, e)K$ 的中心对称为 $\sigma_0 : (G \times G)/K \to (G \times G)/K$, 根据 (3.15) 式其定义是

$$\sigma_0([g_1, g_2]) = [g_2, g_1]. \tag{4.5}$$

因而 G 关于 e 的中心对称是

$$\tilde{\sigma}_0 = \varphi \circ \sigma_0 \circ \varphi^{-1}.$$

所以

$$\tilde{\sigma}_0(g) = \varphi \circ \sigma_0([g, e]) = \varphi([e, g]) = g^{-1}. \tag{4.6}$$

设 h 是 G 中任意一点, 则 $(G \times G)/K$ 关于 $[h, e]$ 的中心对称是

$$\sigma_{[h,e]} = \tau(h, e) \circ \sigma_0 \circ \tau(h^{-1}, e). \tag{4.7}$$

于是 G 关于 h 的中心对称是

$$\tilde{\sigma}_h = \varphi \circ \sigma_{[h,e]} \circ \varphi^{-1}.$$

将它作用在 $g \in G$ 上得到

$$\tilde{\sigma}_h(g) = \varphi \circ \sigma_{[h,e]}([g, e])$$

$$=\varphi \circ \tau(h,e) \circ \sigma_0 \circ \tau(h^{-1},e)([g,e])$$

$$=\varphi \circ \tau(h,e)([e,h^{-1}g])$$

$$=\varphi([h,h^{-1}g]) = hg^{-1}h. \tag{4.8}$$

下面考虑对应的李代数的分解. 设 $\mathfrak{g}$ 是 G 的李代数, 则 $G \times G$ 的李代数是 $\mathfrak{g}$ 和 $\mathfrak{g}$ 的直积 $\mathfrak{g} \times \mathfrak{g}$, 其中的李代数乘法为

$$[(X_1,Y_1),(X_2,Y_2)] = ([X_1,X_2],[Y_1,Y_2]),$$

$$\forall (X_1,Y_1),(X_2,Y_2) \in \mathfrak{g} \times \mathfrak{g}.$$

令

$$\mathfrak{g}_1 = \{(X,0);\ X \in \mathfrak{g}\}, \quad \mathfrak{g}_2 = \{(0,Y);\ Y \in \mathfrak{g}\},$$

则 $\mathfrak{g} \times \mathfrak{g} = \mathfrak{g}_1 \oplus \mathfrak{g}_2$. $G \times G$ 的对合自同构 σ 诱导出李代数 $\mathfrak{g} \times \mathfrak{g}$ 上的对合自同构 $\sigma_* : \mathfrak{g} \times \mathfrak{g} \to \mathfrak{g} \times \mathfrak{g}$, 使得

$$\sigma_*(X,Y) = (Y,X), \quad \forall X,Y \in \mathfrak{g}.$$

于是 $G \times G$ 在 σ 下的不动点子群 K 的李代数是

$$\mathfrak{k} = \{(X,X);\ X \in \mathfrak{g}\}. \tag{4.9}$$

令

$$\mathfrak{m} = \{(X,Y) \in \mathfrak{g} \times \mathfrak{g};\ \sigma_*(X,Y) = -(Y,X)\}$$

$$= \{(X,-X);\ X \in \mathfrak{g}\}, \tag{4.10}$$

则有线性空间的直和分解:

$$\mathfrak{g} \times \mathfrak{g} = \mathfrak{k} \oplus \mathfrak{m}.$$

最后, 我们来比较 G 作为李群的指数映射与 G 作为黎曼对称空间的指数映射. 设 $\exp : \mathfrak{g} \to G$ 是李群 G 的指数映射, $\widetilde{\exp} : \mathfrak{g} \times \mathfrak{g} \to G \times G$ 是李群 $G \times G$ 的指数映射, 则有

$$\widetilde{\exp}(X,Y) = (\exp X, \exp Y), \quad \forall (X,Y) \in \mathfrak{g} \times \mathfrak{g}. \tag{4.11}$$

用 $\mathrm{Exp}_e : T_eG \to G$ 表示 G 作为黎曼对称空间在 e 点处的指数映射.

根据定理 3.1, 自然投影 $\pi : G \times G \to M = (G \times G)/K$ 的切映射给出了线性同构

$$\pi_{*(e,e)}|_{\mathfrak{m}} : \mathfrak{m} \to T_{[e,e]}M.$$

另外, 前面引入的映射 $\varphi : M = (G \times G)/K \to G$ 给出了线性同构

$$\varphi_{*[e,e]} : T_{[e,e]}M \to T_eG.$$

于是得到新的线性同构

$$\varphi_{*[e,e]} \circ \pi_{*(e,e)}|_{\mathfrak{m}} : \mathfrak{m} \to T_eG.$$

任取 $X \in T_eG$, 则有

$$
\begin{aligned}
(\varphi \circ \pi)_{*(e,e)}&|_{\mathfrak{m}}(X, -X) \\
&= \frac{\mathrm{d}}{\mathrm{d}t}\varphi \circ \pi(\exp(tX), \exp(-tX))\Big|_{t=0} \\
&= \frac{\mathrm{d}}{\mathrm{d}t}\varphi((\exp(tX), \exp(-tX)) \cdot K)\Big|_{t=0} \\
&= \frac{\mathrm{d}}{\mathrm{d}t}\left(\exp(tX) \cdot (\exp(-tX))^{-1}\right)\Big|_{t=0} \\
&= \frac{\mathrm{d}}{\mathrm{d}t}(\exp(tX))^2\Big|_{t=0} = 2X.
\end{aligned}
\tag{4.12}
$$

因此, $\mathfrak{m}$ 和 T_eG 之间的对应关系是 $(X, -X) \mapsto 2X$.

任取 $X \in \mathfrak{g} = T_eG$, 在 G 中从单位元 e 出发、以 X 为初始切向量的测地线是 $\gamma(t) = \mathrm{Exp}_e(tX)$. 另一方面, 在 $\mathfrak{m}$ 中与 X 对应的元素是 $\left(\frac{1}{2}X, -\frac{1}{2}X\right)$. 根据定理 3.1 的 (5) 知, 在 M 上从点 $[e,e]$ 出发、以 $\pi_{*(e,e)}\left(\frac{1}{2}X, -\frac{1}{2}X\right)$ 为初始切向量的测地线是

$$\tilde{\gamma}(t) = \widetilde{\exp}\left(\frac{t}{2}X, -\frac{t}{2}X\right) \cdot [e,e] = \left[\exp\left(\frac{t}{2}X\right), \exp\left(-\frac{t}{2}X\right)\right].$$

齐性空间 $(G \times G)/K$ 和 G 通过映射 φ 是等同的；同时，G 上的黎曼度量也是通过 φ 从黎曼对称空间 $(G \times G)/K$ 诱导的，因此 $\varphi \circ \tilde{\gamma}(t)$ 是 G 上的测地线. 注意到

$$\varphi \circ \tilde{\gamma}(0) = e = \gamma(0), \quad \varphi_{*[e,e]}(\tilde{\gamma}'(0)) = X = \gamma'(0),$$

故由测地线的唯一性得到 $\varphi \circ \tilde{\gamma}(t) = \gamma(t)$，即

$$\exp(tX) = \operatorname{Exp}_e(tX). \tag{4.13}$$

因此，$\operatorname{Exp}_e = \exp : \mathfrak{g} \to G$. 这就是说，在具有双不变黎曼度量的连通紧致李群 G 上，单参数子群是测地线，而且 G 上的测地线是单参数子群的左移动或右移动. 如果 X, Y 是 G 上的左不变切向量场，则 $X + Y$ 也是 G 上的左不变切向量场，它的积分曲线必定是 G 的一个单参数子群的左移动，即它的积分曲线是测地线. 因此 $D_{X+Y}(X + Y) = 0$. 利用 $D_X X = D_Y Y = 0$，以及黎曼联络的无挠性条件不难得到

$$D_X Y = \frac{1}{2}[X, Y]. \tag{4.14}$$

以上这些结果在第二章习题的第 18 题中就已经知道了，现在从另一个角度重新得到证明.

例 4.2　n 维单位球面 S^n.

根据定义，$n+1$ 阶特殊正交群 $\operatorname{SO}(n+1)$ 是由行列式为 1 的 $n+1$ 阶正交矩阵构成的群，它是连通的紧致李群. 令

$$s = \begin{pmatrix} I_n & 0 \\ 0 & -1 \end{pmatrix}, \tag{4.15}$$

其中 I_n 是 n 阶单位矩阵. 则 $s^2 = I_{n+1}$，即 $s^{-1} = s$. 定义 $\sigma : \operatorname{SO}(n+1) \to \operatorname{SO}(n+1)$，使得

$$\sigma(A) = sAs, \quad \forall A \in \operatorname{SO}(n+1), \tag{4.16}$$

则 σ 是 $\mathrm{SO}(n+1)$ 的对合自同构. 设 $A \in \mathrm{SO}(n+1)$ 满足 $\sigma(A) = A$, 即 $sA = As$, 则 A 必定可以写成

$$A = \begin{pmatrix} B & 0 \\ 0 & \det B \end{pmatrix}, \quad B \in \mathrm{O}(n),$$

其中 $\mathrm{O}(n)$ 是 n 阶正交群. 由此可见, $\mathrm{SO}(n+1)$ 在对合自同构 σ 下的不动点子群是

$$K_\sigma = \left\{ \begin{pmatrix} B & 0 \\ 0 & \det B \end{pmatrix}; \ B \in \mathrm{O}(n) \right\} \cong \mathrm{O}(n), \tag{4.17}$$

它是 $\mathrm{SO}(n+1)$ 的闭子群, 因而也是 $\mathrm{SO}(n+1)$ 的紧致子群. K_σ 的单位元连通分支是

$$K_0 = \left\{ \begin{pmatrix} B & 0 \\ 0 & 1 \end{pmatrix}; \ B \in \mathrm{SO}(n) \right\} \cong \mathrm{SO}(n). \tag{4.18}$$

于是根据定理 3.2, $\mathrm{SO}(n+1)/\mathrm{O}(n)$ 和 $\mathrm{SO}(n+1)/\mathrm{SO}(n)$ 都是黎曼对称空间.

众所周知, $\mathrm{SO}(n+1)$ 的李代数是

$$\mathfrak{so}(n+1) = \left\{ \begin{pmatrix} X & \xi \\ -\xi^t & 0 \end{pmatrix}; \ \xi \in \mathbb{R}^n, X^t = -X \right\},$$

K_0 的李代数是

$$\mathfrak{k} = \left\{ \begin{pmatrix} X & 0 \\ 0 & 0 \end{pmatrix}; \ X^t = -X \right\} \cong \mathfrak{so}(n). \tag{4.19}$$

σ_{*e} 在 $\mathfrak{so}(n+1)$ 上的作用是

$$\sigma_{*e}(\tilde{X}) = s\tilde{X}s, \quad \forall \tilde{X} \in \mathfrak{so}(n+1).$$

因此

$$\mathfrak{m} = \{\tilde{X} \in \mathfrak{so}(n+1); \ \sigma_{*e}(\tilde{X}) = -\tilde{X}\}$$

$$= \left\{ \begin{pmatrix} 0 & \xi \\ -\xi^{\mathrm{t}} & 0 \end{pmatrix}; \xi \in \mathbb{R}^n \right\} \cong \mathbb{R}^n. \tag{4.20}$$

所以

$$\dim(\mathrm{SO}(n+1)/\mathrm{O}(n)) = \dim(\mathrm{SO}(n+1)/\mathrm{SO}(n)) = n.$$

下面考察 $\mathrm{SO}(n+1)/\mathrm{SO}(n)$ 的几何意义. 设 $A \in \mathrm{SO}(n+1)$, 把 A 的每一列看作 $\mathbb{R}^{n+1}$ 中的一个向量, 则 A 等同于在 $\mathbb{R}^{n+1}$ 中的一个单位正交基底: $A = (a_1, \cdots, a_{n+1})$. 此时, 左陪集 $[A] = A \cdot K_0$ 就是 $\mathbb{R}^{n+1}$ 中一族单位正交基底的集合:

$$\begin{aligned} [A] &= \{(\tilde{a}_1, \cdots, \tilde{a}_{n+1}) \in \mathrm{SO}(n+1); \tilde{a}_{n+1} = a_{n+1}\} \\ &= \left\{ A \cdot \begin{pmatrix} B & 0 \\ 0 & 1 \end{pmatrix}; B \in \mathrm{SO}(n) \right\}. \end{aligned}$$

因此, $[A]$ 是在 $\mathbb{R}^{n+1}$ 中第 $n+1$ 个向量 $\tilde{a}_{n+1} = a_{n+1}$ 是固定的、并且其定向与 $\{a_1, \cdots, a_{n+1}\}$ 一致的单位正交基底 $(\tilde{a}_1, \cdots, \tilde{a}_{n+1})$ 的全体构成的集合. 于是可定义映射 $\varphi : \mathrm{SO}(n+1)/\mathrm{SO}(n) \to S^n \subset \mathbb{R}^{n+1}$, 使得

$$\varphi([A]) = a_{n+1}. \tag{4.21}$$

显然, 这样定义的 φ 是一个光滑同胚.

设 $B \in \mathrm{SO}(n+1)$, 则 B 在 $\mathrm{SO}(n+1)/\mathrm{SO}(n)$ 上的作用 $\tau(B)$ 定义为

$$\tau(B)([A]) = [BA] = (BA)K_0. \tag{4.22}$$

用 $\tilde{\tau}(B)$ 表示 B 通过映射 φ 在 S^n 上的诱导作用, 即有

$$\tilde{\tau}(B) = \varphi \circ \tau(B) \circ \varphi^{-1}, \tag{4.23}$$

则对于任意的 $a_{n+1} \in S^n$,

$$\tilde{\tau}(B)(a_{n+1}) = B \cdot a_{n+1}, \tag{4.24}$$

其中右端是矩阵 B 与列向量 a_{n+1} 的矩阵乘积. 特别地, 映射 φ 还可以表示为

$$\varphi([A]) = A \cdot \delta_{n+1} = (\tilde{\tau}(A))(\delta_{n+1}), \qquad (4.25)$$

这里的 δ_{n+1} 表示列向量 $(0, \cdots, 0, 1)^t$.

设 σ_0 是 $\mathrm{SO}(n+1)/\mathrm{SO}(n)$ 关于 $[e] = K_0$ 的中心对称, 则 S^n 关于点 δ_{n+1} 的中心对称是 $\tilde{\sigma}_0 = \varphi \circ \sigma_0 \circ \varphi^{-1}$. 易知, σ_0 的具体表达式为

$$\sigma_0(AK_0) = \sigma(A)K_0 = (sAs)K_0,$$

其中

$$
sAs = s \begin{pmatrix}
a_{11} & \cdots & a_{1n} & a_{1\,n+1} \\
\vdots & & \vdots & \vdots \\
a_{n1} & \cdots & a_{nn} & a_{n\,n+1} \\
a_{n+1\,1} & \cdots & a_{n+1\,n} & a_{n+1\,n+1}
\end{pmatrix} s
$$

$$
= \begin{pmatrix}
a_{11} & \cdots & a_{1n} & -a_{1\,n+1} \\
\vdots & & \vdots & \vdots \\
a_{n1} & \cdots & a_{nn} & -a_{n\,n+1} \\
-a_{n+1\,1} & \cdots & -a_{n+1\,n} & a_{n+1\,n+1}
\end{pmatrix}.
$$

由此可以得到 $\tilde{\sigma}_0$ 的表达式为

$$
\tilde{\sigma}_0 \begin{pmatrix} x^1 \\ \vdots \\ x^n \\ x^{n+1} \end{pmatrix} = \begin{pmatrix} -x^1 \\ \vdots \\ -x^n \\ x^{n+1} \end{pmatrix}, \quad \forall \begin{pmatrix} x^1 \\ \vdots \\ x^n \\ x^{n+1} \end{pmatrix} \in S^n. \qquad (4.26)
$$

现在来求 S^n 关于任意一点 $X = (x^1, \cdots, x^n, x^{n+1})^t \in S^n$ 的中心对称 $\tilde{\sigma}_X$. 根据 (4.25) 式, 设有 $A \in \mathrm{SO}(n+1)$ 使得 $X = (\tilde{\tau}(A))(\delta_{n+1})$, 即 A 的最后一列元素所成的向量 $a_{n+1} = X$. 那么 S^n 关于点 X 的中心对称为

$$\tilde{\sigma}_X = \tilde{\tau}(A) \circ \tilde{\sigma}_0 \circ \tilde{\tau}(A^{-1}).$$

设 $Y \in S^n$, 则由 (4.24) 式可知

$$\tilde{\sigma}_X(Y) = -(AsA^{-1})Y = -AsA^tY. \tag{4.27}$$

设 A 的第 i 行、第 j 列元素为 a_{ij}, 则 AsA^t 的第 i 行、第 j 列元素为

$$
\begin{aligned}
(AsA^t)_{ij} &= \sum_{k=1}^n a_{ik}a_{jk} - a_{i\,n+1}a_{j\,n+1} \\
&= \delta_{ij} - 2a_{i\,n+1}a_{j\,n+1} = \delta_{ij} - 2x^i x^j.
\end{aligned} \tag{4.28}
$$

由此可得

$$
\tilde{\sigma}_X(Y) =
\begin{pmatrix}
2x^1 x^1 - 1 & 2x^1 x^2 & \cdots & 2x^1 x^{n+1} \\
2x^2 x^1 & 2x^2 x^2 - 1 & \cdots & 2x^2 x^{n+1} \\
\vdots & \vdots & & \vdots \\
2x^{n+1} x^1 & 2x^{n+1} x^2 & \cdots & 2x^{n+1} x^{n+1} - 1
\end{pmatrix} Y
$$

$$= (2XX^t - I_{n+1})Y. \tag{4.29}$$

现在考察 $SO(n+1)/SO(n)$ 和 S^n 上的黎曼度量. 已知 $\mathfrak{m}$ 和 $\mathbb{R}^n$ 是线性同构的. 对于任意的 $\xi, \eta \in \mathbb{R}^n$, 令

$$
A = \begin{pmatrix} 0 & \xi \\ -\xi^t & 0 \end{pmatrix}, \quad B = \begin{pmatrix} 0 & \eta \\ -\eta^t & 0 \end{pmatrix} \in \mathfrak{m}, \tag{4.30}
$$

则有

$$
AB = \begin{pmatrix} -\xi\eta^t & 0 \\ 0 & -\xi^t\eta \end{pmatrix}.
$$

因此

$$-\frac{1}{2}\operatorname{tr}(AB) = \xi^t\eta = \langle \xi, \eta \rangle, \tag{4.31}$$

其中 $\langle \cdot, \cdot \rangle$ 表示 $\mathbb{R}^n$ 中的标准内积. 显然, $-\dfrac{1}{2}\operatorname{tr}(AB)$ 是在 $\mathfrak{m}$ 上的 $\mathrm{Ad}(K_0)$-不变内积, 因而它在 $SO(n+1)/SO(n)$ 上诱导出一个 $SO(n+1)$-不变黎曼度量. 此外, 利用

$$\varphi(\exp(tA) \cdot K_0) = \exp(tA)\delta_{n+1}, \quad \forall A \in \mathfrak{m},$$

并把 $T_{\delta_{n+1}} S^n$ 等同于 $\mathbb{R}^n$, 可以得到

$$\varphi_{*[e]} \circ \pi_{*e}(A) = A\delta_{n+1} = \xi. \tag{4.32}$$

由 (4.31) 式, $\varphi_{*[e]} \circ \pi_{*e} : \mathfrak{m} \to T_{\delta_{n+1}} S^n = \mathbb{R}^n$ 是等距线性同构. 因此 $\varphi : \mathrm{SO}(n+1)/\mathrm{SO}(n) \to S^n$ 是等距, 其中 S^n 具有从 $\mathbb{R}^{n+1}$ 的诱导度量.

除了黎曼对称空间 $\mathrm{SO}(n+1)/\mathrm{SO}(n)$ 外, 还可以考虑黎曼对称空间 $\mathrm{SO}(n+1)/\mathrm{O}(n)$. 这个空间恰好是 n 维实射影空间 $\mathbb{R}P^n$, 它可以看作是把 S^n 上的对径点粘合起来所得到的空间. 细节不在此讨论了, 请读者仿照 $\mathrm{SO}(n+1)/\mathrm{SO}(n)$ 的情形自己完成.

例 4.3 n 维双曲空间 $H^n(1)$.

同例 4.2, 先设

$$s = \begin{pmatrix} I_n & 0 \\ 0 & -1 \end{pmatrix}. \tag{4.33}$$

再令

$$\mathrm{O}(n+1, 1) = \{A \in \mathrm{GL}(n+1, \mathbb{R}); \ A^t s A = s\}. \tag{4.34}$$

$\mathbb{R}^{n+1}$ 中的 Lorentz 内积由下式定义: $\forall X = (x^1, \cdots, x^{n+1})^t$, $Y = (y^1, \cdots, y^{n+1})^t \in \mathbb{R}^{n+1}$, 有

$$\langle X, Y \rangle_1 = \sum_{i=1}^n x^i y^i - x^{n+1} y^{n+1} = X^t s Y.$$

不难知道, $\mathrm{O}(n+1, 1)$ 恰好是 $\mathbb{R}^{n+1}$ 上保持 Lorentz 内积 $\langle \cdot, \cdot \rangle_1$ 不变的线性变换构成的群, 通常称为 **Lorentz 群**.

设 $A = (a_{ij}) \in \mathrm{O}(n+1, 1)$, 则从 A 所满足的条件 $A^t s A = s$ 得到 $(\det A)^2 = 1$, 因而 $\det A = \pm 1$. 另外, 比较等式 $A^t s A = s$ 两端在右下角的元素可得

$$\sum_{i=1}^n (a_{i\,n+1})^2 - (a_{n+1\,n+1})^2 = -1.$$

所以

$$(a_{n+1\,n+1})^2 = 1 + \sum_{i=1}^{n}(a_{i\,n+1})^2 \geq 1. \tag{4.35}$$

于是, 或者 $a_{n+1\,n+1} \geq 1$, 或者 $a_{n+1\,n+1} \leq -1$. 这样, Lorentz 群 $O(n+1,1)$ 有 4 个连通分支, 其中包含单位元的连通分支是

$$G = \{A \in O(n+1,1);\ \det A = 1, a_{n+1\,n+1} \geq 1\}. \tag{4.36}$$

G 自然是一个连通李群, 它在 Lorentz 空间 $\mathbb{R}_1^{n+1} = (\mathbb{R}^{n+1}, \langle \cdot, \cdot \rangle_1)$ 上的作用保持超曲面

$$H^n(1) = \{X = (x^1, \cdots, x^{n+1})^t \in \mathbb{R}^{n+1};\ \langle X, X \rangle_1 = -1, x^{n+1} > 0\} \tag{4.37}$$

不变. Lorentz 内积 $\langle \cdot, \cdot \rangle_1$ 在 $H^n(1)$ 上诱导了一个正定的黎曼度量 g, 相应的黎曼流形 $H^n(1) = (H^n(1), g)$ 就是所谓的 n 维双曲空间 (参看第二章的例 2.3). 定义映射 $\sigma : G \to G$, 使得

$$\sigma(A) = sAs, \quad \forall A \in G,$$

则 σ 是 G 上的对合自同构. 利用 Lorentz 群的定义得知

$$\sigma(A) = sAs = (A^t)^{-1} \cdot (A^t sA) \cdot s = (A^t)^{-1},$$

即 σ 在 G 上的作用是把 A 映射为它的转置逆矩阵. 因此, G 在 σ 下的不动点子群是

$$K_\sigma = \{A \in G;\ \sigma(A) = A\} = G \cap O(n+1). \tag{4.38}$$

于是, $A \in K_\sigma$ 当且仅当 A 满足下列条件

$$sA = As, \quad A^{-1} = A^t, \quad \det A = 1, \quad a_{n+1\,n+1} \geq 1.$$

由此得到

$$A = \begin{pmatrix} B & 0 \\ 0 & 1 \end{pmatrix},$$

其中 $B \in \mathrm{SO}(n)$. 因此 K_σ 与 $\mathrm{SO}(n)$ 同构, 从而 K_σ 也是紧致的连通李群. 可见 (G, K_σ, σ) 是一个黎曼对称对, G/K_σ 是一个黎曼对称空间.

设

$$\delta_i = (0, \cdots, 0, \overset{(i)}{1}, 0, \cdots, 0)^t, \quad 1 \le i \le n+1,$$

则 $\{\delta_i\}$ 是在 $\mathbb{R}_1^{n+1}$ 中的一个单位正交基底. 李群 G 中的元素 A 被看作 $n+1$ 个列向量 $(a_1, \cdots, a_{n+1})$, 它们构成 $\mathbb{R}_1^{n+1}$ 的一个单位正交基底 $\{a_i\}$, 并且 $\{a_i\}$ 与 $\{\delta_i\}$ 有相同的定向; 同时, a_{n+1} 和 δ_{n+1} 一样, 都是 "指向未来" 的类时向量 (如果向量 $v \in \mathbb{R}_1^{n+1}$ 满足 $\langle v, v \rangle_1 < 0$, 则称它为 **类时向量**; 如果类时向量 $v \in \mathbb{R}_1^{n+1}$ 的最后一个分量大于 0, 则称它是 **指向未来的**). 因此, G 可以等同于 Lorentz 向量空间 $\mathbb{R}_1^{n+1}$ 中全体定向与 $\{\delta_i\}$ 一致、其最后一个向量是指向未来的类时向量的单位正交基底 $\{a_i\}$ 的集合. 在这个意义下, 左陪集 $[A] = AK_\sigma$ 是该集合中最后一个向量相同且等于 a_{n+1} 的单位正交基底构成的子集合; 在该子集中, 任意两个单位正交基底的前 n 个向量之间只差一个保持定向的正交变换. 于是我们可以定义映射

$$\varphi : G/K_\sigma \to H^n(1),$$

使得

$$\varphi(AK_\sigma) = a_{n+1} = A\delta_{n+1} \in H^n(1), \tag{4.39}$$

很明显, φ 是从 G/K_σ 到 $H^n(1)$ 的光滑同胚.

与例 4.2 类似, 可以具体地构造出 G/K_σ 上的 G-不变黎曼度量, 使得 φ 是从黎曼对称空间 G/K_σ 到双曲空间 $H^n(1)$ 的光滑等距. 同时, 也可以把 $H^n(1)$ 关于任意一点 $X \in H^n(1)$ 的中心对称用矩阵表示出来. 细节留给读者作为练习.

例 4.4 Grassmann 流形 $\mathrm{Gr}(p+q, p)$.

在这里, Grassmann 流形 $\mathrm{Gr}(p+q, p)$ 是指 $\mathbb{R}^{p+q}$ 中全体有向的 p 维子空间所构成的光滑流形.

设 $G = \mathrm{SO}(p + q)$，令

$$\varepsilon_{p,q} = \begin{pmatrix} I_p & 0 \\ 0 & -I_q \end{pmatrix}, \tag{4.40}$$

则显然有 $\varepsilon_{p,q} \cdot \varepsilon_{p,q} = I_{p+q}$. 定义映射 $\sigma : G \to G$ 如下：

$$\sigma(A) = \varepsilon_{p,q} A \varepsilon_{p,q}, \quad \forall A \in G, \tag{4.41}$$

则 σ 是 G 的一个对合自同构.

为了求得 G 在 σ 下的不动点子群，将 $A \in G$ 写成分块矩阵

$$A = \begin{pmatrix} A_{11} & A_{12} \\ A_{21} & A_{22} \end{pmatrix},$$

其中 A_{11} 和 A_{22} 分别是 p 阶和 q 阶方阵. 于是有

$$\sigma(A) = \varepsilon_{p,q} A \varepsilon_{p,q} = \begin{pmatrix} A_{11} & -A_{12} \\ -A_{21} & A_{22} \end{pmatrix}.$$

因此，$\sigma(A) = A$ 当且仅当 A_{12} 和 A_{21} 都是零矩阵. 所以

$$K_\sigma = \left\{ \begin{pmatrix} A_1 & 0 \\ 0 & A_2 \end{pmatrix}; \ A_1 \in \mathrm{O}(p), A_2 \in \mathrm{O}(q), \det A_1 \cdot \det A_2 = 1 \right\}. \tag{4.42}$$

显然 K_σ 是 $\mathrm{SO}(p + q)$ 的紧致子群，它有两个连通分支，其中包含单位元的连通分支是

$$K_0 = \left\{ \begin{pmatrix} A_1 & 0 \\ 0 & A_2 \end{pmatrix}; \ A_1 \in \mathrm{SO}(p), A_2 \in \mathrm{SO}(q) \right\} \cong \mathrm{SO}(p) \times \mathrm{SO}(q). \tag{4.43}$$

由此可见 K_0 是 $\mathrm{SO}(p + q)$ 的紧致子群. 因此，$(\mathrm{SO}(p + q), K_0, \sigma)$ 和 $(\mathrm{SO}(p + q), K_\sigma, \sigma)$ 都是黎曼对称对，相应的黎曼对称空间是 $\mathrm{SO}(p + q)/K_0$ 和 $\mathrm{SO}(p + q)/K_\sigma$.

下面建立黎曼对称空间 $\mathrm{SO}(p + q)/K_0$ 的几何模型. 任意的 $A \in \mathrm{SO}(p + q)$ 都可以看作在 $\mathbb{R}^{p+q}$ 中与标准基底 $\{\delta_i\}$ 具有相同定向的

单位正交基底 $\{a_1, \cdots, a_{p+q}\}$, 所以左陪集 $[A] = AK_0$ 中的元素是在 $\mathbb{R}^{p+q}$ 中与 $\{\delta_i\}$ 定向相符的单位正交基底 $\{b_i\}$, 其中 $\{b_1, \cdots, b_p\}$ 与 $\{a_1, \cdots, a_p\}$ 只差一个保定向的正交变换; $\{b_{p+1}, \cdots, b_{p+q}\}$ 与 $\{a_{p+1}, \cdots, a_{p+q}\}$ 只差一个保定向的正交变换. 因此, 可以定义两个映射:

$$\varphi_1 : \mathrm{SO}(p+q)/K_0 \to \mathrm{Gr}(p+q, p),$$
$$\varphi_2 : \mathrm{SO}(p+q)/K_0 \to \mathrm{Gr}(p+q, q),$$

使得

$$\varphi_1([A]) = \mathrm{Span}^+ \{a_1, \cdots, a_p\},$$
$$\varphi_2([A]) = \mathrm{Span}^+ \{a_{p+1}, \cdots, a_{p+q}\}, \tag{4.44}$$

其中 Span^+ 表示所张成的子空间是有向子空间.

注意到 $\mathrm{SO}(p+q)$ 在 $\mathrm{Gr}(p+q, p)$ 和 $\mathrm{Gr}(p+q, q)$ 上分别有可迁的作用, 它在固定点 $\varphi_1([I_{p+q}])$ 和 $\varphi_2([I_{p+q}])$ 的迷向子群是 K_0, 因此 φ_1, φ_2 都是光滑同胚. 特别地, $\mathrm{Gr}(p+q, p)$ 和 $\mathrm{Gr}(p+q, q)$ 是光滑同胚的.

现在考察 $\mathrm{Gr}(p+q, p)$ 上的中心对称. 设

$$\pi : \mathrm{SO}(p+q) \to \mathrm{SO}(p+q)/K_0$$

是自然投影, $O = \pi(e) = K_0$, $\tilde{O} = \varphi_1(O) = \mathrm{Span}^+\{\delta_1, \cdots, \delta_p\}$. 对称空间 $\mathrm{SO}(p+q)/K_0$ 关于点 O 的中心对称是

$$\sigma_0(\pi(A)) = \pi(\sigma(A)) = [\varepsilon_{p,q} A \varepsilon_{p,q}] = (\varepsilon_{p,q} A \varepsilon_{p,q}) K_0;$$

$\mathrm{Gr}(p+q, p)$ 关于 $\tilde{O}$ 的中心对称是

$$\tilde{\sigma}_0 = \varphi_1 \circ \sigma_0 \circ \varphi_1^{-1}.$$

若设 $X = \mathrm{Span}^+\{a_1, \cdots, a_p\} = \varphi_1([A])$, $A \in \mathrm{SO}(p+q)$, 则

$$\tilde{\sigma}_0(X) = \varphi_1([\varepsilon_{p,q} A \varepsilon_{p,q}]) = \mathrm{Span}^+\{\tilde{a}_1, \cdots, \tilde{a}_p\}, \tag{4.45}$$

其中

$$(\tilde{a}_1,\cdots,\tilde{a}_p) = \varepsilon_{p,q}(a_1,\cdots,a_p), \tag{4.46}$$

即

$$\begin{pmatrix} \tilde{a}_{11} & \cdots & \tilde{a}_{1p} \\ \vdots & & \vdots \\ \tilde{a}_{p1} & \cdots & \tilde{a}_{pp} \\ \tilde{a}_{p+1\,1} & \cdots & \tilde{a}_{p+1\,p} \\ \vdots & & \vdots \\ \tilde{a}_{p+q\,1} & \cdots & \tilde{a}_{p+q\,p} \end{pmatrix} = \begin{pmatrix} a_{11} & \cdots & a_{1p} \\ \vdots & & \vdots \\ a_{p1} & \cdots & a_{pp} \\ -a_{p+1\,1} & \cdots & -a_{p+1\,p} \\ \vdots & & \vdots \\ -a_{p+q\,1} & \cdots & -a_{p+q\,p} \end{pmatrix}.$$

在几何上, $\tilde{\sigma}_0(X)$ 恰好是子空间 X 关于子空间 $\tilde{O} = \mathrm{Span}^+\{\delta_1,\cdots,\delta_p\}$ 作镜像对称所得到的子空间.

现在 $X = \varphi_1([A]) = (\tilde{\tau}(A))(\tilde{O})$, 其中 $A \in \mathrm{SO}(p+q)$, $\tilde{\tau}(A)$ 是 A 在 $\mathrm{Gr}(p+q,p)$ 上的诱导作用, 则 $\mathrm{Gr}(p+q,p)$ 关于 X 的中心对称为

$$\tilde{\sigma}_X = \tilde{\tau}(A) \circ \tilde{\sigma}_0 \circ \tilde{\tau}(A^{-1}).$$

对于 $Y = \mathrm{Span}^+\{b_1,\cdots,b_p\} = \varphi_1([B])$, $B \in \mathrm{SO}(p+q)$, 则有

$$\tilde{\sigma}_X(Y) = \varphi_1([A\varepsilon_{p,q}A^{\mathrm{t}}B]).$$

记

$$A = \begin{pmatrix} A_{11} & A_{12} \\ A_{21} & A_{22} \end{pmatrix},$$

则

$$\begin{aligned}
A\varepsilon_{p,q}A^{\mathrm{t}} &= A\left(\begin{pmatrix} 2I_p & 0 \\ 0 & 0 \end{pmatrix} - I_{p+q}\right)A^{\mathrm{t}} \\
&= 2\begin{pmatrix} A_{11} & A_{12} \\ A_{21} & A_{22} \end{pmatrix}\begin{pmatrix} I_p & 0 \\ 0 & 0 \end{pmatrix}\begin{pmatrix} A_{11}^{\mathrm{t}} & A_{21}^{\mathrm{t}} \\ A_{12}^{\mathrm{t}} & A_{22}^{\mathrm{t}} \end{pmatrix} - I_{p+q} \\
&= 2\begin{pmatrix} A_{11}A_{11}^{\mathrm{t}} & A_{11}A_{21}^{\mathrm{t}} \\ A_{21}A_{11}^{\mathrm{t}} & A_{21}A_{21}^{\mathrm{t}} \end{pmatrix} - I_{p+q},
\end{aligned}$$

也就是

$$(A\varepsilon_{p,q}A^{\mathrm{t}})_{ij} = 2\sum_{k=1}^{p} a_{ik}a_{jk} - \delta_{ij}. \tag{4.47}$$

因此，如果令

$$b_k = (b_{1k}, \cdots, b_{p+q\,k})^{\mathrm{t}}, \quad \tilde{b}_k = (\tilde{b}_{1k}, \cdots, \tilde{b}_{p+q\,k})^{\mathrm{t}}, \quad 1 \le k \le p,$$

则

$$\tilde{\sigma}_X(Y) = \mathrm{Span}^{+}\{\tilde{b}_1, \cdots, \tilde{b}_p\}, \tag{4.48}$$

其中

$$\tilde{b}_{ik} = \sum_{j=1}^{p+q}\left(2\sum_{l=1}^{p} a_{il}a_{jl} - \delta_{ij}\right)b_{jk}, \quad 1 \le i \le p+q, \quad 1 \le k \le p.$$

例 4.5 n 维复射影空间 $\mathbb{C}P^n$.

设 $G = \mathrm{SU}(n+1)$ 是由行列式为 1 的 $n+1$ 阶酉矩阵构成的乘法群，则 G 是一个连通李群. 设

$$s = \begin{pmatrix} I_n & 0 \\ 0 & -1 \end{pmatrix}, \tag{4.49}$$

并定义映射 $\sigma : G \to G$, 使得

$$\sigma(A) = sAs, \quad \forall A \in \mathrm{SU}(n+1). \tag{4.50}$$

经过直接计算可以得到 G 关于 σ 的不动点子群为

$$K_\sigma = \left\{ \begin{pmatrix} B & 0 \\ 0 & b \end{pmatrix}; \ B \in \mathrm{U}(n), \ b \in \mathbb{C}, \ b \cdot \det B = 1 \right\} \cong \mathrm{U}(n). \tag{4.51}$$

由于 K_σ 是紧致连通李群，$(\mathrm{SU}(n+1), K_\sigma, \sigma)$ 是黎曼对称对，因而 $\mathrm{SU}(n+1)/K_\sigma$ 是黎曼对称空间.

为了看清楚 $\mathrm{SU}(n+1)/K_\sigma$ 和 n 维复射影空间 $\mathbb{C}P^n$ 之间的关系，在 $\mathbb{C}^{n+1}$ 中取标准的 Hermite 内积 $\langle \cdot, \cdot \rangle$, 即有

$$\langle X, Y \rangle = X^{\mathrm{t}}\overline{Y}, \quad \forall X, Y \in \mathbb{C}^{n+1}, \tag{4.52}$$

其中 $\mathbb{C}^{n+1}$ 中的元素表示为列向量. 这样, 在把矩阵 $A \in \mathrm{SU}(n+1)$ 的每一列看作 $\mathbb{C}^{n+1}$ 中的一个向量时, A 对应于 $\mathbb{C}^{n+1}$ 中行列式为 1 的 Hermite 单位正交基底 $\{a_1, \cdots, a_{n+1}\}$. 在这个意义下, 左陪集 $[A] = A \cdot K_\sigma$ 是 $\mathbb{C}^{n+1}$ 中满足以下条件的 Hermite 单位正交基底 $\{\tilde{a}_1, \cdots, \tilde{a}_{n+1}\}$ 的集合: 存在 $B \in \mathrm{U}(n)$, 使得

$$(\tilde{a}_1, \cdots, \tilde{a}_n) = (a_1, \cdots, a_n)B, \quad \tilde{a}_{n+1} = (\det B)^{-1} \cdot a_{n+1}. \qquad (4.53)$$

因此, 能够定义映射 $\varphi : \mathrm{SU}(n+1)/K_\sigma \to \mathbb{C}P^n$, 使得

$$\varphi([A]) = \mathrm{Span}_{\mathbb{C}}\{a_{n+1}\}, \qquad (4.54)$$

上式右端表示在 $\mathbb{C}^{n+1}$ 中由非零向量 a_{n+1} 张成的一维复子空间 (即在 $\mathbb{C}^{n+1}$ 中通过原点、并且由 a_{n+1} 确定的复直线). 显而易见, φ 是 $\mathrm{SU}(n+1)/K_\sigma$ 和 $\mathbb{C}P^n$ 之间的一个一一对应. 事实上, φ 显然是满射. 为了说明 φ 是单射, 假设 $A, \tilde{A} \in \mathrm{SU}(n+1)$, 并且 $\varphi([A]) = \varphi([\tilde{A}])$, 即

$$\mathrm{Span}_{\mathbb{C}}\{a_{n+1}\} = \mathrm{Span}_{\mathbb{C}}\{\tilde{a}_{n+1}\}.$$

于是, 存在复数 b, 满足 $\tilde{a}_{n+1} = b \cdot a_{n+1}$. 由于 $|\tilde{a}_{n+1}| = |a_{n+1}| = 1$, 必有 $|b| = 1$. 然而, $\mathrm{Span}_{\mathbb{C}}\{a_1, \cdots, a_n\}$ 和 $\mathrm{Span}_{\mathbb{C}}\{\tilde{a}_1, \cdots, \tilde{a}_n\}$ 均与 $\mathrm{Span}_{\mathbb{C}}\{a_{n+1}\} = \mathrm{Span}_{\mathbb{C}}\{\tilde{a}_{n+1}\}$ 是 Hermite 正交的, 故

$$\mathrm{Span}_{\mathbb{C}}\{a_1, \cdots, a_n\} = \mathrm{Span}_{\mathbb{C}}\{\tilde{a}_1, \cdots, \tilde{a}_n\}.$$

这样, $\{a_1, \cdots, a_n\}$ 和 $\{\tilde{a}_1, \cdots, \tilde{a}_n\}$ 作为同一个 n 维复向量空间的 Hermite 单位正交基底至多相差一个酉变换, 即存在 $B \in \mathrm{U}(n)$, 使得

$$(\tilde{a}_1, \cdots, \tilde{a}_n) = (a_1, \cdots, a_n)B.$$

因为 $\det A = \det \tilde{A} = 1$, 故有 $b \cdot \det B = 1$. 这意味着 $\tilde{A} \in A \cdot K_\sigma = [A]$, 即 $[\tilde{A}] = [A]$.

从上面的讨论可以看出, 复射影空间 $\mathbb{C}P^n$ 也可以等同于 $\mathrm{U}(n+1)/\mathrm{U}(n) \times \mathrm{U}(1)$. 但是, 此时 $\mathrm{U}(n+1)$ 在 $\mathbb{C}P^n$ 上的作用不是有效的,

而 $SU(n+1)$ 在 $\mathbb{C}P^n$ 上的作用 "几乎" 是有效的 (几乎有效作用的意义是, 在 $SU(n+1)$ 中由在 $\mathbb{C}P^n$ 上的作用为恒同映射的元素所构成的子群是离散的, 可参阅参考文献 [29, Vol.II, 第 187 页]).

§9.5 正交对称李代数

在前面 4 节中对于黎曼对称空间的概念、性质及其结构已经作了详细的介绍. 由于黎曼对称空间已经归结为黎曼对称对——一对李群和李群的一个对合自同构, 所以黎曼对称空间可以进一步归结为李代数问题进行研究. 从黎曼对称空间理论的现状来看, 凡是对于黎曼对称空间的深入研究, 比如黎曼对称空间的分解、分类、对偶性等等, 都无一例外地涉及李代数的理论, 特别是实半单李代数的理论; 凡是比较深刻地运用黎曼对称空间理论进行几何、分析的研究, 同样无一例外地要用到李代数理论. 但是, 要在这里详细地介绍李代数, 特别是实半单李代数理论是不可能的. 本节的目标是建立黎曼对称空间和李代数理论之间的联系; 同时, 在叙述了李代数的有关概念之后, 简要地介绍黎曼对称空间的分解和对偶性等概念. 因此本节的内容远不是完备的, 但是为读者了解黎曼对称空间与实半单李代数理论的联系勾勒出一条清晰的轮廓. 关于李代数的深入探讨可以参阅参考文献 [11]、[10] 和 [24].

9.5.1 正交对称李代数的定义

设 (G, K, σ) 是黎曼对称对, 其中 $\sigma: G \to G$ 是 G 上的对合自同构, 使得 $K_0 \subset K \subset K_\sigma$; 并且 $\mathrm{Ad}(K)$ 是一般线性群 $\mathrm{GL}(\mathfrak{g})$ 的紧致子群, 其中 $\mathfrak{g}$ 是 G 的李代数. 同时, 映射 σ 在单位元 e 处的切映射 σ_{*e} 又是李代数 $\mathfrak{g}$ 的对合自同构 $\sigma_{*e}: \mathfrak{g} \to \mathfrak{g}$. 为方便起见, 在下面仍然把 σ_{*e} 记为 σ, 并沿用 §9.3 的记法, 定义

$$\mathfrak{k} = \{X \in \mathfrak{g};\ \sigma(X) = X\}, \tag{5.1}$$

$$\mathfrak{m} = \{X \in \mathfrak{g}; \ \sigma(X) = -X\}. \tag{5.2}$$

则由定理 3.1 的结论 (4)，$\mathfrak{k}$ 是 K 的李代数，并且线性空间 $\mathfrak{g}$ 有直和分解

$$\mathfrak{g} = \mathfrak{k} \oplus \mathfrak{m}; \tag{5.3}$$

同时，$\mathfrak{k}$ 和 $\mathfrak{m}$ 还满足关系式

$$[\mathfrak{k}, \mathfrak{k}] \subset \mathfrak{k}, \quad [\mathfrak{k}, \mathfrak{m}] \subset \mathfrak{m}, \quad [\mathfrak{m}, \mathfrak{m}] \subset \mathfrak{k}. \tag{5.4}$$

我们知道，一般线性群 $\mathrm{GL}(\mathfrak{g})$ 的李代数是 $\mathrm{Hom}(\mathfrak{g}) = \mathscr{L}(\mathfrak{g}; \mathfrak{g})$，并且李代数的乘法是

$$[A, B] = A \circ B - B \circ A, \qquad \forall A, B \in \mathrm{Hom}(\mathfrak{g}).$$

现在，李群 $\mathrm{Ad}(K)$ 是 $\mathrm{GL}(\mathfrak{g})$ 的李子群，故 $\mathrm{Ad}(K)$ 的李代数是 $\mathrm{Hom}(\mathfrak{g})$ 的李子代数，记成 $\mathrm{ad}_{\mathfrak{g}}\mathfrak{k}$. 实际上，若设 $X \in \mathfrak{k}$, 则 $a(t) = \exp(tX) \in K$. 于是 $\mathrm{Ad}(a(t)) \in \mathrm{GL}(\mathfrak{g})$，并且对于任意的 $Y \in \mathfrak{g}$ 有

$$\mathrm{Ad}(a(t))(Y) = (L_{a(t)})_* \circ (R_{(a(t))^{-1}})_*(Y).$$

这样，由于 $\mathfrak{g}$ 是由 G 的左不变向量场构成的李代数，故

$$\frac{\partial}{\partial t}\bigg|_{t=0} \mathrm{Ad}(a(t))(Y) = [X, Y]$$

(参看参考文献 [3, 第六章，定理 4.2]). 把上式右端记为 $\mathrm{ad}_{\mathfrak{g}}X(Y)$, 即 $\mathrm{ad}_{\mathfrak{g}}X$ 是线性变换

$$\mathrm{ad}_{\mathfrak{g}}X = \frac{\partial}{\partial t}\bigg|_{t=0} \mathrm{Ad}(a(t)) : \mathfrak{g} \to \mathfrak{g}, \tag{5.5}$$

因此 $\mathrm{ad}_{\mathfrak{g}}\mathfrak{k} = \{\mathrm{ad}_{\mathfrak{g}}X, X \in \mathfrak{k}\} \subset \mathrm{Hom}(\mathfrak{g})$. 由于对于任意的 $X, Y \in \mathfrak{k}, Z \in \mathfrak{g}$ 有

$$\mathrm{ad}_{\mathfrak{g}}X \circ \mathrm{ad}_{\mathfrak{g}}Y(Z) - \mathrm{ad}_{\mathfrak{g}}Y \circ \mathrm{ad}_{\mathfrak{g}}X(Z) = [X, [Y, Z]] - [Y, [X, Z]]$$

$$= [[X,Y],Z] = \mathrm{ad}_{\mathfrak{g}}([X,Y])(Z),$$

即

$$[\mathrm{ad}_{\mathfrak{g}}X, \mathrm{ad}_{\mathfrak{g}}Y] = \mathrm{ad}_{\mathfrak{g}}([X,Y]).$$

由此可见, $\mathrm{ad}_{\mathfrak{g}}\mathfrak{k}$ 是 $\mathrm{Hom}(\mathfrak{g})$ 的子代数, 它是 $\mathrm{Ad}K$ 的李代数. 反过来, $\mathrm{Ad}K$ 的单位元连通分支是 $\mathrm{Hom}(\mathfrak{g})$ 的子代数 $\mathrm{ad}_{\mathfrak{g}}\mathfrak{k}$ 在 $\mathrm{GL}(\mathfrak{g})$ 中所对应的连通李子群. 所以, 在黎曼对称对的定义中关于李群 $\mathrm{Ad}(K) \subset \mathrm{GL}(\mathfrak{g})$ 的紧致性要求可以替换成李代数 $\mathrm{ad}_{\mathfrak{g}}(\mathfrak{k}) \subset \mathrm{Hom}(\mathfrak{g})$ 在 $\mathrm{GL}(\mathfrak{g})$ 中所对应的连通李子群的紧致性. 因此, 可以引入下面的定义:

定义 5.1 设 $\mathfrak{g}$ 是一个实李代数, σ 是 $\mathfrak{g}$ 的一个对合自同构, $\mathfrak{k}$ 是 $\mathfrak{g}$ 在 σ 的作用下的不动点构成的李子代数, 即 $\mathfrak{k} = \{X \in \mathfrak{g}; \ \sigma(X) = X\}$. 如果 $\mathrm{ad}_{\mathfrak{g}}(\mathfrak{k}) \subset \mathrm{Hom}(\mathfrak{g})$ 在 $\mathrm{GL}(\mathfrak{g})$ 中所对应的连通李子群是紧致的, 则称 $(\mathfrak{g},\sigma)$ 是一个 **正交对称李代数**.

设 $(\mathfrak{g},\sigma)$ 是一个正交对称李代数, $C(\mathfrak{g})$ 是 $\mathfrak{g}$ 的中心, 即

$$C(\mathfrak{g}) = \{X \in \mathfrak{g}; \ [X,Y] = 0, \ \forall Y \in \mathfrak{g}\}.$$

如果 $\mathfrak{k} \cap C(\mathfrak{g}) = \{0\}$, 则称 $(\mathfrak{g},\sigma)$ 是 **有效的正交对称李代数**.

定义 5.2 设 $(\mathfrak{g},\sigma)$ 是正交对称李代数. 如果存在连通李群 G 和它的李子群 K 使得对应的李代数分别是 $\mathfrak{g}$ 和 $\mathfrak{k}$, 其中 $\mathfrak{k}$ 是 $\mathfrak{g}$ 在 σ 下的不动点构成的李子代数, 则称 (G,K) 是与正交对称李代数 $(\mathfrak{g},\sigma)$ 伴随的李群对.

定理 5.1 设 $(\mathfrak{g},\sigma)$ 是正交对称李代数, $\tilde{G}$ 是以 $\mathfrak{g}$ 为李代数的单连通李群, $\tilde{K}$ 是子代数 $\mathfrak{k} \subset \mathfrak{g}$ 在 $\tilde{G}$ 中所对应的连通李子群, 则 $\tilde{K}$ 是 $\tilde{G}$ 闭子群, 并且 σ 可以提升为 $\tilde{G}$ 上的对合自同构 (仍记为 σ), 使得 $(\tilde{G},\tilde{K},\sigma)$ 成为黎曼对称对, 因而 $\tilde{G}/\tilde{K}$ 是单连通的黎曼对称空间.

证明 根据李群和李代数的一般理论 (参看参考文献 [12]), 存在李群 $\tilde{G}$ 的解析同态 $\tilde{\sigma}: \tilde{G} \to \tilde{G}$, 使得 $\tilde{\sigma}_{*e} = \sigma$. 由 $\sigma^2 = \mathrm{id}$ 易知 $\tilde{\sigma}^2 = \mathrm{id}$, 所以 $\tilde{\sigma}$ 是 G 的对合自同构. 为了方便起见, 仍然把 $\tilde{\sigma}$ 记为 σ. 不难

看出, $\tilde{K}$ 是 σ 的不动点子群 K_σ 的单位元连通分支, 因而是 $\tilde{G}$ 的闭子群. 因此, $\mathrm{Ad}(\tilde{K})$ 是 $\mathrm{GL}(\mathfrak{g})$ 的连通李子群, 而且以 $\mathrm{ad}_\mathfrak{g}(\mathfrak{k})$ 为其李代数. 根据正交对称李代数所满足的条件, $\mathrm{Ad}(\tilde{K})$ 是紧致的, 故 $(\tilde{G}, \tilde{K}, \sigma)$ 是黎曼对称对.

下面证明黎曼对称空间 $\tilde{G}/\tilde{K}$ 的单连通性. 用 $\tilde{\pi}: \tilde{G} \to \tilde{G}/\tilde{K}$ 记自然投影. 设 $\gamma(t)(0 \le t \le 1)$ 是 $\tilde{G}/\tilde{K}$ 中以 $\tilde{\pi}(e) = \tilde{K}$ 为基点的任意一条闭路径, 则在 $\tilde{G}$ 中存在一条路径 $\tilde{\gamma}(t)(0 \le t \le 1)$, 使得 $\tilde{\pi}(\tilde{\gamma}(t)) = \gamma(t)$. 特别地, $\tilde{\pi}(\tilde{\gamma}(0)) = \tilde{\pi}(\tilde{\gamma}(1)) = \tilde{K}$, 即 $\tilde{\gamma}(0), \tilde{\gamma}(1) \in \tilde{K}$. 由 $\tilde{K}$ 的连通性可知, 在 $\tilde{K}$ 中存在路径 $\tilde{\beta}(t)(0 \le t \le 1)$ 连接 $\tilde{\gamma}(1)$ 和 $\tilde{\gamma}(0)$. 令

$$\tilde{\gamma}_1(t) = \begin{cases} \tilde{\gamma}(2t), & 0 \le t \le \frac{1}{2}, \\ \tilde{\beta}(2t-1), & \frac{1}{2} \le t \le 1, \end{cases}$$

则 $\tilde{\gamma}_1(t)(0 \le t \le 1)$ 是 $\tilde{G}$ 中的闭路径, 并且 $\tilde{\pi}(\tilde{\gamma}_1) = \gamma$. 因为 $\tilde{G}$ 是单连通的, 所以 $\tilde{\gamma}_1$ 同伦于一点 $\tilde{\gamma}(0)$, 因而 γ 也同伦于一点 $\tilde{\pi}(\tilde{\gamma}(0)) = \tilde{\pi}(e)$. 这就证明了 $\tilde{G}/\tilde{K}$ 是单连通的. 证毕.

注记 5.1 如果 (G, K) 是与正交对称李代数 $(\mathfrak{g}, \sigma)$ 伴随的李群对, 并且 K 是 G 的连通闭子群, 则 $\tilde{G}/\tilde{K}$ 是 G/K 的通用覆盖空间, 因而 G/K 是局部对称黎曼空间.

事实上, 因为 $\tilde{G}$ 和 G 有相同的李代数 $\mathfrak{g}$, 所以有覆盖映射 $\varphi: \tilde{G} \to G$, 使得 $\varphi_{*e} = \mathrm{id}: \mathfrak{g} \to \mathfrak{g}$. 令 $K_1 = \varphi^{-1}(K)$, 则 K_1 是 $\tilde{G}$ 的李子群, 对应的李代数是 $\mathfrak{k}$. 但是 $\tilde{K}$ 是 $\tilde{G}$ 内以 $\mathfrak{k}$ 为李代数的连通李子群, 所以 $\tilde{K}$ 是 K_1 的单位元连通分支, 因而 $\tilde{G}/\tilde{K}$ 是 $\tilde{G}/K_1$ 的覆盖空间. 定义映射 $\tilde{\varphi}: \tilde{G}/K_1 \to G/K$, 使得 $\tilde{\varphi}(gK_1) = \varphi(g)K$. 则容易证明: $\tilde{\varphi}$ 是一个光滑同胚 (参看本章习题第 17 题), 从而 $\tilde{G}/\tilde{K}$ 是 G/K 的覆盖空间. 由于 $\tilde{G}$ 在 $\tilde{G}/\tilde{K}$ 上的作用是可迁的等距变换, 在 G/K 上能够引进黎曼度量, 使得 $\tilde{G}/\tilde{K}$ 是 G/K 的黎曼覆盖空间. 最后, 由于覆盖映射都是局部等距, 故 G/K 是局部对称黎曼空间.

定理 5.1 意味着, 对黎曼对称空间的研究可以归结为对实李代数及其对合自同构的研究.

9.5.2 李代数的一些基本概念

为了叙述黎曼对称空间的分解定理, 先简要地介绍关于李代数的几个基本概念.

设 $\mathfrak{g}$ 是一个有限维李代数, $\mathrm{ad} : \mathfrak{g} \to \mathrm{Hom}(\mathfrak{g})$ 是 $\mathfrak{g}$ 的伴随表示. 对于任意的 $X, Y \in \mathfrak{g}$, 定义

$$B(X, Y) = \mathrm{tr}\,(\mathrm{ad}X \circ \mathrm{ad}Y), \tag{5.6}$$

则 B 是 $\mathfrak{g}$ 上的对称双线性函数, 称为 $\mathfrak{g}$ 的 **Killing 形式**. 它在 $\mathrm{ad}\mathfrak{g}$ 的作用下是不变的, 即有下列恒等式:

$$B(\mathrm{ad}(X)Y, Z) + B(Y, \mathrm{ad}(X)Z) = 0, \quad \forall X, Y, Z \in \mathfrak{g}. \tag{5.7}$$

设 $\mathfrak{g}$ 是非交换李代数. 如果 $\mathfrak{g}$ 不含有任何非平凡理想, 则称 $\mathfrak{g}$ 是**单李代数**. 如果 $\mathfrak{g}$ 能够分解为一些单理想的直和, 则称 $\mathfrak{g}$ 是**半单李代数**. 一个李群称为**单李群**(或 **半单李群**), 如果它的李代数是单李代数 (或半单李代数). 另外, 李代数的半单性可以用它的 Killing 形式来刻画. 事实上, 有下面的准则 (参看参考文献 [24]):

Cartan 准则 李代数 $\mathfrak{g}$ 是半单李代数当且仅当 $\mathfrak{g}$ 的 Killing 形式 B 是非退化的.

此外, 如果 $\mathfrak{g}$ 可以分解为单理想直和

$$\mathfrak{g} = \mathfrak{g}_1 \oplus \cdots \oplus \mathfrak{g}_r, \tag{5.8}$$

那么

$$B(\mathfrak{g}_i, \mathfrak{g}_j) = 0, \quad \forall i \neq j, \tag{5.9}$$

并且 B 在 $\mathfrak{g}_i$ 上的限制恰好是 $\mathfrak{g}_i$ 的 Killing 形式.

以上这些结论对于复李代数和实李代数都是成立的.

设 $\mathfrak{g}$ 是实李代数, $\mathfrak{h}$ 是 $\mathfrak{g}$ 的李子代数. 如果 $\mathrm{ad}_{\mathfrak{g}}\mathfrak{h} \subset \mathrm{Hom}(\mathfrak{g})$ 在 $\mathrm{GL}(\mathfrak{g})$ 中所对应的连通李子群是紧致的, 则称 $\mathfrak{h}$ 是 $\mathfrak{g}$ 的**紧致嵌入子代**

数. 若 $(\mathfrak{g},\sigma)$ 是一个正交对称李代数, 则 $\mathfrak{g}$ 在 σ 作用下的不动点构成的子代数 $\mathfrak{k}$ 是 $\mathfrak{g}$ 的一个紧致嵌入子代数. 特别地, 当李代数 $\mathfrak{g}$ 是它自己的紧致嵌入子代数时, 则称 $\mathfrak{g}$ 是 **紧致李代数**. 由此可见, 李代数 $\mathfrak{g}$ 是紧致的当且仅当 $\mathrm{ad}\mathfrak{g}$ 在 $\mathrm{GL}(\mathfrak{g})$ 中所对应的连通李子群是紧致的. 可以证明: 李代数 $\mathfrak{g}$ 是紧致的当且仅当存在一个紧致的李群 G, 使得 G 的李代数与 $\mathfrak{g}$ 同构. 因此, 紧致李群的李代数是紧致的, 而紧致李代数必是紧致李群的李代数.

同样, 可以用 Killing 形式的特性来判断李代数的紧致性, 即: 李代数 $\mathfrak{g}$ 是紧致的当且仅当它的 Killing 形式是半负定的. 因此, 如果 $\mathfrak{g}$ 是紧致的半单李代数, 则它的 Killing 形式 B 是负定的, 从而 $-B$ 是 $\mathfrak{g}$ 上的 $\mathrm{ad}\mathfrak{g}$-不变的欧氏内积.

假定 $\mathfrak{g}$ 是实李代数. 将 $\mathfrak{g}$ 作为实向量空间进行复化, 得到复向量空间 $\mathfrak{g}^{\mathbb{C}}$, 其中的元素可以表示为 $X + \sqrt{-1}Y$, $X, Y \in \mathfrak{g}$. 把 $\mathfrak{g}$ 中的李代数乘法 (括号积) 作复线性扩充使之成为复向量空间 $\mathfrak{g}^{\mathbb{C}}$ 中的括号积, 即令

$$[X_1 + \sqrt{-1}Y_1, X_2 + \sqrt{-1}Y_2]$$
$$= ([X_1, X_2] - [Y_1, Y_2]) + \sqrt{-1}\,([X_1, Y_2] + [Y_1, X_2]). \quad (5.10)$$

则容易验证 $\mathfrak{g}^{\mathbb{C}}$ 关于括号积 (5.10) 成为复李代数, 称为实李代数 $\mathfrak{g}$ 的 **复化李代数**.

反过来, 设 $\tilde{\mathfrak{g}}$ 是复李代数. 如果存在实李代数 $\mathfrak{g}$, 使得 $\tilde{\mathfrak{g}} = \mathfrak{g}^{\mathbb{C}}$, 则称 $\mathfrak{g}$ 是 $\tilde{\mathfrak{g}}$ 的一个 **实形式**. 当然, 一般说来, 复李代数未必有实形式 (注意, 这一点与复向量空间必有实形式不同. 很明显, 复李代数 $\tilde{\mathfrak{g}}$ 有实形式的充分必要条件是它有一个基底, 使得在该基底下对应的结构常数是实数); 而且在有实形式的情况下, 它的实形式在同构意义下也未必是唯一的. 一个重要的结论是: 复半单李代数必有紧致实形式, 并且它的紧致实形式在同构意义下是唯一的 (参看参考文献 [9, 第 175 页]).

设 $\mathfrak{g}^{\mathbb{C}}$ 是实李代数 $\mathfrak{g}$ 的复化李代数. 定义映射 $\tau : \mathfrak{g}^{\mathbb{C}} \to \mathfrak{g}^{\mathbb{C}}$, 使得

$$\tau(X + \sqrt{-1}Y) = X - \sqrt{-1}Y, \quad \forall X, Y \in \mathfrak{g}, \tag{5.11}$$

称为在 $\mathfrak{g}^{\mathbb{C}}$ 上关于它的实形式 $\mathfrak{g}$ 的 **共轭映射**.

共轭映射 τ 具有下列性质:

$$\tau(X + Y) = \tau(X) + \tau(Y), \quad \tau([X, Y]) = [\tau(X), \tau(Y)],$$
$$\tau \circ \tau = \mathrm{id}, \quad \tau(\alpha X) = \overline{\alpha}\tau(X), \tag{5.12}$$

其中 $X, Y \in \mathfrak{g}^{\mathbb{C}}, \alpha \in \mathbb{C}$. 因此, τ 是 $\mathfrak{g}^{\mathbb{C}}$ 作为实李代数的对合自同构, 但不是 $\mathfrak{g}^{\mathbb{C}}$ 作为复李代数的自同构. 满足条件 (5.12) 的映射 τ 称为复李代数 $\mathfrak{g}^{\mathbb{C}}$ 的 **半对合**. 易知, $\mathfrak{g}^{\mathbb{C}}$ 的实形式 $\mathfrak{g}$ 是半对合 τ 的不动点集.

反过来, 如果 τ_1 是复李代数 $\mathfrak{g}^{\mathbb{C}}$ 的一个半对合, 用 $\mathfrak{g}_1$ 表示 τ_1 的不动点集, 则 $\mathfrak{g}_1$ 必定是 $\mathfrak{g}^{\mathbb{C}}$ 的一个实形式, 并且 τ_1 是在 $\mathfrak{g}^{\mathbb{C}}$ 上关于 $\mathfrak{g}_1$ 的共轭映射.

由于 $\mathfrak{g}^{\mathbb{C}}$ 的 Killing 形式 B 在它的实形式 $\mathfrak{g}$ 上的限制恰好是实李代数 $\mathfrak{g}$ 的 Killing 形式 (参阅参考文献 [11]), 所以 $\mathfrak{g}$ 是半单的当且仅当其复化李代数 $\mathfrak{g}^{\mathbb{C}}$ 是半单的. 由此可见, 复半单李代数的紧致实形式是一个紧致的半单李代数, 因而复半单李代数的 Killing 形式在其紧致实形式上的限制是负定的.

9.5.3 Cartan 分解

定义 5.3 设 $\mathfrak{g}$ 是实半单李代数. 如果 $\mathfrak{g}$ 有作为向量空间的直和分解

$$\mathfrak{g} = \mathfrak{k} \oplus \mathfrak{m}, \tag{5.13}$$

使得 $\mathfrak{k}$ 是 $\mathfrak{g}$ 的子代数, 并且 $\mathfrak{k} \oplus \sqrt{-1}\mathfrak{m}$ 是 $\mathfrak{g}^{\mathbb{C}}$ 的紧致实形式, 则称分解式 (5.13) 是李代数 $\mathfrak{g}$ 的一个 **Cartan 分解**.

命题 5.2 (Cartan 引理) 设 $\mathfrak{g}$ 是实半单李代数, σ 是在复化李代数 $\mathfrak{g}^{\mathbb{C}}$ 上关于 $\mathfrak{g}$ 的共轭映射, 则在 $\mathfrak{g}^{\mathbb{C}}$ 中存在一个紧致半单的实形式 $\mathfrak{g}_0$, 使得 $\mathfrak{g}_0$ 在 σ 的作用下是不变的.

命题的证明可以在参考文献 [9] 中找到, 而实半单李代数的 Cartan 分解的存在性是此命题 (Cartan 引理) 的推论, 理由如下:

设在 $\mathfrak{g}^{\mathbb{C}}$ 上关于 $\mathfrak{g}_0$ 的共轭算子是 τ, 那么 $\mathfrak{g}_0$ 在 σ 的作用下的不变性意味着 $\mathfrak{g}$ 在 τ 的作用下的不变性, 并且 $\tau \circ \sigma = \sigma \circ \tau$. 实际上, 设 $X \in \mathfrak{g}$, 则 $\sigma(X) = X$. 由于 $\mathfrak{g}_0$ 是 $\mathfrak{g}^{\mathbb{C}}$ 的实形式, 故 X 可以表示为

$$X = X_1 + \sqrt{-1}\, X_2,$$

其中 $X_1, X_2 \in \mathfrak{g}_0$. 因此, 由 (5.12) 式得到

$$\sigma(X_1 + \sqrt{-1}\, X_2) = X_1 + \sqrt{-1}\, X_2 = \sigma(X_1) - \sqrt{-1}\, \sigma(X_2). \qquad (5.14)$$

由于 $\mathfrak{g}_0$ 在 σ 的作用下不变, $\sigma(X_1), \sigma(X_2) \in \mathfrak{g}_0$, 因而由 (5.14) 式得到

$$\sigma(X_1) = X_1, \quad \sigma(X_2) = -X_2.$$

另外, 将 τ 作用在 X 上又得到

$$\tau(X) = \tau(X_1) - \sqrt{-1}\, \tau(X_2) = X_1 - \sqrt{-1}\, X_2.$$

因此

$$\begin{aligned}
\sigma \circ \tau(X) &= \sigma(X_1 - \sqrt{-1}\, X_2) = \sigma(X_1) + \sqrt{-1}\, \sigma(X_2) \\
&= X_1 - \sqrt{-1}\, X_2 = \tau(X).
\end{aligned}$$

这意味着 $\tau(X) \in \mathfrak{g}$. 类似的论证还说明 $\sigma \circ \tau = \tau \circ \sigma$.

记 $\theta = \sigma \circ \tau = \tau \circ \sigma : \mathfrak{g}^{\mathbb{C}} \to \mathfrak{g}^{\mathbb{C}}$, 则 θ 是 $\mathfrak{g}^{\mathbb{C}}$ 的对合自同构, 并且保持实形式 $\mathfrak{g}$ 不变, 因而也是实李代数 $\mathfrak{g}$ 的对合自同构. 用 $\mathfrak{k}, \mathfrak{m}$ 分别表示 $\mathfrak{g}$ 在对合自同构 θ 的作用下对应于特征值 1 和 -1 的特征子空间, 于是有向量空间的直和分解

$$\mathfrak{g} = \mathfrak{k} \oplus \mathfrak{m}. \qquad (5.15)$$

不难得知,

$$\mathfrak{k} = \mathfrak{g} \cap \mathfrak{g}_0, \quad \mathfrak{m} = \mathfrak{g} \cap (\sqrt{-1}\,\mathfrak{g}_0), \quad \sqrt{-1}\,\mathfrak{m} = (\sqrt{-1}\,\mathfrak{g}) \cap \mathfrak{g}_0,$$

故有

$$\mathfrak{g}_0 = \mathfrak{k} \oplus \sqrt{-1}\,\mathfrak{m}. \tag{5.16}$$

由定义 5.3 可知, (5.15) 是 $\mathfrak{g}$ 的一个 Cartan 分解. 映射 $\theta : \mathfrak{g}^{\mathbb{C}} \to \mathfrak{g}^{\mathbb{C}}$ 称为 $\mathfrak{g}$ 的 **Cartan 对合**.

正交对称李代数和实半单李代数的 Cartan 分解有密切的联系, 下面将用例子来说明. 先叙述正交对称李代数的性质.

定理 5.3 设 $(\mathfrak{g}, \sigma)$ 是正交对称李代数, 令

$$\mathfrak{k} = \{X \in \mathfrak{g};\ \sigma(X) = X\}, \quad \mathfrak{m} = \{X \in \mathfrak{g};\ \sigma(X) = -X\}.$$

则下述结论成立:

(1) $\mathfrak{g}$ 有向量空间的直和分解: $\mathfrak{g} = \mathfrak{k} \oplus \mathfrak{m}$;

(2) $[\mathfrak{k}, \mathfrak{k}] \subset \mathfrak{k},\ [\mathfrak{k}, \mathfrak{m}] \subset \mathfrak{m},\ [\mathfrak{m}, \mathfrak{m}] \subset \mathfrak{k}$;

(3) $\mathfrak{g}$ 的 Killing 形式 B 在 $\mathfrak{k}$ 上的限制是半负定的, 即有

$$B(X, X) \le 0, \quad \forall X \in \mathfrak{k}, \tag{5.17}$$

并且 $\mathfrak{k}$ 和 $\mathfrak{m}$ 关于 B 是彼此正交的, 即

$$B(\mathfrak{k}, \mathfrak{m}) = 0; \tag{5.18}$$

(4) 如果 $(\mathfrak{g}, \sigma)$ 是有效的, 则 B 在 $\mathfrak{k}$ 上的限制是负定的.

证明 上面的 (1) 和 (2) 在本节的开头部分已经验证过了, 在此不再重复.

(3) 因为 $\mathrm{ad}_{\mathfrak{g}}(\mathfrak{k}) \subset \mathrm{Hom}(\mathfrak{g})$ 在变换群 $\mathrm{GL}(\mathfrak{g})$ 中所对应的连通李子群 $\exp(\mathrm{ad}_{\mathfrak{g}}\mathfrak{k})$ 是紧致李群, 所以在 $\mathfrak{g}$ 上存在 $\exp(\mathrm{ad}_{\mathfrak{g}}\mathfrak{k})$-不变的欧氏内积, 记为 Q. 因此, 对于任意的 $X \in \mathfrak{k}$ 和 $Y, Z \in \mathfrak{g}$ 有

$$Q(\exp t(\mathrm{ad}_{\mathfrak{g}}X) \cdot Y,\ \exp t(\mathrm{ad}_{\mathfrak{g}}X) \cdot Z) = Q(Y, Z), \quad \forall t.$$

其中 $\exp t(\mathrm{ad}_{\mathfrak{g}} X) \cdot Y$ 是指 $\exp t(\mathrm{ad}_{\mathfrak{g}} X) \in \mathrm{GL}(\mathfrak{g})$ 作为 $\mathfrak{g}$ 到自身的线性变换在 $Y \in \mathfrak{g}$ 上的作用. 对 t 求导并设 $t = 0$, 则得

$$Q([X, Y], Z) + Q(Y, [X, Z]) = 0,$$

即 $\mathrm{ad}_{\mathfrak{g}} X$ 是 $\mathfrak{g}$ 上的反对称线性变换. 因此, 在 $\mathfrak{g}$ 中关于 Q 的单位正交基底下, 线性变换 $\mathrm{ad}_{\mathfrak{g}} X (X \in \mathfrak{k})$ 的矩阵 $((\mathrm{ad}_{\mathfrak{g}} X)_i^j)$ 是反对称的. 所以

$$\begin{aligned} B(X, X) &= \mathrm{tr}(\mathrm{ad}_{\mathfrak{g}} X \circ \mathrm{ad}_{\mathfrak{g}} X) = \sum_{i,j} (\mathrm{ad}_{\mathfrak{g}} X)_i^j (\mathrm{ad}_{\mathfrak{g}} X)_j^i \\ &= -\sum_{i,j} ((\mathrm{ad}_{\mathfrak{g}} X)_i^j)^2 \le 0. \end{aligned} \tag{5.19}$$

$\mathfrak{k}$ 和 $\mathfrak{m}$ 关于 B 的正交性是 (2) 的直接推论.

(4) 由 (5.19) 式得知, 对于 $X \in \mathfrak{k}, B(X, X) = 0$ 成立的充分必要条件是 $\mathrm{ad}_{\mathfrak{g}} X = 0$, 即对于任意的 $Y \in \mathfrak{g}$ 有 $[X, Y] = 0$. 于是, $X \in C(\mathfrak{g})$. 当 $(\mathfrak{g}, \sigma)$ 是有效的正交对称李代数时, $\mathfrak{k} \cap C(\mathfrak{g}) = \{0\}$, 故 $X = 0$. 因此 B 在 $\mathfrak{k}$ 上的限制是负定的.

定理证毕.

推论 5.4 设 (G, K, σ) 是黎曼对称对, $\mathfrak{g}$ 和 $\mathfrak{k}$ 分别是 G 和 K 的李代数. 如果 $\mathfrak{k} \cap C(\mathfrak{g}) = \{0\}$, 则 σ 是在 G 上满足关系式

$$K_0 \subset K \subset K_\sigma$$

的唯一的对合自同构.

证明 设 $\tilde{\sigma}$ 是 G 的另一个对合自同构, 并且满足 $\tilde{K}_0 \subset K \subset \tilde{K}_{\tilde{\sigma}}$, 其中 $\tilde{K}_{\tilde{\sigma}}$ 是 G 在 $\tilde{\sigma}$ 下的不动点子群, $\tilde{K}_0$ 是 $\tilde{K}_{\tilde{\sigma}}$ 的单位元连通分支. 那么 $\tilde{K}_0$ 和 $\tilde{K}_{\tilde{\sigma}}$ 的李代数仍然是 $\mathfrak{k}$, 并且 $\mathfrak{g}$ 具有向量空间的直和分解

$$\mathfrak{g} = \mathfrak{k} \oplus \tilde{\mathfrak{m}},$$

其中

$$\tilde{\mathfrak{m}} = \{X \in \mathfrak{g}; \tilde{\sigma}_{*e}(X) = -X\}.$$

由定理 5.3 的结论 (3) 可知, $B(\mathfrak{k}, \tilde{\mathfrak{m}}) = 0$. 设 $X \in \mathfrak{m}$, 则 X 能够分解为 $X = Y + \tilde{X}$, 其中 $Y \in \mathfrak{k}, \tilde{X} \in \tilde{\mathfrak{m}}$. 于是对于任意的 $Z \in \mathfrak{k}$ 有

$$B(Y, Z) = B(X - \tilde{X}, Z) = B(X, Z) - B(\tilde{X}, Z) = 0.$$

特别地有 $B(Y, Y) = 0$. 根据定理 5.3 的结论 (4), B 在 $\mathfrak{k}$ 上的限制是负定的, 所以 $Y = 0$, 即 $X = \tilde{X}$. 这说明 $\tilde{\mathfrak{m}} = \mathfrak{m}$, 因而有 $\tilde{\sigma}_{*e} = \sigma_{*e}$. 由此得知 $\tilde{\sigma} = \sigma$(参看参考文献 [12, 第 57 页]). 证毕.

依据实半单李代数的 Cartan 分解可以得到下面三种最基本的正交对称李代数, 然后通过定理 5.1 得到三种最基本的黎曼对称空间.

例 5.1 设 $\mathfrak{g}$ 是紧致的实半单李代数, σ 是 $\mathfrak{g}$ 的任意一个对合自同构, 则 $(\mathfrak{g}, \sigma)$ 是一个有效的正交对称李代数. 事实上, 由于 $\mathfrak{g}$ 的 Killing 形式 B 是负定的, 必有 $C(\mathfrak{g}) = \{0\}$, 因而 $\mathfrak{k} \cap C(\mathfrak{g}) = \{0\}$.

例 5.2 设 $\mathfrak{g}$ 是非紧致的实半单李代数, $\mathfrak{g} = \mathfrak{k} \oplus \mathfrak{m}$ 是 $\mathfrak{g}$ 的一个 Cartan 分解. 则由 Cartan 分解的定义, $\mathfrak{g}_0 = \mathfrak{k} \oplus \sqrt{-1}\,\mathfrak{m}$ 是 $\mathfrak{g}^{\mathbb{C}}$ 的紧致实形式. 如果 θ 是 $\mathfrak{g}$ 的 Cartan 对合, 那么 $\mathfrak{k}$ 和 $\mathfrak{m}$ 分别是 θ 在 $\mathfrak{g}$ 中对应于特征值 1 和 -1 的特征子空间.

设 B 是 $\mathfrak{g}^{\mathbb{C}}$ 的 Killing 形式. 因为 $\mathfrak{g}$ 和 $\mathfrak{g}_0$ 都是 $\mathfrak{g}^{\mathbb{C}}$ 的实形式, 所以 $\mathfrak{g}$ 和 $\mathfrak{g}_0$ 的 Killing 形式分别是 $\mathfrak{g}^{\mathbb{C}}$ 的 Killing 形式 B 在 $\mathfrak{g}, \mathfrak{g}_0$ 上的限制, 从而有 $B(\mathfrak{k}, \mathfrak{m}) = B(\mathfrak{k}, \sqrt{-1}\,\mathfrak{m}) = 0$.

因为 $\mathfrak{g}_0$ 是紧致半单李代数, 所以 $\mathfrak{g}_0$ 的 Killing 形式 B 是负定的, 它在子代数 $\mathfrak{k}$ 上的限制也是负定的. 设 $X \in \mathfrak{k} \cap C(\mathfrak{g})$, 则对于任意的 $Y \in \mathfrak{g}$ 有 $\mathrm{ad}_{\mathfrak{g}}(X)Y = [X, Y] = 0$. 因此 $B(X, X) = 0$. 由于 B 在 $\mathfrak{k}$ 上的限制是负定的, 故 $X = 0$. 由 X 的任意性, $\mathfrak{k} \cap C(\mathfrak{g}) = \{0\}$.

现在把 $\mathfrak{g}^{\mathbb{C}}$ 看作实李代数, 并记为 $(\mathfrak{g}^{\mathbb{C}})_{\mathbb{R}}$, 则 $\mathfrak{g}$ 和 $\mathfrak{g}_0$ 都是 $(\mathfrak{g}^{\mathbb{C}})_{\mathbb{R}}$ 的李子代数; 它们在 $\mathrm{GL}((\mathfrak{g}^{\mathbb{C}})_{\mathbb{R}})$ 中所对应的连通李子群暂时记为 $\mathrm{Ad}(\mathfrak{g})$, $\mathrm{Ad}(\mathfrak{g}_0)$ 和 $\mathrm{Ad}(\mathfrak{g}^{\mathbb{C}})_{\mathbb{R}}$. 容易知道, $\mathrm{Ad}(\mathfrak{g})$, $\mathrm{Ad}(\mathfrak{g}_0)$ 都是 $\mathrm{Ad}(\mathfrak{g}^{\mathbb{C}})_{\mathbb{R}}$ 的闭子群. 因为 $\mathfrak{g}_0$ 是紧致半单李代数, 所以 $\mathrm{Ad}(\mathfrak{g}_0)$ 是紧致李群. 因此 $\mathrm{Ad}(\mathfrak{g}) \cap \mathrm{Ad}(\mathfrak{g}_0)$ 也是紧致李群. 由于 $\mathfrak{k} = \mathfrak{g} \cap \mathfrak{g}_0$, 不难看出 $\mathrm{Ad}(\mathfrak{k}) =$

$\mathrm{Ad}(\mathfrak{g}) \cap \mathrm{Ad}(\mathfrak{g}_0)$，它是 $\mathrm{GL}(\mathfrak{g})$ 的紧致李子群. 由此可见，$(\mathfrak{g}, \theta)$ 是有效的正交对称李代数.

例 5.3 设 m 是 n 维实向量空间，$\mathfrak{k}$ 是一般线性群 $\mathrm{GL}(m)$ 的一个紧致子群的李代数，则 $\mathfrak{k}$ 是李代数 $\mathfrak{gl}(m)$ 的李子代数. 令

$$\mathfrak{g} = \mathfrak{k} \oplus m, \tag{5.20}$$

并在 $\mathfrak{g}$ 中定义括号积如下：对于任意的 $\alpha, \beta \in \mathfrak{k}$ 和任意的 $X, Y \in m$，令

$$[\alpha + X, \beta + Y] = (\alpha \circ \beta - \beta \circ \alpha) + \alpha(Y) - \beta(X). \tag{5.21}$$

容易验证，$\mathfrak{g}$ 关于上面定义的括号积是一个李代数，以 $\mathfrak{k}$ 为它的李子代数；同时，m 是 $\mathfrak{g}$ 的交换理想.

定义映射 $\sigma : \mathfrak{g} \to \mathfrak{g}$，使得

$$\sigma(\alpha + X) = \alpha - X, \quad \forall \alpha \in \mathfrak{k}, \quad X \in m, \tag{5.22}$$

则 σ 是 $\mathfrak{g}$ 上的对合自同构. 可以直接验证，$\mathfrak{k} \cap C(\mathfrak{g}) = \{0\}$. 所以，$(\mathfrak{g}, \sigma)$ 是有效的正交对称李代数.

9.5.4 有效正交对称李代数的分解和对偶性

定义 5.4 设 $(\mathfrak{g}, \sigma)$ 是有效的正交对称李代数，$\mathfrak{g} = \mathfrak{k} \oplus m$ 是 $\mathfrak{g}$ 关于 σ 的对应于特征值 1 和 -1 的特征子空间分解.

(1) 如果 $\mathfrak{g}$ 是紧致实半单李代数，则称 $(\mathfrak{g}, \sigma)$ 是 **紧型正交对称李代数**；

(2) 如果 $\mathfrak{g}$ 是非紧致实半单李代数，并且 $\mathfrak{g} = \mathfrak{k} \oplus m$ 恰好是 $\mathfrak{g}$ 的 Cartan 分解，因而 σ 是 $\mathfrak{g}$ 的 Cartan 对合，则称 $(\mathfrak{g}, \sigma)$ 是 **非紧型正交对称李代数**；

(3) 如果 m 是 $\mathfrak{g}$ 的交换理想，则称 $(\mathfrak{g}, \sigma)$ 是 **Euclid 型正交对称李代数**.

定义 5.5 设 (G, K, σ) 是黎曼对称对. 如果 (G, K, σ) 所对应的有效正交对称李代数 $(\mathfrak{g}, \sigma)$ 是紧型、非紧型或 Euclid 型的, 则分别称 (G, K, σ) 是 **紧型**、**非紧型** 或 **Euclid 型黎曼对称对**; 同时称相应的 G/K 为 **紧型**、**非紧型** 或 **Euclid 型黎曼对称空间**.

注记 5.2 在 §9.6 中将证明紧型黎曼对称空间的截面曲率处处非负; 非紧型黎曼对称空间的截面曲率处处非正; 而 Euclid 型黎曼对称空间的截面曲率恒为零.

有了上面的准备, 现在可以叙述如下的分解定理:

定理 5.5 设 $(\mathfrak{g}, \sigma)$ 是有效的正交对称李代数, 则存在 $\mathfrak{g}$ 的理想 $\mathfrak{g}_0, \mathfrak{g}_+, \mathfrak{g}_-$, 使得

(1) $\mathfrak{g}$ 有直和分解

$$\mathfrak{g} = \mathfrak{g}_0 \oplus \mathfrak{g}_+ \oplus \mathfrak{g}_-;$$

(2) $\mathfrak{g}_0, \mathfrak{g}_+, \mathfrak{g}_-$ 在对合自同构 σ 的作用下是不变的, 同时它们关于 $\mathfrak{g}$ 的 Killing 形式 B 是彼此正交的;

(3) 如果用 $\sigma_0, \sigma_+, \sigma_-$ 分别记 σ 在 $\mathfrak{g}_0, \mathfrak{g}_+, \mathfrak{g}_-$ 上的限制, 则 $(\mathfrak{g}_0, \sigma_0)$, $(\mathfrak{g}_+, \sigma_+)$, $(\mathfrak{g}_-, \sigma_-)$ 分别是 Euclid 型、紧型、非紧型有效正交对称李代数.

定理的证明可以参阅参考文献 [9, 第 208~210 页]. 在此只简要地介绍一下证明的主要步骤和一些事实.

设 $\mathfrak{g}$ 关于对合自同构 σ 的特征子空间分解为

$$\mathfrak{g} = \mathfrak{k} \oplus \mathfrak{m}.$$

在 $\mathfrak{m}$ 上取 $\mathrm{ad}(\mathfrak{k})$-不变的欧氏内积 Q. 这里, $\mathrm{ad}(\mathfrak{k})$ 是 $\mathfrak{k}$ 在 $\mathfrak{m} \subset \mathfrak{g}$ 上的伴随表示. 把 $\mathfrak{g}$ 的 Killing 形式 B 限制在 $\mathfrak{m}$ 上得到一个对称的双线性形式. 根据线性代数的理论, $-B$ 可以看作 $(\mathfrak{m}, Q)$ 上的一个自共轭线性变换. 用 $\mathfrak{m}_0, \mathfrak{m}_+$ 和 $\mathfrak{m}_-$ 分别记 $-B$ 的零特征值的特征子空间、正

特征值的特征子空间和负特征值的特征子空间, 则有

$$m = m_0 \oplus m_+ \oplus m_-, \tag{5.23}$$

并且

$$Q(m_0, m_+) = Q(m_0, m_-) = Q(m_+, m_-) = 0,$$
$$B(m_0, m_+) = B(m_0, m_-) = B(m_+, m_-) = 0.$$

同时, m_0, m_+, m_- 在 σ 的作用下是不变的, 在 $\mathrm{ad}_{\mathfrak{g}}(\mathfrak{k})$ 的作用下也是不变的. 另外还有

$$[m_0, m] = \{0\}, \quad [m_+, m_-] = \{0\},$$

并且 m_0 是 $\mathfrak{g}$ 的交换理想.

令

$$\mathfrak{k}_+ = [m_+, m_+], \quad \mathfrak{k}_- = [m_-, m_-],$$
$$\mathfrak{k}_0 = \{X \in \mathfrak{k}; \ B(X, \mathfrak{k}_+ \oplus \mathfrak{k}_-) = 0\}. \tag{5.24}$$

则 $\mathfrak{k}_0, \mathfrak{k}_+, \mathfrak{k}_-$ 都是 $\mathfrak{k}$ 的理想, 它们关于 $\mathfrak{g}$ 的 Killing 形式是彼此正交的, 有直和分解

$$\mathfrak{k} = \mathfrak{k}_0 \oplus \mathfrak{k}_+ \oplus \mathfrak{k}_-, \tag{5.25}$$

并且满足关系式

$$[\mathfrak{k}_0, m_+] = [\mathfrak{k}_0, m_-] = \{0\}, \quad [\mathfrak{k}_+, m_0] = [\mathfrak{k}_+, m_-] = \{0\},$$
$$[\mathfrak{k}_-, m_0] = [\mathfrak{k}_-, m_+] = \{0\}.$$

再令

$$\mathfrak{g}_0 = \mathfrak{k}_0 + m_0, \quad \mathfrak{g}_+ = \mathfrak{k}_+ + m_+, \quad \mathfrak{g}_- = \mathfrak{k}_- + m_-, \tag{5.26}$$

则 $\mathfrak{g}_0, \mathfrak{g}_+, \mathfrak{g}_-$ 就是定理所断言的 $\mathfrak{g}$ 的理想. 定理得证.

在紧型和非紧型有效正交对称李代数之间有着密切的联系，而这种联系是通过对偶关系来实现的.

设 $(\mathfrak{g}, \sigma)$ 是一个正交对称李代数，$\mathfrak{g} = \mathfrak{k} \oplus \mathfrak{m}$ 是 $\mathfrak{g}$ 关于 σ 的特征子空间分解. 假定 $\mathfrak{g}^{\mathbb{C}}$ 是 $\mathfrak{g}$ 的复化李代数，将 σ 作复线性扩张成为 $\mathfrak{g}^{\mathbb{C}}$ 上的对合自同构 (仍记为 σ)，则 $\mathfrak{g}^{\mathbb{C}}$ 关于 σ 的特征子空间分解为

$$\mathfrak{g}^{\mathbb{C}} = \mathfrak{k}^{\mathbb{C}} \oplus \mathfrak{m}^{\mathbb{C}}. \tag{5.27}$$

如果以 τ 表示在 $\mathfrak{g}^{\mathbb{C}}$ 上关于 $\mathfrak{g}$ 的共轭映射，则容易验证 $\sigma \circ \tau = \tau \circ \sigma$.

令 $\tilde{\tau} = \sigma \circ \tau$，则 $\tilde{\tau}$ 是 $\mathfrak{g}^{\mathbb{C}}$ 的一个半对合，其不动点集为

$$\tilde{\mathfrak{g}} = \mathfrak{k} \oplus \sqrt{-1}\, \mathfrak{m}. \tag{5.28}$$

因此 $\tilde{\mathfrak{g}}$ 也是 $\mathfrak{g}^{\mathbb{C}}$ 的一个实形式，同时 $\tilde{\mathfrak{g}}$ 在 σ 的作用下是不变的. 把 σ 在 $\tilde{\mathfrak{g}}$ 上的限制记为 $\tilde{\sigma}$，则 $\tilde{\sigma}$ 是 $\tilde{\mathfrak{g}}$ 的对合自同构，并且 $\tilde{\mathfrak{g}}$ 关于 $\tilde{\sigma}$ 的特征子空间分解恰好是 (5.28) 式. 如此得到的 $(\tilde{\mathfrak{g}}, \tilde{\sigma})$ 称为 $(\mathfrak{g}, \sigma)$ 的 **对偶**.

定理 5.6 设 $(\mathfrak{g}, \sigma)$ 是正交对称李代数，$(\tilde{\mathfrak{g}}, \tilde{\sigma})$ 是它的对偶，则

(1) $(\tilde{\mathfrak{g}}, \tilde{\sigma})$ 也是正交对称李代数，并且它的对偶是 $(\mathfrak{g}, \sigma)$;

(2) $(\mathfrak{g}, \sigma)$ 是有效的当且仅当 $(\tilde{\mathfrak{g}}, \tilde{\sigma})$ 是有效的;

(3) 如果 $(\mathfrak{g}, \sigma)$ 是紧型的，则 $(\tilde{\mathfrak{g}}, \tilde{\sigma})$ 是非紧型的; 如果 $(\mathfrak{g}, \sigma)$ 是非紧型的，则 $(\tilde{\mathfrak{g}}, \tilde{\sigma})$ 是紧型的; 如果 $(\mathfrak{g}, \sigma)$ 是 Euclid 型的，则 $(\tilde{\mathfrak{g}}, \tilde{\sigma})$ 也是 Euclid 型的.

定理 5.6 的证明只是常规的逐条验证，请读者自己来完成.

定理 5.7 设 $(\mathfrak{g}, \sigma)$ 是有效的正交对称李代数，且 $\mathfrak{g}$ 是半单的，则 $\mathfrak{g}$ 的 Killing 型 B 在 $\mathfrak{k}$ 上的限制是负定的. 如果 $(\mathfrak{g}, \sigma)$ 是紧型的，则 B 在 $\mathfrak{m}$ 上的限制也是负定的; 如果 $(\mathfrak{g}, \sigma)$ 是非紧型的，则 B 在 $\mathfrak{m}$ 上的限制是正定的.

证明 上述定理的第一个结论恰好是定理 5.3 的 (4)，但是在这里作统一的处理.

设 $(\mathfrak{g}, \sigma)$ 是紧型正交对称李代数, 则 $\mathfrak{g}$ 是紧致半单李代数, 于是 $\mathfrak{g}$ 的 Killing 型 B 是负定的, 故它在 $\mathfrak{k}, \mathfrak{m}$ 上的限制都是负定的.

若 $(\mathfrak{g}, \sigma)$ 是非紧型正交对称李代数, 则它的对偶 $(\tilde{\mathfrak{g}}, \tilde{\sigma})$ 是紧型正交对称李代数, 且

$$\mathfrak{g} = \mathfrak{k} \oplus \mathfrak{m}, \qquad \tilde{\mathfrak{g}} = \mathfrak{k} \oplus \sqrt{-1}\, \mathfrak{m}.$$

如例 5.2 中所述, $\mathfrak{g}$ 和 $\tilde{\mathfrak{g}}$ 都是 $\mathfrak{g}^{\mathbb{C}}$ 的实形式, 故 $\mathfrak{g}$ 和 $\tilde{\mathfrak{g}}$ 的 Killing 型都是 $\mathfrak{g}^{\mathbb{C}}$ 的 Killing 型 B 在 $\mathfrak{g}$ 和 $\tilde{\mathfrak{g}}$ 上的限制. 然而 $(\tilde{\mathfrak{g}}, \tilde{\sigma})$ 是紧型的, 故 B 在 $\sqrt{-1}\, \mathfrak{m}$ 上的限制是负定的, 因此 B 在 $\mathfrak{m}$ 上的限制是正定的. 证毕.

定理 5.8　设 M 是单连通的的黎曼对称空间, 则 M 等距于黎曼乘积空间 $M_0 \times M_+ \times M_-$, 其中 M_0 是欧氏空间, M_+ 是单连通的紧型黎曼对称空间, M_- 是单连通的非紧型黎曼对称空间.

证明　用 G 表示 M 的等距变换群 $I(M)$ 的单位元连通分支, K 表示 G 在任意一个固定点 $O \in M$ 的迷向子群, 则有 $M = G/K$.

设 $(\tilde{G}, \varphi)$ 是 G 的通用覆叠群, φ 是相应的覆叠映射. 用 $\tilde{K}$ 表示 $\varphi^{-1}(K)$ 的单位元连通分支. 定义映射 $\psi : \tilde{G}/\tilde{K} \to G/K$, 使得

$$\psi(g\tilde{K}) = \varphi(g) \cdot K, \quad \forall g \in \tilde{G}, \tag{5.29}$$

则 $\psi : \tilde{G}/\tilde{K} \to G/K$ 是 $M = G/K$ 的通用覆叠映射 (参看注记 5.1). 因为 M 是单连通的, 所以 ψ 是光滑同胚, 即 $M = G/K$ 等同于 $\tilde{G}/\tilde{K}$. 设 $\tilde{G}($和 $G)$ 的李代数是 $\mathfrak{g}$, 则根据定理 5.5, $\mathfrak{g}$ 有直和分解

$$\mathfrak{g} = \mathfrak{g}_0 \oplus \mathfrak{g}_+ \oplus \mathfrak{g}_-;$$

对应地, $\tilde{G}$ 有直积分解 (参阅参考文献 [12])

$$\tilde{G} = G_0 \times G_+ \times G_-,$$

其中 G_0, G_+ 和 G_- 都是单连通李群. 另外, 对于分解式 (5.25), $\tilde{K}$ 又有直积分解

$$\tilde{K} = K_0 \times K_+ \times K_-.$$

因此

$$M = \tilde{G}/\tilde{K} = (G_0/K_0) \times (G_+/K_+) \times (G_-/K_-).$$

令

$$M_0 = G_0/K_0, \quad M_+ = G_+/K_+, \quad M_- = G_-/K_-,$$

则 M_0, M_+ 和 M_- 都是单连通的, 并且分别是 Euclid 型、紧型和非紧型黎曼对称空间. 此外, 由于 Euclid 型黎曼对称空间是平坦的, 因而是局部欧氏空间. 再由单连通性, M_0 光滑等距于一个欧氏空间 (参看第五章的推论 5.3). 定理得证.

9.5.5 半单型黎曼对称空间

紧型和非紧型黎曼对称空间统称为 **半单型黎曼对称空间**. 下面的定理说明, 对于半单型黎曼对称空间而言, 其等距变换群的单位元连通分支是一个半单李群.

定理 5.9 设 (G, K, σ) 是黎曼对称对, 其中 G 是半单李群, 它有效地作用在黎曼对称空间 $M = G/K$ 上. 则 G 恰好是 M 的等距变换群 $I(M)$ 的单位元连通分支 $I_0(M)$.

证明 令 $p = [e] = K$. 设 G 和 K 的李代数分别是 $\mathfrak{g}$ 和 $\mathfrak{k}$, 则有分解式

$$\mathfrak{g} = \mathfrak{k} \oplus \mathfrak{m},$$

其中 $\mathfrak{m} = \{X \in \mathfrak{g}; \sigma_{*e}(X) = -X\}$ 与切空间 T_pM 同构.

再令 $G' = I_0(M)$. 设 K' 是 G' 在点 p 的迷向子群. 另一方面, M 在点 p 的中心对称 σ_p 给出了 G' 的对合自同构 $\sigma' : G' \to G'$(参看定理 3.1). 因为 G 在 M 上的作用是有效的, 所以 G 同构于 M 的等距变换群的一个子群, 因而是 G' 的连通子群, 并且 $K \subset K'$. 如果用 $\mathfrak{g}', \mathfrak{k}'$ 分别表示 G', K' 的李代数, 则 $\mathfrak{g}'$ 也有向量空间的直和分解

$$\mathfrak{g}' = \mathfrak{k}' \oplus \mathfrak{m}',$$

其中 $\mathfrak{m}' = \{X \in G'; \; \sigma'_{*e}(X) = -X\}$ 与 T_pM 也是同构的.

由于 $\mathfrak{g} \subset \mathfrak{g}'$, $\mathfrak{k} \subset \mathfrak{k}'$, 不难知道 $\sigma_{*e} = \sigma'_{*e}|_{\mathfrak{g}}$, 从而有 $\mathfrak{m} \subset \mathfrak{m}'$. 但是 $\mathfrak{m}$ 和 $\mathfrak{m}'$ 同构, 所以 $\mathfrak{m} = \mathfrak{m}'$. 再根据定理 5.5, $\mathfrak{g}'$ 有直和分解

$$\mathfrak{g}' = \mathfrak{g}_0 \oplus \mathfrak{g}_+ \oplus \mathfrak{g}_-,$$

相应地有

$$\mathfrak{k}' = \mathfrak{k}_0 \oplus \mathfrak{k}_+ \oplus \mathfrak{k}_-, \quad \mathfrak{m}' = \mathfrak{m}_0 \oplus \mathfrak{m}_+ \oplus \mathfrak{m}_-,$$

其中最后一式是向量空间的直和分解. 同时还有

$$\mathfrak{g}_0 = \mathfrak{k}_0 \oplus \mathfrak{m}_0, \quad \mathfrak{g}_\pm = \mathfrak{k}_\pm \oplus \mathfrak{m}_\pm, \quad [\mathfrak{m}_\pm, \mathfrak{m}_\pm] = \mathfrak{k}_\pm.$$

在定理 5.5 的证明过程中知道, $\mathfrak{m}_0$ 不仅是 $\mathfrak{g}_0$ 的交换理想, 而且是 $\mathfrak{g}'$ 的交换理想, 因而它也是 $\mathfrak{g}$ 的交换理想. 由于 $\mathfrak{g}$ 的半单性, $\mathfrak{g}$ 上的 Killing 形式 B 是非退化的, 故 $\mathfrak{m}_0 = \{0\}$. 因为 $\mathfrak{k}_0$ 是 $\mathfrak{g}'$ 的理想, 所以 $K_0 = \exp \mathfrak{k}_0$ 是 G' 的正规子群, 且有 $K_0 \subset K'$. 但是 G' 在 M 上的作用是有效的, 所以 K' 不含有 G' 的任何非平凡正规子群, 从而有 $\mathfrak{k}_0 = \{0\}$. 这样,

$$\mathfrak{g} \subset \mathfrak{g}' = \mathfrak{g}_+ \oplus \mathfrak{g}_- = \mathfrak{k}_+ \oplus \mathfrak{k}_- \oplus \mathfrak{m}_+ \oplus \mathfrak{m}_-$$

$$= [\mathfrak{m}_+, \mathfrak{m}_+] \oplus [\mathfrak{m}_-, \mathfrak{m}_-] \oplus \mathfrak{m}_+ \oplus \mathfrak{m}_-$$

$$\subset [\mathfrak{m}, \mathfrak{m}] \oplus \mathfrak{m} \subset \mathfrak{g}.$$

因此 $\mathfrak{g} = \mathfrak{g}'$, 从而 $G = G' = I_0(M)$. 证毕.

半单型黎曼对称空间还能作进一步的分解. 为了说明这一点, 先引进一个概念.

定义 5.6 设 $(\mathfrak{g}, \sigma)$ 是半单型有效正交对称李代数, $\mathfrak{g}$ 关于 σ 的特征子空间直和分解是 $\mathfrak{g} = \mathfrak{k} \oplus \mathfrak{m}$. 如果迷向表示 $\mathrm{ad}: \mathfrak{k} \to \mathrm{Hom}(\mathfrak{m})$ 是不可约的, 即 $\mathfrak{m}$ 没有非平凡的 $\mathrm{ad}\mathfrak{k}$-不变子空间, 则称 $(\mathfrak{g}, \sigma)$ 是 **不可约** 的.

如果半单型黎曼对称对 (G, K, σ) 所对应的正交对称李代数 $(\mathfrak{g}, \sigma)$ 是不可约的, 则称 $M = G/K$ 是 **不可约的黎曼对称空间**.

在这里, 由于 $[\mathfrak{m}, \mathfrak{k}] \subset \mathfrak{m}$, 若对于任意的 $X \in \mathfrak{k}, Y \in \mathfrak{m}$, 命 $\mathrm{ad}X(Y) = [X, Y]$, 则 $\mathrm{ad}X \in \mathrm{Hom}(\mathfrak{m})$. 同态 $\mathrm{ad} : \mathfrak{k} \to \mathrm{Hom}(\mathfrak{m})$ 称为 $\mathfrak{k}$ 的迷向表示.

定理 5.10 设 $(\mathfrak{g}, \sigma)$ 是不可约正交对称李代数, 则 $\mathfrak{g}$ 或者是单李代数, 或者是理想的直和 $\mathfrak{g}_1 \oplus \sigma(\mathfrak{g}_1)$, 其中 $\mathfrak{g}_1$ 是 $\mathfrak{g}$ 的紧单理想.

证明 设 $\mathfrak{g}$ 不是单李代数. 由 $\mathfrak{g}$ 的半单性可知, $\mathfrak{g}$ 有单理想 $\mathfrak{g}_1$, 并且 $\mathfrak{g}_1^\perp = \{X \in \mathfrak{g}; B(X, \mathfrak{g}_1) = 0\}$ 是 $\mathfrak{g}$ 的非零理想. 显然, $\mathfrak{g}$ 有直和分解

$$\mathfrak{g} = \mathfrak{g}_1 \oplus \mathfrak{g}_1^\perp.$$

由于 $\sigma(\mathfrak{g}_1)$ 也是 $\mathfrak{g}$ 的单理想, 所以或者有 $\sigma(\mathfrak{g}_1) = \mathfrak{g}_1$, 或者有 $\sigma(\mathfrak{g}_1) \cap \mathfrak{g}_1 = \{0\}$.

如果 $\sigma(\mathfrak{g}_1) = \mathfrak{g}_1$, 由于 σ 是 $\mathfrak{g}$ 的自同构, 故

$$B(\mathfrak{g}_1, \sigma(\mathfrak{g}_1^\perp)) = B(\sigma(\mathfrak{g}_1), \mathfrak{g}_1^\perp) = B(\mathfrak{g}_1, \mathfrak{g}_1^\perp) = 0,$$

可以得知 $\sigma(\mathfrak{g}_1^\perp) = \mathfrak{g}_1^\perp$. 分别设 $\mathfrak{g}_1, \mathfrak{g}_1^\perp$ 中对应于 σ 的特征值 -1 的特征子空间为 $\mathfrak{m}_1, \mathfrak{m}_1^\perp$, 则 $\mathfrak{m} = \mathfrak{m}_1 \oplus \mathfrak{m}_1^\perp$. 由于 $\mathfrak{g}_1$ 和 $\mathfrak{g}_1^\perp$ 都是 $\mathfrak{g}$ 的理想, $\mathfrak{g}_1$ 和 $\mathfrak{g}_1^\perp$ 都不会包含在 $\mathfrak{k}$ 之内, 于是 $\mathfrak{m}_1 \neq \{0\}$, $\mathfrak{m}_1^\perp \neq \{0\}$. 所以 $\mathfrak{m}_1$ 和 $\mathfrak{m}_1^\perp$ 都是 $\mathrm{ad}_\mathfrak{g}(\mathfrak{k})$ 的非零不变子空间. 这与 $(\mathfrak{g}, \sigma)$ 的不可约性相矛盾.

如果 $\sigma(\mathfrak{g}_1) \cap \mathfrak{g}_1 = \{0\}$, 则有

$$\mathfrak{g} = \mathfrak{g}_1 \oplus \sigma(\mathfrak{g}_1) \oplus \mathfrak{g}_2,$$

其中 $\mathfrak{g}_2 = (\mathfrak{g}_1 \oplus \sigma(\mathfrak{g}_1))^\perp$. 易知 $\sigma(\mathfrak{g}_2) = \mathfrak{g}_2$. 如果 $\mathfrak{g}_2 \neq \{0\}$, 那么仿照前面的推理可知 $(\mathfrak{g}, \sigma)$ 是可约的, 与假设矛盾. 这说明 $\mathfrak{g}_2 = \{0\}$, 从而有 $\mathfrak{g} = \mathfrak{g}_1 \oplus \sigma(\mathfrak{g}_1)$.

很明显,

$$\mathfrak{k} = \{X + \sigma(X); X \in \mathfrak{g}_1\}, \quad \mathfrak{m} = \{X - \sigma(X); X \in \mathfrak{g}_1\}.$$

所以, $\mathfrak{k}$ 与 $\mathfrak{g}_1$ 同构, 因而 $\mathfrak{g}_1$ 是紧致单李代数. 证毕.

注记 5.3 设 $(\mathfrak{g}, \sigma)$ 是有效的正交对称李代数. 容易验证: 如果 $\mathfrak{g}$ 是单李代数, 或存在 $\mathfrak{g}$ 的紧单理想 $\mathfrak{g}_1$ 使得 $\mathfrak{g} = \mathfrak{g}_1 \oplus \sigma(\mathfrak{g}_1)$, 则 $(\mathfrak{g}, \sigma)$ 是不可约的.

现在有更进一步的分解定理:

定理 5.11 设 $(\mathfrak{g}, \sigma)$ 是半单的有效正交对称李代数, 则 $(\mathfrak{g}, \sigma)$ 可以分解为若干不可约的正交对称李代数的直和:

$$(\mathfrak{g}, \sigma) = (\mathfrak{g}_1, \sigma_1) \oplus \cdots \oplus (\mathfrak{g}_r, \sigma_r),$$

并且除了排列次序外, 上述分解是唯一的.

证明 这里只叙述证明的主要过程, 细节可以参阅参考文献 [7].

设 $\mathfrak{g}$ 关于 σ 有特征子空间分解 $\mathfrak{g} = \mathfrak{k} \oplus \mathfrak{m}$, 其中 $[\mathfrak{m}, \mathfrak{m}] \subset \mathfrak{k}$. 由于 $\mathfrak{g}$ 是半单的, 其 Killing 形式 B 是非退化的. 又因为 $(\mathfrak{g}, \sigma)$ 是有效的, 所以根据定理 5.3 之 (4), B 在 $\mathfrak{k}$ 上的限制是负定的. 由此不难知道, $[\mathfrak{m}, \mathfrak{m}] = \mathfrak{k}$ (参看本章习题第 26 题). 设 $\mathfrak{m}$ 可以分解为 $\mathrm{ad}_{\mathfrak{g}}(\mathfrak{k})$-不变的不可约子空间的直和

$$\mathfrak{m} = \mathfrak{m}_1 \oplus \cdots \oplus \mathfrak{m}_r, \tag{5.30}$$

那么当 $i \neq j$ 时, $B(\mathfrak{m}_i, \mathfrak{m}_j) = 0$.

因为 $B(\mathfrak{k}, \mathfrak{m}) = 0$ (参看定理 5.3), 并且 $[\mathfrak{m}, \mathfrak{m}] = \mathfrak{k}$, 所以利用 (5.7) 式可知, 当 $i \neq j$ 时

$$B(\mathfrak{m}, [\mathfrak{m}_i, \mathfrak{m}_j]) = B(\mathfrak{k}, [\mathfrak{m}_i, \mathfrak{m}_j]) = B([\mathfrak{k}, \mathfrak{m}_i], \mathfrak{m}_j) = 0.$$

于是

$$B(\mathfrak{g}, [\mathfrak{m}_i, \mathfrak{m}_j]) = 0.$$

由 B 的非退化性得知

$$[\mathfrak{m}_i, \mathfrak{m}_j] = 0, \quad \forall i \neq j.$$

对于每一个 i, 令

$$\mathfrak{k}_i = [\mathfrak{m}_i, \mathfrak{m}_i], \quad \mathfrak{g}_i = \mathfrak{k}_i + \mathfrak{m}_i, \tag{5.31}$$

则有

$$\mathfrak{k} = [\mathfrak{m}, \mathfrak{m}] = \sum_i [\mathfrak{m}_i, \mathfrak{m}_i] = \sum_i \mathfrak{k}_i, \quad [\mathfrak{k}_i, \mathfrak{m}_i] \subset \mathfrak{m}_i. \tag{5.32}$$

同时, 当 $i \neq j$ 时,

$$[\mathfrak{k}_i, \mathfrak{m}_j] = [[\mathfrak{m}_i, \mathfrak{m}_i], \mathfrak{m}_j] = [[\mathfrak{m}_i, \mathfrak{m}_j], \mathfrak{m}_i] = 0. \tag{5.33}$$

于是

$$\mathfrak{g} = \mathfrak{k} + \mathfrak{m} = \mathfrak{g}_1 \oplus \cdots \oplus \mathfrak{g}_r.$$

因为

$$[\mathfrak{g}, \mathfrak{m}_i] = [\mathfrak{k} \oplus \mathfrak{m}, \mathfrak{m}_i] = [\mathfrak{k}, \mathfrak{m}_i] + \sum_j [\mathfrak{m}_j, \mathfrak{m}_i] \subset \mathfrak{m}_i + \mathfrak{k}_i = \mathfrak{g}_i,$$

$$[\mathfrak{g}, \mathfrak{k}_i] = [\mathfrak{g}, [\mathfrak{m}_i, \mathfrak{m}_i]] = [[\mathfrak{g}, \mathfrak{m}_i], \mathfrak{m}_i] \subset [\mathfrak{g}_i, \mathfrak{m}_i] \subset \mathfrak{g}_i,$$

所以 $[\mathfrak{g}, \mathfrak{g}_i] \subset \mathfrak{g}_i$, 因而 $\mathfrak{g}_i$ 是 $\mathfrak{g}$ 的理想.

另一方面, 容易得到, 当 $i \neq j$ 时,

$$B(\mathfrak{k}_i, \mathfrak{k}_j) = B(\mathfrak{k}_i, \mathfrak{m}_j) = B(\mathfrak{m}_i, \mathfrak{m}_j) = 0.$$

于是, $B(\mathfrak{g}_i, \mathfrak{g}_j) = 0 (\forall i \neq j)$. 从而有

$$\mathfrak{g} = \mathfrak{g}_1 \oplus \cdots \oplus \mathfrak{g}_r.$$

由 $\mathfrak{m}_i$ 的定义可知, $\sigma(\mathfrak{m}_i) = \mathfrak{m}_i$, 因此 $\sigma(\mathfrak{g}_i) = \mathfrak{g}_i$. 令 $\sigma_i \doteq \sigma|_{\mathfrak{g}_i}$, 则 $(\mathfrak{g}_i, \sigma_i)$ 是正交对称李代数. 根据 (5.33) 式, $\mathrm{ad}_{\mathfrak{g}}(\mathfrak{k}_i) = \mathrm{ad}_{\mathfrak{g}}(\mathfrak{k})|_{\mathfrak{m}_i}$. 注意到 $\mathfrak{m}_i$ 是 $\mathrm{ad}_{\mathfrak{g}}(\mathfrak{k})$ 的不变子空间, 因而也是 $\mathrm{ad}_{\mathfrak{g}}(\mathfrak{k}_i)$ 的不变子空间. 同时, $\mathrm{ad}_{\mathfrak{g}}(\mathfrak{k})$ 在 $\mathfrak{m}_i$ 上的不可约性意味着 $\mathrm{ad}_{\mathfrak{g}}(\mathfrak{m}_i)$ 在 $\mathfrak{m}_i$ 上也是不可约的. 因此, $(\mathfrak{g}_i, \sigma_i)$ 是不可约的正交对称李代数.

设 $\mathfrak{g}$ 有另一个分解

$$(\mathfrak{g},\sigma) = (\mathfrak{g}_1',\sigma_1') \oplus \cdots \oplus (\mathfrak{g}_t',\sigma_t'),$$

使得

$$\mathfrak{g}_i' = \mathfrak{k}_i' \oplus \mathfrak{m}_i', \quad \mathfrak{k}_i' = [\mathfrak{m}_i',\mathfrak{m}_i'].$$

由于 $[\mathfrak{k}_i,[\mathfrak{k}_i,\mathfrak{m}_i]] \subset [\mathfrak{k}_i,\mathfrak{m}_i]$, 易知 $[\mathfrak{k}_i,\mathfrak{m}_i]$ 是 $\mathfrak{m}_i$ 中的 $\mathrm{ad}_\mathfrak{g}(\mathfrak{k}_i)$-不变子空间. 因为 $\mathfrak{m}_i$ 是不可约的, 所以 $[\mathfrak{k}_i,\mathfrak{m}_i] = \mathfrak{m}_i$. 结合 (5.33) 式, 又得 $[\mathfrak{k}_i,\mathfrak{m}] = \mathfrak{m}_i$. 注意到 $\mathfrak{m}_j'$ 是 $\mathrm{ad}_\mathfrak{g} : \mathfrak{k} \to \mathrm{Hom}(\mathfrak{m})$ 的不可约不变子空间, 可知它在 $\mathrm{ad}_\mathfrak{g}(\mathfrak{k}_i)$ 的作用下是不变的, 即有 $[\mathfrak{k}_i,\mathfrak{m}_j'] \subset \mathfrak{m}_j'$. 由于 $[\mathfrak{k}_i,\mathfrak{m}] = \mathfrak{m}_i \neq \{0\}$, 故必有某个 j 使得 $[\mathfrak{k}_i,\mathfrak{m}_j'] \neq \{0\}$. 所以

$$[\mathfrak{k}_j',[\mathfrak{k}_i,\mathfrak{m}_j']] \subset [[\mathfrak{k}_j',\mathfrak{k}_i],\mathfrak{m}_j'] + [\mathfrak{k}_i,[\mathfrak{k}_j',\mathfrak{m}_j']] \subset [\mathfrak{k}_i,\mathfrak{m}_j'].$$

于是 $[\mathfrak{k}_i,\mathfrak{m}_j']$ 是在 $\mathfrak{m}_j'$ 中非零的 $\mathrm{ad}_\mathfrak{g}(\mathfrak{k}_j')$-不变子空间. 根据 $\mathfrak{m}_j'$ 的不可约性得

$$\mathfrak{m}_j' = [\mathfrak{k}_i,\mathfrak{m}_j'] \subset [\mathfrak{k}_i,\mathfrak{m}] = \mathfrak{m}_i.$$

注意到 $\mathfrak{m}_j'$ 是 $\mathrm{ad}_\mathfrak{g}(\mathfrak{k}_i)$-不变子空间, 并利用 $\mathfrak{m}_i$ 的不可约性便可得到 $\mathfrak{m}_j' = \mathfrak{m}_i$.

由此不难看出, $r = t$, 并且 $\mathfrak{m}_1',\cdots,\mathfrak{m}_t'$ 是 $\mathfrak{m}_1,\cdots,\mathfrak{m}_r$ 的一个排列, 因而 $\mathfrak{g}_1',\cdots,\mathfrak{g}_t'$ 是 $\mathfrak{g}_1,\cdots,\mathfrak{g}_r$ 的排列.

推论 5.12   设 M 是单连通的半单型黎曼对称空间, 则 M 可以分解为单连通的不可约黎曼对称空间的乘积.

上述推论的证明与定理 5.8 的证明相类似, 请读者自己来完成.

§9.6   黎曼对称空间的曲率张量

黎曼对称空间 M 可以表示成齐性空间 $M = G/K$. 此时, M 上的黎曼度量是 G-不变的. 本节的目的是, 利用与 M 相对应的正交对

称李代数 $(\mathfrak{g}, \sigma)$ 把 M 上的黎曼联络和曲率张量表示出来, 然后给出 Euclid 型、紧型、非紧型黎曼对称空间的曲率特征.

我们从 M 上的 Killing 向量场出发进行讨论. 在第二章习题的第 23 题中曾经给出过 Killing 向量场的定义和特征. 为了便于应用, 在这里重新叙述它的定义.

定义 6.1 设 (M, g) 是 m 维黎曼流形, $X \in \mathfrak{X}(M)$. 对于点 $p \in M$, 设 $\varphi^{(p)} : (-\epsilon_p, \epsilon_p) \times U_p \to M$ 是 X 所生成的局部单参数变换群, 其中 $U_p \subset M$ 是点 p 的某个开邻域. 如果对于每一点 $p \in M$ 以及任意的 $t \in (-\epsilon_p, \epsilon_p)$, 映射 $\varphi_t^{(p)} = \varphi^{(p)}(t, \cdot) : U_p \to M$ 是局部光滑等距, 则称 X 是 M 上的 **Killing 向量场**.

简单地说, M 上的 Killing 向量场是作用在 M 上的单参数局部等距变换群所诱导的切向量场.

现设 X 是 M 上的 Killing 向量场, $\varphi(t, p)$ 是 X 所生成的局部单参数等距变换群. 记

$$\langle Y, Z \rangle = g(Y, Z), \quad \forall\, Y, Z \in \mathfrak{X}(M).$$

则对于任意的 $p \in M$ 和充分小的 t 有

$$\langle (\varphi_{-t})_* Y, (\varphi_{-t})_* Z \rangle(p) = \langle Y, Z \rangle(\varphi_t(p)).$$

把算子 $\dfrac{\mathrm{d}}{\mathrm{d}t}\Big|_{t=0}$ 作用到上式的两端并且利用等式 (参看参考文献 [3, 第三章, 定理 3.5])

$$\frac{\mathrm{d}}{\mathrm{d}t}\Big|_{t=0} (\varphi_{-t})_* Y = [X, Y],$$

可得

$$X\langle Y, Z \rangle = \langle [X, Y], Z \rangle + \langle Y, [X, Z] \rangle.$$

再利用黎曼联络的性质, 将上式展开便有

$$\langle \mathrm{D}_Y X, Z \rangle + \langle \mathrm{D}_Z X, Y \rangle = 0, \quad \forall\, Y, Z \in \mathfrak{X}(M). \tag{6.1}$$

设 G 是黎曼流形 (M, g) 的等距变换群的单位元连通分支. 如果 G 是非平凡的, 则 G 是维数 ≥ 1 的李群, 并且是 (左) 作用在 M 上的李氏变换群 (参看命题 2.9).

用 $\mathfrak{g} = T_e G$ 表示 G 的李代数, 其中的李代数乘法是由左不变向量场的 Poisson 括号积诱导的. 对于任意的 $\xi \in T_e G$, $\exp(t\xi)(t \in \mathbb{R})$ 是 G 的单参数子群, 它在 M 上确定了一个基本向量场

$$\tilde{\xi}(x) = \frac{\mathrm{d}}{\mathrm{d}t}\bigg|_{t=0} \exp(t\xi) \cdot x, \quad \forall\, x \in M. \tag{6.2}$$

因为 $\exp(t\xi)$ 是 M 上的单参数等距变换群, 所以 $\tilde{\xi}$ 是 M 上的 Killing 向量场. 由于 G 在 M 上的作用是有效的, 根据李氏变换群的基本定理 (参看参考文献 [3, 第六章, 定理 5.1]), 在 M 上由 (6.2) 式给出的 Killing 向量场构成一个李代数, 它与李群 G 上的右不变向量场所构成的李代数是同构的. 若用 $[\cdot, \cdot]$ 表示 $\mathfrak{g}$ 的李代数乘法, 则由 G 上的右不变向量场的 Poisson 括号积在 $T_e G = \mathfrak{g}$ 上诱导的乘法是 $-[\cdot, \cdot]$(参看参考文献 [3, 第六章, 习题 16]). 因此, 若 $\xi, \eta \in T_e G$, 则 $[\tilde{\xi}, \tilde{\eta}]$ 是由 $-[\xi, \eta]$ 确定的 Killing 向量场, 即

$$\begin{aligned} &[\tilde{\xi}, \tilde{\eta}](x) = -\frac{\mathrm{d}}{\mathrm{d}t}\bigg|_{t=0} \exp(t[\xi, \eta]) \cdot x, \quad \forall\, x \in M; \\ &[\tilde{\xi}, \tilde{\eta}] = -\widetilde{[\xi, \eta]}. \end{aligned} \tag{6.3}$$

定理 6.1 设 (M, g) 是黎曼流形, D 是 M 上的黎曼联络, 则对于任意三个 Killing 向量场 X, Y, Z, 有

$$\langle \mathrm{D}_X Y, Z \rangle = \frac{1}{2}(\langle [X, Y], Z \rangle + \langle [Y, Z], X \rangle - \langle [Z, X], Y \rangle). \tag{6.4}$$

证明 根据 D 的无挠性, $\mathrm{D}_X Y - \mathrm{D}_Y X = [X, Y]$, 因而

$$\langle \mathrm{D}_X Y, Z \rangle - \langle \mathrm{D}_Y X, Z \rangle = \langle [X, Y], Z \rangle.$$

由于 X 是 Killing 向量场, 从 (6.1) 式得到

$$\langle \mathrm{D}_Y X, Z \rangle = -\langle \mathrm{D}_Z X, Y \rangle.$$

于是

$$\langle D_X Y, Z \rangle + \langle D_Z X, Y \rangle = \langle [X, Y], Z \rangle. \tag{6.5}$$

因为 X, Y, Z 都为 Killing 向量场, 将上式中的 X, Y, Z 作轮换又得到

$$\langle D_Y Z, X \rangle + \langle D_X Y, Z \rangle = \langle [Y, Z], X \rangle,$$
$$\langle D_Z X, Y \rangle + \langle D_Y Z, X \rangle = \langle [Z, X], Y \rangle.$$

将前两式相加再减去第三式得到

$$2\langle D_X Y, Z \rangle = \langle [X, Y], Z \rangle + \langle [Y, Z], X \rangle - \langle [Z, X], Y \rangle,$$

此即 (6.4) 式. 证毕.

如果把定理 6.1 用于黎曼对称空间, 便可得到黎曼联络和曲率算子的表达式. 为此, 设 (G, K, σ) 是黎曼对称对, $M = G/K$ 是黎曼对称空间, 并且 G 在 M 上的左作用是有效的, 因而是左作用在 M 上的一个等距变换群. 用 $\mathfrak{g}, \mathfrak{k}$ 分别表示 G 和 K 的李代数, 则 $\mathfrak{g}$ 有关于 σ 的特征子空间分解

$$\mathfrak{g} = \mathfrak{k} \oplus \mathfrak{m},$$

其中 $\mathfrak{k}$ 和 $\mathfrak{m}$ 满足关系式

$$[\mathfrak{k}, \mathfrak{k}] \subset \mathfrak{k}, \quad [\mathfrak{m}, \mathfrak{m}] \subset \mathfrak{k}, \quad [\mathfrak{k}, \mathfrak{m}] \subset \mathfrak{m}. \tag{6.6}$$

自然投影 $\pi : G \to M = G/K$ 的切映射 $\pi_{*e} : T_e G \to T_{[e]} M$ 给出了从 $\mathfrak{g} = T_e G$ 到 $T_{[e]} M$ 的满同态. 事实上, 对于任意的 $\xi \in \mathfrak{g}$,

$$\pi_{*e}(\xi) = \frac{\mathrm{d}}{\mathrm{d}t}\bigg|_{t=0} \exp(t\xi) \cdot K. \tag{6.7}$$

若用 $\tilde{\xi}$ 表示 $\xi \in \mathfrak{g}$ 所对应的 Killing 向量场, 则由 (6.2) 式得知

$$\pi_{*e}(\xi) = \tilde{\xi}([e]). \tag{6.8}$$

很明显, 映射 π_{*e} 的核恰好是 $\mathfrak{k}$, 所以 $T_{[e]} M \cong \mathfrak{g}/\mathfrak{k} \cong \mathfrak{m}$, 并且 $\pi_{*e}|_{\mathfrak{m}} : \mathfrak{m} \to T_{[e]} M$ 是线性同构. 注意到 M 上的黎曼度量恰好是 $\mathfrak{m}$ 上的 $\mathrm{Ad}\, K$-

不变内积 $\langle \cdot, \cdot \rangle$ 通过映射 $\pi_{*e}|_\mathfrak{m}$ 移植到 $T_{[e]}M$ 上, 然后通过 G 在 M 上的左作用生成的, 所以 $\pi_{*e}|_\mathfrak{m}$ 是等距的线性同构.

对于每一个 $\xi \in \mathfrak{g}$, 定义映射 $\mathrm{ad}\,\tilde{\xi} : \mathfrak{X}(M) \to \mathfrak{X}(M)$ 如下:

$$\mathrm{ad}\,\tilde{\xi}(X) = [\tilde{\xi}, X], \quad \forall X \in \mathfrak{X}(M),$$

其中 $[\cdot, \cdot]$ 是在 M 上的光滑向量场之间的 Poisson 括号积. 用 $(\mathrm{ad}\,\tilde{\xi})^*$ 表示 $\mathrm{ad}\,\tilde{\xi}$ 的共轭映射, 即对于任意的 $X \in \mathfrak{X}(M)$ 有

$$\langle (\mathrm{ad}\,\tilde{\xi})^* \tilde{\eta}, X \rangle = \langle \tilde{\eta}, \mathrm{ad}\,\tilde{\xi}(X) \rangle = \langle \tilde{\eta}, [\tilde{\xi}, X] \rangle. \tag{6.9}$$

定理 6.2　设 $M = G/K$ 是黎曼对称对 (G, K, σ) 所对应的黎曼对称空间, G 在 M 上的作用是有效的, 则对于任意的 $\xi, \eta \in \mathfrak{g}$ 有

$$\mathrm{D}_{\tilde{\xi}}\tilde{\eta} = \frac{1}{2}\left([\tilde{\xi}, \tilde{\eta}] + (\mathrm{ad}\,\tilde{\xi})^*\tilde{\eta} + (\mathrm{ad}\,\tilde{\eta})^*\tilde{\xi}\right) \tag{6.10}$$

特别地, 当 $\xi \in \mathfrak{m}$, $\eta \in \mathfrak{m}$ 时有

$$\mathrm{D}_{\tilde{\xi}}\tilde{\eta}([e]) = 0; \tag{6.11}$$

当 $\xi \in \mathfrak{m}$, $\eta \in \mathfrak{k}$ 时有

$$\mathrm{D}_{\tilde{\xi}}\tilde{\eta}([e]) = -\widetilde{[\xi, \eta]}([e]), \tag{6.12}$$

其中 $[\xi, \eta]$ 是指李代数 $\mathfrak{g}$ 的李括号.

证明　结论 (6.10) 是表达式 (6.4) 的直接推论. 事实上, 在任意一点 $[g] \in M$, $T_{[g]}M$ 是由 $\{\tilde{\xi}([g]); \xi \in \mathfrak{g}\}$ 张成的, 因而 (6.4) 式在 $[g] \in M$ 处对于任意的 $Z \in T_{[g]}M$ 成立, 即

$$\langle \mathrm{D}_{\tilde{\xi}}\tilde{\eta}([g]), Z \rangle = \frac{1}{2}\langle (([\tilde{\xi}, \tilde{\eta}] + (\mathrm{ad}\,\tilde{\xi})^*\tilde{\eta} + (\mathrm{ad}\,\tilde{\eta})^*\tilde{\xi})([g]), Z \rangle,$$

由此得到 (6.10) 式.

当 $\xi,\eta\in\mathfrak{m}$ 时，由 (6.6) 式可知， $[\xi,\eta]\in\mathfrak{k}$，故由 (6.8) 式得知 $\widetilde{[\xi,\eta]}([e])=0$. 再由 (6.3) 式得到 $[\tilde\xi,\tilde\eta]([e])=0$. 当 $\zeta\in\mathfrak{m}$ 时，同样有 $[\tilde\eta,\tilde\zeta]([e])=0$，所以

$$\langle(\operatorname{ad}\tilde\xi)^*\tilde\eta,\tilde\zeta\rangle([e])=\langle\tilde\eta,[\tilde\xi,\tilde\zeta]\rangle([e])=0.$$

由于 ζ 的任意性和同构关系 $\mathfrak{m}\cong T_{[e]}M$，有 $(\operatorname{ad}\tilde\xi)^*\tilde\eta([e])=0$. 同理，$(\operatorname{ad}\tilde\eta)^*\tilde\xi([e])=0$. 综合起来，便得 (6.11) 式.

现设 $\xi\in\mathfrak{m}$, $\eta\in\mathfrak{k}$，则对于任意的 $\zeta\in\mathfrak{m}$ 有

$$\langle(\operatorname{ad}\tilde\eta)^*\tilde\xi,\tilde\zeta\rangle([e])=\langle\tilde\xi,[\tilde\eta,\tilde\zeta]\rangle([e])=-\langle\xi,[\eta,\zeta]\rangle.$$

由于 $\mathfrak{m}$ 上的内积是 $\operatorname{Ad}K$-不变的， $\langle\xi,[\eta,\zeta]\rangle+\langle[\eta,\xi],\zeta\rangle=0$. 所以

$$\langle(\operatorname{ad}\tilde\eta)^*\tilde\xi,\tilde\zeta\rangle([e])=\langle[\eta,\xi],\zeta\rangle=\langle\widetilde{[\eta,\xi]},\tilde\zeta\rangle([e]),$$

因此

$$(\operatorname{ad}\tilde\eta)^*\tilde\xi([e])=\widetilde{[\eta,\xi]}([e]).$$

又因为

$$\langle(\operatorname{ad}\tilde\xi)^*\tilde\eta,\tilde\zeta\rangle([e])=\langle\tilde\eta,[\tilde\xi,\tilde\zeta]\rangle([e])=0$$

故有 $(\operatorname{ad}\tilde\xi)^*\tilde\eta([e])=0$. 将上述各式代入 (6.10) 式即可得到

$$\mathrm{D}_\xi\tilde\eta([e])=-\widetilde{[\xi,\eta]}([e]).$$

证毕.

由于黎曼对称空间是齐性的，它在各点的几何性质是相同的. 要了解黎曼对称空间 $M=G/K$ 在各点的曲率特性，只要在 $[e]=K$ 处考虑即可. 此外，通过等距线性同构 $\pi_{*e}|_\mathfrak{m}:\mathfrak{m}\to T_eM$ 可以把 $T_{[e]}M$ 上的曲率张量移植为 $\mathfrak{m}$ 上的张量. 事实上，对于任意的 $\xi,\eta,\zeta,\lambda\in\mathfrak{m}$，可以定义

$$\langle\mathcal{R}(\xi,\eta)\zeta,\lambda\rangle=\langle\mathcal{R}(\tilde\xi,\tilde\eta)\tilde\zeta,\tilde\lambda\rangle([e]),\tag{6.13}$$

$$\mathcal{R}(\xi,\eta)\zeta=(\pi_{*e}|_\mathfrak{m})^{-1}\mathcal{R}(\tilde\xi,\tilde\eta)\tilde\zeta.\tag{6.14}$$

定理 6.3 设 $M = G/K$ 是如定理 6.2 所述的黎曼对称空间, 则对于任意的 $\xi, \eta, \zeta, \lambda \in \mathfrak{m}$ 有

$$\langle \mathcal{R}(\xi, \eta)\zeta, \lambda \rangle = \langle [\xi, [\zeta, \lambda]], \eta \rangle = \langle [\zeta, [\xi, \eta]], \lambda \rangle, \tag{6.15}$$

$$\mathcal{R}(\xi, \eta)\zeta = [\zeta, [\xi, \eta]]. \tag{6.16}$$

证明 根据曲率张量的定义, 对于任意的 $\xi, \eta, \zeta \in \mathfrak{m}$, 有

$$\mathcal{R}(\tilde{\xi}, \tilde{\eta})\tilde{\zeta} = (D_{\tilde{\xi}} D_{\tilde{\eta}} \tilde{\zeta} - D_{\tilde{\eta}} D_{\tilde{\xi}} \tilde{\zeta} - D_{[\tilde{\xi}, \, \tilde{\eta}]} \tilde{\zeta})([e]). \tag{6.17}$$

下面逐项进行计算. 首先由定理 6.2 的证明可知, 当 $\xi, \eta \in \mathfrak{m}$ 时, $[\tilde{\xi}, \tilde{\eta}]([e]) = 0$, 故

$$D_{[\tilde{\xi}, \, \tilde{\eta}]} \tilde{\zeta}([e]) = 0.$$

利用 (6.10) 式进行直接计算可得

$$\begin{aligned}
D_{\tilde{\xi}} D_{\tilde{\eta}} \tilde{\zeta}([e]) &= \frac{1}{2} D_{\tilde{\xi}} ([\tilde{\eta}, \tilde{\zeta}] + (\mathrm{ad}\,\tilde{\eta})^* \tilde{\zeta} + (\mathrm{ad}\,\tilde{\zeta})^* \tilde{\eta})([e]) \\
&= \frac{1}{4} ([\tilde{\xi}, [\tilde{\eta}, \tilde{\zeta}]] + (\mathrm{ad}\,\tilde{\xi})^* ([\tilde{\eta}, \tilde{\zeta}]) + (\mathrm{ad}\,[\tilde{\eta}, \tilde{\zeta}])^* \tilde{\xi})([e]) \\
&\quad + \frac{1}{2} (D_{\tilde{\xi}} ((\mathrm{ad}\,\tilde{\eta})^* \tilde{\zeta}) + D_{\tilde{\xi}} ((\mathrm{ad}\,\tilde{\zeta})^* \tilde{\eta}))([e]). \tag{6.18}
\end{aligned}$$

为了求出上式右端各项, 任意取定 $\lambda \in \mathfrak{m}$, 则不难得知

$$\langle [\tilde{\xi}, [\tilde{\eta}, \tilde{\zeta}]], \tilde{\lambda} \rangle([e]) = \langle [\xi, [\eta, \zeta]], \lambda \rangle; \tag{6.19}$$

$$\langle (\mathrm{ad}\,\tilde{\xi})^* ([\tilde{\eta}, \tilde{\zeta}]), \tilde{\lambda} \rangle([e]) = \langle [\tilde{\eta}, \tilde{\zeta}], [\tilde{\xi}, \tilde{\lambda}] \rangle([e]) = 0; \tag{6.20}$$

$$\begin{aligned}
\langle (\mathrm{ad}\,[\tilde{\eta}, \tilde{\zeta}])^* \tilde{\xi}, \tilde{\lambda} \rangle([e]) &= \langle \xi, [[\eta, \zeta], \lambda] \rangle = -\langle [[\eta, \zeta], \xi], \lambda \rangle \\
&= \langle [\xi, [\eta, \zeta]], \lambda \rangle, \tag{6.21}
\end{aligned}$$

上面最后一式的第二个等号用到了 $\mathfrak{m}$ 上内积 $\langle \cdot, \cdot \rangle$ 的 $\mathrm{Ad}\,K$-不变性, 以及 $[\eta, \zeta] \in \mathfrak{k}$ 的事实.

注意到 $\xi, \zeta, \lambda \in \mathfrak{m}$ 以及 $[\eta, \lambda] \in \mathfrak{k}$, 根据定理 6.2 容易得知

$$\langle D_{\tilde{\xi}} ((\mathrm{ad}\,\tilde{\eta})^* \tilde{\zeta}), \tilde{\lambda} \rangle([e])$$

$$= (\tilde{\xi}\langle \tilde{\zeta}, [\tilde{\eta}, \tilde{\lambda}]\rangle - \langle (\operatorname{ad}\tilde{\eta})^* \tilde{\zeta}, D_{\tilde{\xi}} \tilde{\lambda}\rangle)([e])$$

$$= (\langle D_{\tilde{\xi}} \tilde{\zeta}, [\tilde{\eta}, \tilde{\lambda}]\rangle + \langle \tilde{\zeta}, D_{\tilde{\xi}}[\tilde{\eta}, \tilde{\lambda}]\rangle)([e])$$

$$= -\langle \tilde{\zeta}, D_{\tilde{\xi}}\widetilde{[\eta, \lambda]}\rangle([e]) = \langle \zeta, [\xi, [\eta, \lambda]]\rangle. \tag{6.22}$$

同理,

$$\langle D_{\tilde{\xi}}((\operatorname{ad}\tilde{\zeta})^* \tilde{\eta}), \tilde{\lambda}\rangle([e]) = \langle \eta, [\xi, [\zeta, \lambda]]\rangle. \tag{6.23}$$

综合 (6.18)~(6.23) 各式得到

$$\langle D_{\tilde{\xi}} D_{\tilde{\eta}} \tilde{\zeta}, \tilde{\lambda}\rangle([e]) = \frac{1}{2}\left(\langle [\xi, [\eta, \zeta]], \lambda\rangle + \langle [\xi, [\eta, \lambda]], \zeta\rangle + \langle [\xi, [\zeta, \lambda]], \eta\rangle\right). \tag{6.24}$$

交换 ξ, η 的次序得到

$$\langle D_{\tilde{\eta}} D_{\tilde{\xi}} \tilde{\zeta}, \tilde{\lambda}\rangle([e]) = \frac{1}{2}\left(\langle [\eta, [\xi, \zeta]], \lambda\rangle + \langle [\eta, [\xi, \lambda]], \zeta\rangle + \langle [\eta, [\zeta, \lambda]], \xi\rangle\right). \tag{6.25}$$

再根据 Jacobi 恒等式以及由内积 $\langle \cdot, \cdot \rangle$ 的 Ad K-不变性给出的恒等式

$$\langle [\xi, [\eta, \zeta]], \lambda\rangle = -\langle \xi, [\lambda, [\eta, \zeta]]\rangle \tag{6.26}$$

可知,

$$\begin{aligned}
\langle \mathcal{R}(\xi, \eta)\zeta, \lambda\rangle &= \langle \mathcal{R}(\tilde{\xi}, \tilde{\eta})(\tilde{\zeta}), \tilde{\lambda}\rangle \\
&= \frac{1}{2}(\langle [\xi, [\eta, \zeta]], \lambda\rangle - \langle [\eta, [\xi, \zeta]], \lambda\rangle + \langle [\xi, [\eta, \lambda]], \zeta\rangle \\
&\quad - \langle [\eta, [\xi, \lambda]], \zeta\rangle + \langle [\xi, [\zeta, \lambda]], \eta\rangle - \langle [\eta, [\zeta, \lambda]], \xi\rangle) \\
&= \frac{1}{2}(\langle [\zeta, [\eta, \xi]], \lambda\rangle + \langle [\lambda, [\eta, \xi]], \zeta\rangle + \langle [\xi, [\zeta, \lambda]], \eta\rangle \\
&\quad - \langle [\eta, [\zeta, \lambda]], \xi\rangle) \\
&= \langle [\xi, [\zeta, \lambda]], \eta\rangle. \tag{6.27}
\end{aligned}$$

将上式用于 $\langle \mathcal{R}(\zeta, \lambda)\xi, \eta\rangle$ 得到

$$\langle \mathcal{R}(\zeta, \lambda)\xi, \eta\rangle = \langle [\zeta, [\xi, \eta]], \lambda\rangle.$$

由于

$$\langle \mathcal{R}(\xi, \eta)\zeta, \lambda \rangle = \langle \mathcal{R}(\zeta, \lambda)\xi, \eta \rangle,$$

故有

$$\langle \mathcal{R}(\xi, \eta)\zeta, \lambda \rangle = \langle [\zeta, [\xi, \eta]], \lambda \rangle,$$

此即 (6.15) 式. 再由 $\lambda \in \mathfrak{m}$ 的任意性得知 (6.16) 式成立. 定理得证.

定理 6.4   紧型黎曼对称空间的截面曲率非负; 非紧型黎曼对称空间的截面曲率非正;   Euclid 型黎曼对称空间的截面曲率恒为零.

证明   从 (6.16) 式可知, 黎曼对称空间的曲率张量与它的 G-不变黎曼度量的选取无关. 另外根据注记 3.1, 不可约黎曼对称空间上的黎曼度量可以确定到只差一个正的常数因子, 而半单型单连通黎曼对称空间能分解成不可约的单连通黎曼对称空间的乘积. 由此不难看出, 黎曼对称空间 M 的截面曲率的符号与 G-不变黎曼度量的选择无关.

设 $M = G/K$ 是半单型黎曼对称空间. 则对于任意两个彼此正交的单位向量 $X, Y \in \mathfrak{m}$, 沿二维截面 $[X \wedge Y]$ 的截面曲率为

$$\begin{aligned} K(X, Y) &= - R(X, Y, X, Y) = -\langle \mathcal{R}(X, Y)X, Y \rangle \\ &= - \langle [X, [X, Y]], Y \rangle. \end{aligned} \tag{6.28}$$

若 M 是紧型黎曼对称空间, 则 G 是紧半单李群, 因而其李代数 $\mathfrak{g}$ 的 Killing 形式 B 是负定的, 并且是 $\operatorname{Ad} G$-不变的. 于是, 可以把 $-B$ 在 $\mathfrak{m}$ 上的限制取作 $\mathfrak{m}$ 上的 $\operatorname{Ad} K$-不变内积 $\langle \cdot, \cdot \rangle$, 并由此生成 M 上的 G-不变黎曼度量. 此时

$$K(X, Y) = B([X, [X, Y]], Y) = -B([X, Y], [X, Y]) \geq 0.$$

若 M 是非紧型的, 则由定理 5.7 可知 $\mathfrak{g}$ 的 Killing 形式 B 在 $\mathfrak{k}$ 上是负定的, 在 $\mathfrak{m}$ 上是正定的. 于是我们把 B 在 $\mathfrak{m}$ 上的限制取为 $\mathfrak{m}$ 上的 $\operatorname{Ad} K$-不变内积 $\langle \cdot, \cdot \rangle$, 因而

$$K(X, Y) = -B([X, [X, Y]], Y) = B([X, Y], [X, Y]) \leq 0.$$

若 M 是 Euclid 型黎曼对称空间, 则 m 是 g 的交换理想, 即对于任意的 $X, Y \in \mathfrak{m}, [X, Y] = 0$. 因此, $K(X, Y) \equiv 0$. 证毕.

习　题　九

1. 设 V 是有限维向量空间, $\rho : K \to \mathrm{GL}(V)$ 是李群 K 在 V 上的不可约线性表示.

(1) 证明: V 上的 K-不变内积在最多可以相差一个常数因子的意义下被唯一确定.

(2) 试举例说明, 当 K 在 V 上的表示可约时, 结论 (1) 不成立.

2. 设 g 是李群 G 的李代数, $\{X_1, \cdots, X_n\}$ 是线性空间 g 的一个基底. 则存在 G 在单位元 e 处的容许局部坐标系 (U_a, φ_a), $a = 1, 2, 3$, 使得

$$U_1 = \left\{ \exp\left(\sum_{i=1}^{n} x^i X_i\right); \ |x^1| < \varepsilon, \cdots, |x^n| < \varepsilon \right\},$$

$$\varphi_1\left(\exp\left(\sum_{i=1}^{n} x^i X_i\right)\right) = (x^1, \cdots, x^n);$$

$$U_2 = \{\exp(x^1 X_1) \cdots \exp(x^n X_n); \ |x^1| < \varepsilon, \cdots, |x^n| < \varepsilon\},$$

$$\varphi_2(\exp(x^1 X_1) \cdots \exp(x^n X_n)) = (x^1, \cdots, x^n);$$

$$U_3 = \left\{ \exp\left(\sum_{i=1}^{r} x^i X_i\right) \exp\left(\sum_{i=r+1}^{n} x^i X_i\right); \ |x^1| < \varepsilon, \cdots, |x^n| < \varepsilon \right\},$$

$$\varphi_3\left(\exp\left(\sum_{i=1}^{r} x^i X_i\right) \exp\left(\sum_{i=r+1}^{n} x^i X_i\right)\right) = (x^1, \cdots, x^n),$$

其中 $1 < r < n$. 局部坐标系 (U_1, φ_1), (U_2, φ_2) 和 (U_3, φ_3) 依次称为 G 在单位元处的 **第一**、 **第二** 和 **第三类标准坐标系**.

3. 设 G_0 是李群 G 的单位元连通分支, G 在连通光滑流形 M 上有一个可迁的光滑作用. 证明: G_0 在 M 上的诱导作用也是可迁的.

4. 设李群 G 在光滑流形 M 上有一个可迁的左作用，$p \in M$. G 在点 p 处的迷向子群定义为

$$H = \{g \in G;\ g \cdot p = p\}.$$

证明：H 是 G 的闭子群，并且由 $gH \mapsto f(gH) = g \cdot p$ 确定了一个光滑同胚 $f: G/H \to M$.

5. 依照例 4.2 的作法证明：n 维实射影空间 $\mathbb{R}P^n$ 是一个黎曼对称空间，并且等同于 $\mathrm{SO}(n+1)/\mathrm{O}(n)$.

6. 设 $\mathrm{O}(n+1,1)$ 是例 4.3 中定义的 Lorentz 群. 证明：$\mathrm{O}(n+1,1)$ 是一般线性群 $\mathrm{GL}(n+1,\mathbb{R})$ 的李子群，因而也是一个李群.

7. 仿照例 4.2 的作法，在例 4.3 中求出 G/K_σ 上的黎曼度量；同时用矩阵来具体地表示黎曼对称空间 $H^n = G/K_\sigma$ 在任意一点 $X \in H^n$ 处的中心对称.

8. 设 K_σ 由 (4.42) 式定义. 试建立黎曼对称空间 $\mathrm{SO}(p+q)/K_\sigma$ 的几何模型.

9. 设映射 $\varphi: \mathrm{SU}(n+1)/K_\sigma \to \mathbb{C}P^n$ 由 (4.54) 式定义. 证明：φ 是光滑同胚.

10. (1) 依照例 4.5 的作法，建立从齐性空间 $\mathrm{U}(n+1)/(\mathrm{U}(n) \times \mathrm{U}(1))$ 到 n 维复射影空间 $\mathbb{C}P^n$ 上的光滑同胚.

(2) 求复射影空间 $\mathbb{C}P^n$ 在任意一点的中心对称.

11. 设 (M, J, h) 是近 Hermite 流形，$g = \mathrm{Re}(h)$. 如果黎曼流形 (M, g) 是局部对称黎曼空间，并且对于任意的 $p \in M$，M 在点 p 的中心对称 σ 满足 $J \circ \sigma_* = \sigma_* \circ J$，则称 (M, J, h) 是 **Hermite 局部对称空间**；特别地，如果 (M, g) 同时是一个黎曼对称空间，则称 (M, J, h) 是 **Hermite 对称空间**. 现假设 (M, J, h) 是 Hermite 局部对称空间. 证明：

(1) M 上的复结构 J 关于黎曼度量 g 的 Levi-Civita 联络 D 是平行的，即有 $\mathrm{D}J \equiv 0$.

(2) 复结构 J 是可积的. 于是，根据第八章的注记 2.1，J 是 M 上

的一个复流形结构的典型复结构, 因而 (M, h) 是一个 Hermite 流形; 此时由第八章的命题 2.2 可知, M 在每一点的中心对称都是全纯映射.

(3) (M, h) 是 Kähler 流形.

(4) n 维复数空间 $\mathbb{C}^n$ 和复射影空间 $\mathbb{C}P^n$ 都是 Hermite 对称空间.

12. 证明: n 维复环面 $\mathbb{C}T^n$(参看第八章的例 6.4) 是 Hermite 对称空间.

13. 设 M 是连通的 Hermite 对称空间, $\mathrm{Hol}(M)$ 是由 M 上的全纯等距变换的全体构成的李群, G 是 $\mathrm{Hol}(M)$ 的单位元连通分支. 证明: G 在 M 上的作用是可迁的, 因而 M 可以等同于商空间 G/H, 其中 H 是 G 在某一点 $p \in M$ 的迷向子群.

14. 设 (M, h) 是一个 Kähler 流形, $g = \mathrm{Im}(h)$. 证明: 如果黎曼流形 (M, g) 是局部对称黎曼空间, 则 (M, h) 是 Hermite 局部对称空间.

15. 设矩阵 $\varepsilon_{p,q}$ 由 (4.40) 式定义. 通过 $\varepsilon_{p,q}$ 引入如下的矩阵乘法群

$$\mathrm{O}(p+q, q) = \{A \in \mathrm{GL}(p+q, \mathbb{R}); \ A^t \varepsilon_{p,q} A = \varepsilon_{p,q}\}.$$

设 G 是群 $\mathrm{O}(p+q, q)$ 的单位元连通分支.

(1) 在 $p+q$ 维欧氏空间 $\mathbb{R}^{p+q}$ 中引入双线性对称函数

$$\langle x, y \rangle_q = \sum_{i=1}^{p} x^i y^i - \sum_{\alpha=p+1}^{p+q} x^\alpha y^\alpha,$$

其中 $x = (x^i, x^\alpha)^t, y = (y^i, y^\alpha)^t \in \mathbb{R}^{p+q}$. 证明: $\mathrm{O}(p+q, q)$ 是在 $\mathbb{R}^{p+q}$ 上保持 $\langle \cdot, \cdot \rangle_q$ 不变的线性变换所构成的群.

(2) 定义映射 $\sigma : G \to G$, 使得对于任意的 $A \in G$,

$$\sigma(A) = \varepsilon_{p,q} A \varepsilon_{p,q}.$$

证明: σ 是 G 上的一个对合自同构, 并且 G 在 σ 下的不动点子群 K_σ 可以表示为

$$K_\sigma = \left\{ \begin{pmatrix} A & 0 \\ 0 & B \end{pmatrix} \in G; \ A \in \mathrm{O}(p,\mathbb{R}), B \in \mathrm{O}(q,\mathbb{R}), \det(A)\det(B) = 1 \right\}.$$

(3) 证明: K_σ 的单位元连通分支 K_0 是

$$K_0 = \left\{ \begin{pmatrix} A & 0 \\ 0 & B \end{pmatrix}; \ A \in \mathrm{SO}(p,\mathbb{R}), B \in \mathrm{SO}(q,\mathbb{R}) \right\},$$

因而 K_0 同构于两个特殊正交群 $\mathrm{SO}(p,\mathbb{R})$ 和 $\mathrm{SO}(q,\mathbb{R})$ 的直积, 即

$$K_0 = \mathrm{SO}(p,\mathbb{R}) \times \mathrm{SO}(q,\mathbb{R}).$$

于是 (G, K_0, σ) 是一个黎曼对称空间.

16. (二次复超曲面 $\mathbb{C}Q^{n-1}$) 设 $\mathbb{C}P^n$ 是 n 维复射影空间,

$$\pi : \mathbb{C}_*^{n+1} = \mathbb{C}^{n+1} \backslash \{0\} \to \mathbb{C}P^n$$

是自然投影. 定义

$$\mathbb{C}Q^{n-1} = \{\pi(z^1, \cdots, z^{n+1}); \ (z^1, \cdots, z^{n+1}) \in \mathbb{C}_*^{n+1},$$
$$\text{并且} \ (z^1)^2 + \cdots + (z^{n+1})^2 = 0\}.$$

称 $\mathbb{C}Q^{n-1}$ 为 $\mathbb{C}P^n$ 中的 **复二次超曲面**.

(1) 证明: $\mathbb{C}Q^{n-1}$ 是 $\mathbb{C}P^n$ 的 $n-1$ 维 Kähler 子流形.

(2) 设 $\mathrm{U}(n+1)$ 是 $n+1$ 阶酉群. 证明: $\mathbb{C}P^n$ 的全纯等距群等同于

$$\mathrm{U}(n+1)/\tilde{\mathrm{U}}(1) \cong \mathrm{SU}(n+1)/\tilde{\mathrm{U}}_0(1),$$

其中

$$\tilde{\mathrm{U}}(1) = \{\lambda I_{n+1}; \ \lambda \in \mathbb{C}, \ \text{并且} \ |\lambda| = 1\},$$
$$\tilde{\mathrm{U}}_0(1) = \{\lambda I_{n+1}; \ \lambda \in \mathbb{C}, \ \text{并且} \ \lambda^n = 1\}.$$

同时说明, $n+1$ 阶特殊正交群 $G = \mathrm{SO}(n+1, \mathbb{R})$ 是 $\mathrm{SU}(n+1)$ 的李子群, 因而是 $\mathrm{U}(n+1)$ 的紧致李子群.

(3) 试说明, G 在 $\mathbb{C}P^n$ 上的作用保持 $\mathbb{C}Q^{n-1}$ 不变, 因而是由 $\mathbb{C}Q^{n-1}$ 上的全纯等距变换构成的群; 同时证明: G 在 $\mathbb{C}Q^{n-1}$ 上的作用是可迁的.

(4) 假设

$$Z_0 = \frac{1}{\sqrt{2}}(\delta_1 + \sqrt{-1}\delta_2) \in \mathbb{C}_*^{n+1}, \quad p_0 = \pi(Z_0).$$

显然, $p_0 \in \mathbb{C}Q^{n-1}$. 证明: G 在点 p 的迷向子群 K 可以表示为

$$K = \left\{ \begin{pmatrix} A_1 & 0 \\ 0 & A_2 \end{pmatrix}; \ A_1 \in \mathrm{SO}(2, \mathbb{R}), A_2 \in \mathrm{SO}(n-1, \mathbb{R}) \right\}.$$

因此, $K = \mathrm{SO}(2, \mathbb{R}) \times \mathrm{SO}(n-1, \mathbb{R})$, 并且有光滑同胚

$$f: G/K \to \mathbb{C}Q^{n-1}.$$

(5) 由例 4.4, G/K 是一个黎曼对称空间. 证明: $\mathbb{C}Q^{n-1}$ 与黎曼对称空间 G/K 等距, 因而也是黎曼对称空间.

(6) 说明 $\mathbb{C}Q^{n-1}$ 是 Hermite 对称的.

(7) 证明: $\mathbb{C}Q^2$ 和 $\mathbb{C}P^1 \times \mathbb{C}P^1$ 全纯等距.

17. 设 D^n 是第八章例 6.3 引入的复双曲空间, 即

$$D^n = \{z \in \mathbb{C}^n; \ \langle z, z \rangle < 1\},$$

其中 $\langle \cdot, \cdot \rangle$ 是 $\mathbb{C}^n$ 上的标准 Hermite 内积. 在 $\mathbb{C}^{n+1}$ 上引入如下的内积:

$$\langle Z, W \rangle_1 = \sum_{i=1}^{n} z^i \overline{w^i} - z^{n+1} \overline{w^{n+1}},$$

其中

$$Z = (z^1, \cdots, z^{n+1}), \quad W = (w^1, \cdots, w^{n+1}) \in \mathbb{C}^{n+1}.$$

设 $U(n+1,1)$ 是由 $\mathbb{C}^{n+1}$ 上保持内积 $\langle\cdot,\cdot\rangle_1$ 不变的复线性变换构成的李群，则由第八章的例 6.3, $U(n+1,1)$ 是由 D^n 上的全纯等距构成的变换群，并且它在 D^n 上的作用 是可迁的.

(1) 设 $n+1$ 阶方阵 s 由 (4.15) 式定义，证明：

$$U(n+1,1) = \{T \in \mathrm{GL}(n+1,\mathbb{C}); \ T^t s \overline{T} = s\}.$$

(2) 证明：作为 D^n 上的变换群， $U(n+1,1)$ 在点

$$0 = (0, \cdots, 0) \in D^n$$

的迷向子群是

$$K = \left\{ \begin{pmatrix} A & 0 \\ 0 & d \end{pmatrix} \in U(n+1,1); \ A \in U(n), |d| = 1 \right\} \equiv U(n) \times U(1),$$

因而， $D^n = U(n+1,1)/(U(n) \times U(1))$.

(3) 定义映射 $\sigma: U(n+1,1) \to U(n+1,1)$，使得对于任意的 $T \in U(n+1,1)$, $\sigma(T) = sTs$. 证明： σ 是 $U(n+1,1)$ 上的一个对合自同构，并且其不动点子群 $K_\sigma = K$. 因此， $D^n = U(n+1,1)/(U(n) \times U(1))$ 是黎曼对称空间.

(4) 说明 D^n 是否是 Hermite 对称空间.

18. 设 $G_{p,q}(\mathbb{C})$ 是 $p+q$ 维复向量空间 $\mathbb{C}^{p+q}$ 中的全体 p 维复子空间的集合，$\mathrm{M}^*(p+q,p;\mathbb{C})$ 是由秩为 p 的 $p+q$ 行 p 列复数矩阵所构成的集合. 对于任意的 $Z \in \mathrm{M}^*(p+q,p;\mathbb{C})$, 用 $Z_1, \cdots, Z_p$ 表示 Z 的 p 个列向量，它们在 $\mathbb{C}^{p+q}$ 中线性无关. 记 $\mathrm{Span}\,(Z) = \mathrm{Span}\,_{\mathbb{C}}\{Z_1, \cdots, Z_p\}$, 则有自然投影 $\pi: \mathrm{M}^*(p+q,p;\mathbb{C}) \to G_{p,q}(\mathbb{C})$, 使得

$$\pi(Z) = \mathrm{Span}\,(Z), \quad \forall Z \in \mathrm{M}^*(p+q,p;\mathbb{C}).$$

用 $\alpha = \{\alpha_1, \cdots, \alpha_p\}$ 表示由正整数 $\alpha_1, \cdots, \alpha_p$ 构成的多重指标，其中 $1 \le \alpha_1 < \cdots < \alpha_p \le p+q$. 所有这样的多重指标 α 构成的集合记为 Λ; α 在 $\{1, \cdots, p+q\}$ 中的余集

$$\{\alpha_{p+1}, \cdots, \alpha_{p+q}\}, \quad 1 \le \alpha_{p+1} < \cdots < \alpha_{p+q} \le p+q$$

记为 α^c. 对于任意的 $\alpha = \{\alpha_1, \cdots, \alpha_p\} \in \Lambda$, 用 Z_α 表示 Z 中由第 $\alpha_1, \cdots, \alpha_p$ 行元素组成的 p 阶方阵, Z_{α^c} 表示 Z 在去掉 Z_α 后由剩余各行元素构成的 $q \times p$ 矩阵. 令

$$\tilde{U}_\alpha = \{Z \in \mathrm{M}^*(p+q, p; \mathbb{C}); \det Z_\alpha \neq 0\}, \quad U_\alpha = \pi(\tilde{U}_\alpha), \quad \forall \alpha \in \Lambda.$$

(1) 设 $\alpha \in \Lambda$. 对于任意的 $Z \in \tilde{U}_\alpha$, 令 $\tilde{\varphi}(Z) = Z_{\alpha^c} Z_\alpha^{-1}$. 显然 $\tilde{\varphi}(Z) \in \mathrm{M}(q, p; \mathbb{C})$, 故有映射 $\tilde{\varphi}_\alpha : \tilde{U}_\alpha \to \mathrm{M}(q, p; \mathbb{C}) \equiv \mathbb{C}^{pq}$. 证明: $\tilde{U}_\alpha$ 是 $\mathrm{M}^*(p+q, p; \mathbb{C}) \equiv \mathbb{C}^{p(p+q)}$ 的开集,

$$\mathrm{M}^*(p+q, p; \mathbb{C}) = \bigcup_{\alpha \in \Lambda} \tilde{U}_\alpha,$$

并且 $\tilde{\varphi}_\alpha$ 是从 $\tilde{U}_\alpha$ 到 $\mathrm{M}(q, p; \mathbb{C})$ 的光滑映射.

(2) 证明: 对于任意的 $Z, W \in \tilde{U}_\alpha$, 如果 $\pi(W) = \pi(Z)$, 则 $\tilde{\varphi}_\alpha(W) = \tilde{\varphi}_\alpha(Z)$, 因而 $\tilde{\varphi}_\alpha$ 诱导出映射 $\varphi_\alpha : U_\alpha \to \mathbb{C}^{pq}$.

(3) 证明: 在 $G_{p,q}(\mathbb{C})$ 上存在唯一的拓扑结构 $\mathscr{T}$, 使得对于任意的 $\alpha \in \Lambda$, U_α 是 $G_{p,q}(\mathbb{C})$ 的开集, 并且 $\pi : \mathrm{M}^*(p+q, p; \mathbb{C}) \to G_{p,q}(\mathbb{C})$ 是连续的开映射. 进一步说明, $\varphi_\alpha : U_\alpha \to \mathbb{C}^{pq}$ 是同胚.

(4) 证明: 对于任意的 $\alpha, \beta \in \Lambda$, 当 $U_\alpha \cap U_\beta \neq \emptyset$ 时,

$$\varphi_\alpha \circ \varphi_\beta^{-1} : \varphi_\beta(U_\alpha \cap U_\beta) \to \varphi_\alpha(U_\alpha \cap U_\beta)$$

是全纯映射. 因此, $\mathscr{A} = \{(U_\alpha, \varphi_\alpha); \alpha \in \Lambda\}$ 确定了 $G_{p,q}(\mathbb{C})$ 上的一个复流形结构. 这样得到的复流形 $G_{p,q}(\mathbb{C})$ 称为 **复 Grassmann 流形**.

(5) 设 $\mathrm{U}(p+q)$ 是由 $p+q$ 阶酉矩阵所构成的李群, 它在 $\mathbb{C}^{p+q}$ 上有自然作用. 对于 $T \in \mathrm{U}(p+q)$ 和任意的 $x \in G_{p,q}(\mathbb{C})$, 令

$$\Psi_T(x) = \{T(v); v \in x\},$$

其中右端的 x 视为 $\mathbb{C}^{p+q}$ 中的 p 维子空间. 证明:

$$\Psi_T(x) = \pi(TZ), \quad \forall Z \in \pi^{-1}(x),$$

其中右端的乘法是矩阵间的普通乘法; 进一步说明, 由 $x \mapsto \Psi_T(x)$ 所给出的映射 $\Psi_T : G_{p,q}(\mathbb{C}) \to G_{p,q}(\mathbb{C})$ 是可逆的和双全纯的.

(6) 证明: 由 $(T, x) \mapsto \Psi_T(x) \in G_{p,q}(\mathbb{C})$ 所定义的映射

$$\Psi : \mathrm{U}(p + q) \times G_{p,q}(\mathbb{C}) \to G_{p,q}(\mathbb{C})$$

是群 $\mathrm{U}(p + q)$ 在 $G_{p,q}(\mathbb{C})$ 上的一个可迁光滑作用.

(7) 设列向量 $\delta_i = (0, \cdots, 0, \overset{(i)}{1}, 0, \cdots, 0)^t \in \mathbb{C}^{p+q}$, $1 \le i \le p+q$, 并记 $x_0 = \mathrm{Span}_{\mathbb{C}}\{\delta_1, \cdots, \delta_p\}$. 证明: $\mathrm{U}(p + q)$ 在点 x_0 的迷向子群是

$$K = \{T \in \mathrm{U}(p + q); \ T(x_0) = x_0\} = \mathrm{U}(p) \times \mathrm{U}(q).$$

因此, $G_{p,q}(\mathbb{C})$ 作为光滑流形等同于齐性空间 $\mathrm{U}(p+q)/(\mathrm{U}(p) \times \mathrm{U}(q))$.

(8) 通过矩阵的乘法, p 阶复一般线性群 $\mathrm{GL}(p, \mathbb{C})$ 可以右作用于 $\mathrm{M}^*(p+q, p; \mathbb{C})$. 证明: 该右作用是**自由的**, 即对于任意的 $A \in \mathrm{GL}(p, \mathbb{C})$, 如果存在点 $Z \in \mathrm{M}^*(p+q, p; \mathbb{C})$, 使得 $ZA = Z$, 则必有 $A = I_p$.

(9) 对于任意的 $x \in G_{p,q}(\mathbb{C})$, 证明: 纤维 $\pi^{-1}(x)$ 在 $\mathrm{GL}(p, \mathbb{C})$ 的右作用下保持不变, 并且 $\mathrm{GL}(p, \mathbb{C})$ 在 $\pi^{-1}(x)$ 上的限制作用是可迁的.

(10) 通过矩阵的乘法, $\mathrm{U}(p + q)$ 自然地左作用于 $\mathrm{M}^*(p+q, p; \mathbb{C})$. 证明: $\mathrm{U}(p + q)$ 在 $\mathrm{M}^*(p+q, p; \mathbb{C})$ 上的这种作用是有效的.

(11) 在 $\mathrm{M}^*(p+q, p; \mathbb{C})$ 上定义 $(1,1)$ 型实值闭微分式

$$\tilde{\Phi} = -4\sqrt{-1}\,\partial\bar{\partial}\ln\det(Z^t\overline{Z}), \quad Z \in \mathrm{M}^*(p+q, p; \mathbb{C}).$$

证明: $\tilde{\Phi}$ 关于 $\mathrm{U}(p + q)$ 在 $\mathrm{M}^*(p+q, p; \mathbb{C})$ 上的左作用和 $\mathrm{GL}(p, \mathbb{C})$ 在 $\mathrm{M}^*(p+q, p; \mathbb{C})$ 上的右作用都是不变的; 进一步说明: 在 $G_{p,q}(\mathbb{C})$ 上存在唯一的一个 $(1,1)$ 型实值闭微分式 Φ, 使得 $\pi^*\Phi = \tilde{\Phi}$, 并且 Φ 关于 $\mathrm{U}(p + q)$ 在 $G_{p,q}(\mathbb{C})$ 上的诱导作用是不变的.

(12) 设 J 是 $G_{p,q}(\mathbb{C})$ 上的典型复结构, 定义

$$h(X, Y) = \Phi(JX, Y) + \sqrt{-1}\,\Phi(X, Y), \quad \forall X, Y \in \mathfrak{X}(G_{p,q}(\mathbb{C})).$$

证明：　h 是 $G_{p,q}(\mathbb{C})$ 上的一个 Hermite 结构，因而由结论 (5) 和结论 (11)，$\mathrm{U}(p+q)$ 可以视为由 $(G_{p,q}(\mathbb{C}), h)$ 上的全纯等距变换构成的群.

(13) 定义映射 $\sigma : \mathrm{U}(p+q) \to \mathrm{U}(p+q)$, 使得

$$\sigma(A) = \varepsilon_{p,q} A \varepsilon_{p,q}, \quad \forall A \in \mathrm{U}(p+q), \text{ 其中 } \varepsilon_{p,q} = \begin{pmatrix} I_p & 0 \\ 0 & -I_q \end{pmatrix}.$$

证明：　σ 是 $\mathrm{U}(p+q)$ 上的对合自同构，它的不动点子群是

$$K_\sigma = K = \mathrm{U}(p) \times \mathrm{U}(q).$$

(14) 综合上面的结论说明：　$G_{p,q}(\mathbb{C})$ 是一个 Hermite 对称空间.

19. 证明：典型域 $D_{p,q}$(参看第八章的例 6.5) 是一个 Hermite 对称空间.

20. 设 $G, \tilde{G}$ 都是李群，$\tilde{K}$ 是李群 $\tilde{G}$ 的闭子群，$\varphi : G \to \tilde{G}$ 是李群同态，即 φ 是从 G 到 $\tilde{G}$ 的群同态，同时又是光滑流形 G 到 $\tilde{G}$ 的光滑映射. 令 $K = \varphi^{-1}(\tilde{K})$. 证明：如果 φ 是满射，则 φ 的诱导映射 $\tilde{\varphi} : G/K \to \tilde{G}/\tilde{K}$ 是光滑同胚.

21. 设 $\mathfrak{g}$ 是一个有限维李代数，B 是 $\mathfrak{g}$ 上的 Killing 形式，由 (5.6) 式所定义. 证明：

(1) B 是 $\mathfrak{g}$ 上的双线性函数.

(2) B 在 $\mathrm{ad}\mathfrak{g}$ 的作用下是不变的，即对于任意的 $X, Y, Z \in \mathfrak{g}$, 有

$$B(\mathrm{ad}(X)Y, Z) + B(Y, \mathrm{ad}(X)Z) = 0.$$

22. 设 B 是李代数 $\mathfrak{g}$ 上的 Killing 形式，如果存在 $\mathfrak{g}$ 的理想 $\mathfrak{g}_1, \cdots,$ $\mathfrak{g}_r$ 使得 $\mathfrak{g}$ 可以分解为

$$\mathfrak{g} = \mathfrak{g}_1 \oplus \cdots \oplus \mathfrak{g}_r,$$

证明：对于任意的 $i \neq j$, $B(\mathfrak{g}_i, \mathfrak{g}_j) = 0$, 并且 B 在每一个理想 $\mathfrak{g}_i$ 上的限制恰好是 $\mathfrak{g}_i$ 的 Killing 形式.

23. 证明：紧致李代数的 Killing 形式是半负定的.

24. 证明定理 5.6 的结论.

25. 设 $(\mathfrak{g}, \sigma)$ 是有效的正交对称李代数. 证明: 如果 $\mathfrak{g}$ 是单李代数, 或存在 $\mathfrak{g}$ 的紧单理想 $\mathfrak{g}_1$ 使得 $\mathfrak{g} = \mathfrak{g}_1 \oplus \sigma(\mathfrak{g}_1)$, 则 $(\mathfrak{g}, \sigma)$ 是不可约的.

26. 设 $(\mathfrak{g}, \sigma)$ 是有效的正交对称李代数, $\mathfrak{g} = \mathfrak{k} \oplus \mathfrak{m}$ 是 $\mathfrak{g}$ 关于对合自同构 σ 的特征子空间分解. 证明: 如果 $\mathfrak{g}$ 是半单李代数, 则 $\mathfrak{k} = [\mathfrak{m}, \mathfrak{m}]$.

27. 仿照定理 5.8 的证明方法证明推论 5.12.

第十章　主纤维丛上的联络

　　从黎曼几何的发展历史以及微分几何在数学的各个分支和理论物理中的应用来看，联络的概念处于中心的位置. 我们知道，在光滑流形上光滑结构的功用是在流形上能够借此引进光滑函数的概念；在有了光滑函数的概念之后，接着可以定义切向量和余切向量，于是光滑函数的微分是有意义的. 但是要在光滑流形上开展分析研究，仅有光滑函数及其微分的概念是不够的，还需要对光滑的切向量场、光滑的余切向量场以及一般的光滑张量场求微分. 在这里，光滑切向量场的微分是最基本的，而其他光滑张量场的微分可以归结为光滑函数的微分以及光滑切向量场的微分 (参看第二章 §2.4). 第二章的讨论告诉我们，对光滑切向量场求微分是加在光滑流形上的一种结构，即所谓的"联络"，它不是流形的光滑结构本身所固有的. 但是，如果在光滑流形上指定了一个黎曼结构 (即黎曼度量)，则在此黎曼流形上就有唯一的一个无挠联络与给定的黎曼结构相容，这个联络就是所谓的 Levi-Civita 联络或黎曼联络. 当初， Levi-Civita 和 Ricci 利用这种联络，发展出一套张量分析的理论，即所谓的绝对微分学，大大地推动了黎曼几何学的发展.

　　在 20 世纪的 40 年代到 50 年代，数学界对于联络的概念进行了紧张的研究. 特别是通过 E.Cartan, 陈省身，J.L.Koszul 和 G.Ehresmann 等人的努力，联络的概念有了清晰的表述，同时也出现了主丛上的联络的概念. 在前面各章，我们已经结合黎曼几何的基本理论着重叙述了 E.Cartan 的活动标架方法和陈省身的联络形式理论及示性式理论，还介绍了向量丛上的联络的概念. 在 20 世纪的后半叶，微分几何在大范围分析和数学物理中的应用是数学研究的热门课题，在当代数学中占据十分突出的位置. 人们认识到主纤维丛上的联络是当代数学的核心概念之一. 因此，在本书的最后一章，我们将介绍主纤维丛上联络的概念及其基本理论.

§10.1 向量丛上的联络和水平分布

在向量丛上给定联络之后, 在丛空间上便诱导出一个水平分布. 这种几何结构是主丛上联络概念的起源. 在本节, 我们要介绍联络在向量丛的丛空间上诱导的水平分布的概念.

设 $\pi : E \to M$ 是光滑流形 M 上秩为 r 的向量丛, $D : \Gamma(E) \times \mathfrak{X}(M) \to \Gamma(E)$ 是向量丛 E 上的一个联络, 其中 $\Gamma(E)$ 表示向量丛 E 的光滑截面构成的向量空间 (参看第一章的 §1.8 和第二章的 §2.8).

在第二章的 §2.8 中已经给出了向量丛的平行截面的概念.

定义 1.1 设 $\gamma : [0, b] \to M$ 是向量丛 $\pi : E \to M$ 的底流形 M 中的一条光滑曲线, ξ 是向量丛 E 的一个光滑截面. 如果对于任意的 $t \in [0, b]$ 都有 $D_{\gamma'(t)}\xi = 0$, 则称截面 ξ 沿光滑曲线 γ 是 **平行的**.

假定向量丛 E 在 M 的一个坐标邻域 U 上有局部标架场 $\{s_a;\ 1 \le a \le r\}$, 则 $\xi|_U$ 可以表示为 $\xi|_U = \xi^a s_a$. 记 $\xi^a(t) = \xi^a(\gamma(t))$, 并设

$$D s_a = \omega_a^b s_b, \qquad \omega_a^b = \Gamma_{ai}^b dx^i, \tag{1.1}$$

其中 ω_a^b 是 D 在局部标架场 $\{s_a\}$ 下的联络形式, x^i 是 U 上的坐标函数, 并且设 $x^i(t) = x^i(\gamma(t))$, 那么

$$D_{\gamma'(t)}\xi = D_{\gamma'(t)}(\xi^a s_a) = \left(\frac{d\xi^a}{dt} + \xi^b \frac{dx^i(t)}{dt} \Gamma_{bi}^a \right) s_a.$$

所以, 截面 $\xi = \xi^a s_a$ 沿 γ 平行的充分必要条件是它的分量 $\xi^a(t)$, $1 \le a \le r$, 满足常微分方程组

$$\frac{d\xi^a(t)}{dt} + \Gamma_{bi}^a(\gamma(t)) \frac{dx^i(t)}{dt} \xi^b(t) = 0. \tag{1.2}$$

这是一个线性齐次常微分方程组. 根据常微分方程理论, 对于任意给定的初始值 $\xi_0 \in \pi^{-1}(\gamma(0))$, 方程组 (1.2) 在区间 $[0, b]$ 上有唯一的一组解. 由此得到

命题 1.1 设 $\pi : E \to M$ 是光滑流形 M 上的向量丛，D 是向量丛 E 上的一个联络. 又设 $\gamma : [0, b] \to M$ 是底流形 M 上的任意一条光滑曲线，记 $p = \gamma(0)$. 则对于任意一个向量 $\xi_0 \in \pi^{-1}(p)$，存在向量丛 E 沿曲线 γ 的唯一的一个截面 $\xi(t)$ 使得

$$\xi(0) = \xi_0,$$

并且 $\xi(t)$ 沿 γ 是平行的.

在丛空间 E 中看，$\xi(t)$ 是从 ξ_0 出发的一条光滑曲线，满足 $\pi(\xi(t)) = \gamma(t)$. 通常把满足这个条件的曲线 $\xi(t)$ 称为底空间 M 上的光滑曲线 $\gamma(t)$ 在丛空间 E 上的 **提升 (曲线)**. 当 $\xi(t)$ 沿 γ 平行时，则称 $\xi(t)$ 为 $\gamma(t)$ 在点 ξ_0 处的 **水平提升 (曲线)**. 曲线 ξ 在 $t = 0$ 处的切向量 $\xi'(0)$ 满足 $\pi_{*\xi_0}(\xi'(0)) = \gamma'(0)$，故把 $\xi'(0) \in T_{\xi_0}E$ 称为底空间 M 中的切向量 $\gamma'(0) \in T_pM$ 在点 $\xi_0 \in \pi^{-1}(p)$ 处的 **水平提升 (切向量)**. 这样，命题 1.1 可以改述为:

命题 1.1′ 设 $\pi : E \to M$ 是光滑流形 M 上的向量丛，D 是向量丛 E 上的一个联络. 又设 $\gamma : [0, b] \to M$ 是底流形 M 上的任意一条光滑曲线，记 $p = \gamma(0)$. 则对于任意一点 $\xi_0 \in \pi^{-1}(p)$，光滑曲线 $\gamma(t)$ 在点 ξ_0 处有唯一的水平提升曲线. 更一般地，如果 γ 是 M 中的一条分段光滑曲线，则它在丛空间 E 中也有唯一的一条分段光滑的水平提升曲线经过点 ξ_0.

定理 1.2 设 D 是向量丛 $\pi : E \to M$ 上的一个联络，$p \in M$，$\xi_0 \in \pi^{-1}(p)$，则 E 在 ξ_0 处的全体水平切向量构成 $T_{\xi_0}E$ 的一个子空间，它在切映射 $\pi_{*\xi_0}$ 下与 T_pM 是线性同构的.

证明 设 $(U; x^i)$ 是光滑流形 M 在点 p 的局部坐标系，并且秩为 r 的向量丛 E 在 U 上有局部平凡化 $\varphi : U \times \mathbb{R}^r \to \pi^{-1}(U)$. 这样，$M$ 在坐标邻域 U 上有局部切标架场 $\left\{ \dfrac{\partial}{\partial x^i} \right\}$. 设 $\{\delta_a\}$ 是 $\mathbb{R}^r$ 的标准基底，$\{\delta^a\}$ 是 $\{\delta_a\}$ 的对偶基底. 令 $s_a(p) = \varphi(p, \delta_a)$，则向量丛 E 在 U 上有局部标架场 $\{s_a\}$. 于是在 $\pi^{-1}(U)$ 上有局部坐标系 $(\pi^{-1}(U); x^i, \lambda^a)$，使

得对于任意的 $\xi \in \pi^{-1}(U)$ 有

$$\begin{cases} x^i(\xi) = x^i(\pi(\xi)), \\ \lambda^a(\xi) = \delta^a(\varphi_q^{-1}(\xi)), \end{cases} \tag{1.3}$$

其中 $q = \pi(\xi)$, $\varphi_q = \varphi(q, \cdot) : \mathbb{R}^r \to \pi^{-1}(q)$ 是从 $\mathbb{R}^r$ 到纤维 $\pi^{-1}(p)$ 的线性同构. 此时, $\varphi^{-1}(\xi) = \lambda^a(\xi)\delta_a$, 因此 $\xi = \lambda^a(\xi)\varphi_q(\delta_a) = \lambda^a(\xi)s_a$. 用 $\{X_i, Y_a\}$ 记丛空间 E 在坐标邻域 $\pi^{-1}(U)$ 上的自然标架场, 即

$$X_i = \frac{\partial}{\partial x^i}, \quad Y_a = \frac{\partial}{\partial \lambda^a}. \tag{1.4}$$

需要指出的是, X_i 是在 $\pi^{-1}(U)$ 中的 x^i-坐标曲线的切向量, 它不同于在坐标邻域 U 中 x^i-坐标曲线的切向量 $\left(\text{仍记作} \dfrac{\partial}{\partial x^i}\right)$, 但是它们是 π-相关的, 即有 $\pi_*(X_i) = \dfrac{\partial}{\partial x^i}$.

设 $\gamma : [0, b] \to M$ 是光滑流形 M 中任意一条从点 $p \in M$ 出发的光滑曲线, 其参数方程记为 $x^i(t) = x^i(\gamma(t))$, $1 \le i \le m$. 那么, γ 的提升曲线表示为

$$\xi(t) = \xi^a s_a(\gamma(t)) = \varphi(\gamma(t), \xi^a(t)\delta_a),$$

并且它是 $\gamma(t)$ 的水平提升的条件是 $\xi^a(t)$ 满足方程组 (1.2).

现在假定 $\xi(t) = \xi^a(t)s_a(\gamma(t))$ 是 $\gamma(t)$ 的水平提升曲线, 并且起始点是 $\xi(0) = \xi_0$. 那么在局部坐标系 $(\pi^{-1}(U); x^i, \lambda^a)$ 下, $\xi(t)$ 的参数方程是

$$x^i = x^i(t), \quad \lambda^a = \xi^a(t). \tag{1.5}$$

所以它在 $t = 0$ 处的切向量是

$$\begin{aligned} \xi'(0) &= \frac{\mathrm{d}x^i(0)}{\mathrm{d}t} \left.\frac{\partial}{\partial x^i}\right|_{\xi_0} + \frac{\mathrm{d}\xi^a(0)}{\mathrm{d}t} \left.\frac{\partial}{\partial \lambda^a}\right|_{\xi_0} \\ &= \frac{\mathrm{d}x^i(0)}{\mathrm{d}t} (X_i(\xi_0) - \Gamma_{bi}^a(p)\xi_0^b Y_a(\xi_0)), \end{aligned} \tag{1.6}$$

其中 $p = \pi(\xi_0)$. 由此可见, 切向量 $\gamma'(0) = \dfrac{\mathrm{d}x^i(0)}{\mathrm{d}t} \dfrac{\partial}{\partial x^i}\Big|_p$ 在点 $\xi_0 \in \pi^{-1}(p)$ 处的水平提升 $\xi'(0)$ 由 (1.6) 式给出. 从表达式 (1.6) 不难看出, 从 T_pM 到 $T_{\xi_0}E$ 的水平提升是线性同构, 它把切向量 $\dfrac{\partial}{\partial x^i}\Big|_p$ 映为

$$Z_i(\xi_0) = X_i(\xi_0) - \Gamma_{bi}^a(p)\xi_0^b Y_a(\xi_0). \tag{1.7}$$

所以, 在点 ξ_0 处的全体水平切向量构成 $T_{\xi_0}E$ 的一个 m 维子空间 $H(\xi_0)$, 它的基底是 $\{Z_i(\xi_0)\}$, 并且 $\pi_{*\xi_0} : H(\xi_0) \to T_pM$ 是线性同构. 证毕.

由于 $\pi^{-1}(p)$ 是丛空间 E 的子流形, $T_{\xi_0}(\pi^{-1}(p))$ 也是 $T_{\xi_0}E$ 的子空间, 称为 $T_{\xi_0}E$ 的 **铅垂子空间**, 并记作 $V(\xi_0)$. 事实上, 由于 $\pi(\pi^{-1}(p)) = \{p\}$, 不难知道 $V(\xi_0) = \ker(\pi_{*\xi_0})$. 根据定理 1.2 的证明, $\pi_{*\xi_0}(Y_a) = 0$, 所以 $\{Y_a(\xi_0)\}$ 是 $V(\xi_0)$ 的一个基底.

定理 1.3 设 $\pi : E \to M$ 是 m 维光滑流形 M 上秩为 r 的向量丛, 则铅垂子空间 $V(\xi), \xi \in E$, 是 E 上的完全可积的 r 维分布. 如果 D 是向量丛 E 上的一个联络, 则水平子空间 $H(\xi), \xi \in E$ 给出了 E 上的一个 m 维分布, 使得

(1) $T_\xi E = H(\xi) \oplus V(\xi)$;

(2) $\pi_{*\xi} : H(\xi) \to T_{\pi(\xi)}M$ 是线性同构.

证明 由定理 1.2 的证明易知性质 (2) 成立. 因此, 只需要证明性质 (1) 成立就行了.

根据铅垂子空间 $V(\xi)$ 的定义, 铅垂分布在每一点 $\xi \in E$ 都有 r 维积分流形 $\pi^{-1}(\pi(\xi))$, 所以该分布是完全可积的. 由于 $H(\xi)$ 和 $V(\xi)$ 是分别由 $\{Z_i(\xi)\}$ 和 $\{Y_a(\xi)\}$ 张成的, 并且 $\{Z_i(\xi), Y_a(\xi)\}$ 是线性无关的, 所以 $H(\xi) \cap V(\xi) = \{0\}$, 从而结论 (1) 成立. 证毕.

在向量丛 $\pi : E \to M$ 上由铅垂子空间确定的分布 $V(\xi), \xi \in E$, 称为 E 上的 **铅垂分布**; 此外, 满足定理 1.3 中条件 (1) 和 (2) 的分布 $H(\xi), \xi \in E$, 称为向量丛 E 上的一个 **水平分布**.

定理 1.4　设 D 是向量丛 $\pi : E \to M$ 上的联络. 对于 E 的任意一个截面 $\xi \in \Gamma(E)$ 以及 M 上的任意一条光滑曲线 $\gamma : (-\varepsilon, \varepsilon) \to M$, 令 $\xi(t) = \xi(\gamma(t))$. 如果把纤维 $\pi^{-1}(\gamma(0))$(向量空间) 和它在 $\xi(0)$ 的切空间 $T_{\xi(\gamma(0))}(\pi^{-1}(\gamma(0))) = V(\xi(\gamma(0)))$ 自然地等同起来, 则有

$$D_{\gamma'(0)}\xi = (\xi'(0))^{\mathrm{v}} = \left(\left. \frac{\mathrm{d}\xi(\gamma(t))}{\mathrm{d}t} \right|_{t=0} \right)^{\mathrm{v}}, \tag{1.8}$$

其中 ( )^{v} 表示切空间 $T_{\xi(\gamma(0))}E$ 在直和分解

$$T_{\xi(\gamma(0))}E = H(\xi(\gamma(0))) \oplus V(\xi(\gamma(0)))$$

下向铅垂子空间 $V(\xi(\gamma(0)))$ 所作的自然投影.

证明　在 E 的局部坐标系 $(\pi^{-1}(U); x^i, \lambda^a)$ 下, 将截面 ξ 限制在 γ 上所得到的曲线 $\xi(t) = \xi(\gamma(t))$ 的切向量是

$$\frac{\mathrm{d}\xi(\gamma(t))}{\mathrm{d}t} = \frac{\mathrm{d}x^i(t)}{\mathrm{d}t} \left. \frac{\partial}{\partial x^i} \right|_{\xi(t)} + \frac{\mathrm{d}\xi^a(t)}{\mathrm{d}t} \left. \frac{\partial}{\partial \lambda^a} \right|_{\xi(t)},$$

其中

$$x^i(t) = x^i(\xi(t)) = x^i(\pi \circ \xi(t)) = x^i(\gamma(t)),$$
$$\xi^a(t) = \lambda^a(\xi(t)) = \lambda^a(\xi(\gamma(t)))$$

(参看 (1.3) 式). 因此, $\xi'(t)$ 按照直和分解

$$T_{\xi(t)}E = H(\xi(t)) \oplus V(\xi(t))$$

可以分解为

$$\begin{aligned}
\xi'(t) &= \frac{\mathrm{d}x^i(t)}{\mathrm{d}t} \left. \frac{\partial}{\partial x^i} \right|_{\xi(t)} + \frac{\mathrm{d}\xi^a(t)}{\mathrm{d}t} \left. \frac{\partial}{\partial \lambda^a} \right|_{\xi(t)} \\
&= \frac{\mathrm{d}x^i(t)}{\mathrm{d}t} \left(\left. \frac{\partial}{\partial x^i} \right|_{\xi(t)} - \Gamma^a_{bi}(\gamma(t)) \xi^b(t) \left. \frac{\partial}{\partial \lambda^a} \right|_{\xi(t)} \right)
\end{aligned}$$

$$+ \left(\frac{\mathrm{d}\xi^a(t)}{\mathrm{d}t} + \Gamma^a_{bi}(\gamma(t)) \frac{\mathrm{d}x^i(t)}{\mathrm{d}t} \xi^b(t) \right) \left. \frac{\partial}{\partial \lambda^a} \right|_{\xi(t)},$$

故有

$$(\xi'(t))^{\mathrm{v}} = \left(\frac{\mathrm{d}\xi^a(t)}{\mathrm{d}t} + \Gamma^a_{bi}(\gamma(t)) \frac{\mathrm{d}x^i(t)}{\mathrm{d}t} \xi^b(t) \right) \left. \frac{\partial}{\partial \lambda^a} \right|_{\xi(t)}$$

$$= \left(\frac{\mathrm{d}\xi^a(t)}{\mathrm{d}t} + \Gamma^a_{bi}(\gamma(t)) \frac{\mathrm{d}x^i(t)}{\mathrm{d}t} \xi^b(t) \right) s_a(\gamma(t))$$

$$= \mathrm{D}_{\gamma'(t)}\xi,$$

其中把 $\left. \dfrac{\partial}{\partial \lambda^a} \right|_{\xi(t)}$ 换成 $s_a(\gamma(t))$ 是利用了向量空间 $\pi^{-1}(p)$ 与其切空间 $T_\xi(\pi^{-1}(p))$ $(\xi \in \pi^{-1}(p))$ 的自然等同. 事实上, 对于任意的 t, $\{s_a(\gamma(t))\}$ 是向量空间 $\pi^{-1}(p)$ $(p = \gamma(t))$ 的基底, 而 $\{\lambda^a\}$ 是在向量空间 $\pi^{-1}(p)$ 中由基底 $\{s_a(p)(\gamma(t))\}$ 给出的坐标系, 因而切向量 $\left. \dfrac{\partial}{\partial \lambda^a} \right|_{\xi(t)}$ 恰好是 $s_a(\gamma(t))$. 证毕.

根据定理 1.3 和定理 1.4, 对于黎曼流形 M 的切丛 TM 上的诱导黎曼度量 (参看第二章的习题第 48 题) 将会有一个新的看法. 设 M 是黎曼流形, $\pi : E \to M$ 是在 M 上的黎曼向量丛 (参看第一章 §1.9 中的定义 9.3), D 是 E 上的一个联络. 在 E 上可以定义黎曼度量如下: 对于任意的 $p \in M$ 和任意的 $\xi \in \pi^{-1}(p)$, 令

$$\langle X, Y \rangle = \langle \pi_{*\xi}(X), \pi_{*\xi}(Y) \rangle + \langle X^{\mathrm{v}}, Y^{\mathrm{v}} \rangle, \quad \forall X, Y \in T_\xi E, \tag{1.9}$$

上式右边的第一个 $\langle \, , \rangle$ 是底流形 M 上的黎曼度量, 右边的第二个 $\langle \, , \rangle$ 是纤维 $\pi^{-1}(p)$ 上的欧氏内积, X^{v} 和 Y^{v} 分别是 X 和 Y 的铅垂分量. 在 (1.9) 式所定义的丛空间上的黎曼度量下, 水平子空间 $H(\xi)$ 和铅垂子空间 $V(\xi)$ 是彼此正交的, 切映射 $\pi_{*\xi}$ 是水平子空间 $H(\xi)$ 和切空间 $T_p M$ 之间的线性等距同构, 铅垂子空间 $V(\xi)$ 和纤维 $\pi^{-1}(p)$ 有相同的欧氏内积. 容易证明, 在丛空间的上述诱导度量下, 丛投影 $\pi : E \to M$ 是黎曼淹没 (参看第二章的习题第 8 题). 同时, 不难看

出，第二章的习题第 48 题在切丛上定义的黎曼度量是黎曼向量丛的丛空间上诱导黎曼度量的特殊情形.

§10.2　标架丛和联络

设 $\pi: E \to M$ 是 m 维光滑流形 M 上秩为 r 的向量丛. 假定 $\{(U_\alpha, \psi_\alpha);\ \alpha \in I\}$ 是 E 的一个 **局部平凡化结构**, 换句话说, $\{U_\alpha, \psi_\alpha;\ \alpha \in I\}$ 满足如下三个条件:

(1) $\{U_\alpha;\ \alpha \in I\}$ 是 M 的开覆盖;

(2) 对于每一个 $\alpha \in I$, $\psi_\alpha: U_\alpha \times \mathbb{R}^r \to \pi^{-1}(U_\alpha)$ 是光滑同胚, 称为向量丛 E 的 **局部平凡化**, 同时对于任意固定的点 $p \in U_\alpha$, 纤维 $\pi^{-1}(p)$ 是向量空间, 并且由 $\psi_{\alpha,p} = \psi_\alpha(p, \cdot)$ 确定的映射是从 $\mathbb{R}^r$ 到 $\pi^{-1}(p)$ 上的线性同构;

(3) 对于任意的 $\alpha, \beta \in I$, 当 $U_\alpha \cap U_\beta \neq \emptyset$ 时, 由 $p \mapsto g_{\alpha\beta}(p) = \psi_{\alpha,p}^{-1} \circ \psi_{\beta,p} \in \mathrm{GL}(r)(\forall p \in U_\alpha \cap U_\beta)$ 定义的映射 $g_{\alpha\beta}: U_\alpha \cap U_\beta \to \mathrm{GL}(r)$ 是光滑映射.

于是, 对于任意的 $p \in U_\alpha \cap U_\beta$, 以及任意的 $y \in \mathbb{R}^r$, 等式

$$\psi_\beta(p, y) = \psi_\alpha(p, g_{\alpha\beta}(p) \cdot y) \tag{2.1}$$

成立, 其中 $g_{\alpha\beta}(p) \cdot y$ 是 $\mathrm{GL}(r)$ 中的元素 $g_{\alpha\beta}(p)$ (作为 $\mathbb{R}^r$ 上的线性变换) 在 y 上作用. 对于任意的 $p \in U_\alpha \cap U_\beta$, $\{p\} \times \mathbb{R}^r$ 既是乘积空间 $U_\alpha \times \mathbb{R}^r$ 的纤维, 又是乘积空间 $U_\beta \times \mathbb{R}^r$ 中的纤维, 它们借助于线性变换 $g_{\alpha\beta}(p)$ 等同起来. 我们把 $\{g_{\alpha\beta}: U_\alpha \cap U_\beta \to \mathrm{GL}(r)\}$ 称为向量丛 E 关于局部平凡化结构 $\{(U_\alpha, \psi_\alpha); \alpha \in I\}$ 的 **转移函数族**. 由于 $\{U_\alpha; \alpha \in I\}$ 是 M 的开覆盖, 于是丛空间 E 可以看作将所有的 $U_\alpha \times \mathbb{R}^r$ 通过转移函数族粘接的结果.

根据转移函数 $g_{\alpha\beta}$ 的定义, 下面的结论是显然的:

命题 2.1　设 $\pi: E \to M$ 是光滑流形 M 上的秩为 r 的向量丛,

$\{g_{\alpha\beta} : U_\alpha \cap U_\beta \to \mathrm{GL}(r)\}$ 是关于局部平凡化结构 $\{(U_\alpha, \psi_\alpha); \alpha \in I\}$ 的转移函数族. 则下面的相容性条件成立:

(1) 对于任意的 $\alpha \in I$ 以及任意的 $p \in U_\alpha$, $g_{\alpha\alpha}(p) = I_r$, 其中 I_r 是 r 阶单位矩阵;

(2) 对于任意的 $p \in U_\alpha \cap U_\beta \cap U_\gamma$,

$$g_{\alpha\beta}(p) \cdot g_{\beta\gamma}(p) = g_{\alpha\gamma}(p).$$

作为 (1) 和 (2) 的推论有

(3) 对于任意的 $p \in U_\alpha \cap U_\beta$,

$$g_{\alpha\beta}(p) = (g_{\beta\alpha}(p))^{-1}.$$

下面的定理表明转移函数族是构造纤维丛的核心.

定理 2.2 设 M 是 m 维光滑流形, $\{U_\alpha; \alpha \in I\}$ 是 M 的一个开覆盖. 如果对于任意的 $\alpha, \beta \in I$, 在 $U_\alpha \cap U_\beta \neq \emptyset$ 时, 都指定了一个光滑映射 $g_{\alpha\beta} : U_\alpha \cap U_\beta \to \mathrm{GL}(r)$, 并且映射族 $\{g_{\alpha\beta}\}$ 满足命题 2.1 中的相容性条件 (1) 和 (2), 则在 M 上存在秩为 r 的向量丛 $\pi : E \to M$ 以 $\{g_{\alpha\beta}\}$ 为它的转移函数族.

证明 考虑并集

$$\tilde{E} = \bigcup_{\alpha \in I} \{\alpha\} \times U_\alpha \times \mathbb{R}^r, \tag{2.2}$$

它是一个 $m + r$ 维光滑流形. 在 $\tilde{E}$ 中定义关系 "$\sim$" 如下: 设

$$(\alpha, p, y), \quad (\beta, \tilde{p}, \tilde{y}) \in \tilde{E},$$

则 $(\alpha, p, y) \sim (\beta, \tilde{p}, \tilde{y})$ 当且仅当 $p = \tilde{p} \in U_\alpha \cap U_\beta$, 并且 $y = g_{\alpha\beta}(p) \cdot \tilde{y}$. 由于 $\{g_{\alpha\beta}\}$ 满足命题 2.1 中的相容性条件, 容易验证: 上面定义的关系 $\sim$ 是一个等价关系. 用 $E = \tilde{E}/\sim$ 表示 $\tilde{E}$ 关于等价关系 $\sim$ 的商空间, 并把 $(\alpha, p, y) \in \tilde{E}$ 关于 $\sim$ 的等价类记为 $[\alpha, p, y]$. 从 (α, p, y) 得到等价

类 $[\alpha, p, y]$ 的过程, 在直观上就是借助于转移函数族 $g_{\alpha\beta}$ 将 (α, p, y) 与 $(\beta, \tilde{p}, \tilde{y})$ 粘接 (等同) 的过程. 定义投影 $\pi : E \to M$ 为

$$\pi([\alpha, p, y]) = p, \quad \forall [\alpha, p, y] \in E. \tag{2.3}$$

容易证明, 在 E 上存在光滑结构使得 E 成为光滑流形, 并且 π 是光滑映射. 事实上, 设 $\{x_\alpha^i\}$ 是在 $U_\alpha \subset M$ 上的局部坐标系, 那么 $\{x_\alpha^i, y^a\}$ 是在 $\pi^{-1}(U_\alpha)$ 上的局部坐标系. 当 $U_\alpha \cap U_\beta \neq \emptyset$ 时, 在 $\pi^{-1}(U_\alpha) \cap \pi^{-1}(U_\beta) = \pi^{-1}(U_\alpha \cap U_\beta)$ 上有局部坐标变换

$$\begin{cases} x_\beta^i = x_\beta^i(x_\alpha^1, \cdots, x_\alpha^m), \\ \tilde{y}^a = \sum_{b=1}^{r} (g_{\beta\alpha}(x_\alpha^1, \cdots, x_\alpha^m))_b^a y^b. \end{cases} \tag{2.4}$$

很明显, 上面两组式子的右端都是 $(x_\alpha^1, \cdots, x_\alpha^m, y^1, \cdots, y^r)$ 的光滑函数. 因此, $\{(\pi^{-1}(U_\alpha); x_\alpha^i, y^a); \alpha \in I\}$ 是 E 的一个光滑坐标覆盖.

定义映射 $\psi_\alpha : U_\alpha \times \mathbb{R}^r \to \pi^{-1}(U_\alpha)$ 为

$$\psi_\alpha(p, y) = [\alpha, p, y], \quad \forall (p, y) \in U_\alpha \times \mathbb{R}^r. \tag{2.5}$$

容易看出 $\pi \circ \psi_\alpha(p, y) = p$, 并且 ψ_α 是光滑同胚. 所以, ψ_α 是 E 的一个局部平凡化. 设 $\psi_\beta : U_\beta \times \mathbb{R}^r \to \pi^{-1}(U_\beta)$ 是 E 的另一个平凡化, 那么对于任意的 $p \in U_\alpha \cap U_\beta$ 以及 $y, \tilde{y} \in \mathbb{R}^r$, 如果

$$\psi_\alpha(p, y) = \psi_\beta(p, \tilde{y}), \quad \text{即} \quad [\alpha, p, y] = [\beta, p, \tilde{y}],$$

则有 $y = g_{\alpha\beta}(p) \cdot \tilde{y}$. 这意味着

$$\psi_{\alpha,p}^{-1} \circ \psi_{\beta,p} = g_{\alpha\beta}(p). \tag{2.6}$$

由此可见, $\pi : E \to M$ 是光滑流形 M 上秩为 r 的向量丛, 它的转移函数族是已知的 $\{g_{\alpha\beta} : U_\alpha \cap U_\beta \to \mathrm{GL}(r)\}$. 证毕.

纤维丛的特征是丛空间在局部上等同于一个乘积空间, 即具有所谓的局部平凡性. 但是它的纤维型可以不限于向量空间. 特别是给定

一个秩为 r 的向量丛 $\pi : E \to M$, 则从向量丛 E 出发可以构造光滑流形 M 上的标架丛, 它在局部上是 M 的开子集与一般线性群 $\mathrm{GL}(r)$ 的乘积空间, 并且与向量丛 E 共享同一个转移函数族. 具体作法如下:

设向量丛 $\pi : E \to M$ 的局部平凡化结构是 $\{(U_\alpha, \psi_\alpha); \ \alpha \in I\}$, 其中 $(U_\alpha; x_\alpha^i)$ 是 M 的局部坐标系. 用 $\{\delta_a; 1 \le a \le r\}$ 表示实向量空间 $\mathbb{R}^r$ 的标准基底, 并置

$$s_a^{(\alpha)}(p) = \psi_\alpha(p, \delta_a), \quad p \in U_\alpha, \tag{2.7}$$

则 $s^{(\alpha)} = (s_1^{(\alpha)}, \cdots, s_r^{(\alpha)})$ 是向量丛 E 在 U_α 上的局部标架场. 对于每一点 $p \in U_\alpha$, 用 $F(p)$ 表示由向量空间 $\pi^{-1}(p)$ 中基底的全体所构成的集合, 则在 $\mathrm{GL}(r)$ 和 $F(p)$ 之间有一一对应关系. 事实上, 让 $A \in \mathrm{GL}(r)$ 所对应的标架是

$$\begin{aligned} f(p) &= (f_1(p), \cdots, f_r(p)) \\ &= (s_1^{(\alpha)}(p), \cdots, s_r^{(\alpha)}(p)) \cdot A \equiv s^{(\alpha)}(p) \cdot A, \end{aligned} \tag{2.8}$$

即

$$f_a(p) = A_a^b \psi_\alpha(p, \delta_b) = \psi_{\alpha,p}(A_a^b \delta_b), \quad 1 \le a \le r, \tag{2.9}$$

这里 $\psi_{\alpha,p} : \mathbb{R}^r \to \pi^{-1}(p)$ 是线性同构. 令 $F(E) = \bigcup\limits_{p \in M} F(p)$, 并且定义映射 $\tilde{\pi} : F(E) \to M$, 使得对于任意的 $p \in M$, 有 $\tilde{\pi}(F(p)) = \{p\}$. 借助于向量丛 E 的局部平凡化结构可以引入空间 $F(E)$ 的局部平凡化结构. 事实上, 对于任意的 $\alpha \in I$, 定义映射 $\varphi_\alpha : U_\alpha \times \mathrm{GL}(r) \to \tilde{\pi}^{-1}(U_\alpha)$, 使得

$$\varphi_\alpha(p, A) = s^{(\alpha)}(p) \cdot A, \quad \forall (p, A) \in U_\alpha \times \mathrm{GL}(r). \tag{2.10}$$

容易看出, 这样定义的映射 φ_α 是从 $U_\alpha \times \mathrm{GL}(r)$ 到 $\tilde{\pi}^{-1}(U_\alpha)$ 上的一一对应. 借助于映射 φ_α 可以在 $F(E)$ 上引进拓扑结构和光滑结构, 使得每一个 φ_α 是光滑同胚, 并且 $\tilde{\pi} : F(E) \to M$ 是光滑映射. 具体作法可以参照第一章 §1.9 中关于切丛的构造或者本节的定理 2.2 的证

明. 特别地，通过映射 $\varphi_\alpha^{-1} : \tilde{\pi}^{-1}(U_\alpha) \to U_\alpha \times \mathrm{GL}(r)$ 以及 M 在坐标邻域 U_α 上的坐标映射可以给出 $F(E)$ 在 $\tilde{\pi}^{-1}(U_\alpha)$ 上的局部坐标系，记为 $(\tilde{\pi}^{-1}(U_\alpha); x_\alpha^i, A_a^b)$.

从上面的构造可以看出，$F(E)$ 在局部上是乘积空间 $U_\alpha \times \mathrm{GL}(r)$，它在每一点 $p \in M$ 处的纤维是 $\tilde{\pi}^{-1}(p) = F(p)$，后者与 $\mathrm{GL}(r)$ 是等同的. 换言之，$F(E)$ 是将一族乘积空间 $U_\alpha \times \mathrm{GL}(r), \alpha \in I$，沿底流形 M 上的同一点 $p \in U_\alpha \cap U_\beta$ 的纤维 $\{p\} \times \mathrm{GL}(r) \subset U_\alpha \times \mathrm{GL}(r)$ 和 $\{p\} \times \mathrm{GL}(r) \subset U_\beta \times \mathrm{GL}(r)$ 按照一定的方式粘合起来的结果. 具体地说，设 $p \in U_\alpha \cap U_\beta, A, B \in \mathrm{GL}(r)$，那么

$$\varphi_\alpha(p, A) = \varphi_\beta(p, B), \quad \text{或等价地,} \quad A = \varphi_{\alpha,p}^{-1} \circ \varphi_{\beta,p}(B), \tag{2.11}$$

当且仅当

$$s^{(\alpha)}(p) \cdot A = s^{(\beta)}(p) \cdot B, \tag{2.12}$$

即

$$\psi_\alpha(p, A_a^b \delta_b) = \psi_\beta(p, B_a^b \delta_b), \quad 1 \le a \le r. \tag{2.13}$$

上式等价于

$$A_a^b \delta_b = \psi_{\alpha,p}^{-1} \circ \psi_{\beta,p}(B_a^b \delta_b) = B_a^c g_{\alpha\beta}(p) \cdot \delta_c = (g_{\alpha\beta}(p))_c^b B_a^c \delta_b,$$

即有

$$A = g_{\alpha\beta}(p) \cdot B. \tag{2.14}$$

将上式与 (2.11) 式相比较得知 $\varphi_{\alpha,p}^{-1} \circ \varphi_{\beta,p} = g_{\alpha\beta}(p)$. 因此，纤维丛 $\tilde{\pi} : F(E) \to M$ 和向量丛 $\pi : E \to M$ 共享同一个转移函数族 $\{g_{\alpha\beta} : U_\alpha \cap U_\beta \to \mathrm{GL}(r)\}$. 通常称纤维丛 $\tilde{\pi} : F(E) \to M$ 是与向量丛 $\pi : E \to M$ **相配的标架丛**，并且记作 $(F(E), M, \tilde{\pi})$. 有时也记作 $\tilde{\pi} : F(E) \to M$，或 $F(E)$. 与向量丛的情形类似，把光滑流形 $F(E), M$ 和映射 $\tilde{\pi}$ 分别叫做标架丛的 **丛空间**, **底流形** 和 **丛投影**.

标架丛有一个很重要的几何结构, 即群 GL(r) 在丛空间 $F(E)$ 上的右作用. 设 $g \in$ GL(r), 令

$$\varphi_\alpha(p, A) \cdot g = \varphi_\alpha(p, A \cdot g), \quad \forall (p, A) \in U_\alpha \times \text{GL}(r). \tag{2.15}$$

上面的定义与局部平凡化 $\varphi_\alpha : U_\alpha \times \text{GL}(r) \to \tilde{\pi}^{-1}(U_\alpha)$ 的取法无关. 事实上, 当 $p \in U_\alpha \cap U_\beta$ 时, $\varphi_\alpha(p, A) = \varphi_\beta(p, B)$ 的充分必要条件是 (2.12) 式成立, 因而 $\varphi_\alpha(p, A \cdot g) = \varphi_\beta(p, B \cdot g)$. 容易验证, GL($r$) 是作用在 $F(E)$ 上的李氏变换群. 很明显, $g \in$ GL(r) 在 $F(E)$ 上的作用保持纤维不变; 而且从几何上看, g 在 $F(E)$ 上的右作用就是让向量丛 $\pi : E \to M$ 的每一个标架作一个满秩的线性变换. 由此可见, g 在 $F(E)$ 上的右作用没有不动点. 根据李氏变换群的理论 (参看参考文献 [3, 第六章, 定理 5.1]), GL(r) 在 $F(E)$ 上的作用诱导出 r^2 个处处线性无关的基本向量场 $X_a^b (1 \leq a, b \leq r)$, 它们在局部坐标系 $(\tilde{\pi}^{-1}(U_\alpha); x_\alpha^i, A_a^b)$ 下具有如下的表达式

$$X_a^b = A_a^c \frac{\partial}{\partial A_b^c}. \tag{2.16}$$

因此, 基本向量场 X_a^b 在 $\sigma \in \tilde{\pi}(p) \subset F(E)$ 处张成纤维 $\tilde{\pi}^{-1}(p)$ 的切空间 $\tilde{V}(\sigma) = T_\sigma(\tilde{\pi}^{-1}(p)) \subset T_\sigma F(E)$. $\tilde{V}(\sigma)$ 称为标架丛 $F(E)$ 在 σ 的**铅垂子空间**, $\tilde{V}$ 称为在 $F(E)$ 上的**铅垂分布**. 上面的讨论说明, 铅垂分布 $\tilde{V}$ 是由基本向量场 $X_a^b (1 \leq a, b \leq r)$ 张成的, 它是完全可积的, 相应的 r^2 维积分流形就是标架丛 $F(E)$ 的纤维.

设在向量丛 $\pi : E \to M$ 上给定一个联络 D, 则根据 §10.1 的做法可以在相配标架丛 $\tilde{\pi} : F(E) \to M$ 的丛空间上诱导出一个水平分布 $\tilde{H}$. 设 $p \in M$, $\sigma_0 \in \tilde{\pi}^{-1}(p)$, 则 $\sigma_0 = (\sigma_1, \cdots, \sigma_r)$ 是向量空间 $\pi^{-1}(p) = E|_p$ 中的一个基底. 在底流形 M 中任意给定一条光滑曲线 $\gamma : [0, b] \to M$, 使得 $\gamma(0) = p$, 则由命题 1.1 得知, 存在唯一的一组沿 γ 平行的向量场 $\sigma_a(t), 0 \leq t \leq b, 1 \leq a \leq r$, 使得 $\sigma_a(0) = \sigma_a$. 记 $\sigma(t) = (\sigma_1(t), \cdots, \sigma_r(t))$, 则 $\sigma(t)$ 是沿 γ 平行的标架场, 并且满足初始

条件 $\sigma(0) = \sigma_0$. $\sigma(t)$ 称为光滑曲线 $\gamma(t)$ 在丛空间 $F(E)$ 中经过点 σ_0 的 **水平提升 (曲线)**, 切向量 $\sigma'(0)$ 称为 $\gamma'(0) \in T_p M$ 在点 $\sigma_0 \in \tilde{\pi}^{-1}(p)$ 处的 **水平提升 (切向量)**. 在点 $\sigma_0 \in \tilde{\pi}^{-1}(p)$ 处的水平切向量的集合记为 $\tilde{H}(\sigma_0)$. 下面要说明 $\tilde{H}(\sigma_0)$ 是 $T_{\sigma_0}F(E)$ 的子空间, 称为标架丛 $F(E)$ 在点 σ_0 处的 **水平子空间**.

为此, 采用前面的记号, 设 $\{(U_\alpha, \psi_\alpha); \alpha \in I\}$ 是向量丛 $\pi : E \to M$ 的局部平凡化结构, 使得 $(U_\alpha; x_\alpha^i)$ 是底流形 M 的局部坐标系, 则 $\{(U_\alpha, \varphi_\alpha); \alpha \in I\}$ 是与 E 相配的标架丛 $\tilde{\pi} : F(E) \to M$ 的一个局部平凡化结构, 并且通过局部平凡化映射 $\varphi_\alpha^{-1} : \tilde{\pi}(U_\alpha) \to U_\alpha \times \mathrm{GL}(r)$ 给出了丛空间 $F(E)$ 上的局部坐标系 $(\tilde{\pi}^{-1}(U_\alpha); x_\alpha^i, A_a^b)$. 对每一个固定的 $\alpha \in I$, 令

$$\mathrm{D}s_a^{(\alpha)} = \omega_a^{(\alpha)b}s_b^{(\alpha)}, \quad \omega_a^{(\alpha)b} = \Gamma_{ai}^{(\alpha)b}\mathrm{d}x_\alpha^i. \tag{2.17}$$

则 $\omega_a^{(\alpha)b}$ 是联络 D 在局部标架场 $\{s_a^{(\alpha)}; 1 \le a \le r\}$ 下的联络形式. 借助于联络形式 $\omega_a^{(\alpha)b}$ 可以在开集 $\tilde{\pi}^{-1}(U_\alpha)$ 上引入如下的 1 次微分式

$$\begin{aligned}
\theta_a^b &= (A^{-1})_c^b(\mathrm{d}A_a^c + \tilde{\pi}^*(\omega_d^{(\alpha)c})A_a^d) \\
&= (A^{-1})_c^b(\mathrm{d}A_a^c + A_a^d\Gamma_{di}^{(\alpha)c}\mathrm{d}x_\alpha^i).
\end{aligned} \tag{2.18}$$

定理 2.3   由 (2.18) 式定义的 θ_a^b $(1 \le a, b \le r)$ 是大范围地定义在丛空间 $F(E)$ 上的 r^2 个 1 次微分式, 即 $\theta = (\theta_a^b)$ 是大范围地定义在 $F(E)$ 上的 $\mathfrak{gl}(r)$-值的 1 次微分式, 其中 $\mathfrak{gl}(r)$ 是一般线性群 $\mathrm{GL}(r)$ 的李代数.

证明   设 $(U_\beta; x_\beta^i)$ 是 M 的另一个局部坐标系, $(\tilde{\pi}^{-1}(U_\beta); x_\beta^i, B_a^b)$ 是在丛空间 $F(E)$ 上对应的局部坐标系. 若 $U_\alpha \cap U_\beta \ne \emptyset$, 则有坐标变换 $A = g_{\alpha\beta}(p) \cdot B$ (参看 (2.14) 式), 即

$$A_a^b = (g_{\alpha\beta}(p))_c^b B_a^c, \tag{2.19}$$

其中 $g_{\alpha\beta} : U_\alpha \cap U_\beta \to \mathrm{GL}(r)$ 是转移函数. 因此

$$\mathrm{d}A_a^b = \mathrm{d}(g_{\alpha\beta})_c^b \cdot B_a^c + (g_{\alpha\beta})_c^b \cdot \mathrm{d}B_a^c. \tag{2.20}$$

另一方面, 联络形式遵循如下的变换公式

$$(g_{\alpha\beta})^a_c \omega^{(\beta)c}_b = \mathrm{d}(g_{\alpha\beta})^a_b + \omega^{(\alpha)a}_c (g_{\alpha\beta})^c_b \tag{2.21}$$

(参看第二章的 (8.4) 式). 将 (2.21) 式代入 (2.20) 式得到

$$\mathrm{d}A^b_a + A^c_a \tilde{\pi}^* \omega^{(\alpha)b}_c = (g_{\alpha\beta})^b_c (\mathrm{d}B^c_a + B^d_a \tilde{\pi}^* \omega^{(\beta)c}_d),$$

即

$$(A^{-1})^b_d (\mathrm{d}A^d_a + A^c_a \tilde{\pi}^* \omega^{(\alpha)d}_c) = (B^{-1})^b_d (\mathrm{d}B^d_a + B^c_a \tilde{\pi}^* \omega^{(\beta)d}_c).$$

证毕.

一次微分式 $\theta^b_a (1 \leq a, b \leq r)$ 有明显的几何意义. 事实上, (x^i_α, A^b_a) 代表 $\tilde{\pi}^{-1}(U_\alpha)$ 中的点, 因而是向量丛 E 在 U_α 上的标架. 于是 θ^b_a $(1 \leq a, b \leq r)$ 恰好是 E 在 U_α 上的活动标架的 "协变微分" 关于该标架自身的分量 (即活动标架的相对分量). 实际上, 如果采用 (2.8) 式的记号, 则活动标架 $f = s^{(\alpha)} \cdot A$ 的协变微分是

$$\begin{aligned} \mathrm{D}f &= \mathrm{D}s^{(\alpha)} \cdot A + s^{(\alpha)} \cdot \mathrm{d}A = s^{(\alpha)} \cdot (\omega^{(\alpha)} \cdot A + \mathrm{d}A) \\ &= f \cdot A^{-1}(\mathrm{d}A + \omega^{(\alpha)} \cdot A) = f \cdot \theta, \end{aligned} \tag{2.22}$$

其中

$$\theta = A^{-1}(\mathrm{d}A + \omega^{(\alpha)} \cdot A).$$

定理 2.3 的意思是: 向量丛的活动标架的相对分量与参照标架场 $s^{(\alpha)} = (s^{(\alpha)}_1, \cdots, s^{(\alpha)}_r)$ 的选取无关. 另外, 从表达式 (2.18) 和 (2.16) 式不难看出, 如果把 θ^b_a 限制在纤维 $\tilde{\pi}^{-1}(p)$ 上, 则 θ^b_a 和基本向量场 X^b_a 是彼此对偶的, 即

$$\theta^b_a(X^d_c) = \delta^d_a \delta^b_c, \quad 1 \leq a, b, c, d \leq r. \tag{2.23}$$

由方程组 (1.2) 可知, 如果在 U_α 上任意给定一条光滑曲线 γ: $x^i_\alpha = x^i_\alpha(t)$, 则对于每一个固定的指标 a, 方程组

$$\frac{\mathrm{d}A^c_a}{\mathrm{d}t} + A^d_a \Gamma^{(\alpha)c}_{di} \frac{\mathrm{d}x^i_\alpha(t)}{\mathrm{d}t} = 0, \quad 1 \leq c \leq r \tag{2.24}$$

的解 $A_a^c(t)$ 给出一个沿曲线 γ 平行的向量场 $\sigma_a(t) = A_a^c(t)s_c^{(\alpha)}(\gamma(t))$.
换言之, $\sigma(t) = (\sigma_1(t), \cdots, \sigma_r(t))$ 是沿 γ 平行的标架场, 所以 $\sigma(t)$ 是曲线 $\gamma(t)$ 在标架丛空间 $F(E)$ 上的水平提升. 由此可见, $\sigma(t)$ 是 $\gamma(t)$ 在标架丛空间 $F(E)$ 上的水平提升曲线的充分必要条件是 $A_a^c(t)(1 \leq a, c \leq r)$ 满足方程组 (2.24). 注意到在 $F(E)$ 的局部系 $(\tilde{\pi}^{-1}(U_\alpha); x_\alpha^i, A_a^b)$ 下, 切向量 $\sigma'(t)$ 的坐标表达式是

$$\sigma'(t) = \frac{\mathrm{d}x_\alpha^i(t)}{\mathrm{d}t}\frac{\partial}{\partial x_\alpha^i} + \frac{\mathrm{d}A_a^b(t)}{\mathrm{d}t}\frac{\partial}{\partial A_a^b}. \tag{2.25}$$

再结合 (2.18) 式, $A_a^c(t)$ 满足方程组 (2.24) 等价于 $\sigma'(t)$ 满足方程组

$$\theta_a^b(\sigma'(t)) = 0, \quad 1 \leq a, b \leq r.$$

因此,

$$\tilde{H}(\sigma_0) = \{X \in T_{\sigma_0}F(E); \ \theta_a^b(X) = 0, 1 \leq a, b \leq r\}$$

是 $T_{\sigma_0}F(E)$ 的 m 维子空间. 从 (2.25) 和 (2.24) 两式得知, 水平分布 $\tilde{H}$ 在局部上是由下列向量场张成的:

$$\tilde{Z}_i = \frac{\partial}{\partial x_\alpha^i} - A_a^d\Gamma_{di}^{(\alpha)b}\frac{\partial}{\partial A_a^b}, \quad 1 \leq i \leq m. \tag{2.26}$$

在上面的讨论中由对应 $\sigma \mapsto \tilde{H}(\sigma)$ 确定的 m 维分布 $\tilde{H}$ 称为在标架丛空间 $F(E)$ 上由联络 D 诱导的 **水平分布**. 于是得到下面的定理:

定理 2.4 设 $\tilde{\pi}: F(E) \to M$ 是与秩为 r 的向量丛 $\pi: E \to M$ 相配的标架丛, 则铅垂分布 $\tilde{V}$ 是由 $\mathrm{GL}(r)$ 在 $F(E)$ 上的右作用的李氏变换群在 $F(E)$ 上产生的基本向量场张成的, 并且是完全可积的. 如果 D 是向量丛 $\pi: E \to M$ 上的一个联络, 则它在 $F(E)$ 上诱导出一个水平分布 $\tilde{H}$, 使得在每一点 $\sigma \in F(E)$ 处下面的结论成立:

(1) $T_\sigma F(E) = \tilde{H}(\sigma) \oplus \tilde{V}(\sigma)$;

(2) $\tilde{\pi}_{*\sigma} : \tilde{H}(\sigma) \to T_{\tilde{\pi}(\sigma)}M$ 是线性同构.

根据 (2.15) 式，$g \in \mathrm{GL}(r)$ 在丛空间 $F(E)$ 上的右作用相当于在其坐标 A 的右边乘以 g. 从方程组 (2.24) 不难知道，g 的右作用把 $F(E)$ 上的水平曲线变为水平曲线，因而把水平切向量变为水平切向量，把水平子空间变为水平子空间. 于是有下面的定理：

定理 2.5 设 $\tilde{\pi} : F(E) \to M$ 是与向量丛 $\pi : E \to M$ 相配的标架丛，$\tilde{H}$ 是联络 D 诱导的水平分布，则对于任意的 $g \in \mathrm{GL}(r)$，它在 $F(E)$ 上的右作用 R_g 满足

$$(R_g)_{*\sigma}\tilde{H}(\sigma) = \tilde{H}(\sigma \cdot g), \quad \forall \sigma \in F(E), \tag{2.27}$$

并且

$$(R_g)^*(\theta(\sigma \cdot g)) = g^{-1} \cdot \theta(\sigma) \cdot g = \mathrm{Ad}(g^{-1}) \cdot \theta(\sigma). \tag{2.28}$$

证明 根据 θ 的定义有

$$\begin{aligned}
(R_g)^*(\theta(\sigma \cdot g)) &= (A \cdot g)^{-1}(\mathrm{d}(A \cdot g) + \omega^{(\alpha)} \cdot A \cdot g) \\
&= g^{-1} \cdot (A^{-1}\mathrm{d}A + A^{-1} \cdot \omega^{(\alpha)} \cdot A) \cdot g \\
&= \mathrm{Ad}(g^{-1}) \cdot \theta(\sigma).
\end{aligned}$$

(2.27) 式是 (2.28) 式的直接推论，也是在定理 2.5 的前面的一段论述的结果. 证毕.

§10.3 微分纤维丛

向量丛及其相配的标架丛的概念能够推广为微分纤维丛的一般概念.

定义 3.1 设 B, M, F 是光滑流形，G 是左作用在光滑流形 F 上的李氏变换群，$\pi : B \to M$ 是一个光滑映射. 如果下列三个条件成立，则称 $\pi : B \to M$ 是光滑流形 M 上的一个 **微分纤维丛**：

(1) 存在 M 的一个开覆盖 $\{U_\alpha; \alpha \in I\}$, 使得对于每一个 $\alpha \in I$ 都有一个光滑同胚 $\psi_\alpha : U_\alpha \times F \to \pi^{-1}(U_\alpha)$ 满足条件

$$\pi \circ \psi_\alpha(p, f) = p, \quad \forall (p, f) \in U_\alpha \times F;$$

(2) 对于每一个固定的 $p \in U_\alpha$ 以及任意的 $f \in F$, 记 $\psi_{\alpha,p}(f) = \psi_\alpha(p, f)$, 则映射 $\psi_{\alpha,p} : F \to \pi^{-1}(p)$ 是光滑同胚, 并且当 $p \in U_\alpha \cap U_\beta \neq \emptyset$ 时, 光滑同胚 $\psi_{\alpha,p}^{-1} \circ \psi_{\beta,p} : F \to F$ 等同于 G 的一个元素 $g_{\alpha\beta}(p)$ 在 F 上的作用, 即有 $g_{\alpha\beta}(p) \in G$ 使得

$$\psi_{\alpha,p}^{-1} \circ \psi_{\beta,p}(f) = g_{\alpha\beta}(p) \cdot f, \quad \forall f \in F;$$

(3) 当 $U_\alpha \cap U_\beta \neq \emptyset$ 时, 映射 $g_{\alpha\beta} : U_\alpha \cap U_\beta \to G$ 是光滑的.

为了方便起见, 以后把微分纤维丛 $\pi : B \to M$ 记为 (B, M, F, π, G) 或 B. 其中 B 称为 **丛空间**, M 称为 **底流形**, F 称为 **纤维型**, π 称为 **丛投影**, G 称为 **结构群**.

上述定义中的条件 (1) 所涉及的映射 $\psi_\alpha : U_\alpha \times F \to \pi^{-1}(U_\alpha)$ 称为纤维丛 B 的 **局部平凡化**; $\{(U_\alpha, \psi_\alpha); \alpha \in I\}$ 称为 B 的 **局部平凡化结构**, 映射 $g_{\alpha\beta} : U_\alpha \cap U_\beta \to G$ 称为 B 的 **转移函数**. 局部平凡化是纤维丛的最主要特征, 即丛空间在局部上是乘积空间. 实际上, 纤维丛 B 是一族乘积空间 $\{U_\alpha \times F; \alpha \in I\}$ 在每一点 $p \in U_\alpha \cap U_\beta$ 上将纤维 $\{p\} \times F \subset U_\alpha \times F$ 和 $\{p\} \times F \subset U_\beta \times F$ 借助于转移函数 $g_{\alpha\beta}(p) \in G$ 等同起来的结果, 即对于任意的 $p \in U_\alpha \cap U_\beta$, $f, \tilde{f} \in F$, 点 $\psi_\alpha(p, f)$ 和 $\psi_\beta(p, \tilde{f})$ 是丛空间 B 中的同一个点的充分必要条件是

$$f = g_{\alpha\beta}(p) \cdot \tilde{f}. \tag{3.1}$$

很明显, 转移函数 $g_{\alpha\beta}(p) = \psi_{\alpha,p}^{-1} \circ \psi_{\beta,p}$ 满足命题 2.1 中的相容性条件. 转移函数族 $\{g_{\alpha\beta}\}$ 是构造微分纤维丛的核心. 特别是, 定理 2.2 的结论可以搬到这里来成为下面的定理 3.1, 其证明过程也是类似的.

定理 3.1 设 M 是一个 m 维光滑流形, G 是左作用在光滑流形 F 上的李氏变换群. 如果存在 M 的一个开覆盖 $\{U_\alpha; \alpha \in I\}$, 使

得对于任意的 $\alpha, \beta \in I$, 当 $U_\alpha \cap U_\beta \neq \emptyset$ 时，都指定了一个光滑映射 $g_{\alpha\beta} : U_\alpha \cap U_\beta \to G$, 满足如下的相容性条件:

(1) $g_{\alpha\alpha}(p) = e, \forall \alpha \in I, \forall p \in U_\alpha$, 其中 e 是李群 G 的单位元素;

(2) 对于任意的 $\alpha, \beta, \gamma \in I$, 当 $U_\alpha \cap U_\beta \cap U_\gamma \neq \emptyset$ 时，

$$g_{\alpha\beta}(p) \cdot g_{\beta\gamma}(p) = g_{\alpha\gamma}(p), \quad \forall p \in U_\alpha \cap U_\beta \cap U_\gamma,$$

则存在以 G 为结构群的微分纤维丛 (B, M, F, π, G), 使得它的转移函数族正好是 $\{g_{\alpha\beta} : U_\alpha \cap U_\beta \to G\}$.

假定 (B, M, F, π, G) 是一个微分纤维丛，其转移函数族为 $\{g_{\alpha\beta} : U_\alpha \cap U_\beta \to G\}$. 由于 G 是左作用在 G 自身上的李氏变换群，于是根据定理 3.1, 存在微分纤维丛 $(\tilde{B}, M, G, \pi, G)$, 它以结构群 G 为纤维型，并且与 (B, M, F, π, G) 共享同一个转移函数族.

定义 3.2　在光滑流形 M 上以结构群 G 为其纤维型的微分纤维丛 $\pi : B \to M$ 称为在光滑流形 M 上的 G-主丛, 记为 (B, M, π, G) 或 B.

相配丛的概念可以作如下的一般推广:

定义 3.3　设 (B, M, F, π, G) 和 $(\tilde{B}, M, \tilde{F}, \tilde{\pi}, G)$ 是光滑流形 M 上的两个以 G 为结构群的微分纤维丛, 如果它们具有相同的转移函数族 $\{g_{\alpha\beta} : U_\alpha \cap U_\beta \to G\}$, 则称 B 和 $\tilde{B}$ 是**相配的微分纤维丛**.

于是，向量丛 $\pi : E \to M$ 和对应的标架丛 $\tilde{\pi} : F(E) \to M$ 是相配的. 任意一个微分纤维丛 (B, M, F, π, G) 都有与其相配的 G-主丛. 由此可见，在相配的微分纤维丛的集合中总是可以取 G-主丛作为它的代表. G-主丛的重要性在于 G-主丛的结构比较简单，纤维型就是它的结构群本身; 另外，其他的相配丛都可以通过 G-主丛方便地构造出来.

定理 3.2　设 (B, M, π, G) 是光滑流形 M 上的一个 G-主丛, 则 G 是自由地右作用在丛空间 B 上的李氏变换群，并且主丛 B 的每一个局部平凡化 $\psi : U \times G \to \pi^{-1}(U)$ 关于 G 的右作用都是等变的，即对

于任意的 $p \in U$ 和 $g, h \in G$, 下列关系式

$$\psi(p, g) \cdot h = \psi(p, g \cdot h) \tag{3.2}$$

成立.

证明 设主丛 (B, M, π, G) 的局部平凡化结构是 $\{(U_\alpha, \psi_\alpha); \alpha \in I\}$. 对于任意的 $(p, g) \in U_\alpha \times G$, 以及任意的 $h \in G$, 令

$$\psi_\alpha(p, g) \cdot h = \psi_\alpha(p, g \cdot h). \tag{3.3}$$

下面要证明上式的右端与局部平凡化的取法无关. 对于 $p \in U_\alpha \cap U_\beta$ 和 $\tilde{g} \in G$, 如果

$$\psi_\alpha(p, g) = \psi_\beta(p, \tilde{g}),$$

那么

$$g = \psi_{\alpha,p}^{-1} \circ \psi_{\beta,p}(\tilde{g}) = g_{\alpha\beta}(p) \cdot \tilde{g}.$$

因此, 对于任意的 $h \in G$ 有

$$g \cdot h = g_{\alpha\beta}(p) \cdot (\tilde{g} \cdot h).$$

所以

$$\psi_\alpha(p, g \cdot h) = \psi_\beta(p, \tilde{g} \cdot h).$$

不难看出, 由 (3.3) 式给出的 h 在 B 上的右作用是等变的, 这种右作用使得 G 是右作用在 B 上的李氏变换群.

为了说明 G 在 B 上的右作用是自由的, 只需要证明 G 中的每一个非单位元素 h 在 B 上的作用都没有不动点. 为此, 设 $h \in G$. 如果存在 $\psi_\alpha(p, g) \in B$ 使得 $\psi_\alpha(p, g)$ 在 h 的右作用下不变, 即

$$\psi_\alpha(p, g) \cdot h = \psi_\alpha(p, g),$$

则有

$$\psi_\alpha(p, g \cdot h) = \psi_\alpha(p, g).$$

由于 $\psi_\alpha : U_\alpha \times G \to \pi^{-1}(U_\alpha)$ 是可微同胚, 必有 $g \cdot h = g$, 因而 h 是 G 中的单位元. 证毕.

上述定理的逆命题也成立. 事实上, 我们有下面的定理:

定理 3.3 设 G 是自由地右作用在光滑流形 B 上的李氏变换群. 如果

(1) B 在 G 的右作用下的轨道空间 $M = B/G$ 是一个光滑流形, 并且自然投影 $\pi : B \to M$ 是光滑的;

(2) B 有 G-等变的局部平凡化, 即对于每一点 $p \in M$, 存在点 p 的开邻域 $U \subset M$ 以及光滑同胚 $\psi : U \times G \to \pi^{-1}(U)$, 使得

$$\pi \circ \psi(p, g) = p, \quad \forall (p, g) \in U \times G, \tag{3.4}$$

$$\psi(p, g) \cdot h = \psi(p, g \cdot h), \quad \forall h \in G, \tag{3.5}$$

则 (B, M, π, G) 是一个 G-主丛.

证明 根据条件 (2), 在 M 上有一个开覆盖 $\{U_\alpha; \alpha \in I\}$, 使得对于每一个 $\alpha \in I$, 都有光滑同胚 $\psi_\alpha : U_\alpha \times G \to \pi^{-1}(U_\alpha)$ 满足条件 (3.4) 和 (3.5).

对于任意的 $p \in U_\alpha \cap U_\beta$, 设有 $g, \tilde{g} \in G$, 使得

$$\psi_\alpha(p, g) = \psi_\beta(p, \tilde{g}), \tag{3.6}$$

则利用 G-等变的条件 (3.5) 得到

$$\psi_\alpha(p, e) \cdot g = \psi_\beta(p, e) \cdot \tilde{g}. \tag{3.7}$$

因为

$$\pi \circ \psi_\alpha(p, e) = \pi \circ \psi_\beta(p, e) = p,$$

所以 $\psi_\alpha(p, e)$ 和 $\psi_\beta(p, e)$ 属于同一条 G-轨道. 于是存在 G 的元素 $g_{\alpha\beta}(p)$, 使得

$$\psi_\alpha(p, e) \cdot g_{\alpha\beta}(p) = \psi_\beta(p, e). \tag{3.8}$$

代入 (3.7) 式得到

$$\psi_\alpha(p,e) \cdot g = \psi_\alpha(p,e) \cdot g_{\alpha\beta}(p) \cdot \tilde{g}.$$

因为 G 在 B 上的作用是自由的，所以上式成立的充分必要条件是

$$g = g_{\alpha\beta}(p) \cdot \tilde{g}.$$

与 (3.6) 式相对照可知， $\psi_{\alpha,p}^{-1} \circ \psi_{\beta,p} : G \to G$ 恰好是元素 $g_{\alpha\beta}(p)$ 在 G 上的左作用. 由 (3.8) 式得到

$$g_{\alpha\beta}(p) = \psi_{\alpha,p}^{-1} \circ \psi_{\beta,p}(e), \quad \forall p \in U_\alpha \cap U_\beta, \tag{3.9}$$

这说明 $g_{\alpha\beta} : U_\alpha \cap U_\beta \to G$ 是光滑映射， (B, M, π, G) 是 G-主丛. 证毕.

定理 3.4 设 (B, M, π, G) 是光滑流形 M 上的 G-主丛， F 是一个光滑流形，并且李群 G 是左作用在 F 上的李氏变换群. 令

$$\tilde{B} = B \times_G F = (B \times F)/\sim, \tag{3.10}$$

其中等价关系 $\sim$ 的定义是：对于 $(b,f), (\tilde{b}, \tilde{f}) \in B \times F$, $(b,f) \sim (\tilde{b}, \tilde{f})$ 当且仅当存在 $g \in G$, 使得

$$b = \tilde{b} \cdot g, \quad f = g^{-1} \cdot \tilde{f}. \tag{3.11}$$

那么， $(\tilde{B}, M, F, \tilde{\pi}, G)$ 是与 (B, M, π, G) 相配的微分纤维丛，其中映射 $\tilde{\pi} : \tilde{B} \to M$ 是由 $\tilde{\pi}([b, f]) = \pi(b) (\forall (b, f) \in B \times F)$ 定义的.

证明 设 $\{(U_\alpha, \psi_\alpha); \alpha \in I\}$ 是 G-主丛 $\pi : B \to M$ 的局部平凡化结构. 对于任意的 $\alpha \in I$, 定义映射 $\varphi_\alpha : U_\alpha \times F \to \tilde{\pi}^{-1}(U_\alpha)$ 为

$$\varphi_\alpha(p, f) = [\psi_\alpha(p, e), f], \quad \forall (p, f) \in U_\alpha \times F. \tag{3.12}$$

显然, 映射 φ_α 是一一对应. 当 $U_\alpha \cap U_\beta \neq \emptyset$ 时, 对于任意 $p \in U_\alpha \cap U_\beta$, $f, \tilde{f} \in F$, 等式

$$\varphi_\alpha(p, f) = \varphi_\beta(p, \tilde{f}) \tag{3.13}$$

成立的充分必要条件是

$$(\psi_\alpha(p,e), f) \sim (\psi_\beta(p,e), \tilde{f}). \tag{3.14}$$

根据 (3.8) 和 (3.11) 式,

$$(\psi_\alpha(p,e), f) \sim (\psi_\alpha(p,e) \cdot g_{\alpha\beta}(p), (g_{\alpha\beta}(p))^{-1} \cdot f)$$
$$= (\psi_\beta(p,e), (g_{\alpha\beta}(p))^{-1} \cdot f).$$

因此, (3.13) 式成立当且仅当

$$\tilde{f} = (g_{\alpha\beta}(p))^{-1} \cdot f \text{ 或 } f = g_{\alpha\beta}(p) \cdot \tilde{f}. \tag{3.15}$$

由此可见, f 是光滑地依赖于 $(p, \tilde{f})$ 的. 现在, 如同定理 2.2 的证明, 可以借助于 (3.12) 式把 $U_\alpha \times F(\alpha \in I)$ 的微分结构移植到 $\tilde{B}$ 上去, 使之成为光滑流形, 并且 $\tilde{\pi}$ 成为光滑映射. 同时, 每一个 $\varphi_\alpha : U_\alpha \times F \to \tilde{\pi}^{-1}(U_\alpha)$ 是光滑同胚.

另外, 从 (3.13) 和 (3.15) 式得知

$$\varphi_{\alpha,p}^{-1} \circ \varphi_{\beta,p} = g_{\alpha\beta}(p).$$

因此, $(\tilde{B}, M, F, \tilde{\pi}, G)$ 是一个以 G 为结构群、以 F 为纤维型的微分纤维丛, 它的转移函数族和 G-主丛 $\pi : B \to M$ 是相同的. 证毕.

定义 3.4 设 (B, M, F, π, G) 是光滑流形 M 上的微分纤维丛, U 是 M 的一个开子集. 若有光滑映射 $s : U \to B$ 满足条件 $\pi \circ s = \mathrm{id} : U \to U$, 则称 s 是纤维丛 B 在开子集 U 上的一个 **(光滑) 截面**.

按照习惯, 以后用 $\Gamma(B)$ 表示纤维丛 (B, M, F, π, G) 在底流形 M 上的光滑截面的全体所构成的集合.

利用微分纤维丛 $\pi : B \to M$ 的局部平凡化结构不难看出, 对于任意的点 $p \in M$, 存在点 p 的邻域 U, 使得纤维丛 B 在 U 上有截面. 但一般来说, 纤维丛 B 的定义在整个底流形 M 上的截面未必是存在

的. 这一点与向量丛是不同的. 在后面将会看到, 主丛的大范围截面 (即整体截面) 的存在性意味着纤维丛构造的平凡性 (参看推论 3.6).

例 3.1 设 G 是一个李群, H 是 G 的一个闭子群, 则 $\pi : G \to G/H$ 是一个 H-主丛.

根据李群的理论, 在李群的闭子群上存在唯一的光滑结构使它成为一个李群. 因此, H 是李群, 也是 G 的李子群. 于是, 在商空间 G/H 上存在唯一的光滑流形结构, 使得自然投影 $\pi : G \to G/H$ 是光滑的, 并且 G/H 在 G 中有局部的光滑截面, 即对于单位元素 $e \in G$, 存在 $[e] = \pi(e)$ 在 G/H 中的的开邻域 W 和光滑映射 $\tau : W \to G$ 使得

$$\pi \circ \tau = \mathrm{id} : W \to W$$

(参看参考文献 [3, 第六章, 定理 3.12]). 由此可以定义 G 在 W 上的局部平凡化 $\psi : W \times H \to \pi^{-1}(W)$, 使得

$$\psi(p, h) = \tau(p) \cdot h, \quad \forall (p, h) \in W \times H. \tag{3.16}$$

容易验证, ψ 是光滑同胚.

设 $p = \pi(g) \in G/H$, 令 $\tilde{W} = g \cdot W$, 并且定义映射 $\tilde{\psi} : \tilde{W} \times H \to \pi^{-1}(\tilde{W})$ 如下:

$$\tilde{\psi}(q, h) = g \cdot \tau(g^{-1} \cdot q) \cdot h = g \cdot \psi(g^{-1} \cdot q, h), \quad \forall (q, h) \in \tilde{W} \times H, \tag{3.17}$$

则 $\tilde{\pi}$ 也是光滑同胚. 由此可见, $\pi : G \to G/H$ 在每一点 $p \in G/H$ 处都有局部平凡化.

H 是 G 的李子群, 因此它也可以看作右作用在 G 上的李氏变换群. 因此, 从局部平凡化的定义式 (3.16) 和 (3.17) 得知, 对于任意的 $h_1 \in H$ 有

$$\psi(p, h) \cdot h_1 = \psi(p, h \cdot h_1), \quad \tilde{\psi}(q, h) \cdot h_1 = \tilde{\psi}(q, h \cdot h_1),$$

即局部平凡化 ψ 和 $\tilde{\psi}$ 是 H-等变的. 根据定理 3.3, $(G, G/H, \pi, H)$ 是一个 H-主丛.

例 3.2 S^2 上的 U(1)-主丛.

酉群 U(1) $= \{z \in \mathbb{C};\ |z| = 1\} = S^1$. 令

$$V_1 = \left\{ (\cos\theta\cos\varphi, \cos\theta\sin\varphi, \sin\theta);\ -\varepsilon < \theta \le \frac{\pi}{2}, 0 \le \varphi < 2\pi \right\},$$

$$V_2 = \left\{ (\cos\theta\cos\varphi, \cos\theta\sin\varphi, \sin\theta);\ -\frac{\pi}{2} \le \theta < \varepsilon, 0 \le \varphi < 2\pi \right\}.$$

则 V_1, V_2 构成 S^2 的开覆盖, 并且

$$V_1 \cap V_2 = \{ (\cos\theta\cos\varphi, \cos\theta\sin\varphi, \sin\theta);\ -\varepsilon < \theta < \varepsilon, 0 \le \varphi < 2\pi \},$$

它是赤道的 ε-邻域. 任意固定一个整数 n, 定义映射 $t: V_1 \cap V_2 \to S^1$, 使得 $t(\theta, \varphi) = \mathrm{e}^{\sqrt{-1}\,n\varphi}$. 把 $\{t: V_1 \cap V_2 \to S^1\}$ 作为转移函数族便得到 S^2 上的 U(1)-主丛 $(B_n, S^2, \pi, \mathrm{U}(1))$, 它是 $V_1 \times S^1$ 和 $V_2 \times S^1$ 按照下面的关系 $\sim$ 粘接起来的结果:

$$(p(\theta, \varphi), \mathrm{e}^{\sqrt{-1}\,\alpha}) \sim (p(\theta, \varphi), \mathrm{e}^{\sqrt{-1}\,\beta})$$

当且仅当

$$\mathrm{e}^{\sqrt{-1}\,\alpha} = \mathrm{e}^{\sqrt{-1}\,n\varphi} \cdot \mathrm{e}^{\sqrt{-1}\,\beta} = \mathrm{e}^{\sqrt{-1}\,(\beta + n\varphi)}, \tag{3.18}$$

其中 $p(\theta, \varphi) = (\cos\theta\cos\varphi, \cos\theta\sin\varphi, \sin\theta) \in V_1 \cap V_2$, 而整数 n 恰好是映射 $t|_{S^1}: S^1 \to S^1$ 的映射度.

例 3.3 S^3 可以作为 S^2 上的 U(1)-主丛.

设

$$S^3 = \{ (x^1, x^2, x^3, x^4) \in \mathbb{R}^4;\ \sum (x^i)^2 = 1 \}$$

$$= \{ (z^1, z^2) \in \mathbb{C}^2;\ |z^1|^2 + |z^2|^2 = 1 \},$$

其中 $z^1 = x^1 + \sqrt{-1}\,x^2, z^2 = x^3 + \sqrt{-1}\,x^4$. 定义映射 $\pi: S^3 \to \mathbb{C}P^1$, 使得

$$\pi(z^1, z^2) = [(z^1, z^2)],$$

其中

$$\pi^{-1}([(z^1, z^2)]) = \{\lambda \cdot (z^1, z^2); \ \lambda \in \mathbb{C}, |\lambda| = 1\}.$$

复射影空间 $\mathbb{C}P^1$ 和二维球面 S^2 可以等同起来，理由如下：

取定 $\mathbb{C}P^1$ 的一个复坐标覆盖 $\{(U_1, \xi_1), (U_2, \xi_2)\}$，其中

$$U_1 = \{[(z^1, z^2)] \in \mathbb{C}P^1; \ z^1 \neq 0\}, \ U_2 = \{[(z^1, z^2)] \in \mathbb{C}P^1; \ z^2 \neq 0\},$$

并且

$$\xi_1([(z^1, z^2)]) = \frac{z^2}{z^1}, \quad \xi_2([(z^1, z^2)]) = \frac{z^1}{z^2}. \tag{3.19}$$

于是，在 $U_1 \cap U_2$ 上的复坐标变换是 $\xi_1 = \dfrac{1}{\xi_2}$，因而 $\mathbb{C}P^1$ 是一维复流形.

另一方面，二维单位球面

$$S^2 = \{(\tilde{x}^1, \tilde{x}^2, \tilde{x}^3) \in \mathbb{R}^3; \ (\tilde{x}^1)^2 + (\tilde{x}^2)^2 + (\tilde{x}^3)^2 = 1\}$$

有复坐标覆盖 $\{(\tilde{U}_1, \tilde{\xi}_1), (\tilde{U}_2, \tilde{\xi}_2)\}$，其中

$$\tilde{U}_1 = S^2 \backslash \{0, 0, -1\}, \quad \tilde{U}_2 = S^2 \backslash \{1, 0, 0\};$$

并且

$$\tilde{\xi}_1(\tilde{x}^1, \tilde{x}^2, \tilde{x}^3) = \frac{\tilde{x}^1 - \sqrt{-1}\,\tilde{x}^2}{1 + \tilde{x}^3}, \quad \tilde{\xi}_2(\tilde{x}^1, \tilde{x}^2, \tilde{x}^3) = \frac{\tilde{x}^1 + \sqrt{-1}\,\tilde{x}^2}{1 - \tilde{x}^3}. \tag{3.20}$$

相应地，在 $\tilde{U}_1 \cap \tilde{U}_2$ 上有复坐标变换 $\tilde{\xi}_1 = \dfrac{1}{\tilde{\xi}_2}$. 于是，$S^2$ 和 $\mathbb{C}P^1$ 一样也是一维复流形.

现在，可以把 $\mathbb{C}P^1$ 和 S^2 等同起来，使得 $\tilde{\xi}_1 = \xi_1, \tilde{\xi}_2 = \xi_2$. 事实上，如果令

$$\tilde{\xi}_1(\tilde{x}^1, \tilde{x}^2, \tilde{x}^3) = \xi_1([(z^1, z^2)]), \tag{3.21}$$

则有

$$\tilde{x}^1 = \frac{2(x^1 x^3 + x^2 x^4)}{(x^1)^2 + (x^2)^2 + (x^3)^2 + (x^4)^2},$$

$$\tilde{x}^2 = \frac{2(x^2 x^3 - x^1 x^4)}{(x^1)^2 + (x^2)^2 + (x^3)^2 + (x^4)^2},$$

$$\tilde{x}^3 = \frac{(x^1)^2 + (x^2)^2 - (x^3)^2 - (x^4)^2}{(x^1)^2 + (x^2)^2 + (x^3)^2 + (x^4)^2}.$$

与此同时, 容易验证 $\tilde{\xi}_2(\tilde{x}^1, \tilde{x}^2, \tilde{x}^3) = \xi_2([(z^1, z^2)])$ 给出同一个映射. 于是, 通过映射 $\tilde{\xi}_1^{-1} \circ \xi_1$ 和 $\tilde{\xi}_2^{-1} \circ \xi_2$, 可以把 U_1 和 $\tilde{U}_1$, 以及 U_2 和 $\tilde{U}_2$ 分别等同起来. 不难看出, 这种等同在 $U_1 \cap U_2$ 上是一致的. 因此, 映射 $\tilde{\xi}_1^{-1} \circ \xi_1$ 和 $\tilde{\xi}_2^{-1} \circ \xi_2$ 合起来便给出从 $\mathbb{C}P^1$ 到 S^2 上的等同映射.

下面说明 $\pi : S^3 \to \mathbb{C}P^1 = S^2$ 是 S^2 上的 U(1)-主丛. 为此, 定义它的局部平凡化结构如下: 对于任意的 $([(1, w)], \mathrm{e}^{\sqrt{-1}\,\alpha}) \in U_1 \times S^1$, 令

$$\varphi_1([(1, w)], \mathrm{e}^{\sqrt{-1}\,\alpha}) = \frac{\mathrm{e}^{\sqrt{-1}\,\alpha}(1, w)}{\sqrt{1 + |w|^2}} \in S^3; \tag{3.22}$$

同样地, 对于任意的 $([(z, 1)], \mathrm{e}^{\sqrt{-1}\,\beta}) \in U_2 \times S^1$, 令

$$\varphi_2([(z, 1)], \mathrm{e}^{\sqrt{-1}\,\beta}) = \frac{\mathrm{e}^{\sqrt{-1}\,\eta}(z, 1)}{\sqrt{1 + |z|^2}} \in S^3. \tag{3.23}$$

当 $[(1, w)] = [(z, 1)] \in U_1 \cap U_2$ 时, 等式

$$\varphi_1([(1, w)], \mathrm{e}^{\sqrt{-1}\,\alpha}) = \varphi_2([(z, 1)], \mathrm{e}^{\sqrt{-1}\,\beta})$$

成立的充分必要条件是

$$z = \frac{1}{w}, \quad \mathrm{e}^{\sqrt{-1}\,\alpha} = \frac{|w|}{w} \cdot \mathrm{e}^{\sqrt{-1}\,\beta}. \tag{3.24}$$

由此得到相应的转移函数是

$$g_{12}([(1, w)]) = \frac{|w|}{w}, \quad g_{21} = (g_{12})^{-1}. \tag{3.25}$$

如果用球面 S^2 上的坐标 $(\tilde{x}^1, \tilde{x}^2, \tilde{x}^3)$ 表示, 则有

$$g_{12}(\tilde{x}^1, \tilde{x}^2, \tilde{x}^3) = \frac{\tilde{x}^1 + \sqrt{-1}\,\tilde{x}^2}{\sqrt{(\tilde{x}^1)^2 + (\tilde{x}^2)^2}}, \quad \tilde{x}^3 = \sqrt{1 - (\tilde{x}^1)^2 - (\tilde{x}^2)^2}.$$

例 3.4　在定理 3.4 中用 r 维向量空间 V 取代光滑流形 F, 可以构造出与主丛 (B, M, π, G) 相配的向量丛.

事实上, 设 $\rho: G \to \mathrm{GL}(V)$ 是 G 在向量空间 V 上的线性表示, 则在乘积空间 $B \times V$ 上可以引入等价关系 $\sim$, 使得对于任意的 $(b, v), (\tilde{b}, \tilde{v}) \in B \times V$, $(b, v) \sim (\tilde{b}, \tilde{v})$ 当且仅当存在 $g \in G$ 满足 $(\tilde{b}, \tilde{v}) = (b \cdot g, \rho(g^{-1})\tilde{v})$. $B \times V$ 关于 $\sim$ 的商空间记为 $B \times_\rho V$, 即 $B \times_\rho V = (B \times V)/\sim$. 令 $E = B \times_\rho V$ 并定义映射 $\tilde{\pi}: E \to M$, 使得

$$\tilde{\pi}([(b, v)]) = \pi(b), \quad \forall (b, v) \in B \times V.$$

根据定理 3.4, $\tilde{\pi}: E \to M$ 是和主丛 $\pi: B \to M$ 相配的微分纤维丛. 对于每一个 $b \in B$, 记 $p = \pi(b)$, 则由 b 可以自然地诱导出映射 $\phi_b: V \to \tilde{\pi}^{-1}(p)$, 其定义是

$$\phi_b(v) = [(b, v)], \quad \forall v \in V. \tag{3.26}$$

容易验证 ϕ_b 是光滑同胚, 并且满足如下的关系式

$$\phi_{b \cdot g} = \phi_b \circ \rho(g), \quad \forall b \in B, \quad \forall g \in G. \tag{3.27}$$

如果 $b, \tilde{b} \in \pi^{-1}(p)$, 则存在 $g \in G$ 使得 $\tilde{b} = b \cdot g$. 于是由 (3.27) 式,

$$\phi_b^{-1} \circ \phi_{\tilde{b}} = \phi_b^{-1} \circ \phi_{b \cdot g} = \rho(g) \in \mathrm{GL}(V).$$

据此, 可以在纤维 $\tilde{\pi}^{-1}(p)$ 上引入自然的线性结构, 使得 $\tilde{\pi}^{-1}(p)$ 成为 r 维向量空间, 并且当 $b \in \pi^{-1}(p)$ 时, $\phi_b: V \to \tilde{\pi}^{-1}(p)$ 是线性同构. 此时不难验证, $\tilde{\pi}: E \to M$ 是和主丛 $\pi: B \to M$ 相配的向量丛, 它的秩是 r.

此外, 设 $U \subset M$ 是开集, $\sigma: U \to B$ 是主丛 $\pi: B \to M$ 的一个局部截面. 则 σ 给出了一族线性同构 $\phi_\sigma = \{\phi_{\sigma(p)}; p \in U\}$, 它确定了向量丛 $\tilde{\pi}: E \to M$ 在 U 上的一个局部平凡化 $\phi_\sigma: U \times V \to \tilde{\pi}^{-1}(U)$, 使得

$$\phi_\sigma(p, v) = \phi_{\sigma(p)}, \quad \forall p \in U, \quad \forall v \in V. \tag{3.28}$$

为了方便, 以后对于任意的 $v \in V$, 用 $\phi_\sigma(v)$ 表示 $\phi_\sigma(\cdot, v)$.

在例 3.4 中适当选取结构群 G 的线性表示 ρ, 可以得到主丛 $\pi :$ $B \to M$ 的一些重要的相配向量丛. 比如: m 阶一般线性群 $\mathrm{GL}(m, \mathbb{R})$ 在 $\mathbb{R}^m$ 上的典型表示 $\rho : \mathrm{GL}(m, \mathbb{R}) \to \mathrm{GL}(\mathbb{R}^m)$ 的定义是

$$\rho(A)(x^1, \cdots, x^m) = (a_i^1 x^i, \cdots, a_i^m x^i),$$
$$\forall A = (a_i^j) \in \mathrm{GL}(m, \mathbb{R}), \quad (x^1, \cdots, x^m) \in \mathbb{R}^m.$$

设 TM 是光滑流形 M 的切丛, 它的标架丛 $\pi : F(TM) \to M$ 称为 M 的 **切标架丛**(参看本章习题第 3 题), 记为 $\pi : F(M) \to M$ 或 $F(M)$. 则 $F(M)$ 是 M 上的 $\mathrm{GL}(m, \mathbb{R})$-主丛, 并且在向量丛同构的意义下有 $TM = F(M) \times_\rho \mathbb{R}^m$, 这里的 ρ 是 $\mathrm{GL}(m, \mathbb{R})$ 在 $\mathbb{R}^m$ 上的典型表示 (证明留作练习).

例 3.5 设 (B, M, π, G) 是光滑流形 M 上的主丛, $\mathfrak{g}$ 是结构群 G 的李代数, $\mathrm{Ad} : G \to \mathrm{GL}(\mathfrak{g})$ 是李群 G 在其李代数 $\mathfrak{g}$ 上的伴随表示. 在例 3.4 中令 $V = \mathfrak{g}$, $\rho = \mathrm{Ad}$. 则有 M 上的向量丛 $B \times_{\mathrm{Ad}} \mathfrak{g}$, 它是主丛 (B, M, π, G) 的一个相配向量丛, 称为 (B, M, π, G) 的 **伴随 (向量) 丛**, 记为 $\mathrm{Ad}(B)$, 它的丛投影是 $\tilde{\pi} : \mathrm{Ad}(B) \to M$. 对于任意的 $p \in M$, 以及任意的 $b \in \pi^{-1}(p)$, 有线性同构 $\phi_b : \mathfrak{g} \to \tilde{\pi}^{-1}(p)$, 使得对于任意的 $v \in \mathfrak{g}$, 有 $\phi_b(v) = [(b, v)]$. 利用映射 ϕ_b 可以把 $\mathfrak{g}$ 上的李代数结构诱导在纤维 $\tilde{\pi}^{-1}(p)$ 上, 使之成为一个李代数. 具体做法如下:

设 $[\cdot, \cdot]$ 是李代数 $\mathfrak{g}$ 上的李代数乘法 (李括号积), $b, \tilde{b} \in \pi^{-1}(p)$, 则存在 $g \in G$, 使得 $b = \tilde{b} \cdot g$. 对于任意的 $v, w, \tilde{v}, \tilde{w} \in \mathfrak{g}$, 如果 $\phi_b(v) = \phi_{\tilde{b}}(\tilde{v})$, $\phi_b(w) = \phi_{\tilde{b}}(\tilde{w})$, 则由 (3.27) 式有 $\tilde{v} = \phi_{\tilde{b}}^{-1} \circ \phi_{\tilde{b} \cdot g}(v) = \mathrm{Ad}(g)(v)$. 同理, $\tilde{w} = \mathrm{Ad}(g)(w)$. 因此, $[\tilde{v}, \tilde{w}] = [\mathrm{Ad}(g)v, \mathrm{Ad}(g)w] = [v, w]$. 据此可以在 $\tilde{\pi}^{-1}(p)$ 上定义李括号积 $[\cdot, \cdot]_p$, 使得

$$[\xi, \eta]_p = \phi_b\left([\phi_b^{-1}(\xi), \phi_b^{-1}(\eta)]\right), \quad \forall \xi, \eta \in \tilde{\pi}^{-1}(p), \qquad (3.29)$$

其中 $b \in \pi^{-1}(p)$. 显然, 定义式 (3.29) 与 b 的取法无关.

对于微分纤维丛来说, 有时可以选取适当的局部平凡化结构, 使得对应的转移函数在结构群 G 的某个李子群内取值, 从而可以把结构群 G 换为它的李子群. 例如: m 维光滑流形 M 的切丛 TM 的结构群是 $\mathrm{GL}(m, \mathbb{R})$. 但是, 如果在 M 上给定一个黎曼度量, 则对于 M 上的每一点 p, 都有一个开邻域 U_p, 使得在 U_p 内存在单位正交标架场 e_p. 此时, 可以利用标架场 e_p 来定义切丛 TM 在点 p 的邻域 U_p 上的局部平凡化 ψ_p. 用这种方式得到的局部平凡化结构 $\{(U_p, \psi_p); p \in M\}$ 所对应的转移函数族只在正交群 $\mathrm{O}(m)$ 中取值, 即光滑流形 M 的切丛 TM 能够以 $\mathrm{O}(m)$ 为其结构群. 如果光滑流形 M 是可定向的, 则切丛 TM 的结构群可以进一步取为特殊正交群 $\mathrm{SO}(m)$. 以上结论的证明细节留给读者自己完成.

一般说来, 结构群越小, 微分纤维丛就越接近于平凡丛 (即底空间和纤维型的乘积空间). 要说明这一点, 需要定义丛同态的概念.

定义 3.5 设 M 和 $\tilde{M}$ 是两个光滑流形, (B, M, π, G) 和 $(\tilde{B}, \tilde{M}, \tilde{\pi}, \tilde{G})$ 分别是光滑流形 M 和 $\tilde{M}$ 上的主丛, 相应的结构群分别是 G 和 $\tilde{G}$. 如果存在光滑映射 $\Phi: B \to \tilde{B}$ 和李群同态 $\phi: G \to \tilde{G}$, 使得对于任意的 $b \in B$ 和 $g \in G$, 都有

$$\Phi(b \cdot g) = \Phi(b) \cdot \phi(g), \tag{3.30}$$

则称 $\Phi: B \to \tilde{B}$ 是从 B 到 $\tilde{B}$ 的一个 **丛同态**. 特别地, 如果丛同态 $\Phi: B \to \tilde{B}$ 是嵌入, 并且 $\phi: G \to \tilde{G}$ 是单同态, 则称 (B, M, π, G) 是主丛 $(\tilde{B}, \tilde{M}, \tilde{\pi}, \tilde{G})$ 的 **子丛**.

如果主丛同态 $\Phi: B \to \tilde{B}$ 同时是光滑同胚, 并且相应的群同态 $\phi: G \to \tilde{G}$ 是群同构, 则称 Φ 是从 B 到 $\tilde{B}$ 的 **丛同构**. 此时, 称主丛 $\pi: B \to M$ 同构于主丛 $\tilde{\pi}: \tilde{B} \to \tilde{M}$.

根据定理 3.2 容易知道, 丛同态 $\Phi: B \to \tilde{B}$ 把纤维映到纤维. 换句话说, 对于任意的 $b_1, b_2 \in B$, 如果 $\pi(b_1) = \pi(b_2)$, 则有 $\tilde{\pi}(\Phi(b_1)) = \tilde{\pi}(\Phi(b_2))$. 于是, 丛同态 $\Phi: B \to \tilde{B}$ 诱导出底流形之间的光滑映射

$\Phi^\flat : M \to \tilde{M}$, 其定义是: 对于任意的 $p \in M$, 取 $b \in \pi^{-1}(p)$, 令

$$\Phi^\flat(p) = \tilde{\pi}(\Phi(b)). \tag{3.31}$$

易知, 映射 $\Phi^\flat$ 和点 $b \in \pi^{-1}(p)$ 的取法无关. 此外, 它的光滑性是容易验证的. 事实上, 对于任意的 $p \in M$, 存在点 p 的开邻域 U 以及主丛 $\pi : B \to M$ 在 U 上的局部截面 $s : U \to M$. 显然, $\Phi^\flat|_U = \tilde{\pi} \circ \Phi \circ s : U \to \tilde{M}$, 因而映射 $\Phi^\flat$ 在点 p 附近是光滑的.

定义 3.6 设 (B, M, π, G) 是光滑流形 M 上的 G-主丛, $K \subset G$ 是结构 G 的一个李子群. 如果在 M 上存在 K-主丛 $(\tilde{B}, M, \tilde{\pi}, K)$ 以及丛同态 $\Phi : \tilde{B} \to B$, 使得诱导映射 $\Phi^\flat : M \to M$ 是底流形 M 上的恒同映射, 则称 B 的结构群 G 可以 **约化** 为它的李子群 K. 此时, 主丛 $\tilde{\pi} : \tilde{B} \to M$ 称为主丛 $\pi : B \to M$ 的 **约化丛**.

定理 3.5 主丛 $\pi : B \to M$ 的结构群 G 可以约化为它的李子群 K, 当且仅当 B 有一个局部平凡化结构 $\{(U_\alpha, \psi_\alpha); \alpha \in I\}$, 使得相应的转移函数族 $\{g_{\alpha\beta}\}$ 只在 K 中取值.

证明 假定主丛 $\pi : B \to M$ 的结构群 G 可以约化为它的李子群 K, 则有 K-主丛 $\tilde{\pi} : \tilde{B} \to M$ 以及丛同态 $\Phi : \tilde{B} \to B$, 使得诱导映射 $\Phi^\flat = \mathrm{id} : M \to M$. 设 K-主丛 $\tilde{\pi} : \tilde{B} \to M$ 的局部平凡化结构是 $\{(U_\alpha, \tilde{\psi}_\alpha); \alpha \in I\}$, 则相应的转移函数族是 $\{g_{\alpha\beta} : U_\alpha \cap U_\beta \to K\}$.

设 e 是李群 $K \subset G$ 的单位元素. 对于任意固定的 $\alpha \in I$, 定义映射 $s_\alpha : U_\alpha \to B$, 使得对于任意的 $p \in U_\alpha$, 有 $s_\alpha(p) = \Phi(\tilde{\psi}_\alpha(p, e))$, 则有

$$\begin{aligned}
\pi \circ s_\alpha(p) &= \pi \circ \Phi(\tilde{\psi}_\alpha(p, e)) = \Phi^\flat(\tilde{\pi}(\tilde{\psi}_\alpha(p, e))) \\
&= \tilde{\pi}(\tilde{\psi}_\alpha(p, e)) = p, \quad \forall p \in U_\alpha.
\end{aligned}$$

所以, $s_\alpha : U_\alpha \to B$ 是 B 在 U_α 上的一个局部截面. 利用 s_α 可以定义映射 $\psi_\alpha : U_\alpha \times G \to \pi^{-1}(U_\alpha)$ 如下:

$$\psi_\alpha(p, g) = \Phi(\tilde{\psi}_\alpha(p, e)) \cdot g$$

$$= s_\alpha(p) \cdot g, \quad \forall (p, g) \in U_\alpha \times G. \tag{3.32}$$

于是，(U_α, ψ_α) 是 G-主丛 $\pi : B \to M$ 的局部平凡化. 当 $p \in U_\alpha \cap U_\beta$, $g, \tilde{g} \in G$ 时，等式

$$\psi_\alpha(p, g) = \psi_\beta(p, \tilde{g})$$

成立当且仅当 $s_\alpha(p) \cdot g = s_\beta(p) \cdot \tilde{g}$, 即有

$$\Phi(\tilde{\psi}_\alpha(p, e)) \cdot g = \Phi(\tilde{\psi}_\beta(p, e)) \cdot \tilde{g}. \tag{3.33}$$

根据局部平凡化与转移函数之间的关系，又有

$$\tilde{\psi}_\alpha(p, e) \cdot g_{\alpha\beta}(p) = \tilde{\psi}_\beta(p, e). \tag{3.34}$$

所以，由丛同态的定义得知

$$\Phi(\tilde{\psi}_\beta(p, e)) = \Phi(\tilde{\psi}_\alpha(p, e) \cdot g_{\alpha\beta}(p)) = \Phi(\tilde{\psi}_\alpha(p, e)) \cdot g_{\alpha\beta}(p). \tag{3.35}$$

将上式代入 (3.33) 式得到

$$\Phi(\tilde{\psi}_\alpha(p, e)) \cdot g = \Phi((\psi_\alpha(p, e)) \cdot g_{\alpha\beta}(p) \cdot \tilde{g}.$$

由于 G 在 B 上的右作用是自由的，故有

$$g = g_{\alpha\beta}(p)\tilde{g}.$$

这意味着，主丛 $\pi : B \to M$ 关于局部平凡化结构 $\{(U_\alpha, \psi_\alpha); \alpha \in I\}$ 的转移函数是

$$\psi_{\alpha,p}^{-1} \circ \psi_{\beta,p} = g_{\alpha\beta}(p) \in K, \quad p \in U_\alpha \cap U_\beta. \tag{3.36}$$

反过来，假定 G-主丛 $\pi : B \to M$ 有一个局部平凡化结构 $\{(U_\alpha, \psi_\alpha); \alpha \in I\}$，使得相应的转移函数 $g_{\alpha\beta}$ 只在李子群 K 中取值. 那么，根据定理 3.1, 必有 K-主丛 $\tilde{\pi} : \tilde{B} \to M$ 以 $\{g_{\alpha\beta} : U_\alpha \cap U_\beta \to K\}$ 为其转移函数族. 这里

$$\tilde{B} = \left(\bigcup_{\alpha \in I} \{\alpha\} \times U_\alpha \times K \right) \Big/ \sim,$$

其中的等价关系 $\sim$ 的定义是：对于任意的

$$(\beta, p, h_1), (\gamma, q, h_2) \in \bigcup_{\alpha \in I} \{\alpha\} \times U_\alpha \times K,$$

$(\beta, p, h_1) \sim (\gamma, q, h_2)$ 当且仅当 $p = q \in U_\beta \cap U_\gamma$, $h_1 = g_{\beta\gamma}(p) \cdot h_2$. 用 $[(\alpha, p, h)]$ 表示点 (α, p, h) 的 $\sim$ 等价类，则有 $\tilde{\pi}([(\alpha, p, h)]) = p$. 因此，主丛 $\tilde{\pi} : \tilde{B} \to M$ 的局部平凡化为 $\tilde{\psi}_\alpha : U_\alpha \times K \to \tilde{\pi}^{-1}(U_\alpha)$，其定义是

$$\tilde{\psi}_\alpha(p, h) = [(\alpha, p, h)], \quad \forall (p, h) \in U_\alpha \times K. \tag{3.37}$$

于是，与 $\tilde{B}$ 的局部平凡化结构 $\{(U_\alpha, \tilde{\psi}_\alpha); \ \alpha \in I\}$ 相对应的转移函数是

$$\tilde{\psi}_{\beta, p}^{-1} \circ \tilde{\psi}_{\gamma, p} = g_{\beta\gamma}(p) \in K.$$

定义映射 $\Phi : \tilde{B} \to B$，使得对于任意的 $(p, h) \in U_\alpha \times K$ 有 $\Phi(\tilde{\psi}_\alpha(p, h)) = \psi_\alpha(p, h)$. 此式与 α 的取法无关. 事实上，如果存在 U_β，使得 $p \in U_\alpha \cap U_\beta$，并且有 $h_1, h_2 \in K$ 满足

$$\tilde{\psi}_\alpha(p, h_1) = \tilde{\psi}_\beta(p, h_2),$$

则 $h_1 = g_{\alpha\beta}(p) \cdot h_2$. 因此，由 (3.36) 式得到

$$\begin{aligned}
\psi_\alpha(p, h_1) &= \psi_\alpha(p, g_{\alpha\beta}(p) \cdot h_2) = \psi_{\alpha, p}(g_{\alpha\beta}(p) \cdot h_2) \\
&= \psi_{\beta, p}(h_2) = \psi_\beta(p, h_2),
\end{aligned}$$

即 $\Phi(\tilde{\psi}_\alpha(p, h_1)) = \Phi(\tilde{\psi}_\beta(p, h_2))$. 此外，对于任意的 $h \in K$，我们有

$$\begin{aligned}
\Phi(\tilde{\psi}_\alpha(p, h_1) \cdot h) &= \Phi(\tilde{\psi}_\alpha(p, h_1 \cdot h)) = \psi_\alpha(p, h_1 \cdot h) \\
&= \psi_\alpha(p, h_1) \cdot h = \Phi(\tilde{\psi}_\alpha(p, h_1)) \cdot h,
\end{aligned}$$

并且

$$\pi \circ \Phi(\tilde{\psi}_\alpha(p, h)) = \pi \circ \psi_\alpha(p, h_1) = p = \tilde{\pi}(\tilde{\psi}_\alpha(p, h)).$$

所以，K-主丛 $\tilde{\pi} : \tilde{B} \to M$ 是主丛 $\pi : B \to M$ 的约化丛，因而 G 可以约化为它的李子群 K. 证毕.

由定理 3.5 可以得到平凡丛的如下特征:

推论 3.6   设 (B, M, F, π, G) 是光滑流形 M 上的微分纤维丛，则 B 是平凡丛 $M \times F$ 的充分必要条件是它的相配主丛 $(\tilde{B}, M, \tilde{\pi}, G)$ 可以约化为 $\{e\}$-主丛，或等价地说，G-主丛 $(\tilde{B}, M, \tilde{\pi}, G)$ 有大范围地定义在底流形 M 上的光滑截面.

推论 3.6 的证明留作练习.

§10.4   主纤维丛上的联络

设 (B, M, π, G) 是 m 维光滑流形 M 上的 G-主丛，$\dim G = r$. 根据定理 3.2, 李群 G 是自由地右作用在丛空间 B 上的李氏变换群，而且 G 在 B 上的这种右作用保持 B 的纤维不变.

根据李氏变换群的一般理论 (参见参考文献 [3, 第六章，§5]), 在 B 上存在 r 个处处线性无关的基本向量场，由它们所张成的线性空间关于切向量场的 Poisson 括号积构成一个李代数 $\tilde{\mathfrak{g}}$. 李代数 $\tilde{\mathfrak{g}}$ 和李群 G 的李代数 $\mathfrak{g}$ 是同构的. 在这里，$\mathfrak{g}$ 是在 G 上由左不变向量场构成的李代数. $\tilde{\mathfrak{g}}$ 和 $\mathfrak{g}$ 之间的李代数同构可以具体地描述如下:

在单位元素 e 处取李群 G 的局部坐标系 $(W; y^\lambda; 1 \leq \lambda \leq r)$, 并设 $\delta_\lambda = \left.\dfrac{\partial}{\partial y^\lambda}\right|_e$, 则在 G 上与 δ_λ 相对应的左不变向量场 E_λ 是

$$(E_\lambda)_g = (L_g)_{*e}(\delta_\lambda) = \left.\frac{\mathrm{d}}{\mathrm{d}t}\right|_{t=0} (g \cdot \exp(t\delta_\lambda)), \quad \forall g \in G, \tag{4.1}$$

它在 B 上所对应的基本向量场 $\tilde{E}_\lambda$ 是

$$(\tilde{E}_\lambda)_b = \left.\frac{\mathrm{d}}{\mathrm{d}t}\right|_{t=0} (b \cdot \exp(t\delta_\lambda)), \quad \forall b \in B. \tag{4.2}$$

容易看出，由对应 $E_\lambda \mapsto \varpi(E_\lambda) = \tilde{E}_\lambda$ 确定的线性映射 $\varpi : \mathfrak{g} \to \tilde{\mathfrak{g}}$ 与局部坐标系 (W, y^λ) 的取法无关，并且是李代数的同构.

对于任意的点 $b \in B$, 设 $p = \pi(b)$, 并置

$$V_b = T_b(\pi^{-1}(p)) = \ker \pi_{*b} = \{X \in T_b;\ \pi_{*b}(X) = 0\}, \quad (4.3)$$

则 V_b 是切空间 T_bB 的子空间, 称为主丛 B 在点 b 的 **铅垂子空间**. 在丛空间 B 上由 $b \mapsto V_b, b \in B$ 确定的分布 V 称为在丛空间 B 上的 **铅垂分布**. 由于 G 在 B 上的右作用保持纤维不变, 对于 $1 \leq \lambda \leq r$ 有

$$\pi(b \cdot \exp(t\delta_\lambda)) = \pi(b) = p, \quad \forall t \in \mathbb{R}.$$

由此得知

$$\pi_{*b}((\tilde{E}_\lambda)_b) = 0. \quad (4.4)$$

于是, $(\tilde{E}_\lambda)_b \in V_b$. 因为 $\{(\tilde{E}_\lambda)_b; 1 \leq \lambda \leq r\}$ 是线性无关的, 所以它们是铅垂子空间 V_b 的基底. 因此, 对于每一个 $b \in B$, 可以定义线性同构 $\tau_b : V_b \to T_eG = \mathfrak{g}$, 使得

$$\tau_b((\tilde{E}_\lambda)_b) = \delta_\lambda. \quad (4.5)$$

10.4.1 联络的定义

在 §10.2 中曾经引入过标架丛上的水平分布的概念, 这个概念明显地可以移植到一般的 G-主丛上来作为 G 主丛上的联络的定义, 具体地叙述如下:

定义 4.1 设 (B, M, π, G) 是 m 维光滑流形 M 上的 G-主丛, $\dim G = r$. 设 H 是丛空间 B 上的一个 m 维光滑分布, 或等价地说, H 是 B 上的一个光滑的 m 维切子空间场. 如果下面的条件成立:

(1) 在每一点 $b \in B$, 切空间 T_bB 有直和分解

$$T_bB = H_b \oplus V_b,$$

并且切映射 π_* 在 H_b 上的限制 $(\pi_*)|_{H_b} : H_b \to T_{\pi(b)}M$ 是线性同构;

(2) 分布 H 在 G 的右作用下是不变的, 即对于任意的 $b \in B$, $g \in G$, 有

$$(R_g)_{*b}(H_b) = H_{b \cdot g},$$

则称 H 是 G-主丛 $\pi : B \to M$ 上的一个 **联络**.

简言之, 主丛 $\pi : B \to M$ 上的一个联络就是在丛空间 B 上在李群 G 的右作用下保持不变的一个水平分布 (在这里 "水平" 的意思是条件 (1) 成立).

设 $p \in M, b \in \pi^{-1}(p)$. 对于联络 H, 既然 π_{*b} 在 H_b 上的限制是从 H_b 到 $T_p M$ 的线性同构, 因此下面的结论成立:

命题 4.1 设 H 是主丛 $\pi : B \to M$ 上的一个联络, $p \in M$, $b \in \pi^{-1}(p)$. 则对于任意给定的切向量 $X \in T_p M$, 必存在唯一的一个切向量 $\tilde{X}_b \in H_b \subset T_b B$, 使得 $\pi_{*b}(\tilde{X}_b) = X$. 切向量 $\tilde{X}_b$ 称为 $X \in T_p M$ 在点 $b \in \pi^{-1}(p)$ 处的 **水平提升 (切向量)** 或 **水平切向量**.

根据命题 4.1 不难知道, 如果 X 是定义在底流形 M 上的一个光滑切向量场, 则在 B 上存在唯一的一个光滑切向量场 $\tilde{X}$, 使得对于任意的 $b \in B$, $\tilde{X}_b$ 是 $X_{\pi(b)}$ 的水平提升. 切向量场 $\tilde{X}$ 也称为 X 的 **水平提升 (切向量场)**.

命题 4.2 设 H 是主丛 $\pi : B \to M$ 上的一个联络, $\tilde{X} \in \mathfrak{X}(B)$, 则 $\tilde{X}$ 是 M 上的某个光滑切向量场 X 的水平提升当且仅当 $\tilde{X}$ 是在丛空间 B 上在 G 的右作用下保持不变的水平切向量场, 即对于任意的 $b \in B, g \in G$ 有

$$\tilde{X}_b \in H_b, \quad \text{且 } (R_g)_{*b}(\tilde{X}_b) = \tilde{X}_{b \cdot g}. \tag{4.6}$$

证明 如果 $\tilde{X}$ 是 $X \in \mathfrak{X}(M)$ 的水平提升, 则在每一点 $b \in B$, 都有 $\tilde{X}_b \in H_b$, 并且 $\pi_{*b}(\tilde{X}_b) = X_{\pi(b)}$. 因此, 对于任意的 $g \in G$ 有 $\tilde{X}_{b \cdot g} \in H_{b \cdot g}, \pi_{*b \cdot g}(\tilde{X}_{b \cdot g}) = X_{\pi(b \cdot g)} = X_{\pi(b)}$. 因为水平分布在 G 的右作用下保持不变, 故有

$$(R_g)_{*b}(\tilde{X}_b) \in H_{b \cdot g}, \tag{4.7}$$

并且

$$\pi_{*b\cdot g}((R_g)_{*b}(\tilde{X}_b)) = (\pi \circ R_g)_{*b}(\tilde{X}_b) = \pi_{*b}(\tilde{X}_b) = X_{\pi(b)}. \qquad (4.8)$$

所以

$$\pi_{*b\cdot g}((R_g)_{*b}(\tilde{X}_b)) = \pi_{*b\cdot g}(\tilde{X}_{b\cdot g}).$$

由于切映射 $\pi_{*b\cdot g}$ 在 $H_{b\cdot g}$ 上的限制是到 $T_{\pi(b)}M$ 的线性同构,故

$$(R_g)_*(\tilde{X}_b) = \tilde{X}_{b\cdot g}.$$

反过来,设 $\tilde{X} \in \mathfrak{X}(B)$ 在 G 的右作用下保持不变,即在任意一点 $b \in B$ 对于任意的 $g \in G$, (4.6) 式成立. 于是

$$\begin{aligned}
\pi_{*b\cdot g}(\tilde{X}_{b\cdot g}) &= \pi_{*b\cdot g} \circ (R_g)_{*b}(\tilde{X}_b) \\
&= (\pi \circ R_g)_{*b}(\tilde{X}_b) = \pi_{*b}(\tilde{X}_b). \qquad (4.9)
\end{aligned}$$

这样,在底流形 M 上存在一个大范围地定义的切向量场 X,使得对于任意的 $p \in M$ 有

$$X_p = \pi_{*b}(\tilde{X}_b), \quad b \in \pi^{-1}(p). \qquad (4.10)$$

事实上,因为 G 在纤维 $\pi^{-1}(p)$ 上的右作用是可迁的,由 (4.9) 式得知 (4.10) 式的右边与 b 在 $\pi^{-1}(p)$ 中的取法无关. 为说明切向量场 X 的光滑性,对于任意的 $p \in M$,取点 p 的一个开邻域 U 以及主丛 $\pi : B \to M$ 在 U 上的一个光滑的局部截面 $\sigma : U \to B$,此时有

$$X_q = \pi_{*\sigma(q)}(\tilde{X}_{\sigma(q)}), \quad \forall q \in U,$$

即有

$$X|_U = \pi_*(\tilde{X}) \circ \sigma.$$

由 σ, $\tilde{X}$ 和 π 的光滑性便知, X 在点 p 附近是光滑的. 证毕.

10.4.2　联络的表示

在下面, 我们要把联络 H 和切向量的水平提升具体地表示出来. 假定 $\psi : U \times G \to \pi^{-1}(U)$ 是主丛 $\pi : B \to M$ 的局部平凡化, 底流形 M 在 U 上的局部坐标是 $x^i, 1 \leq i \leq m$. 设 $p \in U, g \in G$, 有 $b = \psi(p, g)$. 用 $(Z; z^\lambda; 1 \leq \lambda \leq r)$ 表示李群 G 在 g 处的局部坐标系, 则 $(\psi(U \times Z); x^i, z^\lambda)$ 是丛空间 B 在点 b 处的局部坐标系, $\left\{ \dfrac{\partial}{\partial x^i}\Big|_b, \dfrac{\partial}{\partial z^\lambda}\Big|_b ; b \in \psi(U \times Z) \right\}$ 是 B 在坐标邻域 $\psi(U \times Z)$ 上的自然标架场. 由于 $\pi_{*b}\left(\dfrac{\partial}{\partial z^\lambda}\Big|_b \right) = 0$, 故 $V_b = \text{Span}\left\{ \dfrac{\partial}{\partial z^\lambda}\Big|_b ; 1 \leq \lambda \leq r \right\}$. 因此, $\left\{ \dfrac{\partial}{\partial z^\lambda}\Big|_b ; b \in \psi(U \times Z) \right\}$ 和 B 上的基本向量场 $\{\tilde{E}_\lambda\}$ 可以互相线性表示. 事实上, 如果设 $(W; y^\lambda)$ 是李群 G 在单位元素 e 附近的坐标系, $\varphi^\mu(g, y) = z^\mu(g \cdot y), y \in W, 1 \leq \mu \leq r$, 则由 (4.2) 式得到

$$
\begin{aligned}
(\tilde{E}_\lambda)_b &= \frac{\mathrm{d}}{\mathrm{d}t}\Big|_{t=0} (b \cdot \exp(t\delta_\lambda)) \\
&= \frac{\mathrm{d}}{\mathrm{d}t}\psi(p, g \cdot \exp(t\delta_\lambda))\Big|_{t=0} \\
&= \frac{\mathrm{d}}{\mathrm{d}t}\Big|_{t=0} z^\mu(\psi(p, g \cdot \exp(t\delta_\lambda))) \cdot \frac{\partial}{\partial z^\mu}\Big|_b \\
&= \frac{\mathrm{d}}{\mathrm{d}t}\Big|_{t=0} z^\mu(g \cdot \exp(t\delta_\lambda)) \cdot \frac{\partial}{\partial z^\mu}\Big|_b \\
&= \frac{\partial \varphi^\mu(g, y)}{\partial y^\lambda}\Big|_{y=e} \cdot \frac{\partial}{\partial z^\mu}\Big|_b,
\end{aligned}
\tag{4.11}
$$

其中 $\delta_\lambda = \dfrac{\partial}{\partial y^\lambda}\Big|_{y=e}$. 顺便提一下, 李群 G 在 g 处的左不变向量场 (参看 (4.1) 式) 的坐标表达式是

$$
E_\lambda(g) = \frac{\partial \varphi^\mu(g, y)}{\partial y^\lambda}\Big|_{y=e} \cdot \frac{\partial}{\partial z^\mu}\Big|_g.
$$

需要指出的是, 在上式和 (4.11) 式中的 $\{z^\mu\}$ 有不同的含义, 它们分

别是李群 G 在 g 处的坐标函数和主丛 B 在 b 处的 (部分) 坐标函数, 因而 $\left.\dfrac{\partial}{\partial z^\mu}\right|_g$ 和 $\left.\dfrac{\partial}{\partial z^\mu}\right|_b$ 分别是在 Z 上的坐标切向量和在 $\psi(U \times Z)$ 上的坐标切向量.

很明显, 还有 $\pi_{*b}\left(\left.\dfrac{\partial}{\partial x^i}\right|_b\right) = \left.\dfrac{\partial}{\partial x^i}\right|_p$, 其中 $\left\{\left.\dfrac{\partial}{\partial x^i}\right|_p, p \in U\right\}$ 是底流形 M 在 U 上的自然标架场, 且 $b \in \pi^{-1}(p)$. 于是, 切向量 $\left.\dfrac{\partial}{\partial x^i}\right|_p \in T_p M$ 在点 $b \in \pi^{-1}(p)$ 处的水平提升可以表示为

$$(X_i)_b = \left.\frac{\partial}{\partial x^i}\right|_b + C_i^\lambda(b)(\tilde{E}_\lambda)_b, \tag{4.12}$$

其中 $C_i^\lambda \in C^\infty(\pi^{-1}(U))$. 当 U 上的局部坐标系 x^i 作变换时, 自然基底 $\left.\dfrac{\partial}{\partial x^i}\right|_p$ 作相应的线性变换, 其系数矩阵是坐标变换的 Jacobi 矩阵. 由于 $\pi_{*b}|_{H_b}: H_b \to T_p M$ 是线性同构, 由 (4.12) 给出的水平提升 $(X_i)_b$ 也按同一个变换规律进行变换. 由此可见, 在底流形上的坐标进行变换时, $C_i^\lambda(b)$ 关于下标 i 按协变张量的变换规律作线性变换. 注意到 $\{(X_i)_b; 1 \le i \le m\}$ 是 H_b 的基底, 因此

$$H|_{\pi^{-1}(U)} = \operatorname{Span}\{X_1, \cdots, X_m\}.$$

如果 $b, \tilde{b} \in \pi^{-1}(p)$, 则有 $g \in G$, 使得 $\tilde{b} = b \cdot g$. 于是, 定义 4.1 中的条件 (2) 化为 $(R_g)_{*b}(H_b) = H_{b \cdot g}$. 特别地有 $(R_g)_{*b}((X_i)_b) \in H_{b \cdot g}$. 又因为

$$\begin{aligned}
\pi_{*b \cdot g}((R_g)_{*b}((X_i)_b)) &= (\pi \circ R_g)_{*b}((X_i)_b) \\
&= \pi_{*b}((X_i)_b) = \left.\frac{\partial}{\partial x^i}\right|_p,
\end{aligned} \tag{4.13}$$

所以 $(R_g)_{*b}((X_i)_b)$ 和 $(X_i)_{b \cdot g}$ 都是 $\left.\dfrac{\partial}{\partial x^i}\right|_p$ 在点 $b \cdot g$ 处的水平提升, 从而根据命题 4.1 的唯一性得知

$$(R_g)_{*b}((X_i)_b) = (X_i)_{b \cdot g}. \tag{4.14}$$

因此由 X_i 的表达式 (4.12) 得到

$$(R_g)_{*b}\left(\left.\frac{\partial}{\partial x^i}\right|_b\right) = \left.\frac{\partial}{\partial x^i}\right|_{b\cdot g},$$

$$C_i^\lambda(b)\cdot(R_g)_{*b}((\tilde{E}_\lambda)_b) = C_i^\lambda(b\cdot g)\cdot(\tilde{E}_\lambda)_{b\cdot g}. \tag{4.15}$$

此外，根据 $\tilde{E}_\lambda$ 的定义式 (4.2) 得知

$$\begin{aligned}
(R_g)_{*b}((\tilde{E}_\lambda)_b) &= (R_g)_{*b}\left(\left.\frac{\mathrm{d}}{\mathrm{d}t}\right|_{t=0}(b\cdot\exp(t\delta_\lambda))\right)\\
&= \left.\frac{\mathrm{d}}{\mathrm{d}t}\right|_{t=0}(b\cdot\exp(t\delta_\lambda)\cdot g)\\
&= \left.\frac{\mathrm{d}}{\mathrm{d}t}\right|_{t=0}(b\cdot g\cdot\exp(t\cdot\mathrm{Ad}(g^{-1})\delta_\lambda)), \tag{4.16}
\end{aligned}$$

其中 $\mathrm{Ad}: G\to\mathrm{GL}(\mathfrak{g})$ 是李群 G 的伴随表示，换言之，$\mathrm{Ad}(g^{-1})$ 是李代数 $\mathfrak{g}=T_eG$ 的内自同构. 若设

$$\mathrm{Ad}(g^{-1})\delta_\lambda = (\mathrm{Ad}(g^{-1}))_\lambda^\mu\delta_\mu, \tag{4.17}$$

则 (4.16) 式成为

$$(R_g)_{*b}((\tilde{E}_\lambda)_b) = (\mathrm{Ad}(g^{-1}))_\lambda^\mu(\tilde{E}_\mu)_{b\cdot g}. \tag{4.18}$$

将 (4.18) 式代入 (4.15) 式，并注意到基本向量场 $\tilde{E}_\lambda\,(1\le\lambda\le r)$ 是处处线性无关的，则有

$$C_i^\lambda(b\cdot g) = (\mathrm{Ad}(g^{-1}))_\mu^\lambda C_i^\mu(b). \tag{4.19}$$

综合上面的讨论得到如下的结论：水平分布 H 在局部上是由水平向量场 $X_1,\cdots,X_m$ 张成的，这里每一个 X_i 是底流形 M 上的切向量场 $\left.\dfrac{\partial}{\partial x^i}\right|_p\,(p\in U)$ 的水平提升，其表达式是 (4.12)；当在底流形 M 上作坐标变换时，(4.12) 中的系数 $C_i^\lambda(b)$ 关于下指标 i 按协变张量的变换规律进行变换. 同时，$C_i^\lambda(b)$ 对于李群 G 在 B 上的右作用满足关系式 (4.19).

10.4.3 联络形式

上面的讨论告诉我们在 $\pi^{-1}(U)$ 上存在标架场 $\{(X_i)_b, (\tilde{E}_\lambda)_b; b \in \pi^{-1}(U)\}$，其中 $\tilde{E}_\lambda$ 张成铅垂分布 $V; X_i$ 张成水平分布 H. 于是，任意一个切向量 $\xi \in T_b B$ 可以唯一地表示为

$$\xi = \xi^i (X_i)_b + \tilde{\xi}^\lambda (\tilde{E}_\lambda)_b = \xi^h + \xi^v, \tag{4.20}$$

其中

$$\xi^h = \xi^i (X_i)_b \in H_b, \quad \xi^v = \tilde{\xi}^\lambda (\tilde{E}_\lambda)_b \in V_b \tag{4.21}$$

分别是 ξ 的水平分量和铅垂分量. 利用线性同构 $\tau_b : V_b \to \mathfrak{g}$(参看 (4.5) 式), 可以在丛空间 B 上定义一个 $\mathfrak{g}$-值的 1 次微分式 ω 如下:

$$\omega(\xi) = \tau_b(\xi^v), \quad \forall \xi \in T_b B, \quad b \in B. \tag{4.22}$$

很明显，$\xi \in H_b$ 的充分必要条件是 $\omega(\xi) = 0$. 如果设 $\delta_\lambda = \left.\dfrac{\partial}{\partial y^\lambda}\right|_{y=e}$, $\omega = \omega^\lambda \delta_\lambda$, 则由 (4.5) 式, 以及 (4.20)~(4.22) 式得到

$$\omega^\lambda(\xi) = \tilde{\xi}^\lambda, \quad \forall \xi \in T_b B, \quad b \in B. \tag{4.23}$$

另外，从 (4.20) 和 (4.12), (4.11) 式得到

$$\begin{aligned}
\xi &= \xi^i \left.\frac{\partial}{\partial x^i}\right|_b + (\xi^i C_i^\lambda(b) + \tilde{\xi}^\lambda)(\tilde{E}_\lambda)_b \\
&= \xi^i \left.\frac{\partial}{\partial x^i}\right|_b + (\xi^i C_i^\lambda(b) + \tilde{\xi}^\lambda) \left.\frac{\partial \varphi^\mu(g, y)}{\partial y^\lambda}\right|_{y=e} \cdot \left.\frac{\partial}{\partial z^\mu}\right|_b,
\end{aligned}$$

因此

$$\mathrm{d}x^i(\xi) = \xi^i, \qquad \mathrm{d}z^\mu(\xi) = (\xi^i C_i^\lambda(b) + \tilde{\xi}^\lambda) \left.\frac{\partial \varphi^\mu(g, y)}{\partial y^\lambda}\right|_{y=e}.$$

所以

$$\tilde{\xi}^\lambda = \Lambda_\mu^\lambda(g)\mathrm{d}z^\mu(\xi) - C_i^\lambda(b)\xi^i = (-C_i^\lambda \mathrm{d}x^i|_b + \Lambda_\mu^\lambda \mathrm{d}z^\mu|_b)(\xi),$$

其中 (Λ_μ^λ) 是矩阵 $\left(\left.\dfrac{\partial\varphi^\mu(g,y)}{\partial y^\lambda}\right|_{y=e}\right)$ 的逆矩阵, 即

$$\Lambda_\mu^\lambda \cdot \left.\frac{\partial\varphi^\mu(g,y)}{\partial y^\nu}\right|_{y=e} = \delta_\nu^\lambda.$$

这意味着在局部坐标系 $(\psi(U\times Z); x^i, z^\lambda)$ 下, ω^λ 的表达式是

$$\omega^\lambda = -C_i^\lambda \mathrm{d}x^i|_b + \Lambda_\mu^\lambda \mathrm{d}z^\mu|_b. \tag{4.24}$$

定理 4.3 设 H 是 G-主丛 $\pi: B\to M$ 上的一个联络, ω 是丛空间 B 上由 (4.22) 式定义的 $\mathfrak{g}$-值 1 次微分式, 则

(1) $\omega|_{V_b} = \tau_b: V_b\to\mathfrak{g}$, 即对于任意的 $A\in\mathfrak{g}$ 所生成的基本向量场 $\tilde{A}$, 有 $\omega((\tilde{A})_b) = A$;

(2) 对于任意的 $g\in G$ 有 $(R_g)^*\omega = \mathrm{Ad}(g^{-1})\cdot\omega$, 其中右端的 $\mathrm{Ad}(g^{-1})\cdot\omega$ 是指 $\mathrm{Ad}(g^{-1})$ 作为李代数 $\mathfrak{g}$ 的内自同构在 ω(看作 $\mathfrak{g}$ 中的元素) 上的作用.

反之, 设 ω 是定义在丛空间 B 上满足条件 (1) 和 (2) 的 $\mathfrak{g}$-值 1 次微分式, 如果对于每一点 $b\in B$, 令

$$H_b = \{\xi\in T_b B;\ \omega(\xi) = 0\}, \tag{4.25}$$

则 H 是 G-主丛 $\pi: B\to M$ 上的一个联络.

上述 $\mathfrak{g}$-值 1 次微分式 ω 称为 G-主丛 $\pi: B\to M$ 上的联络 H 的**联络形式**.

证明 性质 (1) 是明显的. 事实上, 对于每一个 λ, 因为基本向量场 $\tilde{E}_\lambda$ 是铅垂切向量场, 所以对于任意的 $b\in B$ 有

$$\omega((\tilde{E}_\lambda)_b) = \tau_b((\tilde{E}_\lambda)_b) = \delta_\lambda.$$

对于 $A\in\mathfrak{g}$, 可设 $A = A^\lambda\delta_\lambda$, 则 A 所生成的基本向量场是 $\tilde{A} = A^\lambda\tilde{E}_\lambda$. 因此

$$\omega(\tilde{A}) = \omega(A^\lambda\tilde{E}_\lambda) = A^\lambda\delta_\lambda = A.$$

现在证明性质 (2). 任意的 $\xi \in T_bB$ 都可以表示为 (4.20) 式. 于是, 对于任意的 $g \in G$ 有

$$(R_g)_{*b}\xi = \xi^i \cdot (R_g)_{*b}((X_i)_b) + \tilde{\xi}^\lambda \cdot (R_g)_{*b}((\tilde{E}_\lambda)_b).$$

利用 (4.14) 和 (4.18) 两式得到

$$(R_g)_{*b}\xi = \xi^i (X_i)_{b\cdot g} + \tilde{\xi}^\mu (\mathrm{Ad}(g^{-1}))^\lambda_\mu (\tilde{E}_\lambda)_{b\cdot g}.$$

因此, 由 (2.23) 式和结论 (1) 得到

$$\begin{aligned}
((R_g)^*\omega)(\xi) &= \omega((R_g)_*\xi) = \omega(\tilde{\xi}^\mu \cdot (\mathrm{Ad}(g^{-1}))^\lambda_\mu \cdot (\tilde{E}_\lambda)_{b\cdot g}) \\
&= \tilde{\xi}^\mu (\mathrm{Ad}(g^{-1}))^\lambda_\mu \cdot \omega((\tilde{E}_\lambda)_{b\cdot g}) = \omega^\mu(\xi) \cdot (\mathrm{Ad}(g^{-1}))^\lambda_\mu \cdot \delta_\lambda \\
&= (\mathrm{Ad}(g^{-1}) \cdot \omega)(\xi).
\end{aligned}$$

由 $\xi \in T_bB$ 的任意性得知

$$(R_g)^*\omega = \mathrm{Ad}(g^{-1}) \cdot \omega. \tag{4.26}$$

反过来, 设 ω 是定理所假设的 $\mathfrak{g}$-值 1 次微分式, 则在每一点 $b \in B$, $\omega: T_bB \to \mathfrak{g}$ 是线性映射. 因为铅垂子空间 V_b 是 T_bB 的子空间, 而 ω 所满足的条件 (1) 说明 $\omega|_{V_b}$ 是从 V_b 到 $\mathfrak{g}$ 的线性同构, 所以根据 H_b 的定义,

$$\dim H_b = \dim T_bB - \dim \mathfrak{g} = \dim B - \dim G = \dim M,$$

因而 $T_bB = H_b \oplus V_b$. 条件 (2) 意味着, 对于任意的 $\xi \in H_b, g \in G$ 有

$$\omega((R_g)_{*b}\xi) = ((R_g)^*\omega)(\xi) = \mathrm{Ad}(g^{-1}) \cdot \omega(\xi) = 0,$$

从而

$$(R_g)_{*b}\xi \in H_{b\cdot g}.$$

由 $\xi \in H_b$ 的任意性得到

$$(R_g)_{*b}(H_b) \subset H_{b\cdot g}. \tag{4.27}$$

比较上式两端的维数可知，$(R_g)_{*b}(H_b) = H_{b\cdot g}$. 所以，$H$ 是 G-主丛 $\pi : B \to G$ 上的联络. 证毕.

定理 4.4　设 $\pi : B \to M$ 是光滑流形 M 上的 G-主丛，θ 是李群 G 的 Maurer-Cartan 形式，B 的一个局部平凡化结构和相应的转移函数族分别记为 $\{(U_\alpha, \psi_\alpha); \alpha \in I\}$ 和 $\{g_{\alpha\beta} : U_\alpha \cap U_\beta \to G\}$. 假定 ω 是主丛 B 上的联络形式，并且对于 B 在 U_α 上的光滑截面 $\sigma_\alpha = \psi_\alpha(\cdot, e) : U_\alpha \to B$, 记 $\omega_\alpha = \sigma_\alpha^* \omega$, 则当 $U_\alpha \cap U_\beta \neq \emptyset$ 时在 $U_\alpha \cap U_\beta$ 上有下面的变换公式：

$$\omega_\beta(p) = \mathrm{Ad}(g_{\alpha\beta}(p))^{-1} \cdot \omega_\alpha(p) + (g_{\alpha\beta}^* \theta)(p), \quad \forall p \in U_\alpha \cap U_\beta. \quad (4.28)$$

证明　对于任意的 $p \in U_\alpha \cap U_\beta$, 由 (3.2) 式，

$$\begin{aligned}
\sigma_\beta(p) &= \psi_\beta(p, e) = \psi_{\beta,p}(e) = \psi_{\alpha,p} \circ \psi_{\alpha,p}^{-1} \circ \psi_{\beta,p}(e) \\
&= \psi_\alpha(p, g_{\alpha\beta}(p)) = \psi_\alpha(p, e) \cdot g_{\alpha\beta}(p) = \sigma_\alpha(p) \cdot g_{\alpha\beta}(p).
\end{aligned}$$

于是，光滑截面 $\sigma_\alpha, \sigma_\beta$ 在 $U_\alpha \cap U_\beta$ 上满足关系式

$$\sigma_\beta = \sigma_\alpha \cdot g_{\alpha\beta}. \quad (4.29)$$

设 $p \in U_\alpha \cap U_\beta$, 并且令 $b = \sigma_\alpha(p)$, $g = g_{\alpha\beta}(p)$. 对于任意的 $X \in T_pM$, 在 M 中可以作光滑曲线 $\gamma : (-\varepsilon, \varepsilon) \to M$, 使得 $\gamma(0) = p$, $\gamma'(0) = X$. 于是

$$\begin{aligned}
(\sigma_\beta)_{*p}(X) &= \frac{\mathrm{d}}{\mathrm{d}t}\bigg|_{t=0} \psi_\beta(\gamma(t), e) \\
&= \frac{\mathrm{d}}{\mathrm{d}t}\bigg|_{t=0} (\psi_\alpha(\gamma(t), e) \cdot g_{\alpha\beta}(\gamma(t))) \\
&= (R_g)_{*b}\left(\frac{\mathrm{d}}{\mathrm{d}t}\bigg|_{t=0} \psi_\alpha(\gamma(t), e)\right) + \frac{\mathrm{d}}{\mathrm{d}t}\bigg|_{t=0} (\sigma_\alpha(p) \cdot g_{\alpha\beta}(\gamma(t))) \\
&= (R_g)_{*b}((\sigma_\alpha)_{*p}(X)) + \frac{\mathrm{d}}{\mathrm{d}t}\bigg|_{t=0} ((b \cdot g) \cdot g^{-1} g_{\alpha\beta}(\gamma(t))) \\
&= (R_g)_{*b}((\sigma_\alpha)_{*p}(X)) + (\tau_{b\cdot g})^{-1}(g_{\alpha\beta}^* \theta(X)). \quad (4.30)
\end{aligned}$$

将联络形式 ω 在 $(\sigma_\beta)_*(X) \in T_{b \cdot g}B$ 上求值, 得到

$$
\begin{aligned}
(\sigma_\beta^* \omega)(X) &= \omega((\sigma_\beta)_{*p}(X)) = \omega((R_g)_{*b}((\sigma_\alpha)_{*p}(X))) + g_{\alpha\beta}^* \theta(X) \\
&= ((R_g)^* \omega)((\sigma_\alpha)_{*p}(X)) + g_{\alpha\beta}^* \theta(X) \\
&= \operatorname{Ad}(g^{-1}) \cdot \omega((\sigma_\alpha)_{*p}X) + g_{\alpha\beta}^* \theta(X) \\
&= \operatorname{Ad}(g^{-1}) \cdot \omega_\alpha(X) + g_{\alpha\beta}^* \theta(X),
\end{aligned}
$$

即

$$
\omega_\beta = \sigma_\beta^* \omega = \operatorname{Ad}(g^{-1}) \cdot \omega_\alpha + g_{\alpha\beta}^* \theta.
$$

证毕.

定理 4.5 设 $\pi : B \to M$ 是光滑流形 M 上的 G-主丛, θ 是李群 G 的 Maurer-Cartan 形式, B 的一个局部平凡化结构和相应的转移函数族分别记为 $\{(U_\alpha, \psi_\alpha); \alpha \in I\}$ 和 $\{g_{\alpha\beta} : U_\alpha \cap U_\beta \to G\}$. 对于任意的 $\alpha \in I$, 定义 B 在 U_α 上的光滑截面 $\sigma_\alpha = \psi_\alpha(\cdot, e)$. 如果对于每一个 $\alpha \in I$ 都指定了一个定义在 U_α 上的 $\mathfrak{g}$-值 1 次微分式 ω_α, 并且使得它们在 $U_\alpha \cap U_\beta \neq \emptyset$ 时满足变换公式 (4.28), 则在 B 上存在唯一的一个联络形式 ω, 使得对于任意的 $\alpha \in I$ 有 $\omega_\alpha = \sigma_\alpha^* \omega$.

证明 由于 $\sigma_\alpha : U_\alpha \to B$ 是主丛 B 在 U_α 上的光滑截面, 故有 $\pi^{-1}(U_\alpha) = \sigma_\alpha(U_\alpha) \cdot G$. 对于任意的 $b \in \pi^{-1}(U_\alpha)$, 在 G 中存在唯一的一个元素, 记为 $\varphi_\alpha(b)$, 使得 $b = \sigma_\alpha(\pi(b)) \cdot \varphi_\alpha(b)$, 由此定义了映射 $\varphi_\alpha : \pi^{-1}(U_\alpha) \to G$. 在 $\pi^{-1}(U_\alpha)$ 上定义 $\mathfrak{g}$-值 1 次微分式 $\tilde{\omega}_\alpha$ 使得

$$
\tilde{\omega}_\alpha(b) = \operatorname{Ad}(\varphi_\alpha(b))^{-1} \cdot (\pi^* \omega_\alpha)(b) + (\varphi_\alpha^* \theta)(b), \quad \forall b \in \pi^{-1}(U_\alpha). \quad (4.31)
$$

下面要证明: 当 $U_\alpha \cap U_\beta \neq \emptyset$ 时, 在 $\pi^{-1}(U_\alpha \cap U_\beta)$ 上有 $\tilde{\omega}_\alpha = \tilde{\omega}_\beta$. 事实上, 当 $b \in \pi^{-1}(U_\alpha \cap U_\beta)$ 时, 记 $p = \pi(b)$, 则有

$$
b = \sigma_\alpha(p) \cdot \varphi_\alpha(b) = \sigma_\beta(p) \cdot \varphi_\beta(b).
$$

由于 $\sigma_\alpha(p) \cdot g_{\alpha\beta}(p) = \sigma_\beta(p)$, 并且 G 在 B 上的右作用没有不动点, 因此

$$
\varphi_\alpha(b) = g_{\alpha\beta}(p) \cdot \varphi_\beta(b). \quad (4.32)
$$

另外，由 (4.28) 式得知

$$\pi^*\omega_\beta(b) = \mathrm{Ad}(g_{\alpha\beta}(p))^{-1} \cdot \pi^*\omega_\alpha(b) + (\pi^* \circ g_{\alpha\beta}^*\theta)(b), \tag{4.33}$$

故有

$$\begin{aligned}
\tilde{\omega}_\beta(b) =& \mathrm{Ad}(\varphi_\beta(b))^{-1} \cdot (\pi^*\omega_\beta)(b) + (\varphi_\beta^*\theta)(b) \\
=& \mathrm{Ad}(\varphi_\beta(b))^{-1} \cdot \mathrm{Ad}(g_{\alpha\beta}(p))^{-1} \cdot \pi^*\omega_\alpha(b) \\
& + \mathrm{Ad}(\varphi_\beta(b))^{-1} \cdot (g_{\alpha\beta} \circ \pi)^*\theta(b) + (\varphi_\beta^*\theta)(b) \\
=& \mathrm{Ad}(\varphi_\alpha(b))^{-1} \cdot \pi^*\omega_\alpha(b) + \mathrm{Ad}(\varphi_\beta(b))^{-1} \cdot (g_{\alpha\beta} \circ \pi)^*\theta(b) \\
& + (\varphi_\beta^*\theta)(b). \tag{4.34}
\end{aligned}$$

对于任意的 $X \in T_b B$，作光滑曲线 $\gamma : (-\varepsilon, \varepsilon) \to B$，使得 $\gamma(0) = b$，$\gamma'(0) = X$. 则由 (4.32) 式得到

$$\begin{aligned}
&\varphi_\alpha(\gamma(t)) = g_{\alpha\beta}(\pi \circ \gamma(t)) \cdot \varphi_\beta(\gamma(t)), \\
&(\varphi_\alpha)_{*b}(X) = \left.\frac{\mathrm{d}}{\mathrm{d}t}\right|_{t=0} \varphi_\alpha(\gamma(t)).
\end{aligned} \tag{4.35}$$

所以

$$\begin{aligned}
(\varphi_\alpha^*\theta)(X) =& \theta((\varphi_\alpha)_{*b}(X)) = \theta\left(\left.\frac{\mathrm{d}}{\mathrm{d}t}\right|_{t=0} \varphi_\alpha(\gamma(t)) \right) \\
=& \left.\frac{\mathrm{d}}{\mathrm{d}t}\right|_{t=0} ((\varphi_\alpha(b))^{-1}\varphi_\alpha(\gamma(t))) \\
=& \left.\frac{\mathrm{d}}{\mathrm{d}t}\right|_{t=0} ((g_{\alpha\beta}(p) \cdot \varphi_\beta(b))^{-1} \cdot g_{\alpha\beta}(\pi \circ \gamma(t)) \cdot \varphi_\beta(\gamma(t))) \\
=& \left.\frac{\mathrm{d}}{\mathrm{d}t}\right|_{t=0} ((\varphi_\beta(b))^{-1} \cdot (g_{\alpha\beta}(p))^{-1}(g_{\alpha\beta}(\pi \circ \gamma(t)) \cdot \varphi_\beta(\gamma(t))) \\
=& \left.\frac{\mathrm{d}}{\mathrm{d}t}\right|_{t=0} ((\varphi_\beta(b))^{-1} \cdot (g_{\alpha\beta}(p))^{-1} \cdot g_{\alpha\beta}(\pi \circ \gamma(t)) \cdot \varphi_\beta(b)) \\
& + \left.\frac{\mathrm{d}}{\mathrm{d}t}\right|_{t=0} ((\varphi_\beta(b))^{-1} \cdot (g_{\alpha\beta}(p))^{-1} \cdot g_{\alpha\beta}(p) \cdot \varphi_\beta(\gamma(t))) \\
=& \mathrm{Ad}(\varphi_\beta(b))^{-1} \cdot \theta((g_{\alpha\beta} \circ \pi)_*(X)) + \theta((\varphi_\beta)_*(X))
\end{aligned}$$

$$= \big(\mathrm{Ad}(\varphi_\beta(b))^{-1} \cdot (g_{\alpha\beta} \circ \pi)^* \theta + \varphi_\beta^* \theta\big)(X),$$

即

$$\varphi_\alpha^* \theta(b) = \mathrm{Ad}(\varphi_\beta(b))^{-1} \cdot (g_{\alpha\beta} \circ \pi)^* \theta(b) + \varphi_\beta^* \theta(b). \tag{4.36}$$

将 (4.36) 式代入 (4.34) 式得到

$$\tilde{\omega}_\beta(b) = \mathrm{Ad}(\varphi_\alpha(b))^{-1} \cdot \pi^* \omega_\alpha(b) + \varphi_\alpha^* \theta(b) = \tilde{\omega}_\alpha(b).$$

于是, 在 B 上可以定义 $\mathfrak{g}$-值的 1 次微分式 ω, 使得

$$\omega|_{\pi^{-1}(U_\alpha)} = \tilde{\omega}_\alpha. \tag{4.37}$$

注意到

$$\varphi_\alpha(\sigma_\alpha(p)) = \varphi_\alpha(\psi_\alpha(p, e)) = e, \quad \forall p \in U_\alpha,$$

因此 $(\varphi_\alpha \circ \sigma_\alpha)^* \theta = 0$, 所以

$$\begin{aligned}
(\sigma_\alpha^* \omega)(p) &= \sigma_\alpha^*(\omega(\sigma_\alpha(p))) = \sigma_\alpha^*(\tilde{\omega}_\alpha(\sigma_\alpha(p))) \\
&= \sigma_\alpha^* \big(\mathrm{Ad}(\varphi_\alpha(\sigma_\alpha(p)))^{-1} \cdot (\pi^* \omega_\alpha)(\sigma_\alpha(p)) + (\varphi_\alpha^* \theta)(\sigma_\alpha(p))\big) \\
&= \mathrm{Ad}(e^{-1}) \cdot \sigma_\alpha^*(\pi^* \omega_\alpha)(p) + \sigma_\alpha^*(\varphi_\alpha^* \theta)(p) \\
&= (\pi \circ \sigma_\alpha)^* \omega_\alpha(p) + (\varphi_\alpha \circ \sigma_\alpha)^* \theta(p) \\
&= \omega_\alpha(p),
\end{aligned}$$

即 $\sigma_\alpha^* \omega = \omega_\alpha$.

接着需要证明 1 次微分式 ω 满足定理 4.3 的条件 (1) 和 (2). 为此, 设 $A \in \mathfrak{g}$, 它在 B 上所生成的基本向量场是 $\tilde{A}$, 则在点 $b \in \pi^{-1}(U_\alpha)$ 处有

$$(\tilde{A})_b = \frac{\mathrm{d}}{\mathrm{d}t}\bigg|_{t=0} (b \cdot \exp(tA)).$$

于是

$$\omega((\tilde{A})_b) = \tilde{\omega}_\alpha((\tilde{A})_b) = \varphi_\alpha^* \theta((\tilde{A})_b) = \theta((\varphi_\alpha)_{*b}(\tilde{A})_b)$$

$$=\theta\left(\left.\frac{\mathrm{d}}{\mathrm{d}t}\right|_{t=0}\varphi_\alpha(b)\cdot\exp(tA)\right)=\left.\frac{\mathrm{d}}{\mathrm{d}t}\right|_{t=0}\exp(tA)=A,$$

条件 (1) 成立. 现在设 $b\in\pi^{-1}(U_\alpha)$, $g\in G$, $X\in T_bB$. 取光滑曲线 $\gamma:(-\varepsilon,\varepsilon)\to B$, 使得 $\gamma(0)=b$, $\gamma'(0)=X$. 那么

$$((R_g)^*\omega)(X)=\tilde\omega_\alpha((R_g)_{*b}X)$$
$$=\mathrm{Ad}(\varphi_\alpha(b\cdot g))^{-1}\cdot\pi^*\omega_\alpha((R_g)_{*b}X)+\varphi_\alpha^*\theta((R_g)_{*b}X).$$

注意到

$$\varphi_\alpha(b\cdot g)=\varphi_\alpha(b)\cdot g,\quad \pi\circ R_g=\pi,$$

所以

$$\varphi_\alpha^*\theta((R_g)_{*b}X)$$
$$=\theta((\varphi_\alpha\circ R_g)_{*b}(\gamma'(0)))=\theta\left(\left.\frac{\mathrm{d}}{\mathrm{d}t}\right|_{t=0}\varphi_\alpha(\gamma(t))\cdot g\right)$$
$$=\left.\frac{\mathrm{d}}{\mathrm{d}t}\right|_{t=0}((\varphi_\alpha(b)\cdot g)^{-1}\cdot\varphi_\alpha(\gamma(t))\cdot g)$$
$$=\mathrm{Ad}(g^{-1})\cdot\varphi_\alpha^*\theta(X),$$

因而

$$((R_g)^*\omega)(X)$$
$$=\mathrm{Ad}(g^{-1})\cdot\mathrm{Ad}(\varphi_\alpha(b))^{-1}\cdot\pi^*\omega_\alpha(X)+\mathrm{Ad}(g^{-1})\cdot\varphi_\alpha^*\theta(X)$$
$$=\mathrm{Ad}(g^{-1})\cdot\tilde\omega_\alpha(X)=\mathrm{Ad}(g^{-1})\cdot\omega(X),$$

即条件 (2) 成立. 再由定理 4.3 得知, ω 是 G-主丛 $\pi:B\to M$ 上的一个联络 H 的联络形式. 证毕.

在主丛 $\pi:B\to M$ 上给定联络 H 之后, 底流形 M 上的光滑切向量场可以水平地提升到丛空间 B 上去 (命题 4.1), 而且底流形 M 中的光滑曲线也可以水平提升为丛空间 B 中的光滑曲线.

定理 4.6 设 H 是 G-主丛 $\pi : B \to M$ 上的联络，$p \in M$, $\gamma : (-\varepsilon, \varepsilon) \to M$ 是底流形 M 上的任意一条光滑曲线，并且 $\gamma(0) = p$. 则对于任意一点 $b \in \pi^{-1}(p)$, 在 B 上存在唯一的一条光滑曲线 $\tilde{\gamma} : (-\varepsilon, \varepsilon) \to B$, 使得 $\tilde{\gamma}(0) = b$, $\pi(\tilde{\gamma}(t)) = \gamma(t)$, 并且 $\tilde{\gamma}'(t) \in H(\gamma(t))$.

曲线 $\tilde{\gamma}$ 称为底流形 M 中的光滑曲线 γ 在丛空间 B 中经过点 b 的 **水平提升 (曲线)**. 此时对于任意的 t, 也把 $\tilde{\gamma}(t)$ 称为主丛 B 上的元素 $b = \tilde{\gamma}(0) \in \pi^{-1}(p)$ 沿光滑曲线 γ 从点 $p = \gamma(0)$ 到点 $\gamma(t)$ 的 "平行移动".

证明 设 $(U; x^i)$ 是 M 在点 p 处的局部坐标系，使得主丛 $\pi : B \to M$ 在 U 上有局部平凡化 $\psi : U \times G \to \pi^{-1}(U)$. 于是，对于 $b \in \pi^{-1}(p)$ 必存在 $g \in G$ 使得 $b = \psi(p, g)$. 又设 $(W; y^\lambda)$ 和 $(Z; z^\lambda)$ 分别是李群 G 在单位元素 e 和点 g 处的局部坐标系，则 $(\psi(U \times Z); x^i, z^\lambda)$ 是丛空间 B 在点 b 处的局部坐标系. 设 $\gamma : (-\varepsilon, \varepsilon) \to M$ 的参数方程是 $x^i(t) = x^i(\gamma(t))$, 那么可以假设它的水平提升曲线 $\tilde{\gamma} : (-\varepsilon, \varepsilon) \to B$ 的参数方程为

$$x^i = x^i(t), \quad z^\lambda = z^\lambda(t) = z^\lambda(g(t)),$$

其中 $t \mapsto g(t)$ 是 G 中的光滑曲线使得 $\tilde{\gamma}(t) = \psi(\gamma(t), g(t))$. 于是

$$
\begin{aligned}
\tilde{\gamma}'(t) =& \frac{dx^i(t)}{dt} \left.\frac{\partial}{\partial x^i}\right|_{\tilde{\gamma}(t)} + \frac{dz^\lambda(t)}{dt} \left.\frac{\partial}{\partial z^\lambda}\right|_{\tilde{\gamma}(t)} \\
=& \frac{dx^i(t)}{dt} \left(\left.\frac{\partial}{\partial x^i}\right|_{\tilde{\gamma}(t)} + C_i^\lambda(\tilde{\gamma}(t)) \tilde{E}_\lambda(\tilde{\gamma}(t)) \right) \\
& + \left(\frac{dz^\lambda(t)}{dt} - \frac{dx^i(t)}{dt} C_i^\mu(\tilde{\gamma}(t)) \left.\frac{\partial \varphi^\lambda(z(t), y)}{\partial y^\mu}\right|_{y=e} \right) \left.\frac{\partial}{\partial z^\lambda}\right|_{\tilde{\gamma}(t)}
\end{aligned}
$$

(参看 (4.11) 和 (4.12) 式). 由此可见，$\tilde{\gamma}'(t) \in H(\tilde{\gamma}(t))$ 的充分必要条件是函数 $z^\lambda(t)$ 满足常微分方程组

$$\frac{dz^\lambda(t)}{dt} - \frac{dx^i(t)}{dt} C_i^\mu(\tilde{\gamma}(t)) \left.\frac{\partial \varphi^\lambda(z(t), y)}{\partial y^\mu}\right|_{y=e} = 0, \quad 1 \leq \lambda \leq r. \quad (4.38)$$

根据常微分方程组的理论, 方程组 (4.38) 对于任意给定的初始值 $z^\lambda(0) = z^\lambda(g)$ 有唯一的解 $z^\lambda = z^\lambda(t)$. 这样, $\tilde{\gamma}(t) = \psi(\gamma(t), g(t))$ 就是所要求的曲线, 其中 $z^\lambda(g(t)) = z^\lambda(t)$. 证毕.

10.4.4 在相配向量丛上的诱导联络

至此, 对于主丛上联络的概念及其表达的方法都已经作了详细的介绍. 最后要说明: 主丛上的联络在与它相配的向量丛上自然地诱导出一个联络. 因此, 主丛上联络的概念是向量丛上联络的推广.

定理 4.7 设 $\pi : B \to M$ 是一个 G-主丛, H 是该主丛上的联络, ω 是其联络形式. 如果李群 G 在向量空间 V 上有一个表示 $\rho : G \to \mathrm{GL}(V)$, 则联络 H 在主丛 $\pi : B \to M$ 的相配向量丛 $E = B \times_\rho V$ 上自然地诱导出一个联络 D.

证明 相配丛 $E = B \times_\rho V$ 的构造由例 3.4 给出. 设 $p \in M$, $X \in T_p M$, 取光滑曲线 $\gamma : (-\varepsilon, \varepsilon) \to M$ 使得 $\gamma(0) = p$, $\gamma'(0) = X$. 任意取一点 $b \in \pi^{-1}(p)$, 则根据定理 4.6, 在 B 中存在光滑曲线 $\tilde{\gamma} : (-\varepsilon, \varepsilon) \to B$ 使得

$$\tilde{\gamma}(0) = b, \quad \pi(\tilde{\gamma}(t)) = \gamma(t), \quad \tilde{\gamma}'(t) \in H_{\tilde{\gamma}(t)}.$$

设 s 是 E 的任意一个局部截面, 它在 $\gamma(t)$ 上的限制可以表示为

$$s(t) = [(\tilde{\gamma}(t), v(t))], \tag{4.39}$$

令

$$\mathrm{D}_X s = [(b, v'(0))]. \tag{4.40}$$

由于水平分布 H 在 G 的右作用下保持不变, 水平提升曲线 $\tilde{\gamma}$ 在 G 的右作用下也是不变的. 因此, (4.40) 式的右端与表示局部截面 $s(t)$ 的代表元的取法无关. 所以 (4.40) 式定义了一个映射 $\mathrm{D} : \Gamma(E) \times \mathfrak{X}(M) \to \Gamma(E)$. 容易验证, 映射 D 满足向量丛上的联络的定义 (参看第二章的定义 8.1). (4.40) 式的几何意义是: 将 $\tilde{\gamma}(t)$ 看作 "平行标架场", 则 $v(t)$

是向量场 $s(t)$ 在该标架场下的 "分量", 于是 $s(t)$ 的协变导数恰好是分量 $v(t)$ 的导数 (参看第二章定理 7.2). 证毕.

相配向量丛 $\tilde{\pi}: E = B \times_\rho V \to M$ 上的诱导联络 D 也可以用主丛 B 上相应联络 H 的联络形式 ω 来刻画. 设 $\sigma: U \to B$ 是主丛 $\pi: B \to M$ 的一个局部截面, $\{e_\alpha\}$ 是向量空间 V 的基底. 对于任意的 $p \in U$, 令 $s_\alpha(p) = \phi_{\sigma(p)}(e_\alpha)$, 其中的线性同构 $\phi_{\sigma(p)}: V \to \tilde{\pi}^{-1}(p)$ 由 (3.26) 式给出, 则 $\{s_\alpha\}$ 是向量丛 E 的一个局部标架场. 用 $\rho_*: \mathfrak{g} \to \mathfrak{gl}(V)$ 记 $\rho: G \to \mathrm{GL}(V)$ 的诱导表示. 这样, $\rho_*\omega$ 是定义在 B 上在 $\mathfrak{gl}(V)$ 中取值的 1 次微分式, $\rho_*(\sigma^*\omega) = \sigma^*(\rho_*\omega)$ 是定义在 $U(\subset M)$ 上在 $\mathfrak{gl}(V)$ 中取值的 1 次微分式. 对于每一个 α, 设

$$(\rho_*(\omega))(e_\alpha) = \omega_\alpha^\beta e_\beta, \quad (\rho_*(\sigma^*\omega))(e_\alpha) = \tilde{\omega}_\alpha^\beta e_\beta, \tag{4.41}$$

则显然有 $\sigma^*\omega_\alpha^\beta = \tilde{\omega}_\alpha^\beta$. 利用定理 4.7 可以得到如下的结论:

命题 4.8 设 $\sigma: U \to B$ 是主丛 $\pi: B \to M$ 的局部截面, 相配向量丛 $\tilde{\pi}: E \to M$ 的局部标架场 $\{s_\alpha\}$ 由 $s_\alpha(p) = \phi_{\sigma(p)}(e_\alpha)$ $(p \in U)$ 定义. 如果 1 次形式 $\omega_\alpha^\beta, \tilde{\omega}_\alpha^\beta$ 由 (4.41) 式给出, 则有

$$\mathrm{D}s_\alpha = \tilde{\omega}_\alpha^\beta s_\beta = \sigma^*\omega_\alpha^\beta \cdot s_\alpha. \tag{4.42}$$

证明 设 $p \in U$, $X \in T_pM$, 记 $b = \sigma(p)$. 又设 $\gamma: (-\varepsilon, \varepsilon) \to M$ 是底流形 M 上满足 $\gamma(0) = p$ 和 $\gamma'(0) = X$ 的光滑曲线, $\tilde{\gamma}$ 是 γ 在主丛 B 上过点 b 的水平提升 (即有 $\tilde{\gamma}(0) = b$), 则存在结构群 G 上的曲线 $g(t)$, 满足 $g(0) = e$ 并且 $\sigma(\gamma(t)) = \tilde{\gamma}(t) \cdot g(t)$. 令 $A = g'(0)$, 则 A 在主丛空间 B 上确定的基本向量场 $\tilde{A}$ 在点 b 的值是 $(\tilde{A})_b = \left.\dfrac{\mathrm{d}}{\mathrm{d}t}\right|_{t=0} (b \cdot g(t))$. 于是由 s_α 的定义和 (4.40) 式有

$$\begin{aligned}
\mathrm{D}_X s_\alpha &= \mathrm{D}_X([(\sigma, e_\alpha)]) = \mathrm{D}_X([(\tilde{\gamma}(t), \rho(g(t))e_\alpha)]) \\
&= [(b, \rho_*(g'(0))e_\alpha)] = [(b, \rho_*(A)e_\alpha)] \\
&= [(b, \rho_*(\omega((\tilde{A})_b))e_\alpha)].
\end{aligned} \tag{4.43}$$

因为 $\tilde{\gamma}'(0)$ 是 B 在点 b 的水平向量, 并且

$$(\tilde{A})_b = \frac{\mathrm{d}}{\mathrm{d}t}(b \cdot g(t))\Big|_{t=0} = \frac{\mathrm{d}}{\mathrm{d}t}(\tilde{\gamma}(t) \cdot g(t))\Big|_{t=0} - \tilde{\gamma}'(0) \cdot g(0)$$

$$= \frac{\mathrm{d}}{\mathrm{d}t}\sigma(\gamma(t))\Big|_{t=0} - \tilde{\gamma}'(0) = \sigma_*(X) - \tilde{\gamma}'(0),$$

所以 $\omega((\tilde{A})_b) = \omega(\sigma_*(X)) = \sigma^*\omega(X)$. 代入 (4.43) 式便得

$$\mathrm{D}_X s_\alpha = [(b, \rho_*(\sigma^*\omega(X))e_\alpha)] = \phi_b(\tilde{\omega}_\alpha^\beta(X)e_\beta) = \tilde{\omega}_\alpha^\beta(X)s_\beta(p).$$

再由点 p 和 X 的任意性, 命题得证.

注记 4.1 在向量空间 V 上取定一个内积 $\langle \cdot, \cdot \rangle$, 令

$$\mathrm{O}(V) = \{T \in \mathrm{GL}(V);\ \langle T(v), T(w) \rangle = \langle v, w \rangle,\ \forall v, w \in V\}.$$

如果对于任意的 $g \in G$, $\rho(g) \in \mathrm{O}(V)$, 则内积 $\langle \cdot, \cdot \rangle$ 在向量丛 $\tilde{\pi} : E \to M$ 上自然地诱导了一个黎曼结构, 使得 $\tilde{\pi} : E \to M$ 成为黎曼向量丛, 并且对于任意的 $p \in M$ 和任意的 $b \in \pi^{-1}(b)$, $\phi_b : V \to \tilde{\pi}^{-1}(p)$ 是等距的线性同构. 此时, 如果 $\{e_\alpha\}$ 是 V 的单位正交基底, 则由截面 $\sigma : U \to B$ 给出的局部标架场 $\{s_\alpha\}$ 也是单位正交的.

利用向量丛 $\tilde{\pi} : E \to M$ 上的黎曼结构, 容易得到如下的命题:

命题 4.9 设 V 是欧氏向量空间, $\{e_\alpha\}$ 是 V 的一个单位正交基. 如果线性表示 $\rho : G \to \mathrm{GL}(V)$ 满足 $\rho(G) \subset \mathrm{O}(V)$, 则由 (4.41) 式定义的 1 次外形式 $\omega_\alpha^\beta, \tilde{\omega}_\alpha^\beta$ 关于指标 α, β 是反对称的, 即有

$$\omega_\alpha^\beta = -\omega_\beta^\alpha, \quad \tilde{\omega}_\alpha^\beta = -\tilde{\omega}_\beta^\alpha. \tag{4.44}$$

证明 正交变换群 $\mathrm{O}(V)$ 的李代数 $\mathfrak{o}(V)$ 由 V 上的反对称线性变换构成, 证明的细节留给读者自己完成.

§10.5 主丛上联络的曲率

在第四章我们已经知道, 黎曼流形上的曲率形式是衡量黎曼结构偏离欧氏结构的程度的不变量, 向量丛上的联络的曲率形式是反映向

量丛偏离平凡丛的程度的不变量. 对于主丛上的联络来说, 可以定义类似的曲率形式, 具有相同的功能. 下面先从光滑流形的切标架丛 (参看 §10.2) 谈起,

10.5.1 标架丛上的曲率形式

设 M 是 m 维光滑流形, $\pi: TM \to M$ 是 M 的切丛, 它的局部平凡化结构是 $\{(U_\alpha, \psi_\alpha : \alpha \in I\}$. 设 $\tilde{\pi}: F(M) \to M$ 是与其相配的标架丛, 结构群是 $\mathrm{GL}(m; \mathbb{R})$, 相应的局部平凡化结构是 $\{(U_\alpha, \varphi_\alpha : \alpha \in I\}$. 设 M 在 U_α 上的局部坐标是 $x_\alpha^i, 1 \leq i \leq m$. 命 $s_i^{(\alpha)} = \dfrac{\partial}{\partial x_\alpha^i}$, 则 $s^{(\alpha)} = \{s_i^{(\alpha)}\}$ 是切丛 TM 在 U_α 上的局部标架场, 即 $s^{(\alpha)}$ 是标架丛 $F(M)$ 的一个局部截面. 这样, $\tilde{\pi}: F(M) \to M$ 的局部平凡化 $\varphi_\alpha : U_\alpha \times \mathrm{GL}(m, \mathbb{R}) \to \tilde{\pi}^{-1}(U_\alpha)$ 是

$$\varphi_\alpha(p, A) = s^{(\alpha)} \cdot A = \{A_1^j s_j^{(\alpha)}, \cdots, A_m^j s_j^{(\alpha)}\},$$

在这里 A_i^j 是矩阵 A 的第 j 行、第 i 列元素. 因此在 $\tilde{\pi}^{-1}(U_\alpha)$ 上的局部坐标系由 (x_α^i, A_i^j) 给出.

设 D 是 M 上的一个仿射联络, 假定

$$\mathrm{D}s_i^{(\alpha)} = \omega_i^{(\alpha)j} s_j^{(\alpha)}, \qquad \omega_i^{(\alpha)j} = \Gamma_{ik}^{(\alpha)j} \mathrm{d}x_\alpha^k, \tag{5.1}$$

则在 $F(M)$ 上有一个大范围定义好的、在 $\mathfrak{gl}(m; \mathbb{R})$ 中取值的 1 次微分式 (参看 §10.2)

$$\theta|_{U_\alpha} = A^{-1} \cdot (\mathrm{d}A + \tilde{\pi}^* \omega^{(\alpha)} \cdot A), \tag{5.2}$$

它是标架丛 $\tilde{\pi}: F(M) \to M$ 作为 $\mathrm{GL}(m; \mathbb{R})$ 主丛的联络形式.

联络 D 在局部坐标系 $(U_\alpha; x_\alpha^i)$ 下的曲率形式是

$$\Omega^{(\alpha)} = \mathrm{d}\omega^{(\alpha)} + \omega^{(\alpha)} \wedge \omega^{(\alpha)}, \tag{5.3}$$

即

$$\Omega_i^{(\alpha)j} = \mathrm{d}\omega_i^{(\alpha)j} + \omega_k^{(\alpha)j} \wedge \omega_i^{(\alpha)k}$$

$$= d\omega_i^{(\alpha)j} - \omega_i^{(\alpha)k} \wedge \omega_k^{(\alpha)j}.$$

命

$$\Theta|_{U_\alpha} = A^{-1} \cdot \tilde{\pi}^*(\Omega_{(\alpha)}) \cdot A. \tag{5.4}$$

容易验证： Θ 是在 $F(M)$ 上大范围定义的、在 $\mathfrak{gl}(m;\mathbb{R})$ 中取值的 2 次外微分式. 事实上，设 $U_\alpha \cap U_\beta \neq \emptyset$, 则在 $U_\alpha \cap U_\beta$ 上有两组局部坐标系 (x_α^i) 和 (x_β^i), 命 $J_{\alpha\beta} = \left(\dfrac{\partial x_\alpha^i}{\partial x_\beta^j}\right)$, 则

$$s^{(\beta)} = s^{(\alpha)} \cdot J_{\alpha\beta}. \tag{5.5}$$

因而 $\varphi_\alpha(p, A) = \varphi_\beta(p, B)$ 当且仅当

$$A = J_{\alpha\beta} \cdot B \text{ 或 } B = J_{\alpha\beta}^{-1} \cdot A. \tag{5.6}$$

联络形式 $\omega^{(\alpha)}$ 在局部坐标变换下变为

$$\omega^{(\beta)} = J_{\alpha\beta}^{-1}(dJ_{\alpha\beta} + \omega^{(\alpha)}J_{\alpha\beta}), \tag{5.7}$$

因此曲率形式 $\Omega^{(\alpha)}$ 经受的变换是

$$\Omega^{(\beta)} = J_{\alpha\beta}^{-1} \cdot \omega^{(\alpha)} \cdot J_{\alpha\beta}. \tag{5.8}$$

由此可见

$$\begin{aligned}
B^{-1} &\cdot \tilde{\pi}^*(\Omega^{(\beta)}) \cdot B \\
&= (J_{\alpha\beta}^{-1} \cdot A)^{-1} \cdot \tilde{\pi}^*(J_{\alpha\beta}^{-1} \cdot \Omega^{(\beta)} \cdot J_{\alpha\beta}) \cdot J_{\alpha\beta}^{-1} \cdot A \\
&= A^{-1} \cdot \tilde{\pi}^*(\Omega^{(\alpha)}) \cdot A,
\end{aligned}$$

即 (5.4) 式的右端与局部坐标系 $(U_\alpha; x_\alpha^i)$ 的选取无关.

命题 5.1 由 (5.4) 式在切标架丛 $F(M)$ 上定义的、在 $\mathfrak{gl}(m;\mathbb{R})$ 中取值的 2 次外微分式 Θ 与联络形式 θ 满足关系式

$$\Theta = d\theta + \theta \wedge \theta. \tag{5.9}$$

Θ 称为联络形式 θ 的曲率形式.

证明 对 $\theta|_{U_\alpha}$ 的定义式 (5.2) 求外微分得到

$$
\begin{aligned}
\mathrm{d}\theta|_{U_\alpha} =& \mathrm{d}A^{-1} \wedge (\mathrm{d}A + \tilde{\pi}^*\omega^{(\alpha)} \cdot A) + A \cdot \mathrm{d}(\tilde{\pi}^*\omega^{(\alpha)} \cdot A) \\
=& - A^{-1}\mathrm{d}A \wedge A^{-1}\mathrm{d}A - A^{-1}\mathrm{d}A \wedge A^{-1}(\tilde{\pi}^*\omega^{(\alpha)})A \\
& + A \cdot \mathrm{d}(\tilde{\pi}^*\omega^{(\alpha)}) \cdot A - A^{-1}(\tilde{\pi}^*\omega^{(\alpha)})A \wedge A^{-1}\mathrm{d}A.
\end{aligned}
$$

另外

$$
\begin{aligned}
\theta \wedge \theta|_{U_\alpha} =& A^{-1}(\mathrm{d}A + \tilde{\pi}^*\omega^{(\alpha)}A) \wedge A^{-1}(\mathrm{d}A + \tilde{\pi}^*\omega^{(\alpha)}A) \\
=& A^{-1}\mathrm{d}A \wedge A^{-1}\mathrm{d}A + A^{-1}\mathrm{d}A \wedge A^{-1}(\tilde{\pi}^*\omega^{(\alpha)})A \\
& + A^{-1}\tilde{\pi}^*\omega^{(\alpha)}A \wedge A^{-1}\mathrm{d}A + A^{-1} \cdot (\tilde{\pi}^*(\omega^{(\alpha)}) \wedge \omega^{(\alpha)}) \cdot A,
\end{aligned}
$$

因此

$$
\begin{aligned}
(\mathrm{d}\theta + \theta \wedge \theta)|_{U_\alpha} &= A^{-1} \cdot \tilde{\pi}^*(\mathrm{d}\omega^{(\alpha)} + \omega^{(\alpha)} \wedge \omega^{(\alpha)}) \cdot A \\
&= A^{-1} \cdot \tilde{\pi}^*(\Omega^{(\alpha)}) \cdot A = \Theta|_{U_\alpha}.
\end{aligned}
$$

证毕.

从定义式 (5.4) 不难知道下面的命题成立:

命题 5.2 在切标架丛 $F(M)$ 上关于联络 θ 的曲率形式 Θ 有下列性质:

(1) 对于任意的 $g \in \mathrm{GL}(m, \mathbb{R})$ 有

$$
R_g^*\Theta = \mathrm{Ad}(g^{-1}) \cdot \Theta,
$$

其中 Ad 是李群 $\mathrm{GL}(m, \mathbb{R})$ 的伴随表示;

(2) Θ 是水平的, 即对于 $F(M)$ 上在任意一点处的两个切向量 X, Y 都有

$$
\Theta(X, Y) = \Theta(X^{\mathrm{h}}, Y^{\mathrm{h}}),
$$

其中 X^h, Y^h 表示 X, Y 的水平分量. 特别是当 X 是铅垂切向量时, 对于任意的切向量 Y 有

$$\Theta(X,Y) = -\Theta(Y,X) = 0.$$

证明 Θ 的水平性质 (2) 是其定义的直接推论. 关于 (1), 取 $g \in \mathrm{GL}(m, \mathbb{R})$, 则

$$
\begin{aligned}
R_g^* \Theta|_{U_\alpha} &= R_g^*(A^{-1} \cdot \tilde{\pi}^*(\Omega^{(\alpha)}) \cdot A) \\
&= (A \cdot g)^{-1} \cdot R_g^*(\tilde{\pi}^*(\Omega^{(\alpha)})) \cdot (A \cdot g) \\
&= g^{-1} \cdot (A^{-1} \cdot R_g^*(\tilde{\pi}^*(\Omega^{(\alpha)})) \cdot A) \cdot g \\
&= g^{-1} \cdot (A^{-1} \cdot (\tilde{\pi} \circ R_g)^*(\Omega^{(\alpha)}) \cdot A) \cdot g \\
&= g^{-1} \cdot (A^{-1} \cdot \tilde{\pi}^*(\Omega^{(\alpha)}) \cdot A) \cdot g \\
&= g^{-1} \cdot \Theta|_{U_\alpha} \cdot g = \mathrm{Ad}(g^{-1}) \cdot \Theta|_{U_\alpha}.
\end{aligned}
$$

证毕.

10.5.2 主丛上的曲率形式

命题 5.2 所表述的两个性质十分重要, 我们把它们移植到一般的主丛上去.

定义 5.1 设 H 是主丛 (B, M, π, G) 上的一个联络, V 是一个向量空间, $\rho: G \to \mathrm{GL}(V)$ 是李群 G 在 V 上的线性表示. 设 φ 是定义在 B 上、取值在 V 中的 r 次外微分式, 如果 φ 满足下面两个条件:

(1) 对于任意的 $g \in G$ 有

$$R_g^* \varphi = \rho(g^{-1}) \cdot \varphi;$$

(2) φ 是水平的, 即对于丛空间 B 上的任意 r 个光滑切向量场 $X_1, \cdots, X_r$ 有

$$\varphi(X_1, \cdots, X_r) = \varphi(X_1^h, \cdots, X_r^h),$$

其中 X_i^{h} 表示切向量场 X_i 的水平分量, 则称 φ 是 B 上的 r 次 $(\rho, \boldsymbol{V})$ 型张量形式.

命题 5.3 设 H 是主丛 (B, M, π, G) 上的一个联络, ω 是它的联络形式. 命 $\Omega = \mathrm{d}\omega \circ h$, 即对于 B 上的任意两个光滑切向量场 X, Y,

$$\Omega(X, Y) = \mathrm{d}\omega(X^{\mathrm{h}}, Y^{\mathrm{h}}), \tag{5.10}$$

其中 $X^{\mathrm{h}}, Y^{\mathrm{h}}$ 分别表示 X, Y 的水平分量, 则 Ω 是 B 上的 2 次 $(\mathrm{Ad}, \mathfrak{g})$ 型张量形式, 称为联络 H 的 **曲率形式**.

证明 由定义式 (5.10) 得知 Ω 是水平的, 因此只要证明 $R_g^* \Omega = \mathrm{Ad}(g^{-1}) \cdot \Omega, \forall g \in G$. 事实上由定理 4.3 的 (2) 知道, 联络形式 ω 满足

$$R_g^* \omega = \mathrm{Ad}(g^{-1}) \cdot \omega, \quad \forall g \in G.$$

因此

$$R_g^*(\mathrm{d}\omega) = \mathrm{d}(R_g^* \omega) = \mathrm{d}(\mathrm{Ad}(g^{-1}) \cdot \omega) = \mathrm{Ad}(g^{-1}) \cdot \mathrm{d}\omega.$$

所以根据联络 H 的定义, 对于 B 上的任意两个光滑切向量场 X, Y 有

$$\begin{aligned}
(R_g^*(\Omega))(X, Y) &= \Omega((R_g)_* X, (R_g)_* Y) \\
&= \mathrm{d}\omega(((R_g)_* X)^{\mathrm{h}}, ((R_g)_* Y)^{\mathrm{h}}) \\
&= \mathrm{d}\omega((R_g)_* X^{\mathrm{h}}, (R_g)_* Y^{\mathrm{h}}) = R_g^*(\mathrm{d}\omega)(X^{\mathrm{h}}, Y^{\mathrm{h}}) \\
&= \mathrm{Ad}(g^{-1}) \cdot \mathrm{d}\omega(X^{\mathrm{h}}, Y^{\mathrm{h}}) \\
&= \mathrm{Ad}(g^{-1}) \cdot \Omega(X, Y).
\end{aligned}$$

命题得证.

为表达方便起见, 对于定义在光滑流形 M 上、在李代数 $\mathfrak{g}$ 中取值的外微分形式, 引进一种复合运算如下: 在李代数 $\mathfrak{g}$ 中取定一个基底 $\{E_\lambda\}$, 则定义在光滑流形 M 上、在李代数 $\mathfrak{g}$ 中取值的 r 次外微分式 φ 和 s 次外微分式 ψ 分别可以表示为

$$\varphi = \varphi^\lambda E_\lambda, \qquad \psi = \psi^\mu E_\mu, \tag{5.11}$$

其中 $\varphi^\lambda \in A^r(M)$, $\psi^\mu \in A^s(M)$. 命

$$[\varphi \wedge \psi] = \varphi^\lambda \wedge \psi^\mu [E_\lambda, E_\mu], \tag{5.12}$$

这里的 $[\,,\,]$ 是李代数 $\mathfrak{g}$ 的乘法, 则容易验证上式与李代数 $\mathfrak{g}$ 的基底的取法无关. 我们把 $[\varphi \wedge \psi]$ 称为 $\mathfrak{g}$ 值外微分式 φ 和 ψ 的 **外积**.

命题 5.4 设 φ 和 ψ 分别是 $\mathfrak{g}$ 值 r 次外微分式和 s 次外微分式, 则对于任意 $r+s$ 个光滑切向量场 $X_1, \cdots, X_{r+s}$ 有

$$
\begin{aligned}
&[\varphi \wedge \psi](X_1, \cdots, X_{r+s}) \\
&= \frac{1}{r!s!} \delta^{i_1 \cdots i_{r+s}}_{1 \,\cdots\, r+s} [\varphi(X_{i_1}, \cdots, X_{i_r}), \psi(X_{i_{r+1}}, \cdots, X_{i_{r+s}})].
\end{aligned} \tag{5.13}
$$

推论 5.5 设 φ 和 ψ 是两个 $\mathfrak{g}$ 值 1 次外微分式, 则对于任意两个光滑切向量场 X, Y 有

$$
\begin{aligned}
{} [\varphi \wedge \psi](X, Y) &= [\varphi(X), \psi(Y)] - [\varphi(Y), \psi(X)], \\
[\varphi \wedge \varphi](X, Y) &= 2[\varphi(X), \varphi(Y)].
\end{aligned} \tag{5.14}
$$

命题 5.6 $\mathfrak{g}$ 值外微分式的外积遵循下列运算律:

(1) 分配律: $[(\varphi + \psi) \wedge \theta] = [\varphi \wedge \theta] + [\psi \wedge \theta]$;

(2) $[\varphi \wedge \psi] = (-1)^{rs+1}[\psi \wedge \varphi]$, 其中 φ 和 ψ 分别是 $\mathfrak{g}$ 值 r 次外微分式和 s 次外微分式;

(3) 设 φ, ψ 和 θ 分别是 $\mathfrak{g}$ 值 r 次外微分式, s 次外微分式和 t 次外微分式, 则有恒等式

$$(-1)^{rt}[[\varphi \wedge \psi] \wedge \theta] + (-1)^{sr}[[\psi \wedge \theta] \wedge \varphi] + (-1)^{ts}[[\theta \wedge \varphi] \wedge \psi] = 0;$$

(4) 设 φ 和 ψ 分别是 $\mathfrak{g}$ 值 r 次外微分式和 s 次外微分式, 则

$$\mathrm{d}[\varphi \wedge \psi] = [\mathrm{d}\varphi \wedge \psi] + (-1)^r[\varphi \wedge \mathrm{d}\psi].$$

以上两个命题的证明留给读者自己完成.

定理 5.7 设 H 是主丛 (B, M, π, G) 上的一个联络，ω 是它的联络形式，则它的曲率形式 Ω 满足方程

$$\Omega = \mathrm{d}\omega + \frac{1}{2}[\omega \wedge \omega]. \tag{5.15}$$

证明 根据曲率形式 Ω 的定义和 (5.14) 式，只要证明

$$\mathrm{d}\omega(X^{\mathrm{h}}, Y^{\mathrm{h}}) = \mathrm{d}\omega(X, Y) + [\omega(X), \omega(Y)]. \tag{5.16}$$

为此就下列 3 种情形分别进行验证：

(1) 设 $X, Y \in V_b$, $b \in B$, 则 $X^{\mathrm{h}} = Y^{\mathrm{h}} = 0$, 于是 (5.16) 式左端为零. 由于在 B 上由结构群 G 的右作用诱导的基本向量场在 B 上是处处线性无关的，因而存在 $\xi, \eta \in \mathfrak{g}$, 使得它们在 B 上产生的基本向量场 $\tilde{\xi}, \tilde{\eta}$ 满足 $\tilde{\xi}(b) = X, \tilde{\eta}(b) = Y$, 并且

$$\omega(\tilde{\xi}) = \xi, \qquad \omega(\tilde{\eta}) = \eta.$$

同时，由外微分的求值公式得到

$$\begin{aligned}
\mathrm{d}\omega(X, Y) &= \mathrm{d}\omega(\tilde{\xi}, \tilde{\eta})|_b \\
&= (\tilde{\xi}(\omega(\tilde{\eta})) - \tilde{\eta}(\omega(\tilde{\xi})) - \omega([\tilde{\xi}, \tilde{\eta}]))|_b \\
&= -\omega(\widetilde{[\xi, \eta]})|_b = -[\xi, \eta] = -[\omega(X), \omega(Y)],
\end{aligned}$$

即

$$\mathrm{d}\omega(X, Y) + [\omega(X), \omega(Y)] = 0.$$

(2) 设 $X \in V_b$, $Y \in H_b$, $b \in B$, 则 $X^{\mathrm{h}} = 0$, 于是 (5.16) 式左端仍然为零. 另外 $\omega(Y) = 0$, 故 (5.16) 式右端的第 2 项为零，因此只要证明

$$\mathrm{d}\omega(X, Y) = 0.$$

首先，存在 $\xi \in \mathfrak{g}$ 使得它在 B 上产生的基本向量场 $\tilde{\xi}$ 满足 $\tilde{\xi}(b) = X$, 并且 $\omega(\tilde{\xi}) = \xi$(常值). 注意到基本向量场 $\tilde{\xi}$ 是单参数变换群 $\varphi_t = R_{\exp(t\xi)}$

在 B 上诱导的切向量场. 将水平切向量 Y 扩充成 B 上的水平切向量场 $\tilde{Y}$, 使得 $\tilde{Y}(b) = Y$, 那么根据 Poisson 括号积的几何意义 (参看参考文献 [3, 第三章, 定理 3.5]) 有

$$[\tilde{\xi}, \tilde{Y}] = \lim_{t \to 0} \frac{\tilde{Y} - (R_{\exp(t\xi)})_* \tilde{Y}}{t}.$$

由于 $(R_g)_*$ 把水平切向量场变为水平切向量场 (参看定义 4.1), 所以上式说明 Poisson 括号积 $[\tilde{\xi}, \tilde{Y}]$ 是水平切向量场, 因此

$$\mathrm{d}\omega(X, Y) = \mathrm{d}\omega(\tilde{\xi}, \tilde{Y})|_b = (\tilde{\xi}(\omega(\tilde{Y})) - \tilde{Y}(\omega(\tilde{\xi})) - \omega([\tilde{\xi}, \tilde{Y}]))|_b = 0.$$

(3) 设 $X, Y \in H_b$, $b \in B$, 则 $X^{\mathrm{h}} = X$, $Y^{\mathrm{h}} = Y$, $\omega(X) = \omega(Y) = 0$, 所以

$$\Omega(X, Y) = \mathrm{d}\omega(X^{\mathrm{h}}, Y^{\mathrm{h}}) = \mathrm{d}\omega(X, Y)$$
$$= \mathrm{d}\omega(X, Y) + [\omega(X), \omega(Y)].$$

证毕.

定理 5.8(Bianchi 恒等式) 设 H 是主丛 (B, M, π, G) 上的一个联络, ω 是它的联络形式, Ω 是它的曲率形式, 则

$$\mathrm{d}\Omega = [\Omega \wedge \omega]. \tag{5.17}$$

证明 对 (5.15) 式求外微分, 并且根据命题 5.5 的 (2) 和 (4) 得到

$$\mathrm{d}\Omega = \frac{1}{2}[\mathrm{d}\omega \wedge \omega] - \frac{1}{2}[\omega \wedge \mathrm{d}\omega] = [\mathrm{d}\omega \wedge \omega]$$
$$= [\Omega \wedge \omega] - \frac{1}{2}[[\omega \wedge \omega] \wedge \omega],$$

再根据命题 5.5 的 (3) 得到

$$3[[\omega \wedge \omega] \wedge \omega] = [[\omega \wedge \omega] \wedge \omega] + [[\omega \wedge \omega] \wedge \omega] + [[\omega \wedge \omega] \wedge \omega] = 0,$$

故 (5.17) 式成立. 证毕.

10.5.3 主丛的示性类

现在, 向量丛的示性类理论可以搬到主丛上来. 首先考虑 $\mathfrak{g}$ 上的对称多重线性函数.

设 $\Phi : \underbrace{\mathfrak{g} \times \cdots \times \mathfrak{g}}_{k \text{ 个}} \to \mathbb{R}$ 是定义在李代数 $\mathfrak{g}$ 上的对称的 k 重线性函数, 若对于任意的 $g \in G$, $\xi_1, \cdots, \xi_k \in \mathfrak{g}$ 有

$$\Phi(\mathrm{Ad}(g)\xi_1, \cdots, \mathrm{Ad}(g)\xi_k) = \Phi(\xi_1, \cdots, \xi_k), \tag{5.18}$$

则称 Φ 是 $\mathrm{Ad}(G)$ 不变的. 将定义在 $\mathfrak{g}$ 上的、$\mathrm{Ad}(G)$ 不变的对称的 k 重线性函数的全体构成的集合记为 $I^k(G)$, 则 $I^k(G)$ 是一个向量空间. 对于 $\Phi \in I^k(G)$, $\Psi \in I^l(G)$ 作对称化乘积 $\Phi \cdot \Psi$, 定义为

$$\begin{aligned} &\Phi \cdot \Psi(\xi_1, \cdots, \xi_{k+l}) \\ &= \frac{1}{(k+l)!} \sum_{\sigma \in \mathfrak{S}_{k+l}} \Phi(\xi_{\sigma(1)}, \cdots, \xi_{\sigma(k)}) \Psi(\xi_{\sigma(k+1)}, \cdots, \xi_{\sigma(k+l)}), \end{aligned} \tag{5.19}$$

其中 $\mathfrak{S}_{k+l}$ 是 $k+l$ 个元素的置换群, 则 $\Phi \cdot \Psi \in I^{k+l}(G)$. 将对称化乘积线性扩充到有限项形式直和的空间 $I(G) = \sum_{k=0}^{\infty} I^k(G)$, 则使 $I(G)$ 成为 $\mathbb{R}$ 上的一个交换代数.

设 $\eta \in \mathfrak{g}$, 命 $g(t) = \exp(t\eta)$, 则对于 $\Phi \in I^k(G)$ 有

$$\Phi(\mathrm{Ad}(g(t))\xi_1, \cdots, \mathrm{Ad}(g(t))\xi_k) = \Phi(\xi_1, \cdots, \xi_k),$$

将上式对于 t 求导得到

$$\sum_{i=1}^{k} \Phi(\xi_1, \cdots, [\xi_i, \eta], \cdots, \xi_k) = 0. \tag{5.20}$$

定理 5.9 设 H 是主丛 (B, M, π, G) 上的一个联络, ω 是联络形式, Ω 是曲率形式. 在 $\mathfrak{g}$ 中取定一个基底 $\{\xi_\alpha : 1 \le \alpha \le r\}$, 并设

$$\omega = \omega^\alpha \xi_\alpha, \quad \Omega = \Omega^\alpha \xi_\alpha.$$

对于 $\Phi \in I^k(G)$, 命

$$\Phi(\Omega) = \Phi(\Omega, \cdots, \Omega) = \Omega^{\alpha_1} \wedge \cdots \wedge \Omega^{\alpha_k} \Phi(\xi_{\alpha_1}, \cdots, \xi_{\alpha_k}),$$

则有

(1) $\Phi(\Omega)$ 是在丛空间 B 上在右移动 R_g^* $(g \in G)$ 的作用下不变的、水平的 $2k$ 次闭微分式, 因而在底流形 M 上存在一个 $2k$ 次闭微分式 $c(\Phi, H)$ 以 $\Phi(\Omega)$ 为它的水平提升, 即 $\Phi(\Omega) = \pi^* c(\Phi, H)$;

(2) 如果 H_0 是主丛 (B, M, π, G) 上的另一个联络, Ω_0 是它的曲率形式, 那么在底流形 M 上存在一个 $2k - 1$ 次外微分式 ψ 使得 $c(\Phi, H) - c(\Phi, H_0) = \mathrm{d}\psi$, 于是 $c(\Phi, H)$ 的 de Rham 上同调类 $c(\Phi) \in H^{2k}(M, \mathbb{R})$ 与主丛 (B, M, π, G) 上的联络 H 的选取无关, 称为主丛 (B, M, π, G) 对应于 $\mathrm{Ad}(G)$ 不变的、对称的 k 重线性函数 Φ 的示性类.

证明 (1) 由于 Ω 是水平的, 故 $\Phi(\Omega)$ 是水平的. 对于任意的 $g \in G$,

$$\begin{aligned}
R_g^*(\Phi(\Omega)) &= \Phi(R_g^*\Omega, \cdots, R_g^*\Omega) \\
&= \Phi(\mathrm{Ad}(g^{-1}) \cdot \Omega, \cdots, \mathrm{Ad}(g^{-1}) \cdot \Omega) \\
&= \Phi(\Omega, \cdots, \Omega) = \Phi(\Omega),
\end{aligned}$$

故 $\Phi(\Omega)$ 是 R_g^* 不变的. 对 $\Phi(\Omega)$ 求外微分, 并且利用 Bianchi 恒等式 (5.17) 和 (5.20) 式得到

$$\begin{aligned}
\mathrm{d}\Phi(\Omega) &= \Phi(\mathrm{d}\Omega, \cdots, \Omega) + \cdots + \Phi(\Omega, \cdots, \mathrm{d}\Omega) \\
&= \Phi([\Omega \wedge \omega], \cdots, \Omega) + \cdots + \Phi(\Omega, \cdots, [\Omega \wedge \omega]) \\
&= \Omega^{\alpha_1} \wedge \cdots \wedge \Omega^{\alpha_k} \wedge \omega^\beta \cdot (\Phi([\xi_{\alpha_1}, \xi_\beta], \cdots, \xi_{\alpha_k}) \\
&\quad + \cdots + \Phi(\xi_{\alpha_1}, \cdots, [\xi_{\alpha_k}, \xi_\beta])) = 0,
\end{aligned}$$

故 $\Phi(\Omega)$ 是闭微分式.

由于 $\Phi(\Omega)$ 是在右移动 R_g^*, $g \in G$ 的作用下不变的、水平的 $2k$ 次微分式, 因而在底流形 M 上存在一个 $2k$ 次微分式 $c(\Phi, H)$ 以 $\Phi(\Omega)$ 为

它的水平提升. 事实上, 对于 M 上 $2k$ 个任意的光滑切向量场 $X_1, \cdots,$ X_{2k}, 在丛空间 B 上存在唯一的一组水平切向量场 $\tilde{X}_1, \cdots, \tilde{X}_{2k}$ 使得 $\pi_* \tilde{X}_i = X_i$, 于是对于任意的 $p \in M$, $b \in \pi^{-1}(p)$, 命

$$(c(\Phi, H)(X_1, \cdots, X_{2k}))(p) = (\Phi(\Omega)(\tilde{X}_1, \cdots, \tilde{X}_{2k}))(b), \qquad (5.21)$$

上式右端与 b 在 $\pi^{-1}(p)$ 中的取法无关, 因而是完全确定的数值 (请读者自己验证), 并且由右端可知, $c(\Phi, H)(X_1, \cdots, X_{2k})$ 明显地光滑依赖于点 p, 因此 $c(\Phi, H)$ 是 M 上的 $2k$ 次微分式. (5.21) 式能够写成

$$\Phi(\Omega) = \pi^*(c(\Phi, H)),$$

故

$$0 = \mathrm{d}\Phi(\Omega) = \pi^*(\mathrm{d}c(\Phi, H)).$$

因为在每一点 $b \in B$, $\pi_* : H_b \to T_{\pi(b)} M$ 是线性同构, 所以 $\mathrm{d}c(\Phi, H) = 0$, 故 $c(\Phi, H)$ 是 M 上的 $2k$ 次闭微分式.

(2) 设 H_0 是主丛 (B, M, π, G) 上的另一个联络, ω_0 是联络形式, Ω_0 是曲率形式. 命 $\tau = \omega - \omega_0$, 则 τ 是 1 次的 $(\mathrm{Ad}, \mathfrak{g})$ 型张量形式. 命

$$\omega_t = \omega_0 + t\tau, \qquad (5.22)$$

则 ω_t 是主丛 B 上的一族联络, 它的曲率形式是

$$\Omega_t = \mathrm{d}\omega_t + \frac{1}{2}[\omega_t \wedge \omega_t], \qquad (5.23)$$

将 (5.22) 式代入上式得到

$$\Omega_t = \mathrm{d}\omega_0 + t(\mathrm{d}\tau + [\tau \wedge \omega_0]) + \frac{t^2}{2}[\tau \wedge \tau],$$

因此

$$\frac{\mathrm{d}}{\mathrm{d}t}\Omega_t = \mathrm{d}\tau + [\tau \wedge \omega_0] + t[\tau \wedge \tau] = \mathrm{d}\tau + [\tau \wedge \omega_t]. \qquad (5.24)$$

很明显,

$$\Phi(\Omega) - \Phi(\Omega_0) = \int_0^1 \frac{\mathrm{d}}{\mathrm{d}t}\Phi(\Omega_t)\mathrm{d}t, \qquad (5.25)$$

经过直接计算得到

$$\frac{\mathrm{d}}{\mathrm{d}t}\Phi(\Omega_t) = k\Phi\left(\frac{\mathrm{d}}{\mathrm{d}t}\Omega_t, \Omega_t, \cdots, \Omega_t\right)$$
$$= k\Phi(\mathrm{d}\tau + [\tau \wedge \omega_t], \Omega_t, \cdots, \Omega_t). \tag{5.26}$$

命

$$\psi = k\int_0^1 \Phi(\tau, \Omega_t, \cdots, \Omega_t)\mathrm{d}t, \tag{5.27}$$

则

$$\mathrm{d}\psi = k\int_0^1 \mathrm{d}(\Phi(\tau, \Omega_t, \cdots, \Omega_t))\mathrm{d}t$$
$$= k\int_0^1 (\Phi(\mathrm{d}\tau, \Omega_t, \cdots, \Omega_t) - \Phi(\tau, \mathrm{d}\Omega_t, \cdots, \Omega_t)$$
$$- \cdots - \Phi(\tau, \Omega_t, \cdots, \mathrm{d}\Omega_t))\mathrm{d}t. \tag{5.28}$$

由 Bianchi 恒等式和 (5.20) 式得到

$$\Phi(\tau, \mathrm{d}\Omega_t, \cdots, \Omega_t) + \cdots + \Phi(\tau, \Omega_t, \cdots, \mathrm{d}\Omega_t)$$
$$= \Phi(\tau, [\Omega_t \wedge \omega_t], \cdots, \Omega_t) + \cdots \quad + \Phi(\tau, \Omega_t, \cdots, [\Omega_t \wedge \omega_t])$$
$$= \sum_{i=2}^k \tau^{\alpha_1} \wedge \Omega_t^{\alpha_2} \wedge \cdots \wedge (\Omega_t^{\alpha_i} \wedge \omega_t^{\beta}) \wedge \cdots$$
$$\wedge \Omega_t^{\alpha_k}\Phi(\xi_{\alpha_1}, \xi_{\alpha_2}, \cdots, [\xi_{\alpha_i}, \xi_{\beta}], \cdots, \xi_{\alpha_k})$$
$$= \tau^{\alpha_1} \wedge \omega_t^{\beta} \wedge \Omega_t^{\alpha_2} \wedge \cdots$$
$$\wedge \Omega_t^{\alpha_k}\sum_{i=2}^k \Phi(\xi_{\alpha_1}, \xi_{\alpha_2}, \cdots, [\xi_{\alpha_i}, \xi_{\beta}], \cdots, \xi_{\alpha_k})$$
$$= -\tau^{\alpha_1} \wedge \omega_t^{\beta} \wedge \Omega_t^{\alpha_2} \wedge \cdots \wedge \Omega_t^{\alpha_k}\Phi([\xi_{\alpha_1}, \xi_{\beta}], \xi_{\alpha_2}, \cdots, \xi_{\alpha_k})$$
$$= -\Phi([\tau \wedge \omega_t], \Omega_t, \cdots, \Omega_t).$$

将上式代入 (5.28) 式得到

$$\mathrm{d}\psi = k\int_0^1 (\Phi(\mathrm{d}\tau, \Omega_t, \cdots, \Omega_t) + \Phi([\tau \wedge \omega_t], \Omega_t, \cdots, \Omega_t))\mathrm{d}t$$

$$= k \int_0^1 \Phi(\mathrm{d}\tau + [\tau \wedge \omega_t], \Omega_t, \cdots, \Omega_t)\mathrm{d}t$$

$$= \int \frac{\mathrm{d}}{\mathrm{d}t}\Phi(\Omega_t)\mathrm{d}t = \Phi(\Omega) - \Phi(\Omega_0).$$

证毕.

容易验证, 由 $\Phi \in I^k(G)$ 映为 $[\Phi(\Omega)] \in H^{2k}(M, \mathbb{R})$ 给出的映射, 是从交换代数 $I(G)$ 到 de Rham 上同调环

$$H^*(M, \mathbb{R}) = \sum_i H^i(M, \mathbb{R})$$

的同态, 称为 **Weil-Chern 同态**.

在第八章的 §8.7 我们已经介绍过复向量丛的陈示性类. 与秩为 r 的复向量丛 $\pi : E \to M$ 相配的标架丛是结构群为 $\mathrm{GL}(r, \mathbb{C})$ 的主丛. 命 $G = \mathrm{GL}(r, \mathbb{C})$, 则本节所说的 G 主丛对应于 $\mathrm{Ad}(G)$ 不变的 k 重线性函数 Φ 的示性类就化为前面的陈示性类. 事实上, 与复向量丛 $\pi : E \to M$ 相配的标架丛可以约化为 $\mathrm{U}(r)$ 主丛. 根据 Weyl 的经典群的不变量理论, 酉群的不变量是由反 Hermite 矩阵 (酉群的李代数的元素) 的特征值的初等对称多项式生成的, 而这些初等对称多项式所对应的示性类就是陈示性类.

§10.6 Yang-Mills 场简介

杨振宁和 Mills 在 20 世纪 50 年代开始研究自然界中弱相互作用的非 Abel 规范理论, 即现在所称的 Yang-Mills 规范场论. 到 20 世纪的 70 年代, 通过与几何学界的沟通, 杨振宁认识到规范场论实际上就是主丛上的联络论. 这种认识大大地推动了微分几何在理论物理学中的应用, 并且促进了微分几何本身的发展. 现在, 规范场论成为微分几何研究的一个重要的课题, 并且是研究低维拓扑学的有力工具. 在本节, 我们对 Yang-Mills 场论做一个简单的介绍.

10.6.1 主丛与相配向量丛上联络的曲率形式

定义 6.1   设 (B, M, π, G) 是一个主丛，H 是主丛上的一个联络，V 是一个向量空间，$\rho : G \to GL(V)$ 是 G 的一个表示. 由 $\varphi \mapsto \mathrm{d}^h \varphi = \mathrm{d}\varphi \circ h$ 给出的微分算子 $\mathrm{d}^h : A^r(B) \otimes V \to A^{r+1}(B) \otimes V$ 称为主丛 $\pi : B \to M$ 上关于联络 H 的 **外协变微分 (算子)**.

因此，联络 H 的曲率形式可以写成 $\Omega = \mathrm{d}^h \omega$, 而 Bianchi 恒等式 (5.17) 成为

$$\mathrm{d}^h \Omega = 0. \tag{6.1}$$

在定义 5.1 中已经定义了 (ρ, V) 型 r 次张量形式. 设 $\tilde{\pi} : E = B \times_\rho V \to M$ 是与主丛 $\pi : B \to M$ 相配的向量丛，则 r 次张量形式的意义在于它可以和向量丛 $\bigwedge^r T^*M \otimes E$ 的截面建立起对应关系，即有如下的定理：

定理 6.1   设 $r \geq 0$. 对于任意的 $\varphi \in A^r(B) \otimes V$, 如果 φ 是相对于联络 H 的 (ρ, V) 型张量形式，则存在唯一的一个截面 $\tilde{\varphi} \in \Gamma(\bigwedge^r T^*M \otimes E)$, 使得下面的关系式成立：

$$\phi_b(\varphi_b(X_1, \cdots, X_r)) = (\pi^* \tilde{\varphi})_b(X_1, \cdots, X_r)$$

$$(\forall b \in B, \quad \forall X_1, \cdots, X_r \in T_bB), \tag{6.2}$$

其中的映射 $\phi_b : V \to \tilde{\pi}^{-1}(\pi(b))$ 是由 (3.26) 式定义的线性同构. 反之，每一个截面 $\tilde{\varphi} \in \Gamma(\bigwedge^r T^*M \otimes E)$ 通过 (6.2) 式唯一地确定一个相对于联络 H 的 (ρ, V) 型张量形式 $\varphi \in A^r(B) \otimes V$.

因此，主丛 B 上的任意一个相对于联络 H 的 (ρ, V) 型 r 次张量形式 φ 都可以和相应的截面 $\tilde{\varphi} \in \Gamma(\bigwedge^r T^*M \otimes E)$ 等同起来.

证明   设 $\varphi \in A^r(B) \otimes V$ 是相对于联络 H 的 (ρ, V) 型张量形式. 对于任意的 $p \in M$, 以及任意的 $\tilde{X}_1, \cdots, \tilde{X}_r \in T_pM$, 取点 $b \in \pi^{-1}(p)$ 和切向量 $X_1, \cdots, X_r \in T_bB$, 使得 $\pi_*(X_i) = \tilde{X}_i, i = 1, \cdots, r$. 令

$$\tilde{\varphi}_p(\tilde{X}_1, \cdots, \tilde{X}_r) = \phi_b(\varphi_b(X_1, \cdots, X_r)). \tag{6.3}$$

则不难看出, 上式右端与点 $b \in \pi^{-1}(p)$ 和切向量 $X_1, \cdots, X_r$ 的取法无关. 事实上, 对于任意的 $b_1 = b \cdot g \in \pi^{-1}(p)$, $g \in G$, 以及 $Y_1, \cdots, Y_r \in T_{b_1}B$, 如果 $\pi_*(Y_i) = \tilde{X}_i$, $1 \leq i \leq r$, 则由于对任意的 $v \in V$, $\phi_{b_1}(v) = [(b \cdot g, v)] = [(b, \rho(g)v)] = \phi_b(\rho(g)v)$, 故有

$$\phi_{b_1}(\varphi_{b_1}(Y_1, \cdots, Y_r)) = \phi_b(\rho(g)\varphi_{b \cdot g}(Y_1^{\mathrm{h}}, \cdots, Y_r^{\mathrm{h}}))$$
$$= \phi_b((R_{g^{-1}}^* \varphi_b)(Y_1^{\mathrm{h}}, \cdots, Y_r^{\mathrm{h}}))$$
$$= \phi_b(\varphi_b((R_{g^{-1}})_* Y_1^{\mathrm{h}}, \cdots, (R_{g^{-1}})_* Y_r^{\mathrm{h}})).$$

因为 $\pi_* : H(b) \to T_p M$ 是从 B 在点 b 的水平切空间 $H(b)$ 到 $T_p M$ 上的线性同构, 并且

$$\pi_*((R_{g^{-1}})_* Y_i^{\mathrm{h}}) = (\pi \circ R_{g^{-1}})_*(Y_i^{\mathrm{h}}) = \pi_*(Y_i^{\mathrm{h}})$$
$$= \pi_*(Y_i) = \tilde{X}_i = \pi_*(X_i) = \pi_*(X_i^{\mathrm{h}}), \quad 1 \leq i \leq r,$$

所以 $(R_{g^{-1}})_* Y_i^{\mathrm{h}} = X_i^{\mathrm{h}}$, $1 \leq i \leq r$. 因此

$$\phi_{b_1}(\varphi_{b_1}(Y_1, \cdots, Y_r)) = \phi_b(\varphi_b((R_{g^{-1}})_* Y_1^{\mathrm{h}}, \cdots, (R_{g^{-1}})_* Y_r^{\mathrm{h}}))$$
$$= \phi_b(\varphi_b(X_1^{\mathrm{h}}, \cdots, X_r^{\mathrm{h}})) = \phi_b(\varphi_b(X_1, \cdots, X_r)).$$

由此可见, $\tilde{\varphi}$ 的定义 (6.3) 是合理的, 并且满足关系式 (6.2). 此外, 由 $\tilde{\varphi}$ 的定义容易知道, 对于任意的光滑截面 $\sigma \in \Gamma(B)$, $\tilde{\varphi} = \phi_\sigma(\sigma^* \varphi)$, 其中对于任意的 $p \in M$, $\phi_{\sigma(p)} : V \to \tilde{\pi}^{-1}(p)$ 是线性同构 (参看 (3.28) 式). 由此可见, $\tilde{\varphi}$ 是光滑的.

定理的其余部分是直接的, 留给读者作为练习. 证毕.

例 6.1 设 $\pi : B \to M$ 是一个 G-主丛, $\mathrm{Ad} : G \to \mathrm{GL}(\mathfrak{g})$ 是结构群 G 的伴随表示, 则有主丛 (B, M, π, G) 的伴随向量丛 $\tilde{\pi} : \mathrm{Ad}(B) \to M$. 如果 ω 是主丛 (B, M, π, G) 上的一个联络 H 的联络形式, 则由 ω 所满足的条件 (定理 4.3 中的性质 (2)) 和命题 5.3 易知, 相应的曲率形式 Ω 是 $(\mathrm{Ad}, \mathfrak{g})$ 型 2 次张量形式, 因而根据定理 6.1, Ω 等同于向量丛 $\bigwedge^2 T^*M \otimes \mathrm{Ad}(B)$ 的一个截面, 仍然用 Ω 表示.

于是, 主丛 (B, M, π, G) 上任意一个联络的曲率形式都可以看作定义在底流形 M 上、并且在伴随丛 $\mathrm{Ad}(B)$ 中取值的 2 次外微分式. 这个结论具有实际意义. 在物理学中, 主丛的底流形往往表示客观存在的现实空间, 而丛空间则是用来描述物理对象状态或性质的状态空间. 比如, 在用主丛 (B, M, π, G) 描述电磁场这一物理现象时, 底流形 M 代表电磁场所分布的空间, 主丛的纤维 (或丛空间 B) 则用于描述或 "记录" 电磁场的性态. 另一方面, 主丛 B 上的联络形式 ω 在电磁场理论中表示场的 "势"(它在局部截面 $\sigma: M \to B$ 下的拉回 $\sigma^* \omega$ 称为 "局部规范势"), 相应的曲率形式 Ω 则是场的强度即场强. 作为电磁场的强度, 曲率 Ω 理所当然地在电磁场所分布的空间 M 中的每一点处都应该有定义, 而不能只是在状态空间 B 上才有意义. 由此可见, 把联络形式 Ω 看作在底流形 M 上处处有定义的截面 $\Omega: M \to \bigwedge^2 T^* M \otimes \mathrm{Ad}(B)$ 更为自然, 也更符合实际.

主丛 (B, M, π, G) 上相对于一个联络 H 的 $(\mathrm{Ad}, \mathfrak{g})$ 型张量形式又称为相对于 H 的 $\mathrm{Ad}(G)$ 型张量形式.

命题 6.2 设 φ 是主丛 (B, M, π, G) 上相对于联络 H 的 $\mathrm{Ad}(G)$ 型 r 次张量形式, ω 是联络 H 的联络形式, 则有

$$
\begin{aligned}
\mathrm{d}^{\mathrm{h}} & \varphi(X_1, \cdots, X_{r+1}) \\
= & \mathrm{d}\varphi(X_1, \cdots, X_{r+1}) \\
& + \sum_{a=1}^{r+1}(-1)^{a+1}[\omega(X_a), \varphi(X_1, \cdots, \widehat{X_a}, \\
& \cdots, X_{r+1})], \quad \forall X_1, \cdots, X_{r+1} \in \mathfrak{X}(B). \quad (6.4)
\end{aligned}
$$

证明 只需要说明 (6.4) 式在任意一点 $p \in B$ 处成立即可. 因此, 可以设 $X_1, \cdots, X_{r+1} \in T_b B$. 依照定理 5.7 的证明方法, 把切向量 $X_1, \cdots, X_{r+1}$ 分别取为铅垂切向量和水平切向量. 首先, 根据外协变微分 d^{h} 和联络形式 ω 的定义, 当 $X_1, \cdots, X_{r+1}$ 全部是水平切向量时, (6.4) 式显然成立. 其次, 如果在 $X_1, \cdots, X_{r+1}$ 中至少有两个是

铅垂切向量, 则 (6.4) 式的左端为零, 并且右端的和式也为零, 所以只要证明 $d\varphi(X_1, \cdots, X_{r+1}) = 0$. 将水平切向量扩充成水平切向量场, 而把铅垂切向量场扩充成 B 上的基本向量场, 但是两个基本向量场的 Poisson 括号积仍然是基本向量场, 因而是铅垂切向量场, 所以

$$
\begin{aligned}
&d\varphi(X_1, \cdots, X_{r+1}) \\
&= \sum_{a=1}^{r+1} (-1)^{a+1} X_a(\varphi(X_1, \cdots, \widehat{X_a}, \cdots, X_{r+1})) \\
&\quad + \sum_{a<b} (-1)^{a+b} \varphi([X_a, X_b], X_1, \cdots, \widehat{X_a}, \cdots, \widehat{X_b}, \cdots, X_{r+1}) \\
&= 0.
\end{aligned}
$$

理由是上式中每个 φ 的各个自变量至少含有一个基本向量场, 故它们的值全部为零, 于是 (6.4) 式也是成立的.

下面只需要考虑 $X_1, \cdots, X_{r+1}$ 中只有一个是铅垂切向量, 其余全是水平切向量的情形. 不失一般性, 设 $v = X_{r+1}$ 是铅垂切向量, $X_1, \cdots, X_r$ 都是水平切向量. 在这种情况下, (6.4) 式的左端等于零; 为证明其右端也是零, 需要把 $X_1, \cdots, X_r$ 扩充为 B 上的右不变水平切向量场, 仍用 $X_1, \cdots, X_r$ 表示. 具体做法如下: 先把 M 在点 p 的切向量 $\pi_*(X_1), \cdots, \pi_*(X_r)$ 扩充为 M 上的光滑切向量场 $\tilde{X}_1, \cdots, \tilde{X}_r$, 再令 $X_1, \cdots, X_r$ 是 $\tilde{X}_1, \cdots, \tilde{X}_r$ 的水平提升即可. 设 $g_t = \exp(t\omega(v))$ 是由 $\omega(v)$ 在 G 中所生成的单参数子群, X 是 g_t 在 B 上生成的铅垂切向量场, 即对于任意的 $b' \in B$,

$$
X_{b'} = \left.\frac{d}{dt}\right|_{t=0} (b' \cdot g_t) = \left.\frac{d}{dt}\right|_{t=0} R_{g_t}(b'),
$$

则由参考文献 [3] 中第三章的定理 3.5 以及水平切向量场 X_α 的右不变性得到

$$
[X, X_\alpha]_b = \lim_{t \to 0} \frac{(X_\alpha)_b - (R_{g_t})_*((X_\alpha)_{b \cdot g_{-t}})}{t} = 0, \quad 1 \le \alpha \le r,
$$

于是在点 p 有

$$\mathrm{d}\varphi(X_1,\cdots,X_{r+1}) + \sum_{a=1}^{r+1}(-1)^{a+1}\left[\omega(X_a),\varphi\left(X_1,\cdots,\widehat{X_a},\cdots,X_{r+1}\right)\right]$$

$$=\sum_{\alpha=1}^{r}(-1)^{\alpha+1}X_\alpha\left(\varphi\left(X_1,\cdots,\widehat{X_\alpha},\cdots,X_r,X\right)\right)$$

$$+(-1)^r v\left(\varphi(X_1,\cdots,X_r)\right)$$

$$+\sum_{1\le\alpha<\beta\le r}(-1)^{\alpha+\beta}\varphi\left([X_\alpha,X_\beta],X_1,\cdots,\widehat{X_\alpha},\cdots,\widehat{X_\beta},\cdots,X_r,v\right)$$

$$-\sum_{\alpha=1}^{r}(-1)^{\alpha+r}\varphi\left([X_\alpha,X],X_1,\cdots,\widehat{X_\alpha},\cdots,X_r\right)$$

$$+(-1)^r[\omega(v),\varphi(X_1,\cdots,X_r)]$$

$$=(-1)^r v(\varphi(X_1,\cdots,X_r)) + (-1)^r[\omega(v),\varphi(X_1,\cdots,X_r)].\tag{6.5}$$

另一方面，由于 φ 是 $\mathrm{Ad}(G)$ 型 r 次张量形式，根据参考文献 [3] 中第六章的定理 4.6，

$$[\omega(v),\varphi(X_1,\cdots,X_r)]$$

$$=\mathrm{ad}(\omega(v))(\varphi(X_1,\cdots,X_r))$$

$$=\left.\frac{\mathrm{d}}{\mathrm{d}t}\right|_{t=0}\left(\mathrm{Ad}(g_t)\cdot(\varphi(X_1,\cdots,X_r))\right)$$

$$=\left.\frac{\mathrm{d}}{\mathrm{d}t}\right|_{t=0}\left(R_{g_{-t}}^*(\varphi_{b\cdot g_{-t}})(X_1,\cdots,X_r)\right)$$

$$=\frac{\mathrm{d}}{\mathrm{d}t}\left.\varphi_{b\cdot g_{-t}}((R_{g_{-t}})_*(X_1),\cdots,(R_{g_{-t}})_*(X_r))\right|_{t=0}$$

$$=\frac{\mathrm{d}}{\mathrm{d}t}\left.\varphi_{b\cdot g_{-t}}((X_1)|_{b\cdot g_{-t}},\cdots,(X_r)|_{b\cdot g_{-t}})\right|_{t=0}$$

$$=-\frac{\mathrm{d}}{\mathrm{d}t}\left.\varphi_{b\cdot g_t}((X_1)|_{b\cdot g_t},\cdots,(X_r)|_{b\cdot g_t})\right|_{t=0}$$

$$=-v(\varphi(X_1,\cdots,X_r)),$$

其中倒数第三个等号利用了切向量场 $X_1,\cdots,X_r$ 的右不变性. 把上式代入 (6.5) 式便得知，(6.4) 式的右端也是零. 证毕.

注记 6.1 联络形式 ω 不是 $\text{Ad}(G)$ 型 1 次张量形式, 所以 (6.4) 式不适用于 ω. 实际上, 由 (5.16) 式得到

$$d^h\omega(X, Y) = d\omega(X, Y) + [\omega(X), \omega(Y)],$$

与 (6.4) 式不相符.

采用类似的方法可以证明如下更一般的外协变微分算子的求值公式 (证明留作练习):

命题 6.3 设 $\rho : G \to \text{GL}(V)$ 是主丛 (B, M, π, G) 的结构群 G 在向量空间 V 上的线性表示, φ 是 (B, M, π, G) 上相对于联络 H 的 (ρ, V) 型 r 次张量形式, ω 是联络 H 的联络形式, 则有

$$
\begin{aligned}
d^h\varphi&(X_1, \cdots, X_{r+1}) \\
=&d\varphi(X_1, \cdots, X_{r+1}) \\
&+ \sum_{a=1}^{r+1} (-1)^{a+1} \rho_*(\omega(X_a))(\varphi(X_1, \cdots, \widehat{X_a}, \\
&\cdots, X_{r+1})), \quad \forall X_1, \cdots, X_{r+1} \in \mathfrak{X}(B),
\end{aligned}
\tag{6.6}
$$

其中 $\rho_* : \mathfrak{g} \to \mathfrak{gl}(V)$ 是从结构群 G 的李代数 $\mathfrak{g}$ 到线性变换群 $\text{GL}(V)$ 的李代数 $\mathfrak{gl}(V)$ 的李代数同态.

设 D 是主丛 $\pi : B \to M$ 上的联络 H 在相配的向量丛 $\tilde{\pi} : E \to M$ 上的诱导联络, $\{e_\alpha\}$ 是 E 的局部截面, 则对于任意的 $\varphi \in \Gamma(\bigwedge^r T^*M \otimes E)$, 有

$$\varphi = \varphi^\alpha e_\alpha, \quad \varphi^\alpha \in A^r(M). \tag{6.7}$$

根据定理 6.1, 向量丛 $\bigwedge^r T^*M \otimes E$ 的每一个截面均等同于主丛 B 上的一个相对于联络 H 的 (ρ, V) 型 r 次张量形式. 因此, $\Gamma(\bigwedge^r T^*M \otimes E)$ 可以视为 $A^r(B) \otimes V$ 的子空间. 于是有包含映射 $i : \Gamma(\bigwedge^r T^*M \otimes E) \to A^r(B) \otimes V$.

命题 6.4 设 $\varphi \in \Gamma(\bigwedge^r T^*M \otimes E)$ 具有表达式 (6.7). 如果把外协变微分算子 d^h 看作从 $\Gamma(\bigwedge^r T^*M \otimes E)$ 到 $\Gamma(\bigwedge^{r+1}(M) \otimes E)$ 的映射,

则有如下的计算公式:

$$\mathrm{d}^{\mathrm{h}}\varphi = \mathrm{d}\varphi^{\alpha}e_{\alpha} + (-1)^{r}\varphi^{\alpha} \wedge \mathrm{D}e_{\alpha}. \tag{6.8}$$

证明 (6.8) 式的右端显然与局部标架场 $\{e_{\alpha}\}$ 的取法无关. 设 $\{\delta_{\alpha}\}$ 是向量空间 V 的基底, ω 是主丛联络 H 的联络形式, 令 $\rho_{*}(\omega)(\delta_{\alpha}) = \omega_{\alpha}^{\beta}\delta_{\beta}$. 对于主丛 $\pi : B \to M$ 的任意局部截面 $\sigma : U \to B$, 令 $e_{\alpha}(p) = \phi_{\sigma(p)}(\delta_{\alpha})$, 则 $\{e_{\alpha}\}$ 是向量丛 $\tilde{\pi} : E \to M$ 在 U 上的一个局部标架场, 并且由命题 4.8, $\mathrm{D}e_{\alpha} = (\sigma^{*}\omega_{\alpha}^{\beta})e_{\beta}$. 另一方面, 由定理 6.1 可得 $\varphi = \phi_{\sigma}(\sigma^{*}(\mathrm{i}(\varphi)))$, 其中 $\mathrm{i}(\varphi) \in A^{r}(B) \otimes V$ 是 φ 所对应的 (ρ, V) 型 r 次张量形式. 于是

$$\sigma^{*}(\mathrm{i}(\varphi)) = \phi_{\sigma}^{-1}\varphi = \varphi^{\alpha}\phi_{\sigma}^{-1}(e_{\alpha}) = \varphi^{\alpha}\delta_{\alpha}. \tag{6.9}$$

由命题 6.3, 对于任意的 $X_{1}, \cdot, X_{r+1} \in \mathfrak{X}(B)$, 有

$$
\begin{aligned}
\sigma^{*}&\left(\mathrm{d}^{\mathrm{h}}(\mathrm{i}\varphi)\right)(X_{1}, \cdots, X_{r+1}) = \mathrm{d}^{\mathrm{h}}(\mathrm{i}\varphi)(\sigma_{*}(X_{1}), \cdots, \sigma_{*}(X_{r+1})) \\
&= \mathrm{d}(\mathrm{i}\varphi)(\sigma_{*}(X_{1}), \cdots, \sigma_{*}(X_{r+1})) \\
&\quad + \sum_{a}(-1)^{a+1}\rho_{*}(\omega(\sigma_{*}(X_{a})))((\mathrm{i}\varphi)(\sigma_{*}(X_{1}), \\
&\qquad\qquad\qquad\qquad\qquad \cdots, \widehat{\sigma_{*}(X_{a})}, \cdots, \sigma_{*}(X_{r+1}))) \\
&= \sigma^{*}(\mathrm{d}(\mathrm{i}\varphi))(X_{1}, \cdots, X_{r+1}) \\
&\quad + \sum_{a}(-1)^{a+1}\rho_{*}(\sigma^{*}\omega(X_{a}))\left(\sigma^{*}(\mathrm{i}\varphi)\left(X_{1}, \cdots, \widehat{X_{a}}, \cdots, X_{r+1}\right)\right) \\
&= \mathrm{d}(\sigma^{*}(\mathrm{i}\varphi))(X_{1}, \cdots, X_{r+1}) \\
&\quad + \sum_{a}(-1)^{a+1}\rho_{*}(\sigma^{*}\omega(X_{a}))\left(\varphi^{\alpha}\left(X_{1}, \cdots, \widehat{X_{a}}, \cdots, X_{r+1}\right)\delta_{\alpha}\right) \\
&= \mathrm{d}(\varphi^{\alpha}\delta_{\alpha})(X_{1}, \cdots, X_{r+1}) \\
&\quad + \sum_{a}(-1)^{a+1}\varphi^{\alpha}\left(X_{1}, \cdots, \widehat{X_{a}}, \cdots, X_{r+1}\right)\sigma^{*}\omega_{\alpha}^{\beta}(X_{a})\delta_{\beta} \\
&= (\mathrm{d}\varphi^{\alpha}\delta_{\alpha})(X_{1}, \cdots, X_{r+1}) \\
&\quad + \sum_{a}(-1)^{a+1}\sigma^{*}\omega_{\alpha}^{\beta}(X_{a})\varphi^{\alpha}\left(X_{1}, \cdots, \widehat{X_{a}}, \cdots, X_{r+1}\right)\delta_{\beta}
\end{aligned}
$$

$$= (\mathrm{d}\varphi^\alpha \delta_\alpha \sigma^* \omega_\alpha^\beta \wedge \varphi^\alpha \delta_\beta)(X_1, \cdots, X_{r+1}).$$

因此

$$\sigma^*(\mathrm{d}^\mathrm{h}(\mathrm{i}\varphi)) = \mathrm{d}\varphi^\alpha \delta_\alpha + \sigma^* \omega_\alpha^\beta \wedge \varphi^\alpha \delta_\beta.$$

于是根据定理 6.1

$$\begin{aligned}
\mathrm{d}^\mathrm{h}\varphi &= \phi_\sigma(\sigma^*(\mathrm{d}^\mathrm{h}(\mathrm{i}\varphi))) \\
&= \mathrm{d}\varphi^\alpha \phi_\sigma(\delta_\alpha) + (-1)^r \varphi^\alpha \wedge \sigma^* \omega_\alpha^\beta \phi_\sigma(\delta_\alpha) \\
&= \mathrm{d}\varphi^\alpha e_\alpha + (-1)^r \varphi^\alpha \wedge \sigma^* \omega_\alpha^\beta e_\beta \\
&= \mathrm{d}\varphi^\alpha e_\alpha + (-1)^r \varphi^\alpha \wedge \mathrm{D}e_\alpha.
\end{aligned}$$

证毕.

下面的定理给出了主丛联络的曲率和相配向量丛上诱导联络的曲率之间的关系.

定理 6.5 设 (B, M, π, G) 是光滑流形 M 上的主丛, V 是 q 维向量空间, $\rho: G \to \mathrm{GL}(V)$ 是结构群 G 在 V 上的线性表示. 如果 H 是主丛 (B, M, π, G) 上的联络, D 是 H 在相配向量丛 $\tilde{\pi}: E = B \times_\rho V \to M$ 上的诱导联络, Ω 和 $\tilde{\Omega}$ 分别是联络 H 和诱导联络 D 的曲率形式, 则对于任意的 $X, Y \in \mathfrak{X}(M)$ 和任意的 $\xi \in \Gamma(E)$, 有

$$(\tilde{\Omega}(X,Y)\xi)|_p = \phi_b\left(\rho_*(\Omega(\overline{X}, \overline{Y}))f_\xi(b)\right), \quad b \in \pi^{-1}(p); \quad \forall p \in M,$$

(6.10)

其中 $\phi_b: V \to \tilde{\pi}^{-1}(p)$ 是由 (3.26) 式定义的线性同构, f_ξ 是截面 ξ 在 B 上对应的 (ρ, V) 型 0 次张量形式 (参看 (6.2) 式), 即对于任意的 $b \in B$, $f_\xi(b) = \phi_b^{-1}(\xi(\pi(b)))$; $\overline{X}$ 和 $\overline{Y}$ 分别是 X 和 Y 在点 b 处的水平提升.

证明 对于任意的点 $p \in M$, 设 $\gamma(t)$ 是在 M 上满足条件 $\gamma(0) = p$, $\gamma'(t) = Y_{\gamma(t)}$ 的光滑曲线, 它在任意点 $b \in \pi^{-1}(p)$ 的水平提升记为 $\tilde{\gamma}(t)$, $b = \tilde{\gamma}(0)$. 则 $\xi(\gamma(t)) = [(\tilde{\gamma}(t), f_\xi(\tilde{\gamma}(t)))]$, 因而由联络 D 的定义式 (4.40),

$$(\mathrm{D}_Y\xi)_p = \phi_b\left(\left.\frac{\mathrm{d}}{\mathrm{d}t}\right|_{t=0}(f_\xi(\tilde{\gamma}(t)))\right) = \phi_b(\overline{Y}_b(f_\xi)).$$

由点 $p \in M$ 和 $b \in \pi^{-1}(p)$ 的任意性，又有

$$D_X D_Y \xi = \phi_b(\overline{X}(\overline{Y} f_\xi)).$$

根据参考文献 [3] 中第三章的定理 2.6,

$$\pi_*([\overline{X}, \overline{Y}]^{\mathrm{h}}) = \pi_*([\overline{X}, \overline{Y}]) = [X, Y] = \pi_*(\overline{[X, Y]}).$$

因为 π_* 是从水平切空间 H_b 到 $T_{\pi(b)}M$ 的线性同构，所以 $\overline{[X, Y]} = [\overline{X}, \overline{Y}]^{\mathrm{h}}$. 于是

$$\begin{aligned}
\tilde{\Omega}(X, Y)\xi &= \phi_b((\overline{X} \circ \overline{Y} - \overline{Y} \circ \overline{X} - \overline{[X, Y]})f_\xi) \\
&= \phi_b(([\overline{X}, \overline{Y}] - [\overline{X}, \overline{Y}]^{\mathrm{h}})f_\xi) \\
&= \phi_b([\overline{X}, \overline{Y}]^{\mathrm{v}} f_\xi).
\end{aligned} \tag{6.11}$$

另一方面，设 ω 是联络 H 的曲率形式，则对于任意的 $b \in B$ 和任意的 $\tilde{X} \in T_b B$, 有 $\omega(\tilde{X}) \in \mathfrak{g}$, 并且

$$\tilde{X}^{\mathrm{v}} = \left.\frac{\mathrm{d}}{\mathrm{d}t}\right|_{t=0} b \cdot \exp(t\omega(\tilde{X})).$$

因为 f_ξ 是 (ρ, V) 型 0 次张量形式，所以对于任意的 $g \in G$, $f_\xi(b \cdot g) = \rho(g^{-1})f_\xi(b)$, 故有

$$\begin{aligned}
\tilde{X}^{\mathrm{v}}(f_\xi) &= \left.\frac{\mathrm{d}}{\mathrm{d}t}\right|_{t=0} \Big(f_\xi(b \cdot \exp(t\omega(\tilde{X})))\Big) \\
&= \left.\frac{\mathrm{d}}{\mathrm{d}t}\right|_{t=0} \Big(\rho(\exp(-t\omega(\tilde{X})))f_\xi(b)\Big) \\
&= -\rho_*(\omega(\tilde{X}))f_\xi(b).
\end{aligned}$$

所以，(6.11) 式可以写为

$$\tilde{\Omega}(X, Y)\xi = -\phi_b(\rho_*(\omega([\overline{X}, \overline{Y}]))f_\xi(b)).$$

但是，由 (5.16) 式,

$$\Omega(\overline{X}, \overline{Y}) = \mathrm{d}\omega(\overline{X}, \overline{Y}) + [\omega(\overline{X}), \omega(\overline{Y})]$$

$$=\overline{X}(\omega(\overline{Y})) - \overline{Y}(\omega(\overline{X})) - \omega([\overline{X},\overline{Y}])$$
$$= -\omega([\overline{X},\overline{Y}]),$$

故上式成为

$$\tilde{\Omega}(X,Y)\xi = \phi_b(\rho_*(\Omega(\overline{X},\overline{Y}))f_\xi(b)).$$

证毕.

在很多情况下, 需要对主丛上的张量形式求协变导数或协变微分. 此时需要 M 上具有给定的联络.

设 (M, D^0) 是仿射联络空间, $\tilde{\pi}: E = B \times_\rho V \to M$ 是和主丛 (B, M, π, G) 相配的向量丛, H 是主丛 (B, M, π, G) 上的联络, 它在向量丛 E 上的诱导联络记为 D. 对于任意的 $\varphi \in \Gamma(\bigwedge^r T^*M \otimes E)$, 即 φ 是主丛 (B, M, π, G) 上相对于联络 H 的 (ρ, V) 型 r 次张量形式, φ 沿切向量场 $X \in \mathfrak{X}(M)$ 的协变导数 $D_X\varphi$ 定义如下:

$$(D_X\varphi)(X_1, \cdots, X_r)$$
$$= D_X(\varphi(X_1, \cdots, X_r)) - \sum_{\alpha=1}^{r} \varphi(X_1, \cdots, D_X^0 X_\alpha, \cdots, X_r). \quad (6.12)$$

易知, $D_X\varphi \in \Gamma(\bigwedge^r T^*M \otimes E)$.

设 $\{e_i\}$ 是底流形 M 上的局部切标架场, 和它对偶的余切标架场记为 $\{\omega^i\}$, 则 φ 的协变微分是 $D\varphi = D_{e_i}\varphi \otimes \omega^i$, 因而 $D\varphi \in \Gamma(\bigwedge^r T^*M \otimes T^*M \otimes E)$. 假设 φ 和 $D_{e_j}\varphi$ 的局部表示分别是

$$\varphi = \frac{1}{r!}\varphi_{i_1 \cdots i_r}\omega^{i_1} \wedge \cdots \wedge \omega^{i_r}, \quad \varphi_{i_1 \cdots i_r} \in \Gamma(E), \quad (6.13)$$

$$D_{e_j}\varphi = \frac{1}{r!}\varphi_{i_1 \cdots i_r, j}\omega^{i_1} \wedge \cdots \wedge \omega^{i_r}, \quad (6.14)$$

则有

$$\varphi_{i_1 \cdots i_r, j} = D_{e_j}\varphi_{i_1 \cdots i_r} - \sum_\alpha \varphi_{i_1 \cdots i_{\alpha-1} k\, i_{\alpha+1} \cdots i_r}\Gamma_{i_\alpha j}^k, \quad (6.15)$$

其中的局部光滑函数 Γ_{ij}^i 是联络 D^0 关于标架场 $\{e_i\}$ 的联络系数.

命题 6.6(Ricci 恒等式) 设联络 D^0 是无挠联络, $\varphi \in \Gamma(\bigwedge^r T^*M \otimes E)$. 如果 φ 具有局部表示 (6.13), 并且设

$$\mathrm{D}^2\varphi = \frac{1}{r!}\varphi_{i_1\cdots i_r,jk}\omega^{i_1} \wedge \cdots \wedge \omega^{i_r} \otimes \omega^j \otimes \omega^k, \tag{6.16}$$

则有如下的指标交换公式

$$\begin{aligned}
\varphi_{i_1\cdots i_r,jk} &= \varphi_{i_1\cdots i_r,kj} - \phi_b\left(\rho_*\left(\Omega(\overline{e_j},\overline{e_k})\right)\phi_b^{-1}(\varphi_{i_1\cdots i_r})\right)\\
&\quad + \sum_\alpha \varphi_{i_1\cdots i_{\alpha-1}l\,i_{\alpha+1}\cdots i_r}R_{ijk}^l,
\end{aligned} \tag{6.17}$$

其中 $\overline{e_i}$ 是切向量 e_i 在点 $b \in B$ 的水平提升, R_{ijk}^l 是底流形 M 上联络 D^0 的曲率张量.

证明 按照求协变导数的定义式 (6.12) 直接计算得

$$\begin{aligned}
\varphi_{i_1\cdots i_r,jk} &= \left(\mathrm{D}^2\varphi\right)(e_{i_1},\cdots,e_{i_r},e_j,e_k)\\
&= \mathrm{D}_{e_k}\mathrm{D}_{e_j}\varphi_{i_1\cdots i_r} - \sum_{\alpha=1}^r \mathrm{D}_{e_k}\left(\varphi\left(e_{i_1},\cdots,\mathrm{D}_{e_j}^0 e_{i_\alpha},\cdots,e_{i_r}\right)\right)\\
&\quad - \sum_{\beta=1}^r \mathrm{D}_{e_j}\left(\varphi\left(e_{i_1},\cdots,\mathrm{D}_{e_k}^0 e_{i_\beta},\cdots,e_{i_r}\right)\right)\\
&\quad + \sum_{\alpha<\beta} \varphi\left(e_{i_1},\cdots,\mathrm{D}_{e_j}^0 e_{i_\alpha},\cdots,\mathrm{D}_{e_k}^0 e_{i_\beta},\cdots,e_{i_r}\right)\\
&\quad + \sum_{\beta=1}^r \varphi\left(e_{i_1},\cdots,\mathrm{D}_{e_j}^0\mathrm{D}_{e_k}^0 e_{i_\beta},\cdots,e_{i_r}\right)\\
&\quad + \sum_{\alpha>\beta} \varphi\left(e_{i_1},\cdots,\mathrm{D}_{e_k}^0 e_{i_\beta},\cdots,\mathrm{D}_{e_j}^0 e_{i_\alpha},\cdots,e_{i_r}\right)\\
&\quad - \left(\mathrm{D}_{\mathrm{D}_{e_k}^0 e_j}(\varphi(e_{i_1},\cdots,e_{i_r}))\right)\\
&\quad + \sum_{\alpha=1}^r \varphi\left(e_{i_1},\cdots,\mathrm{D}_{\mathrm{D}_{e_k}^0 e_j}^0 e_{i_\alpha},\cdots,e_{i_r}\right).
\end{aligned}$$

于是由定理 6.5 得到

$$
\begin{aligned}
&\varphi_{i_1\cdots i_r,jk} - \varphi_{i_1\cdots i_r,kj} \\
&= \left(\mathrm{D}_{e_k}\mathrm{D}_{e_j} - \mathrm{D}_{e_j}\mathrm{D}_{e_k} - \mathrm{D}_{[e_k,e_j]} \right) \varphi_{i_1\cdots i_r} \\
&\quad + \sum_{\beta=1}^{r} \varphi \left(e_{i_1}, \cdots, \left(\mathrm{D}_{e_j}^0 \mathrm{D}_{e_k}^0 - \mathrm{D}_{e_k}^0 \mathrm{D}_{e_j}^0 - \mathrm{D}_{[e_j,e_k]}^0 \right) e_{i_\beta}, \cdots, e_{i_r} \right) \\
&= -\tilde{\Omega}(e_j,e_k)\varphi_{i_1\cdots i_r} + \sum_{\alpha=1}^{r} \varphi \left(e_{i_1}, \cdots, R(e_j,e_k)e_{i_\alpha}, \cdots, e_{i_r} \right) \\
&= -\phi_b \left(\rho_*(\Omega(\overline{e_j},\overline{e_k}))\phi_b^{-1}(\varphi_{i_1\cdots i_r}) \right) \\
&\quad + \sum_{\alpha=1}^{r} \varphi \left(e_{i_1}, \cdots, R(e_j,e_k)e_{i_\alpha}, \cdots, e_{i_r} \right).
\end{aligned}
$$

证毕.

推论 6.7 假设同命题 6.6. 如果

$$
\tilde{\pi}: \mathrm{Ad}(B) \to B
$$

是主丛 (B,M,π,G) 的伴随向量丛, 则 Ricci 恒等式 (6.17) 化为

$$
\begin{aligned}
\varphi_{i_1\cdots i_r,jk} =\;&\varphi_{i_1\cdots i_r,kj} - \phi_b \left([\Omega(\overline{e_j},\overline{e_k}), \phi_b^{-1}(\varphi_{i_1\cdots i_r})] \right) \\
&+ \sum_a \varphi_{i_1\cdots i_{a-1}l\ i_{a+1}\cdots i_r} R_{ijk}^l.
\end{aligned} \tag{6.18}
$$

此外, 如果把 Ω 看作 $\bigwedge^2 T^*M \otimes \mathrm{Ad}(B)$ 的截面, 因而可设

$$
\Omega = \frac{1}{2}\Omega_{ij}\omega^i \wedge \omega^j, \quad \Omega_{ij} \in \Gamma(\mathrm{Ad}(B)), \tag{6.19}
$$

则 Ricci 恒等式 (6.18) 可以写成

$$
\begin{aligned}
\varphi_{i_1\cdots i_r,jk} =\;&\varphi_{i_1\cdots i_r,kj} - ([\Omega_{jk},\varphi_{i_1\cdots i_r}]) \\
&+ \sum_a \varphi_{i_1\cdots i_{a-1}l\ i_{a+1}\cdots i_r} R_{ijk}^l,
\end{aligned} \tag{6.20}
$$

其中 $[\cdot,\cdot]$ 是在伴随丛 $\mathrm{Ad}(b)$ 的纤维上诱导的李氏括号积.

10.6.2 Yang-Mills 场

在物理学的有关文献中，主丛上的联络称为 **规范势**，相应的曲率称为 **规范场**. 下面对规范场理论中的 Yang-Mills 场作一个简要的介绍.

设 (B, M, π, G) 是紧致黎曼流形 (M, g) 上的主纤维丛，$\tilde{\pi}: \mathrm{Ad}(B) \to M$ 是它的伴随丛，$\mathfrak{g}$ 是结构群 G 的李代数. 在 $\mathfrak{g}$ 上取定一个 $\mathrm{Ad}(G)$-不变内积 $\langle \cdot, \cdot \rangle_{\mathfrak{g}}$，则有向量丛 $\bigwedge^r T^*M \otimes \mathrm{Ad}(B)(r \geq 0)$ 上的黎曼结构 $\langle \cdot, \cdot \rangle$，使得对于任意的 $p \in M$ 以及任意的 $\alpha, \beta \in \bigwedge^r(T_p^*M) \otimes \tilde{\pi}^{-1}(p)$,

$$\langle \alpha, \beta \rangle_p = \frac{1}{r!} \sum_{i_1, \cdots, i_r} \langle \phi_b^{-1}(\alpha(e_{i_1}, \cdots, e_{i_r})), \phi_b^{-1}(\beta(e_{i_1}, \cdots, e_{i_r})) \rangle_{\mathfrak{g}},$$

(6.21)

其中 $\{e_i\}$ 是 M 上的单位正交标架场，$b \in \pi^{-1}(p)$. 事实上，由于 $\langle \cdot, \cdot \rangle_{\mathfrak{g}}$ 是 $\mathrm{Ad}(G)$ 不变的，(6.21) 式右端与 $b \in \pi^{-1}(p)$ 的取法无关. 于是，对于任意的 $\varphi, \psi \in \Gamma(\bigwedge^r T^*M \otimes \mathrm{Ad}(B))$，它们的 (整体) 内积可以定义如下:

$$(\varphi, \psi) = \int_M \langle \varphi, \psi \rangle \mathrm{d}V_M.$$

(6.22)

同时，如果令 $\|\varphi\|^2 = (\varphi, \varphi)$，则有 $\|\varphi\|^2 \in C^\infty(M)$.

现设 $\mathcal{C}(B)$ 是由主丛 $\pi: B \to M$ 上的所有联络构成的空间，$H \in \mathcal{C}(B)$，Ω 是联络 H 的曲率形式，则 Ω 是主丛 (B, M, π, G) 上的 $\mathrm{Ad}(G)$ 型 2 次张量形式，因而可以视为向量丛 $\bigwedge^2 T^*M \otimes \mathrm{Ad}(B)$ 的光滑截面. 定义 $\mathcal{J}(H) = \frac{1}{2}\|\Omega\|^2$，则由 $H \mapsto \mathcal{J}(H)$ 确定了一个映射 $\mathcal{J}: \mathcal{C}(B) \to \mathbb{R}$，称为 **Yang-Mills 泛函**.

给定 $H \in \mathcal{C}(B)$，并设映射 $\Phi: (-\varepsilon, \varepsilon) \to \mathcal{C}(B)$ $(\varepsilon > 0)$ 给出了主丛 $\pi: B \to M$ 上依赖参数 t 的一族联络 $H_t = \Phi(t)$，$t \in (-\varepsilon, \varepsilon)$. 对于任意的 $t \in (-\varepsilon, \varepsilon)$，用 ω_t 表示联络 H_t 的联络形式. 则由 $(b, t) \mapsto \omega_t(b)$ 定义了一个映射 $\tilde{\Phi}: B \times (-\varepsilon, \varepsilon) \to T^*B \otimes \mathfrak{g}$.

定义 6.2 如果映射 $\Phi : (-\varepsilon, \varepsilon) \to \mathcal{C}(B)$ 满足下列条件, 则称 Φ 是联络 H 的一个光滑变分:

(1) $H_0 = \Phi(0) = H$;

(2) $\eta = \left. \dfrac{\partial \omega_t}{\partial t} \right|_{t=0}$ 是主丛 (B, π, M, G) 上的 $\mathrm{Ad}(G)$ 型 1 次张量形式, 即 $\eta \in \Gamma(T^*M \otimes \mathrm{Ad}(B))$;

(3) 由 Φ 给出的映射 $\tilde{\Phi} : B \times (-\varepsilon, \varepsilon) \to T^*B \otimes \mathfrak{g}$ 是光滑映射.

定义 6.3 对于给定的联络 $H \in \mathcal{C}(B)$, 如果对于 H 的任意一个光滑变分 $\Phi : (-\varepsilon, \varepsilon) \to \mathcal{C}(B)$ 都有 $\left. \dfrac{\mathrm{d}}{\mathrm{d}t} \right|_{t=0} \mathcal{J}(\Phi(t)) = 0$, 即 H 是 Yang-Mills 泛函 $\mathcal{J}$ 的临界点, 则称 H 是主丛 $\pi : B \to M$ 上的 **Yang-Mills 联络**; 此时, H 的曲率 (形式) 称为黎曼流形 (M, g) 上的一个 **Yang-Mills 场**. 另外, Yang-Mills 泛函 $\mathcal{J}$ 所对应的 Euler-Laglange 方程 (即 Yang-Mills 场所满足的方程) 叫做 **Yang-Mills 方程**.

定理 6.8 主丛 $\pi : B \to M$ 上的联络 H 是 Yang-Mills 联络当且仅当它的曲率形式 Ω 满足 $\mathrm{d}^{\mathrm{h}*}\Omega = 0$, 这里 $\mathrm{d}^{\mathrm{h}*}$ 是外协变微分算子 d^{h} 关于内积 $(\cdot, \cdot)$ 的共轭算子.

证明 设 $\Phi : (-\varepsilon, \varepsilon) \to \mathcal{C}(B)$ 是联络 H 的任意一个光滑变分, ω_t 和 Ω_t ($t \in (-\varepsilon, \varepsilon)$) 分别是联络 $H_t = \Phi(t)$ 的联络形式和曲率形式, $H_0 = H, \omega_0 = \omega, \eta = \left. \dfrac{\partial \omega_t}{\partial t} \right|_{t=0}$. 取定李代数 $\mathfrak{g}$ 的基底 $\{E_\lambda\}$, 并且令

$$\omega_t = \omega_t^\lambda E_\lambda, \quad \Omega_t = \Omega_t^\lambda E_\lambda, \quad \eta = \eta^\lambda E_\lambda,$$

则 $\omega^\lambda, \eta^\lambda \in A^1(B), \Omega^\lambda \in A^2(B)$. 利用 (5.24) 式有

$$\left. \frac{\partial \Omega_t^\lambda}{\partial t} \right|_{t=0} = \mathrm{d}\eta^\lambda + C_{\mu\nu}^\lambda \eta^\mu \wedge \omega^\nu,$$

或

$$\left. \frac{\partial \Omega_t}{\partial t} \right|_{t=0} = \mathrm{d}\eta + [\eta \wedge \omega],$$

从而由命题 6.2 以及 (5.14) 式得到

$$\frac{\partial \Omega_t}{\partial t}\bigg|_{t=0} = \mathrm{d}^{\mathrm{h}}\eta.$$

再利用 Yang-Mills 泛函和内积 $(\cdot,\cdot)$ 的定义易知

$$\frac{\mathrm{d}}{\mathrm{d}t}\bigg|_{t=0} \mathcal{J}(\Phi(t)) = \left(\Omega, \frac{\partial \Omega_t}{\partial t}\bigg|_{t=0}\right) = (\Omega, \mathrm{d}^{\mathrm{h}}\eta) = (\mathrm{d}^{\mathrm{h}*}\Omega, \eta). \quad (6.23)$$

由变分 Φ 的任意性, 上式应该对于任意的 $\mathrm{Ad}(G)$ 型 1 次张量形式 η 成立, 因此 $\dfrac{\mathrm{d}}{\mathrm{d}t}\bigg|_{t=0} \mathcal{J}(\Phi(t)) = 0$ 当且仅当 $\mathrm{d}^{\mathrm{h}*}\Omega = 0$. 定理证毕.

(6.23) 式是 **Yang-Mills 泛函的第一变分公式**, 因此 $\mathrm{d}^{\mathrm{h}*}\Omega = 0$ 是 Yang-Mills 方程.

把 $\Gamma(\bigwedge^r T^*M \otimes \mathrm{Ad}(B))$ 和 B 上由 $\mathrm{Ad}(G)$ 型 r 次张量形式构成的集合等同起来, 并且定义

$$\Delta = \mathrm{d}^{\mathrm{h}} \circ \mathrm{d}^{\mathrm{h}*} + \mathrm{d}^{\mathrm{h}*} \circ \mathrm{d}^{\mathrm{h}},$$

则 Δ 称为作用在光滑截面空间 $\Gamma(\bigwedge^r T^*M \otimes \mathrm{Ad}(B))$ 上的 **Hodge-Laplace 算子**. 对于任意的 $\varphi \in \Gamma(\bigwedge^r T^*M \otimes \mathrm{Ad}(B))$, 如果 $\Delta\varphi \equiv 0$, 则称 φ 是调和的. 根据 Bianchi 恒等式 (6.1), 定理 6.8 有如下的推论:

推论 6.9 主丛 $\pi : B \to M$ 上的联络 H 是 Yang-Mills 联络, 当且仅当它的曲率形式 Ω 是向量丛 $\bigwedge^2 T^*M \otimes \mathrm{Ad}(B)$ 的调和截面.

证明 利用等式 $(\Delta\Omega, \Omega) = (\mathrm{d}^{\mathrm{h}}\Omega, \mathrm{d}^{\mathrm{h}}\Omega) + (\mathrm{d}^{\mathrm{h}*}\Omega, \mathrm{d}^{\mathrm{h}*}\Omega)$.

为了方便应用, 需要给出共轭算子 $\mathrm{d}^{\mathrm{h}*}$ 的局部表示.

设 $\{e_\lambda\}$ 是伴随向量丛 $\mathrm{Ad}(B)$ 的局部标架场. 对于任意的 $\varphi \in \Gamma(\bigwedge^r T^*M) \otimes \mathrm{Ad}(B)$, 它可以表示为

$$\varphi = \varphi^\lambda e_\lambda, \quad \varphi^\lambda \in A^r(M).$$

因此可以定义 Hodge 星算子

$$* : \Gamma\left(\bigwedge^r T^*M \otimes \mathrm{Ad}(B)\right) \to \Gamma\left(\bigwedge^{m-r} T^*M \otimes \mathrm{Ad}(B)\right),$$

其中 $m = \dim M$, 使得

$$*\varphi = (*\varphi^\alpha)e_\alpha, \tag{6.24}$$

上式右端的星算子 $* : A^r(M) \to A^{m-r}(M)$ 由第二章 (5.24) 式定义. 不难知道, (6.24) 式的右端与局部标架场 $\{e_\lambda\}$ 的取法无关. 证毕.

命题 6.10 外协变微分算子 d^{h} 关于内积 $(\cdot, \cdot)$ 的共轭算子 $\mathrm{d}^{\mathrm{h}*}$ 具有如下的局部表示:

$$\mathrm{d}^{\mathrm{h}*}\varphi = (-1)^{rm+1} * \circ \, \mathrm{d}^{\mathrm{h}} \circ *. \tag{6.25}$$

证明 对于任意的 $\varphi, \eta \in \Gamma(\bigwedge^r T^*M \otimes \mathrm{Ad}(B))$, $\eta \in \Gamma(\bigwedge^s T^*M \otimes \mathrm{Ad}(B))$, 设

$$\varphi = \varphi^\lambda e_\lambda, \quad \eta = \eta^\mu e_\mu,$$

其中 $\varphi^\lambda \in A^r(M)$, $\eta_\mu \in A^s(M)$. 定义

$$(\varphi \wedge \eta)_p = \varphi_p^\lambda \wedge \eta_p^\mu \langle e_\lambda, e_\mu \rangle_p, \quad \forall p \in M, \tag{6.26}$$

其中 $\langle \cdot, \cdot \rangle_p$ 是李代数 $\mathfrak{g}$ 上的不变内积在纤维 $\tilde{\pi}^{-1}(p)$ 上的诱导内积 (参看 §10.4 的注记 4.1). 显然, (6.26) 式的右端与局部标架场 $\{e_\lambda\}$ 的取法无关. 因此, 我们可以取 $\mathfrak{g}$ 的一个单位正交基底 $\{E_\lambda\}$, 并且令 $e_\lambda(p) = \phi_{\sigma(p)}(E_\lambda)$ $(\forall p)$, 则 $\{e_\lambda\}$ 是伴随向量丛 $\mathrm{Ad}(B)$ 的单位正交标架场. 此时 (6.26) 式化为

$$\varphi \wedge \eta = \sum_\lambda \varphi^\lambda \wedge \eta^\lambda. \tag{6.27}$$

现在设 $s = r + 1$, 即 $\eta \in \Gamma(\bigwedge^{r+1} T^*M \otimes \mathrm{Ad}(B))$, 则由命题 4.8, 命题 4.9 和第二章的命题 5.6,

$$\mathrm{d}(\varphi \wedge *\eta) = \mathrm{d}\left(\sum_\lambda \varphi^\lambda \wedge *\eta^\lambda\right)$$

$$= \sum_\lambda (\mathrm{d}\varphi^\lambda \wedge *\eta^\lambda + (-1)^r \varphi^\lambda \wedge \mathrm{d} * \eta^\lambda)$$

$$= \sum_\lambda (\mathrm{d}^\mathrm{h}\varphi)^\lambda \wedge (*\eta)^\lambda + (-1)^r \sum_\lambda \varphi^\lambda \wedge (\mathrm{d}^\mathrm{h} * \eta)^\lambda$$

$$= \sum_\lambda (\mathrm{d}^\mathrm{h}\varphi)^\lambda \wedge *\eta^\lambda - \sum_\lambda \varphi^\lambda \wedge *((-1)^{rm+1} * \mathrm{d}^\mathrm{h} * \eta)^\lambda$$

$$= \sum_\lambda \langle (\mathrm{d}^\mathrm{h}\varphi)^\lambda, \eta^\lambda \rangle \mathrm{d}V_M - \sum_\lambda \langle \varphi^\lambda, ((-1)^{rm+1} * \mathrm{d}^\mathrm{h} * \eta)^\lambda \rangle \mathrm{d}V_M$$

$$= \sum_\lambda \langle (\mathrm{d}^\mathrm{h}\varphi)^\lambda, \eta^\lambda \rangle \mathrm{d}V_M - \sum_\lambda \langle \varphi^\lambda, ((-1)^{rm+1} * \mathrm{d}^\mathrm{h} * \eta)^\lambda \rangle \mathrm{d}V_M$$

$$= \langle \mathrm{d}^\mathrm{h}\varphi, \eta \rangle \mathrm{d}V_M - \langle \varphi, (-1)^{rm+1} * \mathrm{d}^\mathrm{h} * \eta \rangle \mathrm{d}V_M.$$

两边在 M 上积分并利用 Stokes 定理得

$$(\varphi, \mathrm{d}^{\mathrm{h}*}\eta) = (\mathrm{d}^\mathrm{h}\varphi, \eta) = (\varphi, (-1)^{rm+1} * \mathrm{d}^\mathrm{h} * \eta).$$

由 φ, η 的任意性得知 $\mathrm{d}^{\mathrm{h}*} = (-1)^{rm+1} * \circ \mathrm{d}^\mathrm{h} \circ *$. 证毕.

例 6.2 设 $(S^3, S^2, \pi, \mathrm{U}(1))$ 是例 3.3 给出的 U(1)-主丛. 李群 U(1) 的李代数 $\mathfrak{u}(1)$ 是由纯虚数构成的一维实向量空间 $\sqrt{-1}\mathbb{R}$. 把 $\mathbb{R}^4$ 等同于 $\mathbb{C}^2$, 则有

$$S^3 = \left\{ (z^1, z^2) \in \mathbb{C}^2; \; |z^1|^2 + |z^2|^2 = 1 \right\}.$$

对于任意的 $z = (z^1, z^2) \in S^3$, 令 $\omega(z) = \sqrt{-1} \, \mathrm{Im}(\overline{z^1}\mathrm{d}z^1 + \overline{z^2}\mathrm{d}z^2)$. 可以直接验证 (参看本章习题第 19 题), ω 是主丛 $\pi: S^3 \to S^2$ 上的一个联络 H 的联络形式; H 称为主丛 $\pi: S^3 \to S^2$ 上的 **自然联络**. 取 S^2 的一个局部坐标系 $(U; \varphi, \theta)$, 其中

$$U = \{(\sin\varphi\cos\theta, \sin\varphi\sin\theta, \cos\varphi); \; 0 < \varphi < \pi, \; 0 < \theta < 2\pi\}.$$

定义主丛 $(S^3, S^2, \pi, \mathrm{U}(1))$ 的局部截面 $\sigma: U \to S^3$, 使得

$$\sigma(\varphi, \theta) = \left(\cos\frac{1}{2}\varphi, 0, \sin\frac{1}{2}\varphi\cos\theta, -\sin\frac{1}{2}\varphi\sin\theta \right).$$

则有 (证明留作练习)

$$\sigma^*\omega = -\frac{1}{2}\sqrt{-1}(1 - \cos\varphi)\mathrm{d}\theta, \quad \sigma^*\Omega = -\frac{1}{2}\sqrt{-1}\sin\varphi \, \mathrm{d}\varphi \wedge \mathrm{d}\theta.$$

注意到群 U(1) 的伴随表示 Ad : U(1) → u(1) 是平凡表示, 即对于任意的 $g \in$ U(1), Ad(g) 是 u(1) 上的恒同映射, 因而由命题 6.10 易知 $d^h{}^*\Omega = 0$. 所以自然联络 H 是主丛 $\pi : S^3 \to S^2$ 上的 Yang-Mills 联络. 此外, 根据 Bianchi 恒等式 (参看 (6.1) 式), $d^h\Omega = 0$.

在物理文献中, 主丛 $\pi : S^3 \to S^2$ 上的自然联络 H 被用于描述磁单极所产生的物理场, 称为场的 "向量势", 该物理场的强度由 Ω 来刻画. 此时所对应的场方程就是 $d^h\Omega = 0$, $d^h{}^*\Omega = 0$.

作为本节的结束, 引入 Yang-Mills 场的稳定性及相关概念.

定义 6.4　主丛 $\pi : B \to M$ 上的 Yang-Mills 联络 H 称为 **(弱) 稳定的**, 如果对于它的任意一个光滑变分 $\Phi : (-\varepsilon, \varepsilon) \to \mathcal{C}(B)$, 都有

$$\frac{d^2}{dt^2}\mathcal{J}(\Phi(t))\Big|_{t=0} \geq 0.$$

此时, 联络 H 的曲率 (形式) 称为 **(弱) 稳定的 Yang-Mills 场**. 如果对于 M 上的每一个主纤维丛 $\pi : B \to M$, 在 B 上均不存在非平坦的弱稳定 Yang-Mills 联络, 则称 M 是 **Yang-Mills 不稳定的黎曼流形**.

习　题　十

1. 设 $\pi : E \to M$ 是秩为 r 的向量丛. 对于任意的 $p \in M$, 用 F_p 表示向量空间 $\pi^{-1}(p)$ 的全部基底构成的集合. 令 $F(E) = \bigcup\limits_{p \in M} F_p$. 证明 F 上存在拓扑结构和光滑结构, 使得对于每一个 α, 由 (2.10) 式定义的映射 $\varphi_\alpha : U_\alpha \times \mathrm{GL}(r) \to \tilde{\pi}^{-1}(U_\alpha)$ 是光滑同胚, 并且自然投影 $\tilde{\pi}$ 是光滑映射.

2. 证明定理 3.1.

3. 设 M 是 m 维光滑流形. 对于任意的点 $p \in M$, 令

$$F_p(M) = \{M \text{ 在点 } p \text{ 处的全体切标架}\},$$
$$F_p^*(M) = \{M \text{ 在点 } p \text{ 处的全体余切标架}\}.$$

定义

$$F(M) = \bigcup_{p \in M} F_p(M), \quad F^*(M) = \bigcup_{p \in M} F_p^*(M).$$

由一般向量丛的标架丛的定义, $F(M)$ 和 $F^*(M)$ 分别是切丛 TM 和余切丛 T^*M 的标架丛. 直接证明: $F(M)$ 和 $F^*(M)$ 分别与 TM 和 T^*M 共享一个转移函数, 因而是与 TM 和 T^*M 相配的主纤维丛. $F(M)$ 和 $F^*(M)$ 分别称为光滑流形 M 的 **切标架丛** 和 **余切标架丛**.

4. 设 M 是 m 维黎曼流形, $O(m, \mathbb{R})$ 是 m 阶正交群. 对于任意的点 $p \in M$, 令

$$O_p(M) = \{M \text{ 在点 } p \text{ 处的全体单位正交切标架}\},$$

定义 $O(M) = \bigcup_{p \in M} O_p(M)$. 证明: $O(M)$ 是 M 上的 $O(m, \mathbb{R})$-主丛, 称为 **黎曼流形 M 的正交标架丛**.

5. 设 M 是 m 维有向光滑流形, $GL_0(m, \mathbb{R})$ 是一般线性群 $GL(m, \mathbb{R})$ 的单位元连通分支. 对于任意的点 $p \in M$, 令

$$F_p^0(M) = \{M \text{ 在点 } p \text{ 处的全体与定向相符的切标架}\}.$$

定义 $F^0(M) = \bigcup_{p \in M} F_p^0(M)$. 证明: $F^0(M)$ 是 M 上的 $GL_0(m, \mathbb{R})$-主丛.

6. 设 M 是 m 维有向黎曼流形, $SO(m, \mathbb{R})$ 是 m 阶特殊正交群. 对于任意的点 $p \in M$, 令

$$SO_p(M) = \{M \text{ 在点 } p \text{ 处与定向相符的单位正交切标架}\},$$

定义 $SO(M) = \bigcup_{p \in M} SO_p(M)$. 证明: $SO(M)$ 是 M 上的 $SO(m, \mathbb{R})$-主丛.

7. 设 (B, M, π, G) 是光滑流形 M 上的一个 G-主丛, $\mathfrak{g}$ 是结构群 G 的李代数. 对于 $\tilde{X} \in \mathfrak{X}(B)$, 如果存在 $X \in \mathfrak{g}$, 使得

$$\tilde{X}_b = \frac{\mathrm{d}}{\mathrm{d}t}\Big|_{t=0} (b \cdot \exp tX), \quad \forall b \in B,$$

则称 $\tilde{X}$ 是丛空间 B 上对应于 $X \in \mathfrak{g}$ 的 **基本向量场**, 并且记为 X^*. 用 $\tilde{\mathfrak{g}}$ 表示在丛空间 B 上的基本向量场所构成的集合. 证明: $\tilde{\mathfrak{g}}$ 关于光滑切向量场的 Poisson 括号积构成一个李代数, 并且由 $X \mapsto \varpi(X) = X^*$ 给出的映射 $\varpi : \mathfrak{g} \to \tilde{\mathfrak{g}}$ 是李代数同构.

8. 设 $\pi : S^n \to \mathbb{R}P^n$ 是单位球面 S^n 到实射影空间 $\mathbb{R}P^n$ 的自然投影. 证明: $(S^n, \mathbb{R}P^n, \pi, \mathbb{Z}_2)$ 是一个主丛, 其中的结构群 $\mathbb{Z}_2 = \{1, -1\}$. 主丛 $(S^n, \mathbb{R}P^n, \pi, \mathbb{Z}_2)$ 称为 **实 Hopf 丛**.

9. 设 M 是 m 维光滑流形. 证明: M 是可定向的, 当且仅当 M 的切标架丛 $F(M)$ 的结构群 $\mathrm{GL}(m, \mathbb{R})$ 可以约化为它的单位元连通分支 $\mathrm{GL}_0(m, \mathbb{R})$.

10. 设 M 是 m 维光滑流形. 证明: M 上具有黎曼度量的充分必要条件是, M 的切标架丛 $F(M)$ 的结构群 $\mathrm{GL}(m, \mathbb{R})$ 可以约化为 m 阶正交群 $\mathrm{O}(m, \mathbb{R})$.

11. 设 M 是可定向的 m 维光滑流形. 证明: M 上具有黎曼度量的充分必要条件是, M 的切标架丛 $F(M)$ 的结构群 $\mathrm{GL}(m, \mathbb{R})$ 可以约化为 m 阶特殊正交群 $\mathrm{SO}(m, \mathbb{R})$.

12. 证明推论 3.6.

13. 设 $(S^n, \mathbb{R}P^n, \pi, \mathbb{Z}_2)$ 是第 8 题中的 $\mathbb{Z}_2$-主丛. 试在这一个主丛上定义一个联络 H, 并且说明 H 是该主丛上唯一的一个联络.

14. 设 M 是连通的光滑流形, $\pi : \tilde{M} \to M$ 是 M 的通用覆叠映射, $\pi_1(M)$ 是 M 的基本群, 它可以看作离散的李子群 (即具有零维光滑流形结构). 证明: $(\tilde{M}, M, \pi, \pi_1(M))$ 是 $\pi_1(M)$-主丛. 试问: 第 13 题中的结论是否可以推广到主丛 $(\tilde{M}, M, \pi, \pi_1(M))$ 上?

15. 设 M 是光滑流形, G 是李群, $\mathfrak{g}$ 是 G 的李代数,

$$\pi : M \times G \to G$$

是从平凡主丛 $M \times G$ 到 G 上的自然投影. 如果 $\tilde{\omega}$ 是在李代数 $\mathfrak{g}$ 中取值的 **Maurer-Cartan 形式**, 即 $\tilde{\omega}$ 是 G 上满足下列条件的 $\mathfrak{g}$-值 1 形

式：

$$\tilde{\omega}_g(v) = (L_{g^{-1}})_*(v), \quad \forall v \in T_g G;\ \forall g \in G.$$

证明：

(1) $\omega = \pi^*\tilde{\omega}$ 是主丛 $M \times G$ 上的一个联络 H 的联络形式.

(2) 对于任意的 $(p,g) \in M \times G$, 联络 H 在点 (p,g) 的水平切空间是 $H_{(p,g)} = T_{(p,g)}M_g$, 其中 $M_g = \{(q,g);\ \forall q \in M\} = M \times \{q\}$.

(3) 联络 H 的曲率形式是 $\Omega \equiv 0$. 联络 H 称为平凡主丛 $M \times G$ 上的 **典型平坦联络**.

16. 设 K 是李群 G 的一个闭 (李) 子群, $\pi: G \to G/K$ 是例 3.1 中的 K-主丛, $\mathfrak{g}$ 和 $\mathfrak{k}$ 分别是 G 和 K 的李代数, $\tilde{\omega}$ 是 G 上 Maurer-Cartan 形式 (参看本章习题第 15 题). 如果存在 $\mathfrak{g}$ 的 $\mathrm{Ad}(K)$-不变子空间 $\mathfrak{m}$, 使得 $\mathfrak{g} = \mathfrak{k} \oplus \mathfrak{m}$, 令 $\pi^{\mathfrak{k}}: \mathfrak{g} \to \mathfrak{k}$ 是自然投影, 证明：

(1) $\omega = \pi^{\mathfrak{k}} \circ \tilde{\omega}$ 是主丛 $\pi: G \to G/K$ 上的一个联络 H 的联络形式.

(2) ω 是左不变的, 即对于任意的 $g \in G$, $L_g^* \omega = \omega$.

(3) 如果把 $\mathfrak{g}$ 视为 G 上的所有左不变向量场构成的李代数, 则联络 H 的曲率形式是

$$\Omega = -\pi^{\mathfrak{k}}([X,Y]), \quad \forall X, Y \in \mathfrak{m}.$$

第 16 题的结论可以用于黎曼对称空间.

17. 设 K 是李群 G 的李子群, $(\tilde{P}, M, \tilde{\pi}, K)$ 是主丛 (P, M, π, G) 的一个约化丛, 相应的主丛同态是包含映射 $\tilde{P} \subset P$. 又设 $\mathfrak{k}$ 和 $\mathfrak{g}$ 分别是李群 K 和 G 的李代数, ω 是主丛 $\pi: P \to M$ 上的联络 H 的联络形式. 证明：如果存在 $\mathfrak{g}$ 的 $\mathrm{Ad}(K)$-不变子空间 $\mathfrak{m}$, 使得 $\mathfrak{g} = \mathfrak{k} \oplus \mathfrak{m}$, $\pi^{\mathfrak{k}}: \mathfrak{g} \to \mathfrak{k}$ 是相应的自然投影, 则 $\tilde{\omega} = \pi^{\mathfrak{k}} \circ \omega|_{\tilde{P}}$ 是主丛 $\tilde{\pi}: \tilde{P} \to M$ 上的一个联络的联络形式.

18. 证明：如果 $\pi: S^{2n+1} \to \mathbb{C}P^n$ 是自然投影 (参看第一章习题第 6 题的 (2)), 则 $\pi: S^{2n+1} \to \mathbb{C}P^n$ 是 $\mathbb{C}P^n$ 上的主丛, 它的结构群是

U(1). 特别地, 当 $n = 1$ 时, 相应的主丛 $\pi : S^3 \to \mathbb{C}P^1 = S^2$ 就是例 3.3 中定义的 U(1)-主丛, 称为 S^3 的 **Hopf 纤维化** 或 **复 Hopf 丛**.

19. 设 $\pi : S^3 \to \mathbb{C}P^1 = S^2$ 是复 Hopf 丛 (参看本章习题第 18 题), $e = 1$ 是 U(1) 的单位元素. 对于任意的 $z = (z^1, z^2) \in S^3$, 令

$$\omega_z = \sqrt{-1}\,\mathrm{Im}(\bar{z}^1 \mathrm{d}z^1 + \bar{z}^2 \mathrm{d}z^2).$$

证明:

(1) 如果把 U(1) 的李代数 $\mathfrak{u}(1)$ 等同于 $T_e\mathrm{U}(1)$, 则 $\mathfrak{u}(1) = \sqrt{-1}\,\mathbb{R}$.

(2) 在 (1) 的意义下, ω 是主丛 $\pi : S^3 \to S^2$ 上的一个联络 H 的联络形式. 联络 H 称为 **复 Hopf 丛上的自然联络**.

20. 设 (P, G, M, π) 是主丛, V 是向量空间, $\tilde{\pi} : E = P \times_\rho V \to M$ 是与 (P, G, M, π) 相配的向量丛, 其中 $\rho : G \to \mathrm{GL}(V)$ 是李群 G 在 V 上的表示. 证明: 在 $\tilde{\pi} : E \to M$ 的纤维上可以引入线性结构, 使得对于任意的 $p \in M$ 和任意的 $b \in \pi^{-1}(p)$, 由 $v \mapsto \phi_b(v) = [(b, v)]$ 确定的映射 $\phi_b : V \to \tilde{\pi}^{-1}(p)$ 都是线性同构.

21. 设 (P, M, π, G) 是主丛, V 是向量空间, $\tilde{\pi} : E = P \times_\rho V \to M$ 是一个与 (P, M, π, G) 相配的向量丛, 其中 $\rho : G \to \mathrm{GL}(V)$ 是李群 G 在 V 上的表示. 证明: 如果 $\pi_1 : F(E) \to M$ 是向量丛 E 的标架丛, 则存在从 (P, M, π, G) 到标架丛 $F(E)$ 的主丛同态 $\Phi : P \to F(P \times_\rho V)$. 因此, 对于任意的 $b \in P$, $\Phi(b)$ 都可以看作是向量丛 $E = P \times_\rho V$ 在点 $p = \pi(b)$ 的纤维 $\tilde{\pi}^{-1}(p)$ 的基.

22. 设 K 是李群 G 的闭子群, $\pi : P \to M$ 是光滑流形 M 上的 G-主丛. 作为结构群 G 的子群, K 自然地右作用在丛空间 P 上, 相应的轨道空间 (即群作用的商空间) 记为 P/K, 设 $\pi_1 : P \to P/K$ 是自然投影.

(1) 群 G 自然地左作用在光滑流形 G/K 上, 因而有相配丛 $\tilde{\pi} : B = P \times_G (G/K) \to M$. 对于任意的 $(u, gK) \in P \times (G/K)(g \in G)$, 令 $\Phi([(u, gK)]) = \pi_1(ug)$. 证明: $\Phi([(u, gK)])$ 的定义与代表元 (u, gK) 的取法无关, 因而映射 $\Phi : B \to P/K$ 是完全有定义的; 由此进一步证

明： $\Phi: B \to P/K$ 是光滑同胚. 因此, B 可以和 P/K 等同起来.

(2) 定义自然投影 $\tilde{\pi}_1 = \Phi^{-1} \circ \pi_1: P \to B$, 证明: $(P, B, \tilde{\pi}_1, K)$ 是一个 K-主丛; 由此进而说明 $\pi_1: P \to P/K$ 是与 $(P, B, \tilde{\pi}_1, K)$ 同构的 K-主丛.

(3) 证明: 主丛 $\pi: P \to M$ 的结构群 G 可以约化为李子群 K 的充分必要条件是, 相配丛 $\tilde{\pi}: B \to M$ 具有整体定义的截面.

23. 设 $\Phi: (P, M, \pi, G) \to (\tilde{P}, \tilde{M}, \tilde{\pi}, \tilde{G})$ 是主丛同态, $\phi: G \to \tilde{G}$ 是相应的李群同态, $\Phi^\flat: M \to \tilde{M}$ 是由 Φ 诱导的光滑映射.

(1) 设 H 是主丛 (P, M, π, G) 上的联络. 证明: 如果诱导映射 $\Phi^\flat: M \to \tilde{M}$ 是光滑同胚, 则在主丛 $(\tilde{P}, \tilde{M}, \tilde{\pi}, \tilde{G})$ 上存在唯一的一个联络 $\tilde{H}$, 使得切映射 Φ_* 把联络 H 的任意一个水平切向量映射为联络 $\tilde{H}$ 的水平切向量.

(2) 在 (1) 的条件下证明: 联络 H 和 $\tilde{H}$ 的联络形式 $\omega, \tilde{\omega}$ 以及它们的曲率形式 $\Omega, \tilde{\Omega}$ 满足如下的关系式:

$$\phi_* \circ \omega = \Phi^* \tilde{\omega}, \quad \phi_* \circ \Omega = \Phi^* \tilde{\Omega},$$

这里 $\phi_*: \mathfrak{g} \to \tilde{\mathfrak{g}}$ 是诱导的李代数同态.

24. 设 H 是主丛 (P, M, π, G) 上的联络. 证明: H 是平坦联络的充分必要条件, 是对于任意的点 $p \in M$, 存在点 p 的开邻域 $U \subset M$, 使得 H 在限制丛 $P|_U = \pi^{-1}(U)$ 上的诱导联络和平凡丛 $U \times G$ 上的典型平坦联络 $\tilde{H}$ 同构 (参看本章习题第 15 题), 即存在主丛同构 $\psi: U \times G \to B|_U$, 使得

$$\psi_*(\tilde{H}_{(p', g)}) = H_{\psi(p', g)}, \quad \forall (p', g) \in U \times G.$$

25. 设 $S^n \subset \mathbb{R}^{n+1}$ 是 n 维单位球面, 具有自然诱导的定向; 由它的全体与其定向相符的单位正交标架所构成的主丛记为 $SO(S^n)$. 令

$$G = \mathrm{SO}(n+1), \quad K = \mathrm{SO}(n) \times \mathrm{SO}(1) \subset \mathrm{SO}(n+1),$$

定义李代数 $\mathfrak{g}$ 的子空间

$$\mathfrak{m} = \left\{ \begin{pmatrix} 0 & \xi^t \\ -\xi & 0 \end{pmatrix};\ \xi \in \mathbb{R}^n \right\}.$$

证明:

(1) $\mathfrak{m}$ 是 $\mathfrak{g}$ 的一个 Ad(K)-不变子空间, 且有 $\mathfrak{g} = \mathfrak{k} \oplus \mathfrak{m}$, 从而由本章习题第 16 题可以得到主丛 $\pi : \mathrm{SO}(n+1) \to S^n$ 上的一个联络.

(2) 存在从 $\pi : G \to G/K$ 到 $SO(S^n)$ 上的主丛同构

$$\Phi : G \to SO(S^n),$$

使得相应的光滑映射 $\Phi^\flat : G/K \to S^n$ 就是第九章例 4.2 中的等同映射

$$\varphi : \mathrm{SO}(n+1)/\mathrm{SO}(n) \times \mathrm{SO}(1) \to S^n.$$

(3) 如果主丛 $\pi : G \to G/K$ 上存在平坦联络, 则 S^n 是可平行的, 即 S^n 上存在大范围定义的光滑标架场.

26. 证明命题 5.4.

27. 证明命题 5.6.

28. 设 G 是 r 维李群, $\mathfrak{g} = T_e G$ 是由李群 G 上的左不变向量场定义的李代数, ω 是定义在 G 上、并且在 $\mathfrak{g}$ 中取值的左不变微分式 (Maurer-Cartan 微分式). 证明:

$$\mathrm{d}\omega = -\frac{1}{2}[\omega \wedge \omega].$$

29. 设 ω 和 Ω 分别是复 Hopf 丛 $(S^3, S^2, \pi, \mathrm{U}(1))$ 上的自然联络 (参看本章习题第 19 题) 的联络形式和曲率形式. 取 S^2 的一个局部坐标系 $(U; \varphi, \theta)$, 其中

$$U = \{(\sin\varphi\cos\theta, \sin\varphi\sin\theta, \cos\varphi);\ 0 < \varphi < \pi,\ 0 < \theta < 2\pi\}.$$

定义复 Hopf 丛 $(S^3, S^2, \pi, \mathrm{U}(1))$ 的局部截面 $\sigma_1, \sigma_2 : U \to S^3$, 使得

$$(z^1, z^2) = \sigma_1(\varphi, \theta) = \left(\cos\frac{1}{2}\varphi, \sin\frac{1}{2}\varphi\cos\theta - \sqrt{-1}\sin\frac{1}{2}\varphi\sin\theta \right),$$

$$(z^1, z^2) = \sigma_2(\varphi, \theta) = \left(\cos \frac{1}{2} \varphi \cos \theta + \sqrt{-1} \cos \frac{1}{2} \varphi \sin \theta, \sin \frac{1}{2} \varphi \right).$$

证明:

$$\sigma_1^* \omega = -\frac{1}{2} \sqrt{-1} (1 - \cos \varphi) \mathrm{d}\theta, \quad \sigma_2^* \omega = \frac{1}{2} \sqrt{-1} (1 + \cos \varphi) \mathrm{d}\theta;$$

$$\sigma_1^* \Omega = \sigma_2^* \Omega = -\frac{1}{2} \sqrt{-1} \sin \varphi \, \mathrm{d}\varphi \wedge \mathrm{d}\theta.$$

30. 设 $\delta_0, \delta_1, \delta_2, \delta_3$ 是 $\mathbb{R}^4$ 上的标准基, 令

$$\delta_0 \cdot x = x \cdot \delta_0 = x, \quad \forall x \in \mathbb{R}^4,$$

$$\delta_1 \cdot \delta_1 = \delta_2 \cdot \delta_2 = \delta_3 \cdot \delta_3 = -\delta_0, \quad \delta_1 \cdot \delta_2 = -\delta_2 \cdot \delta_1 = \delta_3,$$

$$\delta_2 \cdot \delta_3 = -\delta_3 \cdot \delta_2 = \delta_1, \quad \delta_3 \cdot \delta_1 = -\delta_1 \cdot \delta_3 = \delta_2.$$

经过线性扩充, 乘法 "·" 对于 $\mathbb{R}^4$ 上的任意两个元素有定义.

(1) 证明: $\mathbb{H} = (\mathbb{R}^4, \cdot)$ 是一个四维实代数, 它以 δ_0 为单位元, 是一个除环, 但不是域. 通常把 $\mathbb{H}$ 叫做 **四元数代数** 或 **四元数环**, 其中的元素称为 **四元数**. 并且为了方便, 把标准基 $\delta_0, \delta_1, \delta_2, \delta_3$ 分别记作 $\mathbf{1}, \boldsymbol{i}, \boldsymbol{j}, \boldsymbol{k}$. 于是 $\mathbb{H}$ 又可以表示成

$$\mathbb{H} = \mathbf{1}\mathbb{R} \oplus \boldsymbol{i}\mathbb{R} \oplus \boldsymbol{j}\mathbb{R} \oplus \boldsymbol{k}\mathbb{R},$$

其中 $\mathrm{Re}(\mathbb{H}) = \mathbf{1}\mathbb{R} \cong \mathbb{R}$ 和 $\mathrm{Im}(\mathbb{H}) = \boldsymbol{i}\mathbb{R} \oplus \boldsymbol{j}\mathbb{R} \oplus \boldsymbol{k}\mathbb{R}$ 分别称为 $\mathbb{H}$ 的 **实部** 和 **虚部**; 对于任意的 $x = x^0 \mathbf{1} + x^1 \boldsymbol{i} + x^2 \boldsymbol{j} + x^3 \boldsymbol{k} \in \mathbb{H}$, 它的 **(四元数) 共轭** $\overline{x}$ 和模长 $|x|$ 分别定义为:

$$\overline{x} = x^0 \mathbf{1} - x^1 \boldsymbol{i} - x^2 \boldsymbol{j} - x^3 \boldsymbol{k}, \quad |x| = \sqrt{x \cdot \overline{x}}.$$

显然有

$$|x|^2 = (x^0)^2 + (x^1)^2 + (x^3)^2 + (x^3)^2.$$

(2) 对于任意 $x, y \in \mathbb{H}$, 定义 $[x, y]_0 = x \cdot y - y \cdot x$. 证明: $\mathbb{H}$ 关于乘积 $[\cdot, \cdot]_0$ 构成一个李代数, 并且 $\mathrm{Im}(\mathbb{H})$ 是它的一个李子代数.

(3) 令

$$\mathrm{M}(m,\mathbb{C}) =\{(c_{ij})_{m\times m};\ c_{ij}\in\mathbb{C},\ 1\leq i,j\leq m\};$$

$$\mathrm{M}(n,\mathbb{H}) =\{(q_{ij})_{n\times n};\ q_{ij}\in\mathbb{H},\ 1\leq i,j\leq n\}.$$

如果把 $\mathbf{1}$ 和 $\boldsymbol{i}$ 分别等同于 1 和 $\sqrt{-1}$, 便有

$$\mathbf{1}\mathbb{R}\oplus\boldsymbol{i}\mathbb{R}\equiv\mathbb{C}.$$

在此意义下, 对于任意的 $Q\in\mathrm{M}(n,\mathbb{H})$, 存在唯一的一对 n 阶复矩阵 $A,B\in\mathrm{M}(n,\mathbb{C})$, 使得 $Q=A+Bj$, 令

$$\varphi(Q)=\begin{pmatrix} A & B \\ -\overline{B} & \overline{A} \end{pmatrix}\in\mathrm{M}(2n,\mathbb{C}).$$

证明: 映射 $\varphi:\mathrm{M}(n,\mathbb{H})\to\mathrm{M}(2n,\mathbb{C})$ 关于矩阵的乘法是代数单同态 (因而是从矩阵代数 $\mathrm{M}(n,\mathbb{H})$ 到子代数 $\varphi(\mathrm{M}(n,\mathbb{H}))\subset\mathrm{M}(2n,\mathbb{C})$ 的代数同构), 并且保持共轭转置不变, 即

$$\varphi(\overline{Q^{\mathrm{t}}})=\overline{(\varphi(Q))^{\mathrm{t}}};$$

特别地, 对于任意的 $x,y\in\mathbb{H}$, $\overline{x\cdot y}=\overline{y}\cdot\overline{x}$.

(4) 通过 (3) 中的映射 φ 可以把 $\mathrm{M}(n,\mathbb{H})$ 和子代数 $\varphi(\mathrm{M}(n,\mathbb{H}))\subset\mathrm{M}(2n,\mathbb{C})$ 等同起来; 特别地, 四元数环 $\mathbb{H}=\mathrm{M}(1,\mathbb{H})$ 可以等同于

$$\varphi(\mathrm{M}(1,\mathbb{H}))=\left\{\begin{pmatrix} z & w \\ -\overline{w} & \overline{z} \end{pmatrix};\ z,w\in\mathbb{C}\right\}.$$

证明在此意义下, $\mathbf{1}, \boldsymbol{i}, \boldsymbol{j}$ 和 $\boldsymbol{k}$ 依次等同于如下的 2 阶复数矩阵:

$$\begin{pmatrix} 1 & 0 \\ 0 & 1 \end{pmatrix},\ \begin{pmatrix} \sqrt{-1} & 0 \\ 0 & -\sqrt{-1} \end{pmatrix},\ \begin{pmatrix} 0 & 1 \\ -1 & 0 \end{pmatrix},\ \begin{pmatrix} 0 & \sqrt{-1} \\ \sqrt{-1} & 0 \end{pmatrix}.$$

(5) 显然, $\mathbb{H}^n$ 是实数域 $\mathbb{R}$ 上的 $4n$ 维向量空间, 并且关于四元数的右乘构成一个 $\mathbb{H}$-右模. $\mathbb{H}^n$ 上的一个实线性变换 Q 称为是 $\mathbb{H}$-线性的, 如果它满足

$$Q(q\cdot\lambda)=Q(q)\cdot\lambda,\quad \forall q\in\mathbb{H}^n,\ \lambda\in\mathbb{H}.$$

证明: $\mathbb{H}^n$ 上的全体 $\mathbb{H}$-线性变换关于复合运算构成一个代数 $\mathscr{L}(\mathbb{H}^n)$, 它与矩阵乘积代数 $M(n, \mathbb{H})$ 同构. 一个以四元数为元素的 $n \times n$ 矩阵 $Q \in M(n, \mathbb{H})$ 称为是可逆的, 如果它所对应的 $\mathbb{H}$-线性变换

$$Q : \mathbb{H}^n \to \mathbb{H}^n$$

是可逆的; 此时, Q 的逆矩阵 Q^{-1} 就定义为 Q^{-1} 所对应的矩阵.

(6) 定义映射 $\tilde{\varphi} : M(n, \mathbb{H}) \to M(4n; \mathbb{R})$ 如下: 对于任意的

$$Q = (q_{ij}) \in M(n, \mathbb{H}),$$

设

$$q_{ij} = a_{ij}^0 + a_{ij}^1 \boldsymbol{i} + a_{ij}^2 \boldsymbol{j} + a_{ij}^3 \boldsymbol{k}, \quad 1 \le i, j \le n,$$

并且令

$$A_{ij} = \begin{pmatrix} a_{ij}^0 & -a_{ij}^1 & -a_{ij}^2 & -a_{ij}^3 \\ a_{ij}^1 & a_{ij}^0 & -a_{ij}^3 & a_{ij}^2 \\ a_{ij}^2 & a_{ij}^3 & a_{ij}^0 & -a_{ij}^1 \\ a_{ij}^3 & -a_{ij}^2 & a_{ij}^1 & a_{ij}^0 \end{pmatrix}, \tilde{\varphi}(Q) = \begin{pmatrix} A_{11} & A_{12} & \cdots & A_{1n} \\ A_{21} & A_{22} & \cdots & A_{2n} \\ \vdots & \vdots & & \vdots \\ A_{n1} & A_{n2} & \cdots & A_{nn} \end{pmatrix}.$$

证明: $\tilde{\varphi} : M(n, \mathbb{H}) \to M(4n, \mathbb{R})$ 关于矩阵的乘法是代数单同态, 并且 Q 是可逆的当且仅当 $4n$ 阶实方阵 $\tilde{\varphi}(Q)$ 是可逆的, 即 $\det(\tilde{\varphi}(Q)) \ne 0$.

(7) 定义 $M(n, \mathbb{H})$ 的如下子集:

$$GL(n, \mathbb{H}) = \{Q \in M(n, \mathbb{H}); \ Q \ \text{是可逆的}\},$$

即 $GL(n, \mathbb{H})$ 由 $\mathbb{H}^n$ 上的全体 $\mathbb{H}$-线性可逆变换所对应的 n 阶四元数方阵构成. 证明: $GL(n, \mathbb{H})$ 是一个 $4n^2$ 维实李群, 它的李代数可以等同于 n 阶四元数矩阵李代数, 即 $\mathfrak{gl}(n, \mathbb{H}) = M(n, \mathbb{H})$.

(8) 定义 n 阶四元数酉群 $U(n, \mathbb{H}) = \{Q \in GL(n, \mathbb{H}); \ Q^{-1} = \overline{Q}^t\}$, 证明: $U(n, \mathbb{H})$ 是四元数一般线性群 $GL(n, \mathbb{H})$ 的李子群. 通常把李群 $U(n, \mathbb{H})$ 叫做 n 阶 **辛群**, 并且记为 $Sp(n)$.

(9) 设 $J = \begin{pmatrix} 0 & I_n \\ -I_n & 0 \end{pmatrix}$. 利用 (4) 中的代数同构 φ 可以把 $\mathrm{M}(n, \mathbb{H})$ 和 $\varphi(\mathrm{M}(n, \mathbb{H})) \subset \mathrm{M}(2n, \mathbb{C})$ 等同起来. 在此意义下证明:

$$\mathrm{GL}(n, \mathbb{H}) = \{M \in \mathrm{GL}(2n, \mathbb{C});\ JMJ^{-1} = \overline{M}\},$$

$$\mathrm{Sp}(n) = \{M \in \mathrm{U}(2n);\ M^t J M = J\};\quad \mathrm{Sp}(1) = \mathrm{SU}(2),$$

其中 $\mathrm{SU}(2)$ 是 2 阶特殊酉群 (参看第八章的习题第 16 题).

(10) 证明: 1 阶辛群 $\mathrm{Sp}(1)$(或 2 阶特殊酉群 $\mathrm{SU}(2)$) 可以等同于三维球面 S^3, 它的李代数可以和 $(\mathbb{H}, [\cdot, \cdot]_0)$ 的李子代数 $\mathrm{Im}(\mathbb{H})$ 等同起来.

(11) 依照实射影空间 $\mathbb{R}P^n$ 或复射影空间 $\mathbb{C}P^n$ 的构造, 定义**四元数射影空间** $\mathbb{H}P^n$, 以及相应的自然投影 $\pi : \mathbb{H}_*^{n+1} \to \mathbb{H}P^n$, 其中 $\mathbb{H}_* = \mathbb{H}^{n+1} \backslash \{0\}$; 然后证明: $\mathbb{H}P^1$ 和四维球面 S^4 光滑同胚.

(12) 把 (8) 中定义的自然投影 $\pi : \mathbb{H}_*^{n+1} \to \mathbb{H}P^n$ 限制到 $4n + 3$ 维单位球面 $S^{4n+3} \subset \mathbb{R}^{4n+4} = \mathbb{H}^{n+1}$ 上可以得到自然投影

$$\pi : S^{4n+3} \to \mathbb{H}P^n.$$

证明: $\pi : S^{4n+3} \to \mathbb{H}P^n$ 是四元数射影空间 $\mathbb{H}P^n$ 上的主丛, 它的结构群是 1 阶辛群 $\mathrm{Sp}(1)$(或 2 阶特殊酉群 $\mathrm{SU}(2)$). 特别地, $n = 1$ 所对应的主丛 $(S^7, \mathbb{H}P^1 = S^4, \pi, \mathrm{Sp}(1) = \mathrm{SU}(2))$ 称为球面 S^7 的 **Hopf 纤维化** 或 **四元数 Hopf 丛**.

(13) 在 $S^7 \subset \mathbb{H}^2$ 上定义 $\mathrm{Im}(\mathbb{H})$-值 1 形式 ω, 使得

$$\omega_q = \mathrm{Im}(\overline{q}^1 \mathrm{d}q^1 + \overline{q}^2 \mathrm{d}q^2),\ \forall q = (q^1, q^2) \in S^7.$$

证明: ω 是主丛 $\pi : S^7 \to S^4 = \mathbb{H}P^1$ 上的一个联络 H 的联络形式. 联络 H 称为 **四元数 Hopf 丛上的自然联络**.

(14) 设

$$U = \{[(q_1, q_2)] \in \mathbb{H}P^1;\ q_2 \neq 0\},$$

$\mathbb{H}P^1$ 在 U 上有局部坐标映射 $\varphi : U \to \mathbb{H} \equiv \mathbb{R}^4$, 其定义是

$$\varphi([(q_1, q_2)]) = q_1 q_2^{-1}, \quad \forall [(q_1, q_2)] \in U.$$

于是, 存在四元数 Hopf 丛 $\pi : S^7 \to S^4$ 在 U 上的截面 $s : U \to S^7$, 使得

$$s \circ \varphi^{-1}(\xi) = \frac{1}{\sqrt{1 + |\xi|^2}}(\xi, 1), \quad \forall \xi \in \mathbb{H}.$$

用 ω 和 Ω 分别表示四元数 Hopf 丛上的自然联络 H 的联络形式和曲率形式, 并且记 $\tilde{s} = s \circ \varphi^{-1}$, 试求 $\tilde{s}^*\omega$ 和 $\tilde{s}^*\Omega$ 的局部坐标表达式.

31. 设 ω 是四元数 Hopf 丛上的自然联络的联络形式. 对于任意的 $\lambda > 0$ 和 $h \in \mathbb{H}$, 定义映射 $\Phi_{\lambda,h} : S^7 \to S^7$, 使得

$$\Phi_{\lambda,h}(q) = (|q^1 - hq^2|^2 + \lambda^2|q^2|^2)^{-\frac{1}{2}}(q^1 - h \cdot q^2, \lambda q^2),$$

$$\forall q = (q^1, q^2) \in S^7 \subset \mathbb{H}^2.$$

(1) 证明: $\Phi_{\lambda,h} : S^7 \to S^7$ 是四元数 Hopf 丛 $\pi : S^7 \to \mathbb{H}P^1 = S^4$ 上的自同构, 因而由本章习题第 23 题, 对于任意的 $\lambda > 0$ 和 $h \in \mathbb{H}$, $\omega_{\lambda,h} = \Phi_{\lambda,h}^*\omega$ 是主丛的某个联络 $H^{\lambda,h}$ 的联络形式.

(2) 设映射 $\tilde{s} : \mathbb{H} \to S^7$ 由本章习题第 30 题的 (12) 定义, $\Omega_{\lambda,h}$ 是联络 $H^{\lambda,h}$ 的曲率形式. 求 $\tilde{s}^*\omega_{\lambda,h}$ 和 $\tilde{s}^*\Omega_{\lambda,h}$ 的具体表达式.

联络 $H^{\lambda,h}$ 在物理学中称为以 h 为中心、λ 为标尺的 BPST 联络, 在规范场理论中有重要意义 (参阅参考文献 [27] 和 [28]).

习题解答和提示

习 题 八

1. (1) 按定义直接验证.

   (2) Φ 显然是一一的实线性映射. 验证

   $$\Phi \circ J = \tilde{J} \circ \Phi, \quad \text{或 } \Phi(\sqrt{-1}X) = \sqrt{-1}\Phi(X).$$

2. 利用表达式 $(V^*)^{\mathbb{C}} = \mathbb{C} \otimes V^*$.

3. (1) 验证映射 $\tilde{h}$ 满足 Hermite 内积的定义.

   (2) 利用黎曼度量 g 的 J-不变性, 验证: 对于任意的 $X, Y \in V$ 有

   $$\tilde{h}(\Phi(X), \Phi(Y)) = \frac{1}{2}h(\Phi(X), \Phi(Y)).$$

4. (1) 证明方法同第一章引理 4.1.

   (2) 按照复向量空间的定义直接验证.

   (3) 利用 (1) 证明:

   $$X = \sum X(z^i) \left. \frac{\partial}{\partial z^i} \right|_p, \quad \forall X \in T_p^{\mathrm{h}}M.$$

5. 设 $(U; z^i)$ 和 $(V; w^\alpha)$ 分别是 M 和 N 上的复坐标系, $f(U) \subset V$. 令 $z^i = x^i + \sqrt{-1}y^i$, $w^\alpha = u^\alpha + \sqrt{-1}v^\alpha$, 则 $(U; x^i, y^i)$ 和 $(V; u^\alpha, v^\alpha)$ 是 M 和 N 上的局部实坐标系, 并且有

   $$J\left(\frac{\partial}{\partial x^i}\right) = \frac{\partial}{\partial y^i}, \quad J\left(\frac{\partial}{\partial y^i}\right) = -\frac{\partial}{\partial x^i},$$
   $$\tilde{J}\left(\frac{\partial}{\partial u^\alpha}\right) = \frac{\partial}{\partial v^\alpha}, \quad \tilde{J}\left(\frac{\partial}{\partial v^\alpha}\right) = -\frac{\partial}{\partial u^\alpha}.$$

   设映射 f 在局部复坐标系 $(U; z^i)$, $(V; w^\alpha)$ 下的局部表示是

   $$\tilde{f} = (f^\alpha), \quad \text{其中 } f^\alpha = g^\alpha + \sqrt{-1}h^\alpha,$$

   再利用全纯映射的条件.

7. 设 $\{(U_\alpha; z_\alpha^i)\}$ 是复流形 M 的一族复坐标系, 并且 $M = \bigcup\limits_\alpha U_\alpha$. 对于任意的 α, 利用局部标架场 $\left\{ \dfrac{\partial}{\partial z_\alpha^i} \right\}$ 可以分别得到 $T^h M$ 和 $T^{(1,0)} M$ 在 U_α 上的局部平凡化结构. 由此可以证明 $T^h M$ 和 $T^{(1,0)} M$ 都是 M 上的秩为 $n = \dim M$ 的复向量丛, 并且 $T^h M$ 和 $T^{(1,0)} M$ 在 $U_\alpha \cap U_\beta$ 上的转移函数是 $\left(\dfrac{\partial z_\beta^j}{\partial z_\alpha^i} \right)$.

8. 给出 $T^* M$ 的局部平凡化结构, 并证明相应的转移函数是 $g_{\beta\alpha}(q) = \dfrac{\partial z_\alpha^i}{\partial z_\beta^j}$.

9. (1) 取局部复坐标覆盖 $\{(U_\alpha; z_\alpha^i)\}$. 对任意的 $p \in M$, $T_p^{*(1,0)} M$, $T_p^{*(0,1)} M$, $(T_p^* M)^{\mathbb{C}}$ 作为复向量空间的基底分别是

$$\{\mathrm{d}z_\alpha^i|_p\}, \quad \{\mathrm{d}\overline{z}_\alpha^i|_p\}, \quad \{\mathrm{d}z_\alpha^i|_p, \mathrm{d}\overline{z}_\alpha^i|_p\}.$$

由此仿照上题的作法即可建立 $T^{*(1,0)} M$, $T^{*(0,1)} M$ 和 $(T^* M)^{\mathbb{C}}$ 的局部平凡化. 再验证复向量丛定义中的各个条件.

(2) 对于任意的 α, β, 当 $U_\alpha \cap U_\beta \neq \emptyset$ 时, 说明 $T^{*(1,0)} M$ 在 $U_\alpha \cap U_\beta$ 上的转移函数是

$$g_{\beta\alpha} = \left(\frac{\partial z_\alpha^i}{\partial z_\beta^j} \right).$$

显然, 每一个 $g_{\alpha\beta}$ 都是全纯的.

11. 利用关系式 $\mathrm{D} \circ J = J \circ \mathrm{D}$ 以及 $h(\xi, \eta) = g(\xi, \eta) + \sqrt{-1} g(\xi, J\eta)$.

12. 按照定义直接验证并且利用 (2.46) 式.

13. (1) 首先证明: 对于任意的 $a \in G$, 映射 $L_a, R_a : G \to G$ 是全纯映射; 然后利用命题 2.2 的结论.

(2) 根据定义进行验证.

14. 先把第一章习题第 27 题和第 28 题的结论推广到复流形及全纯映射的情形, 再仿照该章习题第 46 题的做法.

15. 对于任意的 $X = A + \sqrt{-1} B \in \mathrm{GL}(n, \mathbb{C})$, 其中 A, B 是 $n \times n$ 实矩阵, 令

$$\Phi(X) = \begin{pmatrix} A & B \\ -B & A \end{pmatrix},$$

则容易验证 $\Phi(X) \in \mathrm{GL}(2n, \mathbb{R})$. 证明由 $X \mapsto \Phi(X)$ 给出的映射

$$\Phi : \mathrm{GL}(n, \mathbb{C}) \to \mathrm{GL}(2n, \mathbb{R})$$

是嵌入并且满足

$$\Phi(X \cdot Y) = \Phi(X) \cdot \Phi(Y), \quad \forall X, Y \in \mathrm{GL}(n, \mathbb{C}).$$

于是 $\Phi(\mathrm{GL}(n, \mathbb{C}))$ 是 $\mathrm{GL}(2n, \mathbb{R})$ 的 $2n^2$ 维嵌入子流形. 再把 $\mathrm{GL}(n, \mathbb{C})$ 和 $\Phi(\mathrm{GL}\,(n, \mathbb{C})) \subset \mathrm{GL}(2n, \mathbb{R})$ 等同起来, 并且利用第一章习题第 27 题的结论, 说明 $\mathrm{GL}(n, \mathbb{C})$ 是 $\mathrm{GL}(2n, \mathbb{R})$ 的实子群.

16. 首先说明, 对于 $X = A + \sqrt{-1}B \in \mathrm{GL}(n, \mathbb{C})$, 其中 A, B 是 $n \times n$ 矩阵, $X \in \mathrm{U}(n)$ 的充分必要条件是 $X\overline{X}^t = I_n$, 即

$$AA^t + BB^t = I_n, \quad AB^t - BA^t = 0.$$

根据第一章习题第 28 题可以证明: $\mathrm{U}(n)$ 是 $2n^2$ 维光滑流形 $\mathrm{GL}(n, \mathbb{C})$ 的 $\frac{1}{2}n(n+1)$ 维嵌入子流形, 因而根据本章习题第 15 题的证明, $\mathrm{U}(n)$ 也是 $\mathrm{GL}(2n, \mathbb{R})$ 的 $\frac{1}{2}n(n+1)$ 维嵌入子流形. 定义映射 $F : \mathrm{U}(n) \to \mathbb{C}$, 使得对于任意的 $X \in \mathrm{U}(n)$, 有 $F(X) = \det(X)$. 则映射 F 是秩为 1 的光滑映射, 因而根据第一章习题第 28 题, $\mathrm{SU}(n) = F^{-1}(1)$ 是 $\mathrm{U}(n)$ 的 $\frac{1}{2}n(n+1) - 1$ 维嵌入子流形. 再利用第一章习题第 27 题的结论.

17. 设 $(U; z^i)$ 是 Kähler 流形 M 的任意一个局部复坐标系,

$$h_{ij} = h\left(\frac{\partial}{\partial z^i}, \frac{\partial}{\partial z^j}\right)$$

是 Hermite 度量的系数, ω_i^j 是相应的 Hermite 联络形式. 根据引理 5.2 和 (5.11) 式以及定理 5.4 的证明, 容易知道 (参看推论 5.5), 如果对于任意的点 $p \in M$, M 在点 p 的全纯截面曲率与全纯截面的取法无关, 则存在 M 上的实值光滑函数 λ, 使得 M 在坐标系 $(U; z^i)$ 下的曲率形式 Ω_i^j 具有如下的表达式

$$\Omega_i^j = \frac{\lambda}{4}(\delta_i^j h_{kl} + \delta_k^j h_{il}) \mathrm{d}z^k \wedge \mathrm{d}\overline{z^l}.$$

先证明 M 的 Ricci 曲率张量 Ric 与黎曼度量 g 成比例, $\mathrm{Ric} = \frac{n+1}{2}\lambda g$. 再求协变导数并利用第二 Bianchi 恒等式证明 λ 是常数.

19. 设 M 具有常全纯曲率 c, $p \in M$, X, Y 是 M 在点 p 的任意两个互相垂直的单位向量. 则由 (5.13) 式, M 在点 p 沿截面 $[X \wedge Y]$ 的截面曲率是

$$K(X, Y) = \frac{1}{4}c(1 + 3\cos^2\alpha), \quad \text{其中} \quad \alpha = \angle(X, JY).$$

如果 M 的截面曲率也是常数, 然后分别取 $Y = JX$ 和 $Y \perp X, JX$, 求解 c, c' 之间的关系.

21. 利用 (4.30) 式和推论 5.6.

22. 如果把 $\mathbb{C}^{n+1}$ 上的复线性变换等同于 $n+1$ 阶复方阵, 则有

$$\mathrm{U}(n+1, 1) = \{A \in \mathrm{GL}(n+1, \mathbb{C}); \ A\varepsilon\overline{A}^t = \varepsilon\},$$
$$\text{其中} \quad \varepsilon = \begin{pmatrix} I_n & 0 \\ 0 & -1 \end{pmatrix}.$$

利用第一章习题第 28 题证明 $\mathrm{U}(n+1, 1)$ 是 $\mathrm{GL}(n+1, \mathbb{C})$ 的嵌入子流形, 再利用第一章习题第 27 题说明 $\mathrm{U}(n+1, 1)$ 中的乘法运算和求逆运算是光滑的.

23. 由商拓扑的定义, 自然投影 $\pi : \mathbb{C}^n \to \mathbb{C}T^n$ 是连续的. 令

$$S = \left\{ z = \sum_{\alpha} \lambda^\alpha v_\alpha; \ 0 \le \lambda^\alpha \le 1, \ 1 \le \alpha \le 2n \right\},$$

则 S 是 $\mathbb{R}^{2n} = \mathbb{C}^n$ 的紧子集, 因而 $\mathbb{C}T^n = \pi(S)$ 是紧致的. 由于 Γ 是 $\mathbb{C}^n$ 的正规 (加法) 闭子群, 故 $\mathbb{C}T^n$ 是一个 (加法) 商群, 其加、减法运算显然都是全纯的, 因而 $\mathbb{C}T^n$ 是一个复李群.

24. 对于任意的 $p \in \mathbb{C}T^n$, 取 $\tilde{p} \in \pi^{-1}(p)$, 则 $\pi_{*\tilde{p}} : T_{\tilde{p}}\mathbb{C}^n \to T_p\mathbb{C}T^n$ 是复线性同构. 通过 $\pi_{*\tilde{p}}$, $T_{\tilde{p}}\mathbb{C}^n$ 的标准 Hermite 内积在 $T_p\mathbb{C}T^n$ 上有诱导的 Hermite 内积 h_p. 验证 h_p 与点 $\tilde{p} \in \pi^{-1}(p)$ 的取法无关, 于是由 $p \mapsto h_p$ 给出了 $\mathbb{C}T^n$ 上的一个 Hermite 度量 h; 显然 π^*h 是 $\mathbb{C}^n$ 上的标准 Hermite 度量. 由于 π 是局部双全纯映射, h 是光滑的.

25. (1) 设 g, Ric 分别是 M 上的黎曼度量和 Ricci 曲率张量, 则 M 上的 Kähler 形式 k 和 Ricci 形式 ρ 满足如下关系式

$$k(X, Y) = g(X, JY), \quad \rho(X, Y) = \mathrm{Ric}(X, JY);$$

$$g(X,Y) = -k(X, JY), \quad \mathrm{Ric}(X, Y) = -\rho(X, JY), \quad \forall X, Y \in \mathfrak{X}(M),$$

其中 J 是 M 上的典型近复结构. 由此可知, 存在常数 λ 使得 $\rho = \lambda k \Longleftrightarrow$ 存在常数 λ 使得 $\mathrm{Ric} = \lambda g$.

(2) 利用常全纯曲率空间的曲率形式的表达式可以看出, 任何常全纯曲率空间都是 Kähler-Einstein 流形.

26. 利用曲面上等温参数的存在性, 取 M 的一个与其定向相符的局部坐标覆盖 $\{(U_\alpha; x_\alpha, y_\alpha)\}$, 使得对于每一个 α,

$$g|_{U_\alpha} = \lambda_\alpha^2(\mathrm{d}x_\alpha^2 + \mathrm{d}y_\alpha^2), \quad \lambda_\alpha > 0.$$

在 U_α 上引入复坐标 $z_\alpha = x_\alpha + \sqrt{-1}y_\alpha$. 则 $g|_{U_\alpha} = \lambda^2|\mathrm{d}z_\alpha|^2$. 验证: 在 $U_\alpha \cap U_\beta \neq \emptyset$ 时, 从局部复坐标系 $(U_\alpha; z_\alpha)$ 到 $(U_\beta; z_\beta)$ 的局部坐标变换 $z_\beta = z_\beta(z_\alpha)$ 是全纯的. 因此, 由复局部坐标覆盖 $\{(U_\alpha; z_\alpha)\}$ 确定了 M 上的一个复流形结构, 使得 M 成为一维复流形, 它的典型复结构 J 在实局部坐标系 $(U_\alpha; x_\alpha, y_\alpha)$ 的表达式是

$$J\left(\frac{\partial}{\partial x_\alpha}\right) = \frac{\partial}{\partial y_\alpha}, \quad J\left(\frac{\partial}{\partial y_\alpha}\right) = -\frac{\partial}{\partial x_\alpha}.$$

由此可知, 黎曼度量 g 是 J-不变的, 它给出了 M 上的一个 Hermite 度量, 相应的 Kähler 形式 k 显然是闭形式. 这就证明了 M 关于黎曼度量 g 是一个 Kähler 流形.

27. (2) 根据矩阵 T 的分块表示 (6.23) 式及 $\mathrm{U}(n+1, 1)$ 的定义 (参看本章习题第 21 题的提示) 可知, $T \in \mathrm{U}(n+1, 1)$ 的充分必要条件是

$$A \cdot \overline{A}^t - B \cdot \overline{B}^t = I_n, \quad A \cdot \overline{C}^t - B \cdot \overline{d} = 0, \quad |d|^2 = 1 + C \cdot \overline{C}^t.$$

28. 利用第一章习题第 28 题的结论, 证明 $\mathrm{U}(p+q, q)$ 是 $\mathrm{GL}(p+q, \mathbb{C})$ 的嵌入子流形, 再利用第一章习题第 27 题说明 $\mathrm{U}(p+q, q)$ 中的乘法运算和求逆运算是光滑的.

30. 约定指标的取值范围如下:

$$1 \leq i, j, k, \cdots \leq p, \quad p+1 \leq \lambda, \mu, \nu, \cdots \leq p+q.$$

$D_{p,q}$ 上的复坐标记为 z_λ^i, 令

$$A = (A_\mu^\lambda) = I_q - \overline{Z}^t Z, \quad B = (B_\mu^\lambda) = A^{-1}.$$

则 Hermite 度量的局部分量为

$$h_{i\lambda,j\mu} = h\left(\frac{\partial}{\partial z_\lambda^i}, \frac{\partial}{\partial z_\mu^j}\right) = \frac{\partial^2 \ln \det A}{\partial z_\lambda^i \partial \overline{z_\mu^j}}.$$

在点 $Z = 0$ 处计算得到

$$h_{i\lambda,j\mu} = \frac{4}{c}\delta_{ij}\delta_{\lambda\mu}, \quad \frac{\partial h_{i\lambda,j\mu}}{\partial \overline{z_\sigma^l}} = \frac{\partial h_{i\lambda,j\mu}}{\partial z_\nu^k} = 0,$$

$$\frac{\partial^2 h_{i\lambda,j\mu}}{\partial z_\nu^k \partial \overline{z_\sigma^l}} = \frac{4}{c}(\delta_{ij}\delta_{kl}\delta_{\lambda\sigma}\delta_{\mu\nu} + \delta_{il}\delta_{kj}\delta_{\lambda\nu}\delta_{\mu\sigma});$$

$$h^{i\lambda,j\mu} = \frac{c}{4}\delta^{ij}\delta^{\lambda\mu}.$$

所以, 在点 $Z = 0$ 处

$$\begin{aligned}
K_{i\lambda,k\nu,l\sigma}^{j\mu} &= -2\frac{\partial h^{j\mu,p\tau}}{\partial \overline{z_\sigma^l}} \cdot \frac{\partial h_{i\lambda,p\tau}}{\partial z_\nu^k} - 2h^{j\mu,p\tau}\frac{\partial^2 h_{i\lambda,p\tau}}{\partial z_\nu^k \partial \overline{z_\sigma^l}}\\
&= -2(\delta_i^j\delta_{kl}\delta_\nu^\mu\delta_{\lambda\sigma} + \delta_k^j\delta_{il}\delta_\lambda^\mu\delta_{\nu\sigma});
\end{aligned}$$

$$\delta_{i\lambda}^{j\mu}h_{k\nu,l\sigma} + \delta_{k\nu}^{j\mu}h_{i\lambda,l\sigma} = \delta_i^j\delta_{kl}\delta_\lambda^\mu\delta_{\nu\sigma} + \delta_k^j\delta_{il}\delta_\nu^\mu\delta_{\lambda\sigma}.$$

从上面的式子容易算出典型域 $D_{p,q}$ 在点 $Z = 0$ 处的全纯截面曲率; $D_{p,q}$ 在点 $Z = 0$ 的 Ricci 形式是

$$\begin{aligned}
\rho &= -\frac{\sqrt{-1}}{2}\sum_{i,j,k,\lambda,\mu,\nu} K_{k\nu,i\lambda,j\mu}^{k\nu} \mathrm{d}z_\lambda^i \wedge \overline{\mathrm{d}z_\mu^j}\\
&= -nc\,k,
\end{aligned}$$

其中 k 是 $D_{p,q}$ 的 Kähler 形式. 此外, 由于 $\mathrm{U}(p+q,q)$ 在 $D_{p,q}$ 上的作用是全纯等距的可迁作用, $D_{p,q}$ 是 Kähler-Einstein 流形.

31. 设 $\tilde{R}$ 和 B 分别是 N 的黎曼曲率张量和 M 在 N 中的第二基本形式, $\{X_i, J(X_i); 1 \leq i \leq m\}$ 是黎曼流形 M 上的一个单位正交的切标架场. 则由 (6.37) 和 (6.40) 式, 对于任意的 $X \in \mathfrak{X}(M)$,

$$\mathrm{Ric}_M(X, X) = \sum_{i=1}^m (\tilde{R}(X, X_i, X_i, X) + \tilde{R}(X, JX_i, JX_i, X))$$

$$-2\sum_{i=1}^{m}g(B(X_i,X),B(X_i,X)).$$

32. 作为黎曼流形，(N,g) 的黎曼曲率张量 $\tilde{R}$ 具有如下的表达式 (参看 (5.10) 和 (5.12) 式):

$$\tilde{R}(X,Y,Z,W)=-\frac{c}{4}(g(X,Z)g(Y,W)-g(X,W)g(Y,Z)$$
$$+g(X,JZ)g(Y,JW)-g(X,JW)(Y,JZ)$$
$$+2g(X,JY)g(Z,JW)),$$

其中 $X,Y,Z,W\in T_xM$. 因此

$$\sum_i(\tilde{R}(X,X_i,X_i,X)+\tilde{R}(X,JX_i,JX_i,X))$$
$$=\frac{1}{2}(m+1)cg(X,X).$$

35. 在 (7.11) 式中取矩阵 A 为曲率阵 Ω, 再对 i 作数学归纳法即可证明所需的关系式.

36. 行列式 $\det(I+\frac{\sqrt{-1}t}{2\pi}\Omega)$ 可以表示成

$$\det\left(I+\frac{\sqrt{-1}t}{2\pi}\Omega\right)$$
$$=\frac{1}{r!}\delta^{\alpha_1\cdots\alpha_r}_{\beta_1\cdots\beta_r}\left(\delta^{\beta_1}_{\alpha_1}+\frac{\sqrt{-1}}{2\pi}\Omega^{\beta_1}_{\alpha_1}\right)\wedge\cdots\wedge\left(\delta^{\beta_r}_{\alpha_r}+\frac{\sqrt{-1}}{2\pi}\Omega^{\beta_r}_{\alpha_r}\right).$$

将它按照 t 的幂次展开, 再让 $t=1$.

37. 在定理 7.1 和定理 7.2 的证明中用陈示性式 c_i 取代 b_i, 并且利用本章习题第 35 中的公式进行计算推导.

38. 设复向量丛 E_1 和 E_2 的秩分别是 q_1,q_2, $\{s_a\}$ 和 $\{\sigma_\alpha\}$ 分别是 E_1 和 E_2 的局部标架场, Ω_{E_1} 和 Ω_{E_2} 分别是 E_1 和 E_2 的曲率阵, 则 $\{s_a;\sigma_\alpha\}$ 是直和复向量丛 $E=E_1\oplus E_2$ 的局部标架场, $\Omega=\mathrm{diag}(\Omega_{E_1},\Omega_2)$ 是 E 的曲率阵.

39. (2) 设 ω^α_β 和 Ω^α_β 分别是联络 D 关于标架场 $\{E_\alpha\}$ 的联络形式和曲率形式, 则容易证明: 诱导联络 $\tilde{D}$ 关于 f^*E 上的标架场 $\{E_\alpha\circ f\}$ 的联络形式和曲率形式分别是 $f^*\omega^\alpha_\beta$ 和 $f^*\Omega^\alpha_\beta$. 由此可知

$$c_i(f^*E)=c_i(f^*E,\tilde{D})=f^*(c_i(E,D))=f^*(c_i(E)).$$

40. 记 $\tilde{E} = E \otimes L$, 并且取向量丛 E 和线丛 L 上的复联络 D^E 和 D^L. 对于 E 上局部标架场 $\{e_\alpha\}$ 和 L 的标架场 $\{e\}$, 令

$$D^E e_\alpha = \omega_\alpha^\beta e_\beta, \quad \Omega_\alpha^\beta = d\omega_\alpha^\beta - \omega_\alpha^\gamma \wedge \omega_\gamma^\beta, \quad \Omega_E = (\Omega_\alpha^\beta),$$
$$D^L e = \omega e, \quad \Omega_L = d\omega,$$

则 $\tilde{E}$ 上联络 $D^{\tilde{E}} = D^E \otimes D^L$ 在标架场 $\{e_\alpha \otimes e\}$ 下的联络形式为

$$\tilde{\omega}_\alpha^\beta = \omega_\alpha^\beta + \omega \delta_\alpha^\beta.$$

由此容易知道, 联络 $D^{\tilde{E}}$ 的曲率阵是 $\tilde{\Omega} = \Omega_E + \Omega_L I_q$.

41. (2) 设 D 是向量丛 E 上的一个复联络, 则对偶向量丛 E^* 上有诱导的复联络 $\tilde{D}$, 使得

$$d\langle \xi, \theta \rangle = \langle D\xi, \theta \rangle + \langle \xi, \tilde{D}\theta \rangle.$$

如果 $\{e_\alpha\}$ 是复向量丛 E 的局部标架场, $\{e^\alpha\}$ 是它的对偶标架场, 联络 D 关于 $\{e_\alpha\}$ 的联络形式和曲率形式分别记为 ω_β^α 和 Ω_β^α, 则 E^* 上的诱导联络 $\tilde{D}$ 在对偶标架场 $\{e^\alpha\}$ 下的联络形式 $\tilde{\omega}_\beta^\alpha$ 和曲率形式由下式给出:

$$\tilde{D} e^\alpha = \tilde{\omega}_\beta^\alpha e^\beta, \quad d\tilde{\omega}_\beta^\alpha = \tilde{\omega}_\gamma^\alpha \wedge \tilde{\omega}_\beta^\gamma + \tilde{\Omega}_\beta^\alpha.$$

另一方面, 由诱导联络 $\tilde{D}$ 和定义式容易看出

$$\tilde{\omega}_\beta^\alpha = -\omega_\beta^\alpha, \quad \tilde{\Omega}_\beta^\alpha = -\Omega_\beta^\alpha.$$

42. (1) 余切丛 T^*M 关于自然诱导的复结构构成的复向量丛是全纯向量丛, 它的转移函数本质上是局部复坐标变换的 Jacobi 矩阵. 说明秩为 1 的复向量丛 $\bigwedge^n T^*M$ 的转移函数是上述 Jacobi 矩阵的行列式, 因而是全纯的.

(2) 设 D 是切丛 TM 上的一个复联络, 它在余切丛上的诱导联络记为 D^*, 由 D^* 在 $\bigwedge^n T^*M$ 上的诱导联络设为 $\tilde{D}$. 如果 $\{e_i\}$ 是 TM 的标架场, $\{e^i\}$ 是它的对偶标架场, 则 $\{e^1 \wedge \cdots \wedge e^n\}$ 是全纯向量丛 $\bigwedge^n T^*M$ 的一个局部标架场. 设 ω_j^i 和 Ω_j^i 分别是 TM 上的联络 D 关于 $\{e_i\}$ 的联络形式和曲率形式, 则由本章习题第 41 题的证明知, 联络 D^* 关于 $\{e^i\}$ 的联络形式和曲率形式分别是 $-\omega_j^i$ 和 $-\Omega_j^i$. 联络 $\tilde{D}$ 在标架场 $\{e^1 \wedge \cdots \wedge e^n\}$ 下的联络形式是 $\tilde{\omega} = -\sum_i \omega_i^i$; 于是相应的曲率形式是

$$\tilde{\Omega} = d\tilde{\omega} = -\sum_i d\omega_i^i = -\sum_{i,k} \omega_i^j \wedge \omega_j^i - \sum_i \Omega_i^i = -\sum_i \Omega_i^i.$$

习　题　九

1. (1) 设 g_1, g_2 是向量空间 V 上的任意两个 K-不变内积. 定义 V 上的线性变换 A, 使得对于任意的 $X, Y \in V$, $g_1(A(X), Y) = g_2(X, Y)$. 证明线性变换 A 关于内积 g_1 是对称的. 然后考虑 V 关于 A 的特征子空间分解

$$V = V_1 \oplus \cdots \oplus V_r.$$

利用 ρ 是不可约线性表示的假定, 证明 $r = 1$.

2. 由于 exp 和群 G 的乘法运算是光滑映射, 根据反函数定理, 只需要分别验证映射

$$F_1 : (x^1, \cdots, x^n) \mapsto \exp\left(\sum_{i=1}^{n} x^i X_i\right);$$

$$F_2 : (x^1, \cdots, x^n) \mapsto \exp(x^1 X_1) \cdots \exp(x^n X_n);$$

$$F_3 : (x^1, \cdots, x^n) \mapsto \exp\left(\sum_{i=1}^{r} x^i X_i\right) \exp\left(\sum_{i=r+1}^{n} x^i X_i\right)$$

在原点 $(0, \cdots, 0)$ 处的切映射都是恒等映射即可.

3. 设 G_α, $\alpha \in I$ 是 G 的所有连通分支. 对于任意的 $\alpha \in I$, 任意取定 $g_\alpha \in G_\alpha$, 则 $L_{g_\alpha} : G_0 \to G_\alpha$ 是光滑同胚. 证明每一个 G_α 是 G 的既开又闭的子集. 取定 $p \in M$, $M = \bigcup\limits_{\alpha \in I} G_\alpha \cdot p$, 当 $\alpha \neq \beta$ 时 $G_\alpha \cdot p = G_\beta \cdot p$, 或 $G_\alpha \cdot p \cap G_\beta \cdot p = \emptyset$. 验证 $G_\alpha \cdot p$ 是 M 的非空开子集, 然后利用 M 的连通性得到 $G_\alpha \cdot p = G_\beta \cdot p$, $\forall \alpha, \beta \in I$.

5. 根据例 4.2 的讨论, $SO(n+1)/O(n)$ 是黎曼对称空间. 采用例 4.2 中的记法, 对于任意的 $A \in SO(n+1)$, $A = (a_1, \cdots, a_{n+1})$, 其中 $\{a_1, \cdots, a_{n+1}\}$ 是 $\mathbb{R}^{n+1}$ 的一个单位正交基. 此时, A 的左陪集 $[A] = A \cdot K_\sigma$ 是 $\mathbb{R}^{n+1}$ 中的一族单位正交基的集合:

$$[A] = \{(\tilde{a}_1, \cdots, \tilde{a}_{n+1}) \in SO(n+1); \ \tilde{a}_{n+1} = \pm a_{n+1}\}$$
$$= \left\{ A \cdot \begin{pmatrix} B & 0 \\ 0 & \det B \end{pmatrix}; \ B \in O(n) \right\}.$$

因此, $[A]$ 是 $\mathbb{R}^{n+1}$ 的满足 $\tilde{a}_{n+1} = \pm a_{n+1}$ 的全体单位正交基底 $(\tilde{a}_1, \cdots,$ $\tilde{a}_{n+1})$ 构成的集合. 于是可以定义映射

$$\psi : SO(n+1)/O(n) \to \mathbb{R}P^n,$$

使得 $\psi([A]) = \pi_0(a_{n+1})$, 其中 $\pi_0 : S^n \to \mathbb{R}P^n$ 是自然投影. 验证这样定义的映射 ψ 是一个光滑同胚.

6. 只需说明 $O(n+1, 1)$ 是一般线性群 $GL(n+1, \mathbb{R})$ 的闭子群即可.

7. 根据李群 $O(n+1, 1)$ 的定义式 (4.34) 和 G 的定义式 (4.36) 说明, G 的李代数是

$$\mathfrak{g} = \{A \in M(n+1, \mathbb{R}); \ A^t s + s A = 0, \ \operatorname{tr} A = 0\},$$

其中 $M(n+1, \mathbb{R})$ 是由全体 $n+1$ 阶实方阵构成的集合. 对于任意的 $A \in M(n+1, \mathbb{R})$, 如果把 $A = (a_j^i)$ 写成如下的分块矩阵

$$A = \begin{pmatrix} A_0 & \xi \\ \eta & a_{n+1}^{n+1} \end{pmatrix}, \quad \xi = (a_{n+1}^1, \cdots, a_{n+1}^n)^t, \ \eta = (a_1^{n+1}, \cdots, a_n^{n+1}),$$

则 $A \in \mathfrak{g}$ 当且仅当 $A_0^t = -A_0$, $\eta = \xi^t$, 并且 $a_{n+1}^{n+1} = 0$. 于是

$$\mathfrak{g} = \left\{ \begin{pmatrix} A_0 & \xi \\ \xi^t & 0 \end{pmatrix}; \ A_0 \in M(n, \mathbb{R}), A_0^t = -A_0, \xi \in \mathbb{R}^n \right\} \cong \mathbb{R}^{\frac{1}{2}n(n+1)}.$$

类似地可以得到对合自同构 σ 的不动点子群 K_σ 的李代数是

$$\mathfrak{k} = \left\{ \begin{pmatrix} A_0 & 0 \\ 0 & 0 \end{pmatrix}; \ A_0 \in M(n, \mathbb{R}), A_0^t = -A_0 \right\} \cong \mathbb{R}^{\frac{1}{2}n(n-1)}.$$

如果令 $\mathfrak{m} = \{A \in \mathfrak{g}; \ \sigma_{*e}(A) = -A\}$, 则有

$$\mathfrak{m} = \left\{ \begin{pmatrix} 0 & \xi \\ \xi^t & 0 \end{pmatrix}; \ \xi \in \mathbb{R}^n \right\} \cong \mathbb{R}^n.$$

现在定义向量空间 $\mathfrak{m}$ 上的内积 g_0 如下:

$$g_0(A, B) = \frac{1}{2} \operatorname{tr}(AB), \quad \forall A, B \in \mathfrak{m}.$$

对于 $A, B \in \mathfrak{m}$, 可以设

$$A = \begin{pmatrix} 0 & \xi \\ \xi^{\mathrm{t}} & 0 \end{pmatrix}, \quad B = \begin{pmatrix} 0 & \eta \\ \eta^{\mathrm{t}} & 0 \end{pmatrix} \in \mathfrak{m},$$

$$\xi = (\xi^1, \cdots, \xi^n)^{\mathrm{t}}, \quad \eta = (\eta^1, \cdots, \eta^n)^{\mathrm{t}} \in \mathbb{R}^n,$$

则 g_0 是 $\mathrm{Ad}(K_\sigma)$-不变的, 并且有

$$g_0(A, B) = \sum_i \xi^i \eta^i = \langle \xi, \eta \rangle,$$

其中 $\langle \cdot, \cdot \rangle$ 是 $\mathbb{R}^n$ 的标准内积. 可见, 欧氏向量空间 $(\mathfrak{m}, g_0)$ 和 $\mathbb{R}^n$ 是等距的. 由于 g_0 是 $\mathrm{Ad}(K_\sigma)$-不变的, 利用 G 在 G/K_σ 上的自然作用, 可得到对称空间 G/K_σ 上的 G-不变黎曼度量 g, 使得它在点 $o = eK_\sigma$ 的值是 g_0.

8. 设 n, r 是自然数, 且 $r < n$. 用 $G_{n,r}$ 表示实向量空间 $\mathbb{R}^n$ 的所有 r 维子空间 (不考虑其定向) 构成的集合, 则在 $G_{n,r}$ 上有自然的光滑结构, 使之成为 $r(n-r)$ 维光滑流形 (参看参考参考文献 [14, 第 63 页, 例 2.6]). 如同例 4.4 所述, 任意的 $A \in \mathrm{SO}(p+q)$ 都可以看作在 $\mathbb{R}^{p+q}$ 中与标准基底 $\{\delta_i\}$ 具有相同定向的单位正交基底 $\{a_1, \cdots, a_{p+q}\}$, 所以 A 在商空间 $\mathrm{SO}(p+q)/K_\sigma$ 中所对应的左陪集 $[A] = AK_\sigma$ 中的元素是在 $\mathbb{R}^{p+q}$ 中与 $\{\delta_i\}$ 定向相符的单位正交基底 $\{b_i\}$, 其中 $\{b_1, \cdots, b_p\}$ 与 $\{a_1, \cdots, a_p\}$、$\{b_{p+1}, \cdots, b_{p+q}\}$ 与 $\{a_{p+1}, \cdots, a_{p+q}\}$ 各相差一个正交变换, 这两个正交变换具有相同的行列式. 因此, 可以定义两个映射:

$$\psi_1 : \mathrm{SO}(p+q)/K_\sigma \to G_{p+q,p}, \quad \psi_2 : \mathrm{SO}(p+q)/K_\sigma \to G_{p+q,q},$$

使得

$$\psi_1([A]) = \mathrm{Span}\,\{a_1, \cdots, a_p\}, \quad \psi_2([A]) = \mathrm{Span}\,\{a_{p+1}, \cdots, a_{p+q}\},$$

其中 $\mathrm{Span}\,\{\cdots\}$ 表示 $\mathbb{R}^{p+q}$ 的由向量组 $\{\cdots\}$ 所张成的线性子空间.

注意到 $\mathrm{SO}(p+q)$ 在 $G_{p+q,p}$ 和 $G_{p+q,q}$ 上分别有可迁的作用, 它在固定点 $\varphi_1([I_{p+q}])$ 和 $\varphi_2([I_{p+q}])$ 的迷向子群是 K_σ, 因此 ψ_1, ψ_2 都是光滑同胚. 特别地, $G_{p+q,p}$ 和 $G_{p+q,q}$ 是光滑同胚的.

至于 $G_{p+q,p}$ 上的中心对称, 可以完全仿照例 4.4 中对 $\mathrm{SO}(p+q)/K_0$ 的讨论去做, 具体过程从略.

9. 特殊酉群 $\mathrm{SU}(n+1)$ 在 n 维复射影空间 $\mathbb{C}P^n$ 上有一个自然的光滑作用:

$$(A, \pi(P)) \mapsto \pi(AP), \quad \forall A \in \mathrm{SU}(n+1),\ P \in \mathbb{C}^{n+1} \backslash \{0\},$$

其中 $\pi : \mathbb{C}^{n+1} \backslash \{0\} \to \mathbb{C}P^n$ 是自然投影. 由于映射 $\varphi : \mathrm{SU}(n+1)/K_\sigma \to$ $\mathbb{C}P^n$ 是一一对应, 为了证明本题的结论, 只需说明 φ, φ^{-1} 都是光滑映射即可. 另一方面, 根据商空间 $\mathrm{SU}(n+1)/K_\sigma$ 和 $\mathbb{C}P^n$ 的光滑结构的定义可以知道, 从 $\mathrm{SU}(n+1)/K_\sigma$ 到 $\mathbb{C}P^n$ 的映射 φ 是光滑的当且仅当 φ 和自然投影 $\mathrm{SU}(n+1) \to \mathrm{SU}(n+1)/K_\sigma$ 的复合映射 $\mathrm{SU}(n+1) \to \mathbb{C}P^n$ 是光滑映射; 从 $\mathbb{C}P^n$ 到 $\mathrm{SU}(n+1)/K_\sigma$ 的映射 φ^{-1} 是光滑的当且仅当 φ^{-1} 和自然投影 $\mathbb{C}^{n+1} \backslash \{0\} \to \mathbb{C}P^n$ 的复合映射 $\mathbb{C}^{n+1} \backslash \{0\} \to \mathrm{SU}(n+1)/K_\sigma$ 是光滑映射. 不难知道, 上述两个复合映射的定义都是自然的, 也显然是光滑的.

10. (1) 对于任意的 $A \in \mathrm{U}(n+1)$, 矩阵 A 的每一列可以看作 $\mathbb{C}^{n+1}$ 中的一个向量, 因而 A 对应于 $\mathbb{C}^{n+1}$ 中的一个 Hermite 单位正交基底 $\{a_1, \cdots, a_{n+1}\}$. 令 $K = \mathrm{U}(n) \times \mathrm{U}(1)$, 则 A 在商空间 $\mathrm{U}(n+1)/K$ 中的左陪集 $[A] = A \cdot K$ 是 $\mathbb{C}^{n+1}$ 中满足以下条件的 Hermite 单位正交基底 $\{\tilde{a}_1, \cdots, \tilde{a}_{n+1}\}$ 的集合: 存在 $B \in \mathrm{U}(n)$, 使得

$$(\tilde{a}_1, \cdots, \tilde{a}_n) = (a_1, \cdots, a_n)B, \quad \tilde{a}_{n+1} = \lambda \cdot a_{n+1},$$

其中 $\lambda \in \mathbb{C}$, $|\lambda| = 1$. 设 $\pi_0 : \mathbb{C}^{n+1} \backslash \{0\} \to \mathbb{C}P^n$ 是自然投影, 并记 $\delta_{n+1} = (0, \cdots, 0, 1) \in \mathbb{C}^{n+1}$. 定义映射 $\psi : \mathrm{U}(n+1)/K \to \mathbb{C}P^n$, 使得

$$\psi([A]) = \pi_0(A\delta_{n+1}) = \mathrm{Span}_{\mathbb{C}}\{A\delta_{n+1}\}, \quad \forall A \in \mathrm{U}(n+1).$$

上式右端表示在 $\mathbb{C}^{n+1}$ 中由 A 的最后一列元素组成的非零向量所张成的一维复子空间. 采用例 4.5 中的讨论方法可以证明, ψ 是从 $\mathrm{U}(n+1)/K$ 到 $\mathbb{C}P^n$ 上的一一对应, 细节从略. 另外, 根据本章习题第 9 题的思想, 可以证明 ψ 和 ψ^{-1} 是光滑映射.

11. (1) 要证明 $\mathrm{D}J = 0$, 只需要证明: 对于任意的 $X, Y, Z \in \mathfrak{X}(M)$,

$$(g((\mathrm{D}_X J)(Y), Z))_p = 0, \quad \forall p \in M.$$

为此, 对于任意固定的一点 $p \in M$, 设 σ 是 M 在点 p 的中心对称, 则 $\sigma_{*p} = -\mathrm{id}_{T_p M}$. 由于 σ 是等距并且 $\sigma_* \circ J = J \circ \sigma_*$, 并用于点 p 得

$$(g((\mathrm{D}_X J)(Y), Z))_p = -(g((\mathrm{D}_X J)(Y), Z))_p.$$

所以， $(g((\mathrm{D}_X J)(Y), Z))_p = 0.$

(2) 根据复结构可积的定义，需要说明 J 的挠率张量 $\mathcal{N}$ 恒为零. 为此需要应用 (1) 的结论，即

$$(\mathrm{D}_X J)(Y) = \mathrm{D}_X(J(Y)) - J(\mathrm{D}_X Y) = 0, \quad \forall X, Y \in \mathfrak{X}(M).$$

12. 设 $\pi : \mathbb{C}^n \to \mathbb{C}T^n$ 是自然投影，则由第八章的例 6.4, π 是局部全纯等距. 因为 $\mathbb{C}^n$ 是 Hermite 对称空间，所以，$\mathbb{C}T^n$ 是 Hermite 局部对称空间. 下面证明：对于每一点 $p \in \mathbb{C}T^n$, $\mathbb{C}T^n$ 在点 p 有大范围定义的中心对称 σ_p, 并且 $\sigma_p : \mathbb{C}T^n \to \mathbb{C}T^n$ 是全纯等距.

13. 对于任意的 $p, q \in M$, 由连通性，存在从 p 到 q 的连续曲线 $\gamma : [a,b] \to M$. 利用 $\gamma([a,b])$ 的紧致性，可以得到区间 $[a,b]$ 的一个划分： $a = t_0 < t_1 < \cdots < t_N = b$, 使得每一个 $p_i = \gamma(t_i)$ 包含在 $p_{i-1} = \gamma(t_{i-1})$ 的一个充分小的法坐标邻域中，$i = 1, 2, \cdots, N$. 于是对于每一个 i, 有从 p_{i-1} 到 p_i 的最短正规测地线段 γ_i. 用 c_i 表示测地线段的中点，σ_i 表示 M 在点 c_i 的中心对称，则 $\sigma_i(p_{i-1}) = p_i$, $i = 1, 2, \cdots, N$. 令 $\sigma = \sigma_N \circ \cdots \circ \sigma_2 \circ \sigma_1$, 则有 $\sigma(p) = \sigma(p_0) = p_N = q$. 因为每一个 $\sigma_i \in \mathrm{Hol}(M)$, 所以 $\sigma \in \mathrm{Hol}(M)$. 由 $p, q \in M$ 的任意性，$\mathrm{Hol}(M)$ 在 M 上的作用是可迁的. 根据本章习题第 3 题的结论，$\mathrm{Hol}(M)$ 的单位元连通分支 G 在 M 上的作用也是可迁的.

14. 对于任意的 $p \in M$, 用 σ 表示 M 在点 p 的中心对称. 取 M 在点 p 的法坐标邻域 U, 使得对于任意的 $q \in U$, $\sigma(q) \in U$ 有定义. 现固定一点 $q \in U$, 并且设 $\gamma : [0, b] \to M$ 是从 p 到 q 的正规测地线. 由于 σ 是等距变换，$\tilde{\gamma} = \sigma(\gamma)$ 也是测地线，且有 $\tilde{\gamma}(b) = \sigma(q)$. 又因为

$$\tilde{\gamma}'(0) = \sigma_{*p}(\gamma'(0)) = -\gamma'(0),$$

所以可以把 $\tilde{\gamma}$ 反转方向后再与 γ 粘在一起得到从 $\sigma(q)$ 到 q 的测地线 $\gamma : [-b, b] \to M$. 对于任意的 t_1, t_2, 用 $P_{t_1}^{t_2} : T_{\gamma(t_1)}M \to T_{\gamma(t_2)}M$ 表示沿 γ 从 $\gamma(t_1)$ 到 $\gamma(t_2)$ 的平行移动. 证明关系式

$$J_{\gamma(t_2)} \circ P_{t_1}^{t_2} = P_{t_1}^{t_2} \circ J_{\gamma(t_1)}; \quad \sigma_{*\gamma(t_2)} \circ P_{t_1}^{t_2} = P_{-t_1}^{-t_2} \circ \sigma_{*\gamma(t_1)}.$$

现设 $X \in T_q M$, 利用上面的关系式证明

$$\sigma_{*q}(J_q(X)) = (J_{\sigma(b)} \circ \sigma_{*q})(X).$$

16. (1) 对于任意的 $p_0 = \pi(z_0^1, \cdots, z_0^{n+1}) \in \mathbb{C}Q^{n-1} \subset \mathbb{C}P^n$, 存在 $\alpha : 1 \leq \alpha \leq n+1$, 使得

$$p_0 \in U_\alpha := \{\pi(z^1, \cdots, z^{n+1});\ z^\alpha \neq 0\}.$$

令 $\tilde{U}_\alpha = U_\alpha \cap \mathbb{C}Q^{n-1}$, 则 $\tilde{U}_\alpha$ 是点 p_0 在 $\mathbb{C}Q^{n-1}$ 中的开邻域. 如果 $\varphi_\alpha : U_\alpha \to \mathbb{C}^n$ 是 $\mathbb{C}P^n$ 在 U_α 上的局部坐标映射, 则

$$\varphi_\alpha(\tilde{U}_\alpha) = \left\{(\xi^1, \cdots, \xi^n) \in \mathbb{C}^n;\ \sum_{i=1}^n \xi^i = -1\right\}$$

是 $\mathbb{C}^n$ 的复子流形. 由此不难看出, $\mathbb{C}Q^{n-1}$ 是 $\mathbb{C}P^n$ 的一个复子流形. 另一方面, 将 $\mathbb{C}P^n$ 上具有常全纯曲率 4 的 Fubini-Study Hermite 结构限制到 $\mathbb{C}Q^{n-1}$ 上, 可以得到 $\mathbb{C}Q^{n-1}$ 上的 Hermite 结构, 它所对应的 Kähler 形式是闭形式 (参看第八章的例 6.6).

(2) 设 $\mathrm{Hol}(\mathbb{C}P^n)$ 是 $\mathbb{C}P^n$ 的全纯等距群. 由第八章的例 6.2, 每一个 $A \in \mathrm{U}(n+1)$, 都对应一个全纯等距 $\Phi_A : \mathbb{C}P^n \to \mathbb{C}P^n$, 其定义是

$$\Phi_A(\pi(Z)) = \pi(A \cdot Z);\quad \forall Z = (z^1, \cdots, z^{n+1})^{\mathrm{t}} \in \mathbb{C}_*^{n+1}.$$

可以验证, 由 $A \mapsto \Phi_A = \Phi_A$ 给出的映射 $\Phi : \mathrm{U}(n+1) \to \mathrm{Hol}(\mathbb{C}P^n)$ 是李群同态, 它的核是 $\tilde{\mathrm{U}}(1)$. 下面证明 Φ 是满同态. 设

$$\tilde{A} \in \mathrm{Hol}(\mathbb{C}P^n),\quad p = \pi(\delta_{n+1}),\quad q = \tilde{A}(p).$$

分别取 $\mathbb{C}^{n+1}$ 的两个酉基 $\{e_1, \cdots, e_{n+1}\}$, $\{\tilde{e}_1, \cdots, \tilde{e}_{n+1}\}$, 使得 $e_{n+1} \in p$, $\tilde{e}_{n+1} \in q$, 再设 A 是从 $\{e_1, \cdots, e_{n+1}\}$ 到 $\{\tilde{e}_1, \cdots, \tilde{e}_{n+1}\}$ 的过渡矩阵, 则 $A \in \mathrm{U}(n+1)$, 并且 $\Phi_A(p) = q$, $(\Phi_A)_{*p} = \tilde{A}_{*p}$. 根据第五章的引理 5.1, $\Phi_A = \tilde{A}$. 所以 $\Phi : \mathrm{U}(n+1) \to \mathrm{Hol}(\mathbb{C}P^n)$ 是满同态. 因此, 如果把 $A \in \mathrm{U}(n+1)$ 和 $\Phi_A \in \mathrm{Hol}(\mathbb{C}P^n)$ 等同起来, 便有 $\mathrm{U}(n+1)/\tilde{\mathrm{U}}(1) = \mathrm{Hol}(\mathbb{C}P^n)$. 同理可以说明 $\mathrm{SU}(n+1)/\tilde{\mathrm{U}}_0(1) = \mathrm{Hol}(\mathbb{C}P^n)$.

显然, 包含映射 $i : G \to \mathrm{SU}(n+1)$ 是群同态. 此外不难验证, G 是 $\mathrm{SU}(n+1)$ 的闭子群, 因而 G 是 $\mathrm{SU}(n+1)$ 的正则子流形. 于是 $i : G \to \mathrm{SU}(n+1)$ 是李群同态, 故而 G 是 $\mathrm{SU}(n+1)$ 的李子群.

(3) 对于任意的 $A \in G$, A 保持 $\mathbb{C}^{n+1}$ 上的对称内积

$$(Z, W) = Z^{\mathrm{t}} W = \sum_{\alpha=1}^{n+1} Z^{\alpha} W^{\alpha},$$

$$\forall Z = (z^1, \cdots, z^{n+1})^{\mathrm{t}}, \ W = (w^1, \cdots, w^{n+1})^{\mathrm{t}} \in \mathbb{C}^{n+1}$$

不变, 因而 Φ_A 保持 $\mathbb{C}Q^{n-1}$ 不变. 因为 $\mathbb{C}Q^{n-1}$ 是 $\mathbb{C}P^n$ 的 Kähler 子流形, 故 Φ_A 是 $\mathbb{C}Q^{n-1}$ 上的全纯等距变换. 所以, G 可以视为由 $\mathbb{C}Q^{n-1}$ 上的全纯等距变换构成的群.

为证明 G 在 $\mathbb{C}Q^{n-1}$ 上的作用是可迁的, 取 $Z_0 = \frac{1}{\sqrt{2}}(\delta_1 + \sqrt{-1}\delta_2)$, 则 $p_0 = \pi(Z_0) \in \mathbb{C}Q^{n-1}$. 对于任意的 $p \in \mathbb{C}Q^{n-1}$, 存在 $Z \in \mathbb{C}_*^{n+1}$, 满足 $(Z, Z) = 0$, 并且 $p = \pi(Z)$. 不失一般性, 可以设 $Z = \frac{1}{\sqrt{2}}(e_1 + \sqrt{-1}e_2)$, 其中 e_1 和 e_2 是 $\mathbb{R}^{n+1}$ 中的两个单位正交向量. 把 e_1, e_2 扩充为 $\mathbb{R}^{n+1}$ 的一个单位正交基 $\{e_1, e_2, \cdots, e_{n+1}\}$, 用 A 表示以这些基向量为列向量的矩阵, 则有 $A \in G$, 并且

$$AZ_0 = \frac{1}{\sqrt{2}}(e_1 + \sqrt{-1}e_2) = Z,$$

从而 $\Phi_A(p_0) = \pi(Z) = p$.

(4) 按照定义, 对于任意的 $A \in G$, $A \in K \Longleftrightarrow$ 存在模长为 1 的复数 λ, 使得 $A(\delta_1 + \sqrt{-1}\delta_2) = \lambda(\delta_1 + \sqrt{-1}\delta_2)$. 设 $\lambda = \cos\theta + \sqrt{-1}\sin\theta$, 则

$$\lambda(\delta_1 + \sqrt{-1}\delta_2) = \delta_1 \cos\theta - \delta_2 \sin\theta + \sqrt{-1}(\delta_1 \sin\theta + \delta_2 \cos\theta).$$

所以 $A \in K \Longleftrightarrow$ 存在实数 θ, 使得

$$A(\delta_1) = \delta_1 \cos\theta - \delta_2 \sin\theta, \qquad A(\delta_2) = \delta_1 \sin\theta + \delta_2 \cos\theta.$$

即 A 的第一列和第二列元素分别是

$$a_1 = (\cos\theta, -\sin\theta, 0, \cdots, 0)^{\mathrm{t}}, \qquad a_2 = (\sin\theta, \cos\theta, 0, \cdots, 0)^{\mathrm{t}}.$$

对于 $\theta \in \mathbb{R}$, 定义 2 阶正交矩阵

$$R(\theta) = \begin{pmatrix} \cos\theta & \sin\theta \\ -\sin\theta & \cos\theta \end{pmatrix},$$

则因为 A 是 $n+1$ 阶特殊正交矩阵, 立即可得: $A \in K$ 当且仅当 A 能够写成如下的分块矩阵:

$$A = \begin{pmatrix} R(\theta) & 0 \\ 0 & A_2 \end{pmatrix}, \quad \theta \in \mathbb{R}.$$

因此, 迷向子群 K 可以表示为

$$K = \left\{ \begin{pmatrix} A_1 & 0 \\ 0 & A_2 \end{pmatrix}; \ A_1 \in \mathrm{SO}(2, \mathbb{R}), A_2 \in \mathrm{SO}(n-1, \mathbb{R}) \right\}.$$

根据本章习题第 4 题, 存在光滑同胚 $f : G/K \to \mathbb{C}Q^{n-1}$, 使得对于任意的 $A \in G$, $f(AK) = \Phi_A(p_0)$.

(5) 把自然投影 $\pi : \mathbb{C}_*^{n+1} \to \mathbb{C}P^n$ 限制到单位球面 S^{2n+1} 上, 则对于任意的 $Z = x + \sqrt{-1}y \in S^{2n+1}$(其中 $x, y \in \mathbb{R}^{n+1}$), 有切映射

$$\Psi \equiv \pi_* : T_Z S^{2n+1} \to T_p \mathbb{C}P^n,$$

其中 $p = \pi(Z)$. 设 $(Z, Z) = 0$, 则 $p \in \mathbb{C}Q^{n-1}$, 并且 $|x| = |y| = \frac{1}{\sqrt{2}}$, $x \perp y$. 由于 $\sqrt{-1} \cdot Z, \overline{Z}, \sqrt{-1} \cdot \overline{Z} \in T_Z S^{2n+1}$, 可以定义 $T_Z S^{2n+1}$ 的线性子空间

$$T_Z' = \{ X \in T_Z S^{2n+1}; \ X \perp \sqrt{-1}Z \};$$
$$T_Z'' = \{ X \in T_Z S^{2n+1}; \ X \perp \sqrt{-1} \cdot Z, X \perp \overline{Z}, X \perp \sqrt{-1} \cdot \overline{Z} \},$$

容易证明 $\Psi : T_Z' \to T_p(\mathbb{C}P^n)$, $\Psi : T_Z'' \to T_p(\mathbb{C}Q^{n-1})$ 是线性同构. 此外, 把第八章的 (6.15) 式限制在 S^{2n+1} 上, 不难看出, 相对于 S^{2n+1} 的标准黎曼度量和 $\mathbb{C}P^n$ 上具有常全纯截面曲率 4 的 Fubini-Study 度量, 映射 $\Psi : T_Z' \to T_p(\mathbb{C}P^n)$ 保持内积不变, 因而 $\Psi : T_Z'' \to \mathbb{C}Q^{n-1}$ 是一个等距的线性同构.

另一方面, 由于对于每一个 $A \in G$, $\Phi_A : \mathbb{C}Q^{n-1} \to \mathbb{C}Q^{n-1}$ 是全纯等距, 要证明映射 $f : G/K \to \mathbb{C}Q^{n-1}$ 是等距, 只需说明: 在 G/K 上存在一个 G-不变黎曼度量 g, 使得 f 在点 $eK \in G/K$ 的切映射保持内积不变.

(7) 对于任意的 $[z^1, z^2], [z^3, z^4] \in \mathbb{C}P^1$, 令

$$\varphi([z^1, z^2], [z^3, z^4]) = \pi(Z^1, Z^2, Z^3, Z^4) \in \mathbb{C}P^3,$$

其中

$$Z^1 = z^1 z^3 + z^2 z^4, \quad Z^2 = -\sqrt{-1}(z^1 z^3 - z^2 z^4),$$
$$Z^3 = -\sqrt{-1}(z^1 z^4 + z^2 z^3), \quad Z^4 = z^1 z^4 - z^2 z^3.$$

显然，$\varphi([z^1, z^2], [z^3, z^4]) \in \mathbb{C}Q^2$. 由

$$([z^1, z^2], [z^3, z^4]) \mapsto \varphi([z^1, z^2], [z^3, z^4])$$

定义了一个全纯映射 $\varphi : \mathbb{C}P^1 \times \mathbb{C}P^1 \to \mathbb{C}Q^2$. 映射 φ 的逆映射 φ^{-1} 存在，它由下式给出：

$$\varphi^{-1}\left(\pi\left(Z^1, Z^2, Z^3, Z^4\right)\right)$$
$$= \left(\left[Z^1 + \sqrt{-1}Z^2, \sqrt{-1}Z^3 - Z^4\right], \left[Z^1 + \sqrt{-1}Z^2, \sqrt{-1}Z^3 + Z^4\right]\right),$$
$$\forall (Z^1, Z^2, Z^3, Z^4) \in \mathbb{C}_*^4.$$

因此，φ^{-1} 也是全纯映射. 通过直接计算不难验证: 当 $(z^1, z^2), (z^3, z^4) \in S^3$ 并且

$$(z^1, z^2) \perp d(z^1, z^2), \quad \sqrt{-1}(z^1, z^2) \perp d(z^1, z^2),$$
$$(z^3, z^4) \perp d(z^3, z^4), \quad \sqrt{-1}(z^3, z^4) \perp d(z^3, z^4)$$

时，

$$Z = \frac{1}{\sqrt{2}}(Z^1, Z^2, Z^3, Z^4) \in S^7, \quad Z \perp dZ, \quad \sqrt{-1}Z \perp dZ,$$

并且

$$\langle dZ, dZ \rangle = \langle d(z^1, z^2), d(z^1, z^2) \rangle + \langle d(z^3, z^4), d(z^3, z^4) \rangle.$$

所以由第八章的 (6.15) 式，映射 $\varphi : \mathbb{C}P^1 \times \mathbb{C}P^1 \to \mathbb{C}Q^2$ 是等距，其中 $\mathbb{C}P^1$ 上的度量是具有常全纯曲率为 4 的 Fubini-Study 度量. 所以 $\mathbb{C}Q^2$ 和 $\mathbb{C}P^1 \times \mathbb{C}P^1$ 全纯等距.

17. (1) 对于任意的

$$z = (z^1, \cdots, z^{n+1}), \quad w = (w^1, \cdots, w^{n+1}) \in \mathbb{C}^{n+1},$$

利用矩阵 s, 内积 $\langle z, w \rangle_1$ 可以表示为

$$\langle z, w \rangle_1 = z s \overline{w}^{\mathrm{t}},$$

其中右端是矩阵的普通乘法. 令 $G = \{ T \in \mathrm{GL}(n+1, \mathbb{C}); \ T^{\mathrm{t}} s \overline{T} = s \}$. 设 $T \in \mathrm{GL}(n+1, \mathbb{C})$, 则 $T \in \mathrm{U}(n+1, 1) \Longleftrightarrow$ 对于任意的

$$z = (z^1, \cdots, z^{n+1}), \quad w = (w^1, \cdots, w^{n+1}) \in \mathbb{C}^{n+1},$$

有 $\langle T(z), T(w) \rangle_1 = \langle z, w \rangle_1$ 成立.

(2) 根据第八章的 (6.24) 式, 如果把 $T \in \mathrm{U}(n+1, 1)$ 写成如下的分块矩阵

$$T = \begin{pmatrix} A & B \\ C & d \end{pmatrix}, \quad A \in \mathrm{M}(n, \mathbb{C}),$$

则有

$$A \cdot \bar{A}^{\mathrm{t}} - B \cdot \bar{B}^{\mathrm{t}} = I, \quad A \cdot \bar{C}^{\mathrm{t}} - B \cdot \bar{d} = 0, \quad |d|^2 = 1 + C \cdot \bar{C}^{\mathrm{t}},$$

$$T(z) = \frac{z \cdot A + C}{z \cdot B + d}, \quad \forall z = (z^1, \cdots, z^n) \in D^n.$$

由此不难知道,

$$T(0) = 0 \Longleftrightarrow 0 = \frac{C}{d} \Longleftrightarrow B = C = 0 \Longleftrightarrow A \in \mathrm{U}(n), |d| = 1.$$

(3) σ 显然是 $\mathrm{U}(n+1, 1)$ 上的一个对合自同构. 对于任意的

$$T = \begin{pmatrix} A & B \\ C & d \end{pmatrix} \in \mathrm{U}(n+1, 1), \quad A \in \mathrm{M}(n, \mathbb{C}),$$

$T \in K_\sigma \Longleftrightarrow \sigma(T) = T$, 即 $sTs = T$. 后者等价于 $B = C = 0$, 即 $A \in \mathrm{U}(n)$, $|d| = 1$. 所以, $T \in K_\sigma \Longleftrightarrow T \in K \equiv \mathrm{U}(n) \times \mathrm{U}(1)$.

(4) D^n 是 Hermite 对称空间, 其证明可以采用本章习题第 16 题的结论 (5) 的证法.

18. (1) 显然, $\tilde{U}_\alpha$ 可以改写为

$$\tilde{U}_\alpha = \{ Z \in \mathrm{M}(p+q, p; \mathbb{C}); \det Z_\alpha \neq 0 \},$$

因而 $\tilde{U}_\alpha$ 是 $\mathbb{C}^{p(p+q)} = \mathrm{M}(p+q,p;\mathbb{C})$ 的开集. 又因为 $\mathrm{M}^*(p+q,p;\mathbb{C})$ 也是 $\mathrm{M}(p+q,p;\mathbb{C})$ 的开集, 并且 $\tilde{U}_\alpha \subset \mathrm{M}^*(p+q,p;\mathbb{C})$, 所以 $\tilde{U}_\alpha$ 是 $\mathrm{M}^*(p+q,p;\mathbb{C})$ 的开子集.　(1) 的其余结论是直接的.

(2) 对于 $Z, W \in \tilde{U}_\alpha$, $\pi(W) = \pi(Z)$ 当且仅当 W 的 p 列元素和 Z 的 p 列元素可以互相线性表示, 或等价地, 存在 $C_p \in \mathrm{GL}(p,\mathbb{C})$ 使得 $W = ZC_p$, 从而有 $W_\alpha = Z_\alpha C_p$, $W_{\alpha^c} = Z_{\alpha^c} C_p$. 于是

$$\tilde{\varphi}_\alpha(W) = W_{\alpha^c} W_\alpha^{-1} = (Z_{\alpha^c} C_p)(Z_\alpha C_p)^{-1} = Z_{\alpha^c} Z_\alpha^{-1} = \tilde{\varphi}(Z).$$

(3) 定义

$$\mathscr{T} = \{U \subset \mathrm{G}_{p,q}(\mathbb{C});\ \pi^{-1}(U) \subset \mathrm{M}^*(p+q,p;\mathbb{C}) \text{ 是开集}\}.$$

则可以直接验证, $\mathscr{T}$ 满足拓扑定义中的三个条件, 因而是 $\mathrm{G}_{p,q}(\mathbb{C})$ 上的一个拓扑结构. 由 $\mathscr{T}$ 的定义立即可知, $\pi: \mathrm{M}^*(p+q,p;\mathbb{C}) \to \mathrm{G}_{p,q}(\mathbb{C})$ 是连续映射. 此外, 对于 $\mathrm{M}^*(p+q,p;\mathbb{C})$ 中的任意一个开集 $\tilde{U}$,

$$\pi^{-1}(\pi(\tilde{U})) = \{ZC_p;\ \forall Z \in \tilde{U},\ \forall C_p \in \mathrm{GL}(p,\mathbb{C})\}$$
$$= \bigcup_{C_p \in \mathrm{GL}(p,\mathbb{C})} \tilde{U} \cdot C_p,$$

其中

$$\tilde{U} \cdot C_p = \{ZC_p;\ \forall Z \in \tilde{U}\}$$

显然是 $\mathrm{M}^*(p+q,p;\mathbb{C})$ 的开集. 因此, 它们的并集 $\pi^{-1}(\pi(\tilde{U}))$ 是 $\mathrm{M}^*(p+q,p;\mathbb{C})$ 的开集. 所以, π 是开映射.

为证明拓扑 $\mathscr{T}$ 的唯一性, 设 $\mathscr{T}'$ 是 $\mathrm{G}_{p,q}(\mathbb{C})$ 上的任意一个使 π 成为连续开映射的拓扑结构. 首先根据 π 关于 $\mathscr{T}'$ 的连续性和 $\mathscr{T}$ 的定义容易说明 $\mathscr{T}' \subset \mathscr{T}$; 另一方面, 对于任意的 $U \in \mathscr{T}$, $\pi^{-1}(U)$ 是 $\mathrm{M}^*(p+q,p;\mathbb{C})$ 的开集. 又因为 π 关于 $\mathscr{T}'$ 是开映射, 所以 $U = \pi(\pi^{-1}(U)) \in \mathscr{T}'$. 故有 $\mathscr{T} \subset \mathscr{T}'$.

此外由 (1), $\tilde{U}_\alpha$ 是 $\mathrm{M}^*(p+q,p;\mathbb{C})$ 的开集, 所以 $U_\alpha = \pi(\tilde{U}_\alpha)$ 是 $\mathrm{G}_{p,q}(\mathbb{R})$ 的开集. 对于任意的开集 $V \subset \mathbb{C}^{pq} = \mathrm{M}(q,p;\mathbb{C})$, 因为 $\tilde{\varphi}_\alpha: \tilde{U}_\alpha \to \mathbb{C}^{pq}$ 是连续映射, $\pi^{-1}(\varphi_\alpha^{-1}(V)) = \tilde{\varphi}_\alpha^{-1}(V)$ 是 $\mathrm{M}^*(p+q,p;\mathbb{C})$ 的开集, 所以

$\varphi_\alpha^{-1}(V)$ 是 $\mathrm{G}_{p,q}(\mathbb{R})$ 的开集. 这说明 $\varphi_\alpha : U_\alpha \to \mathbb{C}^{pq}$ 是连续映射. 对于任意的 $Y \in \mathrm{M}(q,p;\mathbb{C})$, 取 $Z \in \mathrm{M}^*(p+q,p;\mathbb{R})$, 使得 $Z_\alpha = I_p$(单位矩阵), $Z_{\alpha^c} = Y$, 则 $\tilde{\varphi}_\alpha(Z) = Y$, 即 $\varphi_\alpha(\pi(Z)) = Y$. 因此, $\varphi_\alpha : U_\alpha \to \mathbb{C}^{pq}$ 是满射. 对于 $Z, W \in \mathrm{M}^*(p+q,p)$, 如果 $\varphi_\alpha(\pi(Z)) = \varphi_\alpha(\pi(W))$, 或等价地, $\tilde{\varphi}_\alpha(Z) = \tilde{\varphi}_\alpha(W)$, 则有 $Z_{\alpha^c} Z_\alpha^{-1} = W_{\alpha^c} W_\alpha^{-1}$. 故 $Z_{\alpha^c} = W_{\alpha^c}(W_\alpha^{-1} Z_\alpha)$. 由此即知 $Z = W(W_\alpha^{-1} Z_\alpha)$, 因而 $\pi(Z) = \pi(W)$. 所以 $\varphi_\alpha : U_\alpha \to \mathbb{C}^{pq}$ 是单射. 上面证明了映射 $\varphi_\alpha : U_\alpha \to \mathbb{C}^{pq}$ 是可逆映射. 要说明 φ_α 是同胚, 只需证明 φ_α 是开映射即可. 为此, 设 U 是 U_α 的任意一个开集, 则 $\pi^{-1}(U)$ 是 $\tilde{U}_\alpha \subset \mathrm{M}^*(p+q,p;\mathbb{C})$ 的开集. 对于任意的 $Y \in \varphi_\alpha(U)$, 存在 $Z \in \pi^{-1}(U)$, 使得 $\tilde{\varphi}_\alpha(Z) = Y$. 不失一般性, 可设 $Z_\alpha = I_p$, $Z_{\alpha^c} = Y$. 由于 Z 是 $\pi^{-1}(U)$ 的内点, 有正数 δ, 使得对于任意的 $Z' \in \mathrm{M}^*(p+q,p;\mathbb{C})$, 只要 $\|Z' - Z\| < \delta$, 便有 $Z' \in \pi^{-1}(U)$, 因而有 $\varphi_\alpha(\pi(Z')) \in \varphi_\alpha(U)$. 特别地, 对于任意的 $Y' \in \mathbb{C}^{pq}$, 当 $\|Y' - Y\| < \delta$ 时, 只要取 $Z' \in \mathrm{M}^*(p+q,p;\mathbb{C})$, 使得 $Z'_\alpha = I_p$, $Z'_{\alpha^c} = Y'$, 便有 $\|Z' - Z\| < \delta$, 故有 $Y' = \varphi_\alpha(\pi(Z')) \in \varphi_\alpha(U)$. 这说明 $\varphi_\alpha(U)$ 中的任意一点 Y 都是内点, 因而是 $\mathbb{C}^{pq}$ 的开集.

(4) 对于任意的 $Y = (y_\lambda^a) \in \varphi_\alpha(U_\alpha \cap U_\beta) \subset \mathrm{M}(q,p;\mathbb{C})$, 取 $Z \in \pi^{-1}(U_\alpha \cap U_\beta)$, 使得 $Z_\alpha = I_p$, $Z_{\alpha^c} = Y$. 令 $W = Z \cdot Z_\beta^{-1}$, 则有 $W_\beta = I_p$, 并且 $W_{\beta^c} = Z_{\beta^c} \cdot Z_\beta^{-1}$. 于是 W_{β^c} 的每一个元素都是 y_λ^a 的有理函数, 因而是 y_λ^a 的全纯函数. 又因为

$$(\varphi_\beta \circ \varphi_\alpha^{-1})(Y) = \varphi_\beta(\pi(Z)) = \varphi_\beta(\pi(W)) = \tilde{\varphi}_\beta(W) = W_{\beta^c},$$

所以 $\varphi_\beta \circ \varphi_\alpha^{-1}$ 是全纯映射.

(5) 给定 $T \in \mathrm{U}(p+q)$ 和 $x \in \mathrm{G}_{p,q}(\mathbb{C})$. 任意取 p 维子空间 x 的一个基底 $\{v_1, \cdots, v_p\}$, 令 V 是以 $v_1, \cdots, v_p$ 为列向量的矩阵, 则有 $\pi(V) = x$. 现设 $Z \in \pi^{-1}(x)$, 则

$$\Psi_T(x) = \Psi_T(\pi(V)) = \Psi_T(\pi(Z)) = \mathrm{Span}_{\mathbb{C}}(TZ) = \pi(TZ).$$

对于任意的 $\alpha \in \Lambda$, 以及任意的 $Y = (y_\lambda^a) \in \varphi_\alpha(U_\alpha) = \mathbb{C}^{pq}$, 取 $Z \in \pi^{-1}(U_\alpha)$, 使得 $Z_\alpha = I_p$, $Z_{\alpha^c} = Y$. 则

$$(\Psi_T \circ \varphi_\alpha^{-1})(Y) = \Psi_T(\pi(Z)) = \pi(TZ).$$

取 $\beta \in \Lambda$, 使得 $\tilde{Z} = TZ \in \tilde{U}_\beta$. 由 φ_β 和 $\tilde{\varphi}_\beta$ 的定义

$$\varphi_\beta(\pi(TZ)) = \tilde{\varphi}_\beta(TZ) = \tilde{Z}_{\beta^c} \tilde{Z}_\beta^{-1}.$$

于是

$$(\varphi_\beta \circ \Psi_T \circ \varphi_\alpha^{-1})(Y) = \varphi_\beta(\pi(TZ)) = \tilde{Z}_{\beta^c} \tilde{Z}_\beta^{-1}.$$

上式右端矩阵的元素显然都是 y_λ^α 的全纯函数, 因而 $\varphi_\beta \circ \Psi_T \circ \varphi_\alpha^{-1}$ 是全纯映射. 由 α 的任意性, $\Psi_T : G_{p,q}(\mathbb{C}) \to G_{p,q}(\mathbb{C})$ 是全纯映射.

(6) 注意到 $U(p+q)$ 是 $GL(p+q, \mathbb{C})$ 的嵌入子流形, 则由 (5) 的证明不难看出, 映射 Ψ 的局部表示关于 T 和 x 是光滑映射. 此外, 由 Ψ 的定义可以直接验证, Ψ 满足: 1°. 对于任意的 $x \in G_{p,q}(\mathbb{C})$, $\Psi(I_{p+q}, x) = x$, 这里 I_{p+q} 是 $p+q$ 阶单位矩阵; 2°. 对于任意的 $T_1, T_2 \in U(p+q)$ 和任意的 $x \in G_{p,q}(\mathbb{C})$, $\Psi(T_1, \Psi(T_2, x)) = \Psi(T_1 \cdot T_2, x)$. 因此, $\Psi : U(p+q) \times G_{p,q}(\mathbb{C}) \to G_{p,q}(\mathbb{C})$ 是 $U(p+q)$ 在 $G_{p,q}(\mathbb{C})$ 上的一个光滑作用.

再设 $x, \tilde{x}$ 是 $G_{p,q}(\mathbb{C})$ 上的任意两点, 分别取子空间 $x, \tilde{x}$ 的酉基底 $\{e_1, \cdots, e_p\}$ 和 $\{\tilde{e}_1, \cdots, \tilde{e}_p\}$, 并把它们分别扩充为 $\mathbb{C}^{p+q}$ 的两个酉基底

$$\{e_1, \cdots, e_{p+q}\} \text{ 和 } \{\tilde{e}_1, \cdots, \tilde{e}_{p+q}\}.$$

则存在唯一的 $T \in U(p+q)$, 使得

$$(\tilde{e}_1, \cdots, \tilde{e}_{p+q}) = (T(e_1), \cdots, T(e_{p+q})).$$

特别地,

$$(\tilde{e}_1, \cdots, \tilde{e}_p) = (T(e_1), \cdots, T(e_p)),$$

因而

$$\tilde{x} = \text{Span}_{\mathbb{C}}\{\tilde{e}_1, \cdots, \tilde{e}_p\} = \text{Span}_{\mathbb{C}}\{T(e_1), \cdots, T(e_p)\}$$
$$= \Psi_T(\text{Span}_{\mathbb{C}}\{e_1, \cdots, e_p\}) = \Psi_T(x).$$

所以, $U(p+q)$ 在 $G_{p,q}(\mathbb{C})$ 上的作用是可迁的.

(7) 设 $T \in U(p+q)$. 把 T 写成如下的分块矩阵:

$$T = \begin{pmatrix} A & C \\ D & B \end{pmatrix}, \text{ 其中 } A \in M(p, \mathbb{C}), \quad B \in M(q, \mathbb{C}).$$

如果 $\Psi_T(x_0) = x_0$, 则存在 $A_0 \in \mathrm{GL}(p, \mathbb{C})$, 使得

$$(T(\delta_1), \cdots, T(\delta_p)) = (\delta_1, \cdots, \delta_p)A_0.$$

由此易知 $A = A_0$, $D = 0$. 由 $T\overline{T}^{\mathrm{t}} = I_{p+q}$ 可知

$$C = D = 0, \quad A\overline{A}^{\mathrm{t}} = I_p, \quad B\overline{B}^{\mathrm{t}} = I_q,$$

即 $A \in \mathrm{U}(p)$, $B \in \mathrm{U}(q)$. 所以

$$
\begin{aligned}
K &= \{T \in \mathrm{U}(p+q); \ T(x_0) = x_0\} \\
&\subset \left\{ \begin{pmatrix} A & 0 \\ 0 & B \end{pmatrix}; \ A \in \mathrm{U}(p), \ B \in \mathrm{U}(q) \right\} \equiv \mathrm{U}(p) \times \mathrm{U}(q).
\end{aligned}
$$

反包含关系是显然的.

(8) 设 $A \in \mathrm{U}(p)$, $Z \in \mathrm{M}^*(p+q, p; \mathbb{C})$, $Z_1, \cdots, Z_p$ 是矩阵 Z 的 p 个列向量, 它们构成子空间 $\mathrm{Span}_{\mathbb{C}}(Z)$ 的基底. 如果 $ZA = Z$, 则 A 把基底 $\{Z_1, \cdots, Z_p\}$ 变成自己. 这样的矩阵 A 只能是单位矩阵 I_p.

(9) 第一个结论由自然投影 π 的定义直接得到. 对于任意的 $Z, \tilde{Z} \in \pi^{-1}(x)$, 它们的列向量分别记为 $Z_1, \cdots, Z_p$ 和 $\tilde{Z}_1, \cdots, \tilde{Z}_p$. 则

$$\{Z_1, \cdots, Z_p\} \ \text{和} \ \{\tilde{Z}_1, \cdots, \tilde{Z}_p\}$$

都是子空间 x 的基底, 因而有 $A \in \mathrm{GL}(p, \mathbb{C})$, 使得

$$(\tilde{Z}_1, \cdots, \tilde{Z}_p) = (Z_1, \cdots, Z_p)A.$$

此式即 $\tilde{Z} = ZA$. 由于 $Z, \tilde{Z} \in \mathrm{M}^*(p+q, p; \mathbb{C})$ 的任意性, $\mathrm{GL}(p, \mathbb{C})$ 在 $\pi^{-1}(x)$ 上右作用是可迁的.

(10) 设 $T \in \mathrm{U}(p+q)$. 如果对于任意的 $Z \in \mathrm{M}^*(p+q, p; \mathbb{C})$, 都有 $TZ = Z$, 则对于每一个多重指标 $\alpha = (\alpha_1, \cdots, \alpha_p)$, 下式

$$(T(\delta_{\alpha_1}), \cdots, T(\delta_{\alpha_p})) = T(\delta_{\alpha_1}, \cdots, \delta_{\alpha_p}) = (\delta_{\alpha_1}, \cdots, \delta_{\alpha_p})$$

都成立. 由 α 的任意性, $T(\delta_i) = \delta_i$, $1 \le i \le p+q$. 于是 $T = I_{p+q}$ 是单位矩阵. 根据有效作用的定义知, $\mathrm{U}(p+q)$ 在 $\mathrm{M}^*(p+q, p; \mathbb{C})$ 上的作用是

有效的.

(11) 对于任意的 $T \in \mathrm{U}(p+q)$ 和任意的 $A \in \mathrm{GL}(p,\mathbb{C})$,

$$\det((TZ)^{\mathrm{t}}(\overline{TZ})) = \det(Z^{\mathrm{t}}(T^{\mathrm{t}}\overline{T})\overline{Z}) = \det(Z^{\mathrm{t}}I_{p+q}\overline{Z}) = \det(Z^{\mathrm{t}}\overline{Z}),$$

$$\det((ZA)^{\mathrm{t}}(\overline{ZA})) = \det(A^{\mathrm{t}}(Z^{\mathrm{t}}\overline{Z})\overline{A}) = \det(A^{\mathrm{t}})\det(Z^{\mathrm{t}}\overline{Z})\det(\overline{A})$$

$$= |\det A|^{2}\det(Z^{\mathrm{t}}\overline{Z}), \quad \forall Z \in \mathrm{M}^{*}(p+q,p;\mathbb{C}).$$

由此可知, $\tilde{\Phi}$ 关于 $\mathrm{U}(p+q)$ 在 $\mathrm{M}^{*}(p+q,p;\mathbb{C})$ 上的左作用和 $\mathrm{GL}(p,\mathbb{C})$ 在 $\mathrm{M}^{*}(p+q,p;\mathbb{C})$ 上的右作用都是不变的.

下面在 $\mathrm{G}_{p,q}(\mathbb{C})$ 上定义二次形式 Φ, 使得 $\pi^{*}\Phi = \tilde{\Phi}$. 为此, 设 $x \in \mathrm{G}_{p,q}(\mathbb{C})$, 取定义在 x 附近的全纯映射 $\tau : U \to \mathrm{M}^{*}(p+q,p;\mathbb{C})$, 使得 $\pi \circ \tau = \mathrm{id}_{U}$, 并且令 $\Phi_{\tau} = \tau^{*}\tilde{\Phi}$, 则 Φ_{τ} 是定义在 U 上的 $(1,1)$ 型闭形式. 如果 $\tilde{\tau} : V \to \mathrm{M}^{*}(p+q,p;\mathbb{C})$ 定义在 x 附近并且满足 $\pi \circ \tilde{\tau} = \mathrm{id}_{V}$ 的另一个全纯映射, 则有全纯映射 $A : U \cap V \to \mathrm{GL}(p,\mathbb{C})$, 使得

$$\tilde{\tau}(y) = \tau(y) \cdot A(y), \quad \forall y \in U \cap V.$$

由此容易知道,

$$\begin{aligned}
(\Phi_{\tilde{\tau}})|_{U \cap V} &= (\tilde{\tau}^{*}\tilde{\Phi})|_{U \cap V} = (\tilde{\tau}^{*}\tilde{\Phi})|_{U \cap V} \\
&= -4\sqrt{-1}\partial\bar{\partial}\ln\det((\tilde{\tau}(y))^{\mathrm{t}}\overline{\tilde{\tau}(y)}) \\
&= -4\sqrt{-1}\partial\bar{\partial}\ln\det((A(y))^{\mathrm{t}}((\tau(y))^{\mathrm{t}}\overline{\tau(y)})\overline{A(y)}) \\
&= -4\sqrt{-1}\partial\bar{\partial}\ln\det((\tau(y))^{\mathrm{t}}\overline{\tau(y)}) - 4\sqrt{-1}\partial\bar{\partial}\ln|\det(A(y))|^{2} \\
&= -4\sqrt{-1}\partial\bar{\partial}\ln\det((\tau(y))^{\mathrm{t}}\overline{\tau(y)}) \\
&= (\tau^{*}\tilde{\Phi})|_{U \cap V} = (\Phi_{\tau})|_{U \cap V}.
\end{aligned}$$

所以, 如果把所有这样的 Φ_{τ} 粘贴起来即可得到一个在 $\mathrm{G}_{p,q}(\mathbb{C})$ 上处处有定义的 $(1,1)$-闭形式 Φ, 使得对于每一个 τ, $\Phi|_{U} = \Phi_{\tau}$.

下面验证 $\pi^{*}\Phi = \tilde{\Phi}$. 对于任意的 $x \in \mathrm{G}_{p,q}(\mathbb{C})$, 取定义在 x 点附近的全纯映射 $\tau : U \to M^{*}(p+q,p;\mathbb{C})$, 使得 τ 满足 $\pi \circ \tau = \mathrm{id}_{U}$. 则 $F = \tau \circ \pi$ 是全纯映射, 它满足 $\pi \circ F = \pi$. 于是存在全纯映射 $a : U \to \mathrm{GL}(p,\mathbb{C})$, 使得

$$F(Z) = Z \cdot a(Z), \quad \forall Z \in U.$$

因此

$$
\begin{aligned}
\pi^*(\Phi|_U) =& \pi^*(\tau^*\tilde{\Phi}) = (\tau \circ \pi)^*\tilde{\Phi} = F^*\tilde{\Phi} \\
=& -4\sqrt{-1}\partial\overline{\partial}\ln\det((F(Z))^{\mathrm{t}}\overline{F(Z)}) \\
=& -4\sqrt{-1}\partial\overline{\partial}\ln\det((a(Z))^{\mathrm{t}}(Z^{\mathrm{t}}\overline{Z})\overline{a(Z)}) \\
=& -4\sqrt{-1}\partial\overline{\partial}\ln\det(Z^{\mathrm{t}}\overline{Z}) - 4\sqrt{-1}\partial\overline{\partial}\ln|\det((a(Z))|^2 \\
=& -4\sqrt{-1}\partial\overline{\partial}\ln\det(Z^{\mathrm{t}}\overline{Z}) = \tilde{\Phi}|_{\pi^{-1}(U)}.
\end{aligned}
$$

再由 $x \in \mathrm{G}_{p,q}(\mathbb{C})$ 的任意性，　$\pi^*\Phi = \tilde{\Phi}$.

最后，对于任意 $T \in \mathrm{U}(p+q)$，因为 T 在 $\mathrm{M}^*(p+q,p;\mathbb{C})$ 上的左作用保持 $\tilde{\Phi}$ 不变，所以 T 在 $\mathrm{G}_{p,q}(\mathbb{C})$ 上的诱导作用 $\Psi_T : \mathrm{G}_{p,q}(\mathbb{C}) \to \mathrm{G}_{p,q}(\mathbb{C})$ 满足

$$
\Psi_T^*\Phi = \Phi.
$$

(12) 首先证明，如果 $\tilde{J}$ 是 $\mathrm{M}^*(p+q,p;\mathbb{C})$ 上的典型复结构，则 $\tilde{\Phi}$ 是 $\tilde{J}$ 不变的；再利用自然投影的全纯性可以证明 Φ 是 J-不变的. 对于任意的 $X,Y \in \mathfrak{X}(\mathrm{G}_{p,q}(\mathbb{C}))$，记 $g(X,Y) = \Phi(JX,Y)$，则由于 Φ 是反对称的和 J-不变的，g 是 $\mathrm{G}_{p,q}(\mathbb{C})$ 上的一个 J-不变的二阶对称协变张量场. 因此，为证明 h 是 $\mathrm{G}_{p,q}(\mathbb{C})$ 上的 Hermite 结构，只需说明 g 是正定的. 注意到 $\mathrm{U}(p+q)$ 在 $\mathrm{G}_{p,q}(\mathbb{C})$ 上的左作用是可迁的，并且 g 是 $\mathrm{U}(p+q)$-不变的，所以只需要说明 g 在某一个特殊点处是正定的即可. 为此，令

$$
Z_0 = \begin{pmatrix} I_p \\ 0 \end{pmatrix}, \quad x_0 = \pi(Z_0), \quad \alpha = (1,\cdots,p),
$$

则 $Z_0 \in \tilde{U}_\alpha, x_0 \in U_\alpha$. 对于任意的 $x \in U_\alpha$ 和任意的 $Z \in \pi^{-1}(x)$，x 在 U_α 中的局部复坐标是 $Y = Z_{\alpha^c}Z_\alpha^{-1}$. 因为

$$
Z^{\mathrm{t}}\overline{Z} = Z_\alpha^{\mathrm{t}}\overline{Z}_\alpha + Z_{\alpha^c}^{\mathrm{t}}\overline{Z}_{\alpha^c} = Z_\alpha^{\mathrm{t}}(I_p + Y^{\mathrm{t}}\overline{Y})\overline{Z}_\alpha,
$$

所以在 $\tilde{U}_\alpha$ 上，有

$$
\begin{aligned}
\partial\overline{\partial}\ln\det(Z^{\mathrm{t}}\overline{Z}) =& \partial\overline{\partial}\ln\det(Z_\alpha^{\mathrm{t}}(I_p + Y^{\mathrm{t}}\overline{Y})\overline{Z}_\alpha) \\
=& \partial\overline{\partial}\ln\det(I_p + Y^{\mathrm{t}}\overline{Y}) + \partial\overline{\partial}\ln|\det Z_\alpha|^2 \\
=& \partial\overline{\partial}\ln\det(I_p + Y^{\mathrm{t}}\overline{Y}).
\end{aligned}
$$

由此结合 Φ 的定义可知

$$\Phi = -4\sqrt{-1}\partial\overline{\partial}\ln\det(I_p + Y^t\overline{Y}).$$

因为 Y 是 U_α 中点的复坐标，所以

$$\partial Y = \mathrm{d}Y, \quad \overline{\partial}Y = 0, \quad \partial\overline{Y} = 0, \quad \overline{\partial}\,\overline{Y} = \overline{\mathrm{d}Y};$$

$$J(\mathrm{d}Y) = \sqrt{-1}\mathrm{d}Y, \quad J(\overline{\mathrm{d}Y}) = -\sqrt{-1}\overline{\mathrm{d}Y}.$$

据此进行直接计算可知，在点 x_0 处 (即当 $Y = 0$ 时)，$g = 8\mathrm{tr}\,(\mathrm{d}Y^t \cdot \mathrm{d}\overline{Y})$. 因此，$g$ 在点 x_0 处是正定的.

(13) σ 显然是 $\mathrm{U}(p+q)$ 上的对合自同构. 对于任意的 $T \in \mathrm{U}(p+q)$，把它写成如下的分块矩阵

$$T = \begin{pmatrix} A & C \\ D & B \end{pmatrix}, \quad \text{其中 } A \in \mathrm{M}(p,\mathbb{C}),\ B \in \mathrm{M}(q,\mathbb{C}).$$

则

$$T \in K_\sigma \Longleftrightarrow \varepsilon_{p,q}T\varepsilon_{p,q} = T \Longleftrightarrow \varepsilon_{p,q}T = T\varepsilon_{p,q}$$
$$\Longleftrightarrow C = D = 0 \Longleftrightarrow A \in \mathrm{U}(p),\ B \in \mathrm{U}(q).$$

所以

$$K_\sigma = \left\{ \begin{pmatrix} A & 0 \\ 0 & B \end{pmatrix};\ A \in \mathrm{U}(p),\ B \in \mathrm{U}(q) \right\} \equiv \mathrm{U}(p) \times \mathrm{U}(q).$$

(14) 设 $\tilde{\pi} : \mathrm{U}(p+q) \to \mathrm{U}(p+q)/K$ 是自然投影，$e = I_{p+q}$. 因为 K 是 $\mathrm{U}(p+q)$ 的紧子群，所以切空间 $T_{eK}(\mathrm{U}(p+q)/K)$ 存在 K-不变内积，而且每一个这样的不变内积确定了 $\mathrm{U}(p+q)/K$ 上的一个 $\mathrm{U}(p+q)$-不变黎曼度量，使得 $\mathrm{U}(p+q)/K$ 成为黎曼对称空间. 此时，它在点 eK 处的中心对称 σ_0 的定义是

$$\sigma_0(\tilde{\pi}(T)) = \tilde{\pi}(\sigma(T)) = \tilde{\pi}(\varepsilon_{p,q}T\varepsilon_{p,q}).$$

另外，齐性空间 $\mathrm{U}(p+q)/K$ 到复射影空间 $\mathrm{G}_{p,q}(\mathbb{C})$ 的等同映射

$$f : \mathrm{U}(p+q)/K \to \mathrm{G}_{p,q}(\mathbb{C})$$

的定义是

$$f(\tilde{\pi}(T)) = \pi(TZ_0), \quad \forall T \in \mathrm{U}(p+q), \quad \text{其中 } Z_0 = \begin{pmatrix} I_p \\ 0 \end{pmatrix}.$$

因此，映射 f 关于 $\mathrm{U}(p+q)$ 在 $\mathrm{U}(p+q)/K$ 和 $\mathrm{G}_{p,q}(\mathbb{C})$ 上的自然作用是等变的. 于是可以取定 $\mathrm{U}(p+q)/K$ 上的 $\mathrm{U}(p+q)$-不变黎曼度量，使得 $f : \mathrm{U}(p+q)/K \to \mathrm{G}_{p,q}(\mathbb{C})$ 是等距，因而 $\mathrm{G}_{p,q}(\mathbb{C})$ 是黎曼对称空间. 它在点 $x_0 = \pi(Z_0)$ 处的中心对称 $\tilde{\sigma}_{x_0}$ 可以通过等同映射 f 表示为

$$\tilde{\sigma}_{x_0}(x) = f(\tilde{\pi}(\sigma_0(T))) = \pi(\varepsilon_{p,q}T\varepsilon_{p,q}Z_0),$$

其中 $x = \Psi_T(x_0) = \pi(TZ_0) \in \mathrm{G}_{p,q}(\mathbb{C})$. 由于 π 是全纯映射，不难知道，$\tilde{\sigma}_{x_0}$ 也是全纯映射. 另一方面，$\mathrm{G}_{p,q}(\mathbb{C})$ 在任意一点 $x = \pi(TZ_0) \in \mathrm{G}_{p,q}(\mathbb{C})$ 处的中心对称 $\tilde{\sigma}_x$ 定义如下：

$$\tilde{\sigma}_x(y) = \Psi_T(\tilde{\sigma}_{x_0}(\Psi_{T^{-1}}(y))), \quad \forall y \in \mathrm{G}_{p,q}(\mathbb{C}).$$

于是利用 $\tilde{\sigma}_{x_0}$ 的全纯性可以看出，$\tilde{\sigma}_x$ 是全纯的. 所以 $\mathrm{G}_{p,q}(\mathbb{C})$ 是 Hermite 对称空间.

19. 由第八章的例 6.5, $\mathrm{U}(p+q,q)$ 全纯地作用于 $D_{p,q}$. 根据第八章习题第 29 题的结论 (2), $\mathrm{U}(p+q,q)$ 在 $D_{p,q}$ 上的这种作用是可迁的. 此外由第八章的 (6.32) 式容易知道，$\mathrm{U}(p+q,q)$ 在原点 O 处的迷向子群是 $K = \mathrm{U}(p) \times \mathrm{U}(q)$. 于是，$D_{p,q}$ 等同于齐性空间 $\mathrm{U}(p+q,q)/K$. 对于任意的 $T \in \mathrm{U}(p+q,q)$, 定义 $\sigma(T) = \varepsilon_{p,q}T\varepsilon_{p,q}$, 则映射 $\sigma : \mathrm{U}(p+q,q) \to \mathrm{U}(p+q,q)$ 是 $\mathrm{U}(p+q,q)$ 上的一个对合自同构. 可以直接算出，σ 的不动点子群正是 K. 由于 K 是紧致的，$D_{p,q} = \mathrm{U}(p+q,q)/K$ 是黎曼对称空间. 注意到 $\mathrm{U}(p+q,q)$ 的作用保持 $D_{p,q}$ 上的 Hermite 内积不变 (参看第八章的例 6.5), 采用本章习题第 18 题的做法说明 $D_{p,q}$ 是 Hermite 对称空间.

20. 显然，K 是群 G 的闭子群，因而商空间 G/K 是光滑流形. 对于任意的 $g_1, g_2 \in G$, 如果 $\bar{\varphi}(g_1 K) = \bar{\varphi}(g_2 K)$, 则有 $\varphi(g_1)\tilde{K} = \varphi(g_2)\tilde{K}$. 所以

$$\varphi(g_1^{-1} \cdot g_2) = (\varphi(g_1))^{-1}\varphi(g_2) \in \tilde{K},$$

因而 $g_1^{-1}g_2 \in \varphi^{-1}(\tilde{K}) = K$. 于是，$g_1 K = g_2 K$. 这说明，映射 $\bar{\varphi} : \tilde{G}/K \to \tilde{G}/\tilde{K}$ 是一个单射. 再由假设条件，$\bar{\varphi}$ 是双射. 因此，根据反函数定理，为

证明所需的结论, 只要说明映射 $\tilde{\varphi}$ 处处是浸入. 又因为 $\tilde{\varphi}$ 关于群的左作用是等变的, 而且根据商空间 G/K 和 $\tilde{G}/\tilde{K}$ 上微分结构的定义, 群的左作用是商空间的光滑同胚, 所以只要证明 $\tilde{\varphi}$ 在点 eK 处是浸入即可, 其中 e 是群 G 的单位元. 因为 $\varphi: G \to \tilde{G}$ 是满射, 所以它在单位元 e 处的切映射 φ_{*e} 也是满射. 设 $T_e K$ 和 $T_{\tilde{e}} \tilde{K}$ 分别是闭子群 K 和 $\tilde{K}$ 在单位元处的切空间, 则容易验证: $T_e K = \varphi_{*e}^{-1}(T_{\tilde{e}} \tilde{K})$, 因而 φ_{*e} 诱导了线性商空间之间的同构 $\Phi: T_e G/T_e K \to T_{\tilde{e}} \tilde{G}/T_{\tilde{e}} \tilde{K}$. 最后, 由商空间 G/K 和 $\tilde{G}/\tilde{K}$ 上微分结构的构造以及 $\tilde{\varphi}$ 的定义不难知道 $\tilde{\varphi}_{*eK}$ 是线性同构.

21. (1) 作取李代数 $\mathfrak{g}$ 的基底 $\{e_i\}$, 它的对偶基记为 $\{\omega^i\}$, 则由线性变换的迹的定义,

$$B(X,Y) = \mathrm{tr}\,(\mathrm{ad}(X) \circ \mathrm{ad}(Y)) = \sum_i \omega^i([X,[Y,e_i]]), \quad \forall X, Y \in \mathfrak{g}.$$

于是由括号积 $[X,Y]$ 的双线性性质立即可知, Killing 形式 B 是双线性的.

(2) 利用 Jacobi 恒等式.

22. 首先, 对于每一个 $i = 1, \cdots, r$, 取 $\mathfrak{g}_i$ 的基底 $\{e_{a_i}^{(i)}\}$, 相应的对偶基设为 $\{\omega_{(i)}^{a_i}\}$, 则 $\{e_{a_1}^{(1)}, \cdots, e_{a_r}^{(r)}\}$ 是 $\mathfrak{g}$ 的基, 其对偶基是 $\{\omega_{(1)}^{a_1}, \cdots, \omega_{(r)}^{a_r}\}$. 另一方面, 由李代数的理想的定义, 对于任意的 i, $[\mathfrak{g}, \mathfrak{g}_i] \subset \mathfrak{g}_i$. 于是当 $i \neq j$ 时, 只要 $X \in \mathfrak{g}_i$, $Y \in \mathfrak{g}_j$, 便有 $[X,Y] \in \mathfrak{g}_i \cap \mathfrak{g}_j = \{0\}$, 因而有 $[\mathfrak{g}_i, \mathfrak{g}_j] = \{0\}$. 所以对于任意的 $X \in \mathfrak{g}_i$ 和 $Y \in \mathfrak{g}_j$,

$$B(X,Y) = \mathrm{tr}\,(\mathrm{ad}(X) \circ \mathrm{ad}(Y)) = \sum_{i,a_i} \omega_{(i)}^{a_i}([X,[Y,e_{a_i}^{(i)}]]) = 0.$$

于是, 当 $i \neq j$ 时, $B(\mathfrak{g}_i, \mathfrak{g}_j) = 0$.

此外, 对于每一个固定的 i, 设 B_i 是 $\mathfrak{g}_i$ 上的 Killing 形式. 则对于任意的 $X, Y \in \mathfrak{g}_i$, 当 $j \neq i$ 时, 因为 $[Y, e_{a_j}^{(j)}] = 0$, 所以

$$B(X,Y) = \sum_{j,a_j} \omega_{(j)}^{a_j}([X,[Y,e_{a_j}^{(j)}]]) = \sum_{a_i} \omega_{(i)}^{a_i}([X,[Y,e_{a_i}^{(i)}]]) = B_i(X,Y).$$

23. 设 B 是紧致李代数 $\mathfrak{g}$ 上的 Killing 形式. 存在紧致的李群 G, 使得 G 的李代数同构于 $\mathfrak{g}$. 任意取 G 上的一个双不变黎曼度量, 它在 $\mathfrak{g}$ 上诱导了一个

ad($\mathfrak{g}$)-不变内积 $\langle \cdot, \cdot \rangle$, 即有

$$\langle \mathrm{ad}(X)Y, Z \rangle + \langle Y, \mathrm{ad}(X)Z \rangle = 0, \quad \forall X, Y, Z \in \mathfrak{g}.$$

因此, $\mathrm{ad}(X)$ 作为 $\mathfrak{g}$ 上的线性变换关于内积 $\langle \cdot, \cdot \rangle$ 是反对称的. 任意取定 $\mathfrak{g}$ 的一个基 $\{e_a\}$, 其对偶基记为 $\{\omega^a\}$. 如果 $\mathrm{ad}(X)$ 关于 $\{e_a\}$ 的矩阵仍然记为 $\mathrm{ad}(X)$, 则线性变换 $\mathrm{ad}(X) \circ \mathrm{ad}(X)$ 关于 $\{e_a\}$ 的矩阵是

$$\mathrm{ad}(X)\mathrm{ad}(X) = -\mathrm{ad}(X) \cdot (\mathrm{ad}(X))^t.$$

所以

$$B(X, X) = \mathrm{tr}\,(\mathrm{ad}(X) \circ \mathrm{ad}(X)) = \mathrm{tr}\,(\mathrm{ad}(X) \cdot \mathrm{ad}(X))$$
$$= -\,\mathrm{tr}\,(\mathrm{ad}(X) \cdot (\mathrm{ad}(X))^t) \leq 0.$$

由 $X \in \mathfrak{g}$ 的任意性, B 是半负定的.

24. (1) 建立映射 $f : \mathfrak{g} \to \tilde{\mathfrak{g}}$, 使得

$$f(k + m) = k + \sqrt{-1}m, \quad \forall k \in \mathfrak{k},\ m \in \mathfrak{m},$$

则 f 是实线性同构. 利用 f 可以把 $\tilde{\mathfrak{g}}$ 和 $\mathfrak{g}$(作为实线性空间) 等同起来, 因而可以把李群 $\mathrm{GL}(\tilde{\mathfrak{g}})$ 和 $\mathrm{GL}(\mathfrak{g})$ 等同起来. 在此意义下, $\mathrm{ad}_{\tilde{\mathfrak{g}}}(\mathfrak{k})$ 等同于 $\mathrm{ad}_{\mathfrak{g}}(\mathfrak{k})$, 从而 $\mathrm{ad}_{\tilde{\mathfrak{g}}}(\mathfrak{k})$ 和 $\mathrm{ad}_{\mathfrak{g}}(\mathfrak{k})$ 分别在 $\mathrm{GL}(\tilde{\mathfrak{g}})$ 和 $\mathrm{GL}(\mathfrak{g})$ 中生成的子群是等同的. 所以由正交对称李代数的定义, 当 $(\mathfrak{g}, \sigma)$ 是正交对称李代数时, $(\tilde{\mathfrak{g}}, \tilde{\sigma})$ 也是正交对称李代数.

显然, $\tilde{\mathfrak{g}}^{\mathbb{C}} = \mathfrak{g}^{\mathbb{C}}$, $\tilde{\sigma}$ 在 $\tilde{\mathfrak{g}}^{\mathbb{C}}$ 上复线性扩充等于 σ. 可以把 $\mathfrak{g}^{\mathbb{C}}$ 改写为

$$\mathfrak{g}^{\mathbb{C}} = \tilde{\mathfrak{g}} \oplus \sqrt{-1}\tilde{\mathfrak{g}}.$$

$\mathfrak{g}^{\mathbb{C}}$ 上关于 $\tilde{\mathfrak{g}}$ 的共轭映射记为 τ_1. 下面计算半对合 $\tilde{\tau}_1 = \sigma \circ \tau_1$ 的不动点集. 对于任意的 $g_1 + \sqrt{-1}g_2 \in \mathfrak{g}^{\mathbb{C}}$, 有 $k_1, k_2 \in \mathfrak{k}$, $m_1, m_2 \in \mathfrak{m}$, 使得

$$g_1 = k_1 + m_1, \quad g_2 = k_2 + m_2.$$

于是

$$\tilde{\tau}_1(g_1 + \sqrt{-1}g_2) = \sigma(\tau_1(k_1 + \sqrt{-1}m_2 + \sqrt{-1}(k_2 - \sqrt{-1}m_1)))$$

$$=\sigma(k_1 + \sqrt{-1}m_2 - \sqrt{-1}(k_2 - \sqrt{-1}m_1))$$

$$=\sigma(k_1) + \sqrt{-1}\sigma(m_2) - \sqrt{-1}(\sigma(k_2) - \sqrt{-1}\sigma(m_1))$$

$$=k_1 - \sqrt{-1}m_2 - \sqrt{-1}k_2 + m_1 = k_1 + m_1 - \sqrt{-1}(k_2 + m_2)$$

$$=g_1 - \sqrt{-1}g_2.$$

所以，$g_1 + \sqrt{-1}g_2$ 属于 $\tilde{\tau}_1$ 的不动点集当且仅当 $g_2 = 0$，即 $g_1 + \sqrt{-1}g_2 \in \mathfrak{g}$. 因此，$(\tilde{\mathfrak{g}}, \tilde{\sigma})$ 的对偶是 $(\mathfrak{g}, \sigma)$.

(2) 对于任意的 $k \in \mathfrak{k}$，$k \in C(\tilde{\mathfrak{g}}) \Longleftrightarrow$ 对于任意的 $k_1 \in \mathfrak{k}$ 和任意的 $m_1 \in \mathfrak{m}$，$[k, k_1 + \sqrt{-1}m_1] = 0$，即 $[k, k_1] + \sqrt{-1}[k, m_1] = 0 \Longleftrightarrow [k, k_1] = [k, m_1] = 0$，$\forall k_1, m_1 \Longleftrightarrow [k, k_1 + m_1] = 0$，$\forall k_1, m_1 \Longleftrightarrow k \in C(\mathfrak{g})$. 由此即知，正交对称李代数 $(\mathfrak{g}, \sigma)$ 是有效的当且仅当它的对偶 $(\tilde{\mathfrak{g}}, \tilde{\sigma})$ 是有效的.

(3) 首先由定义，$(\mathfrak{g}, \sigma)$ 是 Euclid 型的当且仅当

$$[\mathfrak{m}, \mathfrak{m}] = 0 \Longleftrightarrow [\sqrt{-1}\mathfrak{m}, \sqrt{-1}\mathfrak{m}] = 0$$

即 $(\mathfrak{g}, \sigma)$ 的对偶 $(\tilde{\mathfrak{g}}, \tilde{\sigma})$ 是 Euclid 型的.

其次，注意到 $\mathfrak{g}$ 和 $\tilde{\mathfrak{g}}$ 上的 Killing 形式到 $\mathfrak{g}^{\mathbf{C}} = \tilde{\mathfrak{g}}^{\mathbf{C}}$ 上的复线性扩充是一致的，记为 B. 所以李代数 $\mathfrak{g}$ 是半单的 $\Longleftrightarrow \mathfrak{g}$ 的 Killing 形式 B 是非退化的 $\Longleftrightarrow$ 对于任意的 $k \in \mathfrak{k}$ 和任意的 $m \in \mathfrak{m}$，当 $k \neq 0$ 时，$B(k, k) \neq 0$；当 $m \neq 0$ 时，$B(m, m) \neq 0 \Longleftrightarrow$ 对于任意的 $k \in \mathfrak{k}$ 和任意的 $m \in \mathfrak{m}$，当 $k \neq 0$ 时，$B(k, k) \neq 0$；当 $m \neq 0$ 时，$B(\sqrt{-1}m, \sqrt{-1}m) \neq 0 \Longleftrightarrow \mathfrak{g}$ 的 Killing 形式 B 是非退化的 $\Longleftrightarrow$ 李代数 $\tilde{\mathfrak{g}}$ 是半单的.

由定理 5.3，正交对称李代数 $(\mathfrak{g}, \sigma)$ 和 $(\tilde{\mathfrak{g}}, \tilde{\sigma})$ 的 Killing 形式在 $\mathfrak{k}$ 上的限制都是半负定的. 所以，作为半单的正交对称李代数，$(\mathfrak{g}, \sigma)$ 是紧致的当且仅当它的 Killing 形式 B 在 $\mathfrak{m}$ 上的限制是负定的，即 B 在 $\sqrt{-1}\mathfrak{m}$ 上的限制是正定的 (因而是非负定的)，后者等价于 $(\tilde{\mathfrak{g}}, \tilde{\sigma})$ 是非紧型的.

25. 设 $\mathfrak{m}'$ 是 $\mathfrak{m}$ 的任意一个非平凡的 $\mathrm{ad}\mathfrak{k}$-不变子空间，$\mathfrak{m}''$ 是 $\mathfrak{m}'$ 在 $\mathfrak{m}$ 中关于 Killing 形式 B 的正交补. 则 $\mathfrak{m}''$ 也是 $\mathrm{ad}\mathfrak{k}$-不变的，因而有 $[\mathfrak{k}, \mathfrak{m}''] \subset \mathfrak{m}''$. 对于任意的 $X \in \mathfrak{m}'$，$Y \in \mathfrak{m}''$，由于 $[\mathfrak{m}, \mathfrak{m}] \subset \mathfrak{k}$，利用 B 关于 $\mathrm{ad}\mathfrak{g}$ 的不变性 (参看本章习题第 21 题的结论 (2)) 得

$$B([X, Y], [X, Y]) = -B(Y, [X, [X, Y]]) = 0.$$

因为 $(\mathfrak{g}, \sigma)$ 是有效的, 所以由定理 5.3 的结论 (4), B 在 $\mathfrak{k}$ 上的限制是负定的, 故有 $[X, Y] = 0$. 再由 $X \in \mathfrak{m}'$ 和 $Y \in \mathfrak{m}''$ 的任意性, $[\mathfrak{m}', \mathfrak{m}''] = 0$. 由此结合 Jacobi 恒等式不难看出, $[\mathfrak{m}', \mathfrak{m}'] \oplus \mathfrak{m}'$ 是 $\mathfrak{g}$ 的理想.

$1°$ 如果 $\mathfrak{g}$ 是单李代数, 则 $\mathfrak{g}$ 是自己的唯一非平凡理想, 因而有

$$\mathfrak{g} = [\mathfrak{m}', \mathfrak{m}'] \oplus \mathfrak{m}'.$$

注意到 $[\mathfrak{m}', \mathfrak{m}'] \subset \mathfrak{k}$, $\mathfrak{m}' \subset \mathfrak{m}$, 并且 $\mathfrak{g}$ 关于 σ 的特征子空间分解是唯一的, 故有

$$[\mathfrak{m}', \mathfrak{m}'] = \mathfrak{k}, \quad \mathfrak{m}' = \mathfrak{m}.$$

由于 $\mathfrak{m}'$ 是 $\mathfrak{m}$ 中的任意一个 $\mathrm{ad}\mathfrak{k}$-不变子空间, $(\mathfrak{g}, \sigma)$ 是不可约的.

$2°$ 如果存在 $\mathfrak{g}$ 的紧单理想 $\mathfrak{g}_1$, 使得 $\mathfrak{g} = \mathfrak{g}_1 \oplus \sigma(\mathfrak{g}_1)$, 证明 $\mathfrak{g}$ 是 $\mathfrak{g}$ 中唯一的一个关于 σ 封闭的理想. 另一方面, $[\mathfrak{m}', \mathfrak{m}'] \oplus \mathfrak{m}'$ 显然关于 σ 是封闭的, 故有

$$\mathfrak{g} = [\mathfrak{m}', \mathfrak{m}'] \oplus \mathfrak{m}'.$$

于是, 利用情形 $1°$ 后边的讨论可知, $(\mathfrak{g}, \sigma)$ 是不可约的.

26. 设 $\{e_i\}$ 是 $\mathfrak{g}$ 的基底, ω^i 是它的对偶基, 则 $\{\sigma(e_i)\}$ 也是 $\mathfrak{g}$ 的一个基底, 相应的对偶基是 $\{\sigma^* \omega^i\}$. 于是由 Killing 形式 B 的定义知, 对于任意的 $X, Y \in \mathfrak{g}$,

$$\begin{aligned}
B(\sigma(X), \sigma(Y)) &= \operatorname{tr}(\operatorname{ad}(\sigma(X)) \circ \operatorname{ad}(\sigma(Y))) = \omega^i([\sigma(X), [\sigma(Y), e_i]]) \\
&= \omega^i([\sigma(X), \sigma([Y, \sigma(e_i)])]) = \omega^i(\sigma([X, [Y, \sigma(e_i)]])) \\
&= \sigma^* \omega^i([X, [Y, \sigma(e_i)]]) = \operatorname{tr}(\operatorname{ad}(X) \circ \operatorname{ad}(Y)) \\
&= B(X, Y).
\end{aligned}$$

可见, B 是在 σ 作用下是不变的.

记 $\mathfrak{g}_0 = [\mathfrak{m}, \mathfrak{m}] \oplus \mathfrak{m}$. 因为 $[\mathfrak{k}, \mathfrak{m}] \subset \mathfrak{m}$, $[\mathfrak{m}, \mathfrak{m}] \subset \mathfrak{k}$, 所以由 Jacobi 恒等式

$$[\mathfrak{k}, \mathfrak{g}_0] \subset [\mathfrak{m}, [\mathfrak{m}, \mathfrak{k}]] + [\mathfrak{m}, [\mathfrak{k}, \mathfrak{m}]] + [\mathfrak{k}, \mathfrak{m}] \subset \mathfrak{g}_0;$$

$$[\mathfrak{m}, \mathfrak{g}_0] \subset [\mathfrak{m}, \mathfrak{k}] + [\mathfrak{m}, \mathfrak{m}] \subset \mathfrak{g}_0.$$

所以, $\mathfrak{g}_0$ 是 $\mathfrak{g}$ 的一个理想.

设 $\mathfrak{g}_0$ 在 $\mathfrak{g}$ 中关于 Killing 形式 B 的正交补空间是 $\mathfrak{g}_0^\perp$,则有直和分解:
$\mathfrak{g} = \mathfrak{g}_0 \oplus \mathfrak{g}_0^\perp$. 对于任意的 $X \in \mathfrak{g}_0, Y \in \mathfrak{g}_0^\perp$,由于 $\mathfrak{g}_0$ 是 $\mathfrak{g}$ 的理想,有

$$B([X, Y], Z) = -B(Y, [X, Z]) = 0, \quad \forall Z \in \mathfrak{g}.$$

因为 $\mathfrak{g}$ 是半单的,所以 B 非退化,故 $[X, Y] = 0$. 由 X, Y 的任意性,
$[\mathfrak{g}_0, \mathfrak{g}_0^\perp] = 0$. 此外,对于任意的 $Y_1, Y_2 \in \mathfrak{g}_0^\perp$,

$$B([Y_1, Y_2], X) = -B(Y_2, [Y_1, X]) = 0, \quad \forall X \in \mathfrak{g}_0.$$

所以,$[Y_1, Y_2] \in \mathfrak{g}_0^\perp$. 因此,$[\mathfrak{g}_0^\perp, \mathfrak{g}_0^\perp] \subset \mathfrak{g}_0^\perp$. 于是,$\mathfrak{g}_0^\perp$ 也是 $\mathfrak{g}$ 的理想. 利用 B 的非退化性还容易说明 $\mathfrak{g}_0 \cap \mathfrak{g}_0^\perp = \{0\}$.

最后,对于任意的 $X \in \mathfrak{m}, Y \in \mathfrak{g}_0^\perp$,因为

$$\sigma([X, Y]) = [\sigma(X), \sigma(Y)] = -[X, Y],$$

所以 $[X, Y] \in \mathfrak{m}$

27. 设 M 所对应的有效正交对称李代数是 $(\mathfrak{g}, \sigma)$. 因为 M 是半单的,故由定义 5.4 可知,$(\mathfrak{g}, \sigma)$ 是半单的. 再由定理 5.11,$(\mathfrak{g}, \sigma)$ 可以分解为如下不可约的正交对称李代数的直和

$$(\mathfrak{g}, \sigma) = (\mathfrak{g}_1, \sigma_1) \oplus \cdots \oplus (\mathfrak{g}_r, \sigma_t),$$

其中 $\sigma_i = \sigma|_{\mathfrak{g}_i}, i = 1, \cdots, r$. 不难看出,对于任意的 i, j,当 $i \neq j$ 时,$[\mathfrak{g}_i, \mathfrak{g}_j] = 0$. 由此可知,每一个 $(\mathfrak{g}_i, \sigma_i)$ 都是有效的. 设 $(\mathfrak{g}_i, \sigma_i)$ 所确定的黎曼对称空间是 M_i,则 M_i 是不可约的,并且有

$$M = M_1 \times \cdots \times M_r.$$

习 题 十

1. 首先引入记号 $(\forall \alpha \in I)$

$$\delta = (\delta_1, \cdots, \delta_r), \quad s^{(\alpha)} = (s_1^{(\alpha)}, \cdots, s_r^{(\alpha)}), \quad A^{(\alpha)} \in \mathrm{GL}(r, \mathbb{R}) \subset \mathbb{R}^{r^2}.$$

对于每一个 $\alpha \in I$, 定义映射

$$\Phi_\alpha : \tilde{\pi}^{-1}(U_\alpha) \to \mathbb{R}^{m+r^2} = \mathbb{R}^m \times \mathbb{R}^{r^2}$$

如下:

$$\Phi_\alpha(s^{(\alpha)}(p) \cdot A^{(\alpha)}) = (\varphi_\alpha(p), A^{(\alpha)}),$$

$$\forall p \in U_\alpha, \ A^{(\alpha)} \in \mathrm{GL}(r, \mathbb{R}).$$

显然, Φ_α 把 $\tilde{\pi}^{-1}(U_\alpha)$ 一一地映为 $\mathbb{R}^{m+r^2}$ 中的开集 $\varphi_\alpha(U_\alpha) \times \mathrm{GL}(r, \mathbb{R})$. 于是, Φ_α 可以看作集合 $\tilde{\pi}^{-1}(U_\alpha)$ 上的坐标映射.

当 $U_\alpha \cap U_\beta \neq \emptyset$ 时, 有转移函数 $g_{\alpha\beta} : U_\alpha \cap U_\beta \to \mathrm{GL}(r, \mathbb{R})$. 由定义不难看出 (参看 (2.12) 和 (2.14) 式), 对于任意的 $p \in U_\alpha \cap U_\beta$

$$s^{(\beta)}(p) = s^{(\alpha)}(p) g_{\alpha\beta}(p).$$

于是对于任意的 $e \in F(p)$, 如果 e 有两个表达式:

$$e = s^{(\alpha)}(p) A^{(\alpha)} = s^{(\beta)}(p) A^{(\beta)},$$

则矩阵 $A^{(\alpha)}$ 和 $A^{(\beta)}$ 满足 $A^{(\beta)} = g_{\beta\alpha} A^{(\alpha)}$. 因此, $A^{(\beta)}$ 的元素都是点 p 和 $A^{(\alpha)}$ 的各元素的光滑函数. 此外, 由于 $(U_\alpha, \varphi_\alpha)$ 和 (U_β, φ_β) 是 C^∞ 相关的, 如果记

$$x_\alpha = (x_\alpha^1, \cdots, x_\alpha^m), \quad x_\beta = (x_\beta^1, \cdots, x_\beta^m),$$

则 $x_\beta = \varphi_\alpha \circ \varphi_\alpha^{-1}(x_\alpha)$ 是光滑的. 由此可知,

$$\Phi_\beta \circ \Phi_\alpha^{-1} : \varphi_\alpha(U_\alpha \cap U_\beta) \times \mathbb{R}^{r^2} \to \varphi_\beta(U_\alpha \cap U_\beta) \times \mathbb{R}^{r^2}$$

是光滑映射, 因而也是光滑同胚.

特别地, 映射 $\Phi_\beta \circ \Phi_\alpha^{-1}$ 是同胚. 这意味着映射

$$\tilde{\psi}_\beta^{-1} \circ \tilde{\psi}_\alpha : (U_\alpha \cap U_\beta) \times \mathbb{R}^{r^2} \to (U_\alpha \cap U_\beta) \times \mathbb{R}^{r^2}$$

是同胚. 因此, 对于每一个 $\alpha \in I$, 把 $U_\alpha \times \mathbb{R}^{r^2}$ 的拓扑通过映射 $\tilde{\psi}_\alpha$ 移植到 $\tilde{\pi}^{-1}(U_\alpha)$ 上所得到的拓扑都是相容的. 事实上, 当 $U_\alpha \cap U_\beta \neq \emptyset$ 时, 因

为 $\tilde{\psi}_\alpha = \tilde{\psi}_\beta \circ (\tilde{\psi}_\beta^{-1} \circ \tilde{\psi}_\alpha)$，并且 $\tilde{\psi}_\beta^{-1} \circ \tilde{\psi}_\alpha$ 是同胚，所以在 $\tilde{\pi}^{-1}(U_\alpha \cap U_\beta) = \tilde{\pi}^{-1}(U_\alpha) \cap \tilde{\pi}^{-1}(U_\beta)$ 上通过映射 $\tilde{\psi}_\alpha$ 移植的拓扑与通过 $\tilde{\psi}_\beta$ 移植的拓扑是一致的. 于是, 把 $\tilde{\pi}^{-1}(U_\alpha)(\alpha \in I)$ 上的拓扑并起来便可在 F 上确定一个拓扑结构. 显然, 在 F 的这个拓扑下, 映射

$$\Phi_\alpha = (\varphi_\alpha \times \mathrm{id}) \circ \tilde{\psi}_\alpha^{-1} : \tilde{\pi}^{-1}(U_\alpha) \to \varphi_\alpha(U_\alpha) \times \mathbb{R}^{r^2} \subset \mathbb{R}^{m+r^2}$$

是同胚. 所以 $\{(\tilde{\pi}^{-1}(U_\alpha), \Phi_\alpha); \ \alpha \in I\}$ 给出了 P 的一个 C^∞-相关的坐标覆盖, 它在 F 上确定了一个光滑结构, 使得 F 成为 $m + r^2$ 维光滑流形.

另一方面, 在 P 的上述光滑结构下, 映射 $\tilde{\pi} : P \to M$ 在局部坐标邻域 $\tilde{\pi}^{-1}(U_\alpha)$ 上的表达式是

$$\tilde{\pi} = \varphi_\alpha \circ \Phi_\alpha^{-1} : (x_\alpha, A^{(\alpha)}) \mapsto x_\alpha.$$

所以, $\tilde{\pi}$ 是光滑的开映射. 此外,

$$\Phi_\alpha \circ \tilde{\psi}_\alpha(p, A^{(\alpha)}) = \Phi_\alpha(s^{(\alpha)} A^{(\alpha)}) = (x_\alpha, A^{(\alpha)}),$$

故映射 $\tilde{\psi}_\alpha : U_\alpha \times \mathbb{R}^{r^2} \to \tilde{\pi}^{-1}(U_\alpha)$ 是光滑同胚.

2. 设 $r = \dim F$. 考虑并集

$$\tilde{B} = \bigcup_{\alpha \in I} \{\alpha\} \times U_\alpha \times F,$$

它是一个 $m + r$ 维光滑流形. 由于 $\{g_{\alpha\beta}\}$ 满足定理 3.1 中的相容性条件, 可以在 $\tilde{B}$ 中定义等价关系 $\sim$ 如下: 对于任意的 $(\alpha, p, f), (\beta, \tilde{p}, \tilde{f}) \in \tilde{B}$,

$$(\alpha, p, f) \sim (\beta, \tilde{p}, \tilde{f}) \Longleftrightarrow p = \tilde{p} \in U_\alpha \cap U_\beta, \ \text{并且} \ f = g_{\alpha\beta}(p) \cdot \tilde{f}.$$

用 $B = \tilde{B}/\sim$ 表示 $\tilde{B}$ 关于等价关系 $\sim$ 的商空间, 并把 $(\alpha, p, f) \in \tilde{B}$ 关于 $\sim$ 的等价类记为 $[\alpha, p, f]$. 定义投影 $\pi : B \to M$ 为

$$\pi([\alpha, p, f]) = p, \quad \forall [\alpha, p, f] \in B.$$

对于每一个 $\alpha \in I$, 定义映射 $\psi_\alpha : U_\alpha \times F \to \pi^{-1}(U_\alpha)$, 使得

$$\psi_\alpha(p, f) = [\alpha, p, f], \quad \forall (p, f) \in U_\alpha \times F.$$

容易看出, ψ_α 是一一对应, 并且 $\pi \circ \psi_\alpha(p, f) = p$. 下面说明: 在 B 上有确定的光滑结构使得每一个 ψ_α 都是光滑同胚, 并且 π 是光滑映射. 首先, 通过 ψ_α 可以把 $U_\alpha \times F$ 上的光滑结构搬到 $\pi^{-1}(U_\alpha)$ 上使之成为光滑流形. 对于不同的 α, β, 当 $U_\alpha \cap U_\beta \neq \emptyset$ 时, $\pi^{-1}(U_\alpha \cap U_\beta)$ 分别作为 $\pi^{-1}(U_\alpha)$ 和 $\pi^{-1}(U_\beta)$ 的开子流形, 所对应的光滑结构记为 $\mathscr{A}_1, \mathscr{A}_2$. 显然, 对于任意的 $(p, f), (\bar{p}, \bar{f}) \in (U_\alpha \cap U_\beta) \times F$,

$$\psi_\beta(\bar{p}, \bar{f}) = \psi_\alpha(p, f) \Longleftrightarrow \bar{p} = p, \ \bar{f} = g_{\beta\alpha}(p)f.$$

所以, 从 $(\pi^{-1}(U_\alpha \cap U_\beta), \mathscr{A}_1)$ 到 $(\pi^{-1}(U_\alpha \cap U_\beta), \mathscr{A}_2)$ 的恒等映射是光滑同胚, 因而 $\mathscr{A}_1 = \mathscr{A}_2$. 由此不难看出, B 上存在唯一的光滑结构, 使得每一个 $\pi^{-1}(U_\alpha)$ 都是它的开子流形, 因而 ψ_α 是光滑同胚. 同时, 由于 π 在每一个 $\pi^{-1}(U_\alpha)$ 上的限制是光滑的, 它在 B 的任意一点处都是光滑的. 由此可以直接验证, $\{\psi_\alpha, \alpha \in I\}$ 是 B 上的一个局部平凡化结构. 所以, $\pi : B \to M$ 是光滑流形 M 上以 G 为结构群的主丛.

对于任意的 $\alpha, \beta \in I$, 当 $U_\alpha \cap U_\beta \neq \emptyset$ 时,

$$\psi_\alpha(p, f) = \psi_\beta(p, \bar{f}) \Longleftrightarrow f = g_{\alpha\beta}(p) \cdot \bar{f},$$

其中 $p \in U_\alpha \cap U_\beta$, $f, \bar{f} \in F$. 这意味着

$$\psi_{\alpha,p}^{-1} \circ \psi_{\beta,p} = g_{\alpha\beta}(p).$$

3. 设 $\{(U_\alpha; x_\alpha^i); \alpha \in I\}$ 是光滑流形 M 的一个局部坐标覆盖. TM 和 T^*M 的标架丛 $F(M)$ 和 $F^*(M)$ 都是 M 上的 $\mathrm{GL}(m, \mathbb{R})$-主丛, 相应的丛投影分别记为 $\pi : F(M) \to M$, $\tilde{\pi} : F^*(M) \to M$. 对于任意的 $\alpha \in I$, $F(M)$ 和 $F^*(M)$ 在 U_α 上的局部平凡化

$$\psi_\alpha : U_\alpha \times \mathrm{GL}(m, \mathbb{R}) \to \pi^{-1}(U_\alpha), \quad \tilde{\psi}_\alpha : U_\alpha \times \mathrm{GL}(m, \mathbb{R}) \to \tilde{\pi}^{-1}(U_\alpha)$$

分别由下面两式定义:

$$\psi_\alpha(p, A) = \left(\frac{\partial}{\partial x_\alpha^1}, \cdots, \frac{\partial}{\partial x_\alpha^m} \right) \cdot A, \quad \tilde{\psi}_\alpha(p, B) = B \cdot \begin{pmatrix} \mathrm{d}x_\alpha^1 \\ \vdots \\ \mathrm{d}x_\alpha^m \end{pmatrix},$$

$$\forall p \in U_\alpha, \quad A, B \in \mathrm{GL}(m, \mathbb{R}).$$

由此不难得知, 对于 $\alpha, \beta \in I$, 如果 $U_\alpha \cap U_\beta \neq \emptyset$, 则 $F(M)$ 和 $F^*(M)$ 在 $U_\alpha \cap U_\beta$ 上的转移函数分别是

$$g_{\alpha\beta}(p) = \psi_{\alpha,p}^{-1} \circ \psi_{\beta,p} = \left(\frac{\partial x_\alpha^i}{\partial x_\beta^i}(p) \right);$$

$$\tilde{g}_{\alpha\beta}(p) = \tilde{\psi}_{\alpha,p}^{-1} \circ \tilde{\psi}_{\beta,p} = \left(\frac{\partial x_\beta^i}{\partial x_\alpha^j}(p) \right),$$

$$\forall p \in U_\alpha \cap U_\beta.$$

显然, $g_{\alpha\beta}$ 和 $\tilde{g}_{\alpha\beta}$ 分别是切丛 TM 和余切丛 T^*M 的转移函数族.

4. 定义自然投影 $\pi : O(M) \to M$, 使得对于任意的 $p \in M$, $\pi(O_p(M)) = \{p\}$. 参照本章习题第 1 题的作法, 可以确定 $O(M)$ 上的拓扑结构和光滑结构, 使之成为 $m(m+1)/2$ 维光滑流形. 取定 M 的一个开覆盖 $\{U_\alpha; \alpha \in I\}$, 使得对于任意的 $\alpha \in I$, M 在 U_α 上有单位正交标架场 $\{\delta_i^{(\alpha)}\}$. 记

$$\delta^{(\alpha)} = (\delta_1^{(\alpha)}, \cdots, \delta_m^{(\alpha)}),$$

则有映射 $\psi_\alpha : U_\alpha \times O(m, \mathbb{R}) \to \pi^{-1}(U_\alpha)$, 它的定义是

$$\psi_\alpha(p, A) = \delta^{(\alpha)}(p) \cdot A, \quad \forall p \in U_\alpha, \ A \in O(m, \mathbb{R}).$$

不难验证, $\{\psi_\alpha; \alpha \in I\}$ 是 $O(M)$ 的一个局部平凡结构, 并且使得 $O(M)$ 成为 M 上一个 $O(m, \mathbb{R})$-主丛.

5. 在本章习题第 4 题的解答中, 取 M 的一个开覆盖 $\{U_\alpha; \alpha \in I\}$, 使得对于任意的 $\alpha \in I$, M 在 U_α 上有与其定向相符的标架场 $\{\delta_i^{(\alpha)}\}$. 其余的作法同第 4 题.

6. 取 M 的一个开覆盖 $\{U_\alpha; \alpha \in I\}$, 使得对于任意的 $\alpha \in I$, M 在 U_α 上有与其定向相符的单位正交标架场 $\{\delta_i^{(\alpha)}\}$. 然后仿照本章习题第 4 题的作法.

7. 参看参考文献 [3, 第六章, 定理 5.1].

8. 群 $\mathbb{Z}_2$ 在 S^n 上有自然的右作用, 它显然是自由的, 并且 $\mathbb{R}P^n$ 就是 S^n 在这个右作用下的商空间. 下面给出 S^n 的局部平凡化结构.

取 $\mathbb{R}P^n$ 的一个局部坐标覆盖

$$\{(U_\alpha, \varphi_\alpha; \xi_\alpha^i); 1 \le \alpha \le n+1\},$$

其中

$$U_\alpha = \{(x^1, \cdots, x^{n+1}) \in \mathbb{R}^{n+1}; \ x^\alpha \ne 0\}.$$

定义映射 $\psi_\alpha : U_\alpha \times \mathbb{Z}_2 \to \pi^{-1}(U_\alpha)$，使得

$$\psi_\alpha([(x^1, \cdots, x^{n+1})], \pm 1) = \frac{\pm \text{Sgn}\,(x^\alpha)}{\sqrt{\sum_\beta (x^\beta)^2}}(x^1, \cdots, x^{n+1}),$$

$$\forall [(x^1, \cdots, x^{n+1})] \in U_\alpha.$$

如果用局部坐标 ξ_α^i 表示，则有

$$\psi_\alpha(\xi_\alpha^i, \pm 1) = \frac{\pm 1}{\sqrt{1 + \sum_i (\xi_\alpha^i)^2}}(\xi_\alpha^1, \cdots, \xi_\alpha^{\alpha-1}, 1, \xi_\alpha^\alpha, \cdots, \xi_\alpha^n),$$

$$\forall (\xi_\alpha^i) \in \varphi_\alpha(U_\alpha).$$

显然，映射 ψ_α 是从 $U_\alpha \times \mathbb{Z}_2$ 到 $\pi^{-1}(U_\alpha)$ 的光滑同胚. 容易看出，对于任意的 α，ψ_α 在 $\mathbb{Z}_2$ 的右作用下是等变的. 故由定理 3.3, $\pi : S^n \to \mathbb{R}P^n$ 成为一个 $\mathbb{Z}_2$-主丛.

9. 设 $\pi : F(M) \to M$ 是 M 的切标架丛.

(必要性) 任意取定 M 的一个定向. 对于任意的 $p \in M$，令

$$F_p^0(M) = \{e \in \pi^{-1}(p); \ e \text{ 与 } M \text{ 在点 } p \text{ 的定向相符}\},$$

$$F^0(M) = \bigcup_{p \in M} F_p^0(M).$$

则由本章习题第 5 题，$F^0(M)$ 是 M 上的一个 $\text{GL}_0(m, \mathbb{R})$-主丛，它显然是 $F(M)$ 的一个开子流形. 可以直接验证，包含映射 $i : F^0(M) \to F(M)$ 是丛同态. 由此容易知道，$F^0(M)$ 是 $F(M)$ 的约化丛，因而 $F(M)$ 的结构群 $\text{GL}(m, \mathbb{R})$ 可以约化为 $\text{GL}_0(m, \mathbb{R})$.

(充分性) 设 $F(M)$ 的结构群 $\text{GL}(m, \mathbb{R})$ 可以约化为 $\text{GL}_0(m, \mathbb{R})$，则存在 M 上的 $\text{GL}_0(m, \mathbb{R})$ 主丛 $\tilde{\pi} : P \to M$ 和主丛同态 $\Phi : P \to F(M)$，使得相应的群同态 $\phi : \text{GL}_0(m, \mathbb{R}) \to \text{GL}(m, \mathbb{R})$ 为单同态，并且诱导映射 $\Phi^\flat : M \to M$ 是恒同映射. 通过映射 Φ 可以把 P 和 $\Phi(P) \subset F(M)$ 等同起来，因而不妨

假设 $P \subset F(M)$. 设 $\mathscr{A}$ 是 M 的光滑结构, 定义 $\mathscr{A}_1 \subset \mathscr{A}$, 使得对于任意的 $(U; x^i) \in \mathscr{A}$,

$$(U; x^i) \in \mathscr{A}_1 \Longleftrightarrow \left\{ \left.\frac{\partial}{\partial x^1}\right|_p, \cdots, \left.\frac{\partial}{\partial x^m}\right|_p \right\} \in \tilde{\pi}^{-1}(p), \quad \forall p \in M.$$

可以验证, $\mathscr{A}_1$ 满足光滑流形可定向定义中的条件. 所以 M 是可定向的.

10. 同上题, 设 $\pi: F(M) \to M$ 是 M 的切标架丛.

(必要性) 在 M 上取定一个黎曼度量. 对于任意的 $p \in M$, 用 $O_p(M)$ 表示 M 在点 p 的所有单位正交标架构成的集合, 并且令

$$O(M) = \bigcup_{p \in M} O_p(M).$$

则由本章习题第 6 题, $O(M)$ 是 M 上的一个 $O(m, \mathbb{R})$-主丛, 它显然是 $F(M)$ 的一个闭子流形. 可以直接验证, 包含映射 $i: O(M) \to F(M)$ 是丛同态. 由此容易知道, $O(M)$ 是 $F(M)$ 的约化丛, 因而 $F(M)$ 的结构群 $\mathrm{GL}(m, \mathbb{R})$ 可以约化为 $O(m, \mathbb{R})$.

(充分性) 设 $\mathrm{GL}(m, \mathbb{R})$ 可以约化为正交群 $O(m, \mathbb{R})$, 则存在 M 上的 $O(m, \mathbb{R})$ 主丛 $\tilde{\pi}: P \to M$ 和主丛同态 $\Phi: P \to F(M)$, 使得相应的群同态 $\phi: O(m, \mathbb{R}) \to \mathrm{GL}(m, \mathbb{R})$ 为单同态, 并且诱导映射 $\Phi^\flat: M \to M$ 是恒同映射. 通过映射 Φ 可以把 P 和 $\Phi(P) \subset F(M)$ 等同起来, 因而不妨假设 $P \subset F(M)$. 对于任意的 $p \in M$, 取点 p 的一个充分小开邻域 U 和 P 在 U 上的一个光滑截面 $\sigma: U \to P$. 把 $\sigma(p)$ 作为单位正交基, 可以定义 T_pM 上的一个内积 g_p. 容易验证, g_p 与截面 σ 的取法无关, 并且 g_p 光滑地依赖于点 p. 因此, $\{g_p; p \in M\}$ 是 M 上的一个黎曼度量.

11. 设 $\pi: F(M) \to M$ 是 M 的切标架丛, 取定 M 的一个定向.

(必要性) 在 M 上取定一个黎曼度量. 对于任意的 $p \in M$, 用 $SO_p(M)$ 表示 M 在点 p 的所有与定向相符的单位正交标架构成的集合, 并且令

$$SO(M) = \bigcup_{p \in M} SO_p(M).$$

则由本章习题第 7 题, $SO(M)$ 是 M 上的一个 $SO(m, \mathbb{R})$-主丛, 它显然是 $F(M)$ 的一个闭子流形. 可以直接验证, 包含映射 $i: SO(M) \to F(M)$ 是

丛同态. 由此容易知道, $SO(M)$ 是 $F(M)$ 的约化丛, 因而 $F(M)$ 的结构群 $GL(m,\mathbb{R})$ 可以约化为 $SO(m,\mathbb{R})$.

(充分性) 和上一题的充分性证明相同.

12. 如果微分纤维丛 (B, M, F, π, G) 是平凡丛, 即 $B = M \times F$. 取 M 的开覆盖 $\{M\}$, 并且令 $\psi = \mathrm{id}_B$, 则 $\{\psi\}$ 是 B 的一个平凡化结构, 相应的转移函数族是 $\{g \equiv \mathrm{id}_F = e\}$, 这里 e 表示结构群 G 的单位元素. 由于 B 的相配主丛 $\tilde{B}$ 和 B 具有相同的转移函数族, $\tilde{B}$ 具有转移函数族 $\{g\}$. 因此, $\tilde{B}$ 可以约化为 $\{e\}$-主丛. 反过来, 如果 $\tilde{B}$ 可以约化为 $\{e\}$-主丛, 则存在 M 的一个开覆盖 $\{U_\alpha; \alpha \in I\}$ 和 $\tilde{B}$ 的平凡化结构

$$\tilde{\psi}_\alpha : U_\alpha \times G \to \tilde{\pi}^{-1}(U_\alpha), \quad \forall \alpha \in I,$$

使得相应的转移函数族 $\{g_{\alpha\beta}\}$ 在 $\{e\}$ 中取值, 即对于任意的 $\alpha, \beta \in I$, 如果 $p \in U_\alpha \cap U_\beta$, 则 $g_{\alpha\beta}(p) = e$. 于是, 对于任意的 $p \in M$, 如果 $p \in U_\alpha(\alpha \in I)$, 则 $\tilde{\psi}_\alpha(p, e)$ 与 α 的取法无关. 因此, $\tilde{B}$ 有大范围地定义在 M 上光滑截面 s, 使得对于任意的 $\alpha \in I$,

$$s|_{U_\alpha}(p) = \tilde{\psi}_\alpha(p, e), \quad \forall p \in U_\alpha).$$

于是可以定义 $\tilde{B}$ 的平凡化

$$\tilde{\psi} : M \times G \to \tilde{\pi}^{-1}(M) = \tilde{B},$$

使得 $\tilde{\psi}(p, g) = s(p) \cdot g(\forall p \in M, g \in G)$. 显然, 对应于平凡化结构 $\{\tilde{\psi}\}$ 的转移函数族是 $\{g \equiv e\}$. 由相配丛的定义, $\{g_{\alpha\beta}\}$ 也是微分向量丛 B 的转移函数族. 于是, 纤维丛 B 具有整体的平凡化 $\psi : M \times F \to B$.

此外, 从上面的证明不难看出, 主丛 $\tilde{B}$ 可以约化为 $\{e\}$-主丛当且仅当 $\tilde{B}$ 具有大范围地定义在底流形 M 上的光滑截面.

13. 对于任意的 $p \in \mathbb{R}P^n$, 因为 S^n 在点 p 处的纤维 $\pi^{-1}(p)$ 仅含有两个点, 因而是零维流形, 所以对于每一点 $b \in \pi^{-1}(p)$, S^n 在点 b 的铅垂空间 $V_b = \{0\}$. 因此, 主丛 $\pi : S^n \to \mathbb{R}P^n$ 上的每一个联络在 b 点所对应的水平空间 $H_b = T_b S^n$. 这说明: 一方面, 如果把 S^n 在任意一点的切空间视为水平空间, 就可以得到主丛 $\pi : S^n \to \mathbb{R}P^n$ 上的一个联络 H; 另一方面, 这样得到的联络 H 也是该主丛上的唯一联络.

14. 首先指出，由于 M 的连通性，M 的基本群的基点可以取在任意一点 (不同点所对应的基本群是相互共轭的). 在此意义下，基本群 $\pi_1(M)$ 可以光滑地右作用于 $\tilde{M}$. 事实上，对于任意的 $\tilde{p} \in \tilde{M}$ 和任意的 $[\gamma] \in \pi_1(M)$，其中 γ 是 M 上以 $p = \pi(\tilde{p})$ 为基点的闭曲线，以 $\tilde{\gamma}$ 表示 γ 在点 $\tilde{p}$ 处的唯一提升曲线，其终点记为 $\Psi(\tilde{p}, [\gamma])$. 显然，$\Psi(\tilde{p}, [\gamma])$ 与代表元 γ 的选取无关. 不难看出，由 $(\tilde{p}, [\gamma]) \mapsto \Psi(\tilde{p}, [\gamma])$ 确定了 $\pi_1(M)$ 在 $\tilde{M}$ 上的一个光滑的右作用. 由 $\tilde{M}$ 的单连通性可知，$\pi_1(M)$ 在 $\tilde{M}$ 上的这种作用是自由的. 此外，由覆盖空间的定义，对于任意的 $p \in M$，存在点 p 的开邻域 U，使得 π 在 $\pi^{-1}(U)$ 的每一个连通分支 U_i 上的限制 $\pi|_{U_i} : U_i \to U$ 是光滑同胚. 任意固定一个指标 i_0，令 $\sigma = (\pi|_{U_{i_0}})^{-1} : U \to U_{i_0}$，则有 $\pi \circ \sigma = \mathrm{id}_U$. 定义映射

$$\psi : U \times \pi_1(M) \to \pi^{-1}(U),$$

使得

$$\psi(p', [\gamma]) = \Psi(\sigma(p'), [\gamma]), \quad \forall (p', [\gamma]) \in U \times \pi_1(M).$$

不难验证，ψ 是 $\tilde{M}$ 的一个局部平凡化，并且满足

$$\Psi(\psi(p', [\gamma_1]), [\gamma_2]) = \psi(p', [\gamma_1] * [\gamma_2]), \quad \forall p' \in U, \ [\gamma_1,], [\gamma_2] \in \pi_1(M),$$

即局部平凡化 ψ 在 $\pi_1(M)$ 的作用下是等变的. 另外，容易知道

$$M = \tilde{M}/\pi_1(M).$$

由定理 3.3，$(\tilde{M}, M, \pi, \pi_1(M))$ 是 M 上的一个 $\pi_1(M)$-主丛.

对于任意的 $p \in M$，$\pi^{-1}(p)$ 是离散的，因而是 M 的零维子流形. 所以主丛 $\pi : \tilde{M} \to M$ 上的联络也是唯一的，它在任意一点 $\tilde{p} \in \tilde{M}$ 的水平空间就是 $\tilde{M}$ 在该点的切空间 $T_{\tilde{p}}\tilde{M}$.

16. (3) 对于任意的 $g \in G$ 和任意的 $v \in T_g G$，v 是水平向量当且仅当

$$\pi^{\natural}(\tilde{\omega}_g(v)) = \omega_g(v) = 0,$$

它等价于 $\tilde{\omega}_g(v) \in \mathfrak{m}$. 由 Maurer-Cartan 形式的定义知，v 是水平向量当且仅当 $v \in (L_g)_*(\mathfrak{m})$. 所以主丛 $\pi : G \to G/K$ 在 g 点关于联络 H 的水平空间 $H_g = (L_g)_*(\mathfrak{m})$. 当 $X, Y \in \mathfrak{m}$ 时，它们可以视为 $T_e G$ 中的向量，也

可以看作 G 上的左不变向量场. 如果把 X, Y 视为 G 上的左不变向量场, 则对于任意的 $g \in G$, $X_g, Y_g \in (L_g)_*(\mathfrak{m}) = H_g$, 即 X, Y 在 G 的每一点处的值都是水平向量. 于是有 $\omega(X) = \omega(Y) \equiv 0$. 另一方面, 如果把 $\mathfrak{g}$ 看作是 G 的所有左不变向量场所构成的李代数, 则 Maurer-Cartan 形式在 $\mathfrak{g}$ 上的作用相当于恒同映射. 所以由曲率形式的定义,

$$\Omega(X, Y) = d\omega(X, Y) = X\omega(Y) - Y\omega(X) - \omega([X, Y])$$
$$= -\pi^{\mathfrak{k}}(\tilde{\omega}([X, Y])) = -\pi^{\mathfrak{k}}([X, Y]),$$

其中最后一步是因为 $[X, Y]$ 是 G 上的左不变向量场.

17. 因为 ω 是 G-主丛 $\pi: P \to M$ 上的联络形式, 故由定理 4.3, 对于任意的 $A \in \mathfrak{g}$, 如果 A 在 P 上确定的基本向量场记为 A^*, 则

$$\omega_b(A_b^*) = A, \quad \forall b \in P,$$
$$R_g^* \omega = \mathrm{Ad}(g^{-1}) \cdot \omega, \quad \forall g \in G.$$

特别地, 当 $A \in \mathfrak{k}$ 时, 对于任意的 $b \in \tilde{P}$,

$$\tilde{\omega}_b(A_b^*) = \pi^{\mathfrak{k}}(\omega_b(A_b^*)) = \pi^{\mathfrak{k}}(A) = A.$$

同时, 由于 $\mathfrak{k}$ 和 $\mathfrak{m}$ 都是 $\mathrm{Ad}(K)$-不变的, 对于任意的 $k \in K \subset G$ 有

$$R_k^* \tilde{\omega} = R_k^*(\pi^{\mathfrak{k}} \omega) = \pi^{\mathfrak{k}}(R_k^* \omega) = \pi^{\mathfrak{k}}(\mathrm{Ad}(k^{-1}) \cdot \omega)$$
$$= \mathrm{Ad}(k^{-1}) \cdot (\pi^{\mathfrak{k}} \omega) = \mathrm{Ad}(k^{-1}) \cdot \tilde{\omega}.$$

所以, $\tilde{\omega}$ 满足定理 4.3 的条件, 因而是主丛 $\tilde{\pi}: \tilde{P} \to M$ 上的联络形式.

18. 李群 $\mathrm{U}(1)$ 在 S^{2n+1} 上有自然的右作用, 它显然是自由的, 并且 $\mathbb{C}P^n = S^{2n+1}/\mathrm{U}(1)$. 取 $\mathbb{C}P^n$ 的一个局部坐标覆盖

$$\{(U_\alpha, \varphi_\alpha; \xi_\alpha^i); 1 \le \alpha \le n+1\},$$

其中

$$U_\alpha = \{(z^1, \cdots, z^{n+1}) \in \mathbb{C}^{n+1}; \ z^\alpha \ne 0\}.$$

定义映射 $\psi_\alpha: U_\alpha \times \mathrm{U}(1) \to \pi^{-1}(U_\alpha)$, 使得

$$\psi_\alpha([(z^1, \cdots, z^{n+1})], \lambda) = \frac{\lambda \cdot |z^\alpha|}{z^\alpha \sqrt{\sum_\beta |z^\beta|^2}} (z^1, \cdots, z^{n+1}),$$

$$\forall [(z^1, \cdots, z^{n+1})] \in U_\alpha, \ \lambda \in U(1).$$

如果用局部坐标 ξ_α^i 表示，则有

$$\psi_\alpha(\xi_\alpha^i, \lambda) = \frac{\lambda}{\sqrt{1 + \sum_i |\xi_\alpha^i|^2}}(\xi_\alpha^1, \cdots, \xi_\alpha^{\alpha-1}, 1, \xi_\alpha^\alpha, \cdots, \xi_\alpha^n),$$

$$\forall (\xi_\alpha^i) \in \varphi_\alpha(U_\alpha), \ \lambda \in U(1).$$

显然，映射 ψ_α 是从 $U_\alpha \times U(1)$ 到 $\pi^{-1}(U_\alpha)$ 的光滑同胚. 容易看出，每个 ψ_α 在 $U(1)$ 的右作用下是等变的. 故由定理 3.3, $\pi : S^n \to \mathbb{C}P^n$ 成为一个 $U(1)$-主丛.

19. (1) 由于 $\mathfrak{u}(1) = T_e U(1)$, 只需证明 $T_e U(1) = \sqrt{-1}\mathbb{R}$. 为此设 $v \in \mathbb{C}$, 则 $v \in T_e U(1)$ 当且仅当存在 $U(1)$ 中满足 $\lambda(0) = 1$ 的光滑曲线 $\lambda(t)$, 使得 $v = \lambda'(0)$. 由于 $\lambda(t)\overline{\lambda(t)} \equiv 1$,

$$\lambda'(t)\overline{\lambda(t)} + \lambda(t)\overline{\lambda'(t)} = 0. \quad \forall t.$$

两边在 $t = 0$ 处取值得 $\lambda'(0) + \overline{\lambda'(0)} = 0$, 即 $v + \bar{v} = 0$, 因而 $v \in \sqrt{-1}\mathbb{R}$. 因为 $T_e U(1)$ 和 $\sqrt{-1}\mathbb{R}$ 都是实一维向量空间，所以 $T_e U(1) = \sqrt{-1}\mathbb{R}$.

(2) 对于任意的 $A = a\sqrt{-1} \in \mathfrak{u}(1)(a \in \mathbb{R})$, A 在 S^3 上所对应的基本向量场记为 A^*, 则 A^* 在任意一点 $z = (z^1, z^2) \in S^3$ 处的值

$$A_z^* = \frac{\mathrm{d}}{\mathrm{d}t}\bigg|_{t=0} (z \cdot \exp tA) = (z^1 A, z^2 A) = Az^1 \frac{\partial}{\partial z^1} + Az^2 \frac{\partial}{\partial z^2}.$$

于是，

$$\omega_z(A_z^*) = \sqrt{-1}\mathrm{Im}(Az^1\bar{z}^1 + Az^2\bar{z}^2) = \sqrt{-1}\mathrm{Im}(A) = a\sqrt{-1} = A.$$

另一方面，由于 $U(1)$ 是一个交换群，对于任意的 $\lambda \in U(1)$, $\mathrm{Ad}(\lambda^{-1})$ 在 $\mathfrak{u}(1)$ 上的作用是平凡的，即 $\mathrm{Ad}(\lambda^{-1}) = \mathrm{id}_{\mathfrak{u}(1)}$. 因此，对于任意的 $z = (z^1, z^2) \in S^3$ 和任意的 $X \in T_z S^3$,

$$(R_\lambda^* \omega)_z(X) = (R_\lambda^* \omega_{z \cdot \lambda})(X) = \omega_{z \cdot \lambda}((R_\lambda)_*(X))$$

$$= \omega_{z \cdot \lambda}(X \cdot \lambda) = \sqrt{-1}((\bar{z}^1 \bar{\lambda} \mathrm{d}z^1 + \bar{z}^2 \bar{\lambda} \mathrm{d}z^2)(X \cdot \lambda))$$

$$= \sqrt{-1}((\bar{\lambda}\lambda)(\bar{z}^1 \mathrm{d}z^1 + \bar{z}^2 \mathrm{d}z^2)(X))$$

$$=\sqrt{-1}(\bar{z}^1 \mathrm{d}z^1 + \bar{z}^2 \mathrm{d}z^2)(X) = \omega_z(X)$$
$$=(\mathrm{Ad}(\lambda^{-1}) \cdot \omega)(X),$$

其中利用了等式 $\bar{\lambda}\lambda = 1$. 所以

$$R_\lambda^* \omega = \omega = \mathrm{Ad}(\lambda^{-1}) \cdot \omega, \quad \forall \lambda \in \mathrm{U}(1).$$

于是, ω 满足定理 3.3 的条件, 因而是主丛 $\pi : S^3 \to S^2$ 上某一个联络 H 的联络形式.

21. 首先取定向量空间 V 的一个基底 $\delta = \{\delta_1, \cdots, \delta_r\}$, 其中 $r = \dim V$. 由本章习题第 20 题知, 对于任意的 $b \in P$, 由 $v \mapsto \phi_b(v) = [(b, v)]$ 给出的映射 $\phi_b : V \to \tilde{\pi}^{-1}(p)$ 是线性同构, 这里 $p = \pi(b)$. 定义

$$\Phi(b) = \phi_b(\delta) = \{\phi_b(\delta_1), \cdots, \phi_b(\delta_r)\}, \quad \forall b \in P,$$

则 $\Phi(b)$ 是向量丛 $\tilde{\pi} : E \to M$ 在点 $p = \pi(b)$ 的纤维 $\tilde{\pi}^{-1}(p)$ 的基底, 因而有 $\Phi(b) \in \pi_1^{-1}(p) \subset F(E)$. 于是由 $b \mapsto \Phi(b)$ 给出了一个映射 $\Phi : P \to F(E)$. 由于 $\phi_b(v) = [(b, v)]$ 光滑地依赖于 b, v, 因而 $\Phi(b)$ 光滑地依赖于 b, 即 $\Phi : P \to F(E)$ 是光滑映射. 再定义结构群之间的同态 $\phi : G \to \mathrm{GL}(r)$, 使得对于任意的 $g \in G$, $\phi(g)$ 是线性变换 $\rho(g) : V \to V$ 在基底 δ 下对应的矩阵, 即

$$(\rho(g)\delta_1, \cdots, \rho(g)\delta_r) = (\delta_1, \cdots, \delta_r)\phi(g).$$

不难知道, $\phi : G \to \mathrm{GL}(r, \mathbb{R})$ 是李群同态, 且有

$$\Phi(b \cdot g) = \Phi(b)\phi(g), \quad \forall b \in P, \ \forall g \in G.$$

这就说明, $\Phi : P \to F(E)$ 是主丛同态.

24. 命题的充分性可以直接利用第 23 题的结论 (2) 得到. 设 $\mathfrak{g}$ 是结构群 G 的李代数, ω 和 Ω 分别是联络 H 的联络形式和曲率形式, $r = \dim G$. 下面证明必要性. 取定李代数 $\mathfrak{g}$ 的一个基底 $\{E_\lambda\}$, 并且令

$$\omega = \sum \omega^\lambda E_\lambda, \quad \Omega = \sum \Omega^\lambda E_\lambda.$$

那么, 联络 H 的结构方程化为 (见 (5.12) 式)

$$\mathrm{d}\omega^\lambda = -\frac{1}{2}C_{\mu\nu}^\lambda \omega^\mu \wedge \omega^\nu + \Omega^\lambda.$$

由联络形式的定义, 对应于联络 H 的水平子空间分布 $\{H_b; b \in P\}$ 等价于 Pfaff 方程组 $\omega^\lambda = 0, \lambda = 1, \cdots, r$.

如果联络 H 是平坦的, 即 $\Omega^\lambda E_\lambda = 0$, 则

$$\mathrm{d}\omega^\lambda \equiv 0, \quad \mod (\omega^1, \cdots, \omega^r).$$

于是由 Frobenius 定理, Pfaff 方程组 $\omega^\lambda = 0 (1 \leq \lambda \leq r)$ 是完全可积的, 即对于任意的 $b \in P$, 水平分布 H 有通过点 b 的积分子流形. 于是, 对于任意的 $p \in M$ 和 $b \in \pi^{-1}(p)$, 有点 p 的开邻域 U 和定义在 U 上的水平截面 $s_U : U \to \pi^{-1}(U)$, 使得 $s_U(p) = b$. 定义映射 $U \times G \to \psi : P_U$ 如下:

$$\psi(p', g) = s(p') \cdot g, \quad \forall p' \in U, \ g \in G.$$

利用水平空间在 G 作用下的 G-不变性可以验证, 映射 $\psi : U \times G \to \pi^{-1}(U)$ 是主丛同构, 并且把平坦联络 $\tilde{H}$ 映射为 H 在 $P|_U$ 上的诱导联络 H.

25. (1) 显然, 李群 $G = \mathrm{SO}(n+1, \mathbb{R})$ 的李代数

$$\mathfrak{g} = \{T \in \mathrm{M}(n+1; \mathbb{R}); \ T^t + T = 0\};$$

同时, 作为 $\mathfrak{g}(n+1)$ 的李子代数, $K = \mathrm{SO}(n) \times \mathrm{SO}(1)$ 的李代数是

$$\mathfrak{k} = \left\{ \begin{pmatrix} A & 0 \\ 0 & 0 \end{pmatrix} \in \mathfrak{g}; \ A^t + A = 0 \right\}.$$

对于任意的 $g \in K$ 和任意的 $X \in \mathfrak{m}$, 有 $A \in \mathrm{SO}(n)$ 和 $\xi \in \mathbb{R}^n$, 使得

$$g = \begin{pmatrix} A & 0 \\ 0 & 1 \end{pmatrix}, \quad X = \begin{pmatrix} 0 & \xi^t \\ -\xi & 0 \end{pmatrix}.$$

于是

$$\mathrm{Ad}(k)(X) = \begin{pmatrix} A & 0 \\ 0 & 1 \end{pmatrix} \begin{pmatrix} 0 & \xi^t \\ -\xi & 0 \end{pmatrix} \begin{pmatrix} A & 0 \\ 0 & 1 \end{pmatrix}^{-1}$$

$$= \begin{pmatrix} 0 & A\xi^t \\ -\xi & 0 \end{pmatrix} \begin{pmatrix} A^t & 0 \\ 0 & 1 \end{pmatrix} = \begin{pmatrix} 0 & A\xi^t \\ -\xi A^t & 0 \end{pmatrix} \in \mathfrak{m}.$$

所以, $\mathfrak{m}$ 是 $\mathrm{Ad}(K)$-不变的. 此外还容易看出, $\mathfrak{k} \cap \mathfrak{m} = \{0\}$. 故有 $\mathfrak{g} = \mathfrak{k} \oplus \mathfrak{m}$.

(2) 定义映射 $\Phi : G \to SO(S^n)$ 如下: 对于任意的 $T \in G = \mathrm{SO}(n+1)$,

用 $e_1, \cdots, e_n$ 和 $x \in S^n$ 分别表示矩阵 T 的前 n 列元素和最后一列元素所对应的单位向量, 并且令 $\Phi(T) = \{e_1, \cdots, e_n\}$, 则 $\Phi(T)$ 是 S^n 在点 x 处的与其定向相符的单位正交标架, 因而 $\Phi(T) \in SO(S^n)$. 容易验证, 映射 $\Phi : G \to SO(S^n)$ 是光滑同胚, 并且关于

$$K = SO(n) \times SO(1) \equiv SO(n)$$

的右作用是等变的, 因而是一个主丛同构. 由 Φ 的定义即知, 它的映射映射 $\Phi^\flat : G/K \to S^n$ 就是第九章例 4.2 中的等同映射 φ.

(3) 根据结论 (2), 只需证明: 在假设条件下, 主丛 $\pi : G \to G/K$ 具有大范围定义的光滑截面即可. 事实上, 由第 24 题的证明可知: 对于任意的 $x \in G/K$ 和任意的 $g \in \pi^{-1}(x)$, 都存在一个定义在点 x 附近且通过 g 点的水平截面. 固定一点 $x_0 \in G/K$ 和 $g_0 \in \pi^{-1}(x_0)$, 用 $\sigma_0 : U \to G(x_0 \in U)$ 表示通过点 g_0 的水平截面. 因为 G/K 和 S^n 光滑同胚, 它是单连通的. 由此不难推知 σ_0 的定义可以光滑地延拓到整个底流形 G/K 上.

29. σ_1 的两个分量函数是

$$z^1 = \cos \frac{1}{2}\varphi, \quad z^2 = \sin \frac{1}{2}\varphi \cos\theta - \sqrt{-1} \sin \frac{1}{2}\varphi \sin\theta.$$

所以

$$dz^1 = -\frac{1}{2} \sin \frac{1}{2}\varphi \, d\varphi,$$

$$dz^2 = \left(\frac{1}{2} \cos \frac{1}{2}\varphi \cos\theta \, d\varphi - \sin \frac{1}{2}\varphi \sin\theta \, d\theta \right)$$
$$- \sqrt{-1} \left(\frac{1}{2} \cos \frac{1}{2}\varphi \sin\theta \, d\varphi + \sin \frac{1}{2}\varphi \cos\theta \, d\theta \right).$$

把 z^1, z^2 和 dz^1, dz^2 代入 ω 的表达式直接计算即可得到

$$\sigma_1^* \omega = -\frac{1}{2} \sqrt{-1} (1 - \cos\varphi) d\theta.$$

为了计算 $\sigma_1^* \Omega$, 首先注意到, 作为一维实李代数, $\sqrt{-1}\mathbb{R}$ 的李括号积是平凡的. 所以, $[\omega, \omega] = 0$. 再利用结构方程进行计算便得

$$\sigma_1^* \Omega = \sigma_1^* d\omega = d\sigma_1^* \omega = -\frac{1}{2} \sqrt{-1} \sin\varphi \, d\varphi \wedge d\theta.$$

同样的计算可以得到 $\sigma_2^* \omega$ 和 $\sigma_2^* \Omega$.

30. (12) 下面只证明 $\mathbb{H}P^1$ 和 S^4 的光滑同胚性.

首先, 取定 $\mathbb{H}P^1$ 的一个局部坐标覆盖 $\{(U_1, \varphi_1; \xi_1), (U_2, \varphi_2; \xi_2)\}$, 其中

$$U_1 = \{[(z^1, z^2)] \in \mathbb{H}P^1;\ z^1 \neq 0\},\quad U_2 = \{[(z^1, z^2)] \in \mathbb{H}P^1;\ z^2 \neq 0\},$$

$\varphi_i : U_i \to \mathbb{H} \equiv \mathbb{R}^4 (i = 1, 2)$ 是同胚, 它们的定义是

$$\xi_1 = \varphi_1([(z^1, z^2)]) = z^2(z^1)^{-1}, \quad \xi_2 = \varphi_2([(z^1, z^2)]) = z^1(z^2)^{-1}.$$

于是, 在 $\varphi_1(U_1 \cap U_2) = \mathbb{H}_*$ 上,

$$\xi_2 = \varphi_2 \circ \varphi_1^{-1}(\xi_1) = \frac{1}{\xi_1}.$$

另一方面, 四维单位球面

$$S^4 = \left\{(\tilde{x}^1, \tilde{x}^2, \tilde{x}^3, \tilde{x}^4, \tilde{x}^5) \in \mathbb{R}^5;\ \sum_{i=1}^{5} (\tilde{x}^i)^2 = 1\right\}$$

有四元数坐标覆盖 $\{(\tilde{U}_1, \tilde{\varphi}_1; \tilde{\xi}_1), (\tilde{U}_2, \tilde{\varphi}_2; \tilde{\xi}_2)\}$, 其中

$$\tilde{U}_1 = S^4 \backslash \{0, 0, 0, 0, -1\}, \quad \tilde{U}_2 = S^4 \backslash \{0, 0, 0, 0, 1\};$$

$\tilde{\varphi}_i : \tilde{U}_i \to \mathbb{H} \equiv \mathbb{R}^4 (i = 1, 2)$ 是同胚, 它们的定义是

$$\tilde{\xi}_1 = \tilde{\varphi}_1(\tilde{x}^1, \tilde{x}^2, \tilde{x}^3, \tilde{x}^4, \tilde{x}^5) = \frac{\tilde{x}^1 - \tilde{x}^2 \boldsymbol{i} - \tilde{x}^3 \boldsymbol{j} - \tilde{x}^4 \boldsymbol{k}}{1 + \tilde{x}^5},$$

$$\tilde{\xi}_2 = \tilde{\varphi}_2(\tilde{x}^1, \tilde{x}^2, \tilde{x}^3, \tilde{x}^4, \tilde{x}^5) = \frac{\tilde{x}^1 + \tilde{x}^2 \boldsymbol{i} + \tilde{x}^3 \boldsymbol{j} + \tilde{x}^4 \boldsymbol{k}}{1 - \tilde{x}^5}.$$

容易看出, 在 $\tilde{\varphi}_1(\tilde{U}_1 \cap \tilde{U}_2) = \mathbb{H}_*$ 上有如下的四元数坐标变换

$$\tilde{\xi}_2 = \tilde{\varphi}_2 \circ \tilde{\varphi}_1^{-1}(\tilde{\xi}_1) = \frac{1}{\tilde{\xi}_1}.$$

所以有

$$\tilde{\varphi}_2 \circ \tilde{\varphi}_1^{-1} = \varphi_2 \circ \varphi_1^{-1} : \mathbb{H}_* \to \mathbb{H}_*.$$

从上式可知

$$\tilde{\varphi}_1^{-1} \circ \varphi_1|_{U_1 \cap U_2} = \tilde{\varphi}_2^{-1} \circ \varphi_2|_{U_1 \cap U_2}.$$

所以可以定义映射 $\psi : \mathbb{H}P^1 \to S^4$, 使得

$$\psi|_{U_1} = \tilde{\varphi}_1^{-1} \circ \varphi_1, \quad \psi|_{U_2} = \tilde{\varphi}_2^{-1} \circ \varphi_2.$$

显然, ψ 的定义有意义并且是光滑同胚. 因此, 可以把 $\mathbb{H}P^1$ 和 S^4 通过 ψ 等同起来.

(13) 将 $\mathbb{H}$ 上的标准坐标系记为 (x^0, x^1, x^2, x^4). 对于 $q = (q^1, q^2) \in S^7 \subset \mathbb{H}^2$, 设

$$q^1 = x^0 + x^2 \boldsymbol{i} + x^2 \boldsymbol{j} + x^3 \boldsymbol{k},$$

则

$$\begin{aligned}
\operatorname{Im}(\bar{q}^1 \mathrm{d}q^1) = & (x^0 \mathrm{d}x^1 - x^1 \mathrm{d}x^0 - x^2 \mathrm{d}x^3 + x^3 \mathrm{d}x^2)\boldsymbol{i} \\
& + (x^0 \mathrm{d}x^2 - x^2 \mathrm{d}x^0 - x^3 \mathrm{d}x^1 + x^1 \mathrm{d}x^3)\boldsymbol{j} \\
& + (x^0 \mathrm{d}x^3 - x^3 \mathrm{d}x^0 - x^1 \mathrm{d}x^2 + x^2 \mathrm{d}x^1)\boldsymbol{k}.
\end{aligned}$$

因此, 对于任意的 $X \in T_q\mathbb{H} = \mathbb{R}^4$, 当把 $\mathbb{R}^4$ 和 $\mathbb{H}$ 等同起来时, X 具有表达式

$$X = X^0 + X^1 \boldsymbol{i} + X^2 \boldsymbol{j} + X^3 \boldsymbol{k}.$$

在自然标架场

$$\left\{ \frac{\partial}{\partial x^0}, \frac{\partial}{\partial x^1}, \frac{\partial}{\partial x^2}, \frac{\partial}{\partial x^3} \right\}$$

下, X 的表达式是

$$X = X^0 \frac{\partial}{\partial x^0} + X^1 \frac{\partial}{\partial x^1} + X^2 \frac{\partial}{\partial x^2} + X^3 \frac{\partial}{\partial x^3}.$$

所以

$$\begin{aligned}
\operatorname{Im}(\bar{q}^1 \mathrm{d}q^1)(X) = & \operatorname{Im}(\bar{q}^1 \mathrm{d}q^1(X)) \\
= & (x^0 X^1 - x^1 X^0 - x^2 X^3 + x^3 X^2)\boldsymbol{i} \\
& + (x^0 X^2 - x^2 X^0 - x^3 X^1 + x^1 X^3)\boldsymbol{j} \\
& + (x^0 X^3 - x^3 X^0 - x^1 X^2 + x^2 X^1)\boldsymbol{k} \\
= & \operatorname{Im}(\bar{q}^1 \cdot X),
\end{aligned}$$

其中最后的 X 视为一个四元数. 同理有

$$\operatorname{Im}(\bar{q}^2 \mathrm{d}q^2)(X) = \operatorname{Im}(\bar{q}^2 \cdot X).$$

由结论 (10), $\operatorname{Sp}(1)$ 李代数 $\mathfrak{sp}(1) = \operatorname{Im}(\mathbb{H})$. 对于任意的

$$A = a^1 \boldsymbol{i} + a^2 \boldsymbol{j} + a^3 \boldsymbol{k} \in \mathfrak{sp}(1),$$

A 在 S^7 上所对应的基本向量场记为 A^*，则 A^* 在任意一点 $q = (q^1, q^2) \in S^7$ 处的值

$$A_q^* = \left.\frac{\mathrm{d}}{\mathrm{d}t}\right|_{t=0} (q \cdot \exp tA) = (q^1 A, q^2 A),$$

其中 $q^1 A \in T_{q^1}\mathbb{H} = \mathbb{H}$, $q^2 A \in T_{q^2}\mathbb{H} = \mathbb{H}$. 于是，

$$\begin{aligned}
\omega_q(A_q^*) &= \mathrm{Im}(\bar{q}^1 \mathrm{d}q^1(q^1 A) + \bar{q}^2 \mathrm{d}q^2(q^2 A)) \\
&= \mathrm{Im}(\bar{q}^1 \cdot q^1 A + \bar{q}^2 \cdot q^2 A) = \mathrm{Im}(A) = A.
\end{aligned}$$

另一方面，当 $q = (q^1, q^2) \in S^7 \subset \mathbb{H}^2$ 并且 $\lambda \in \mathrm{Sp}(1)$ 时，由结论 (3) 和恒等式 $\lambda\bar{\lambda} = 1$ 知

$$\overline{q^i\lambda} = \bar{\lambda}\bar{q}^i = \lambda^{-1}\bar{q}^i, \quad i = 1, 2.$$

于是对于任意的 $X = (X_1, X_2) \in T_q S^7 \subset \mathbb{R}^8 = \mathbb{H}^2$,

$$\begin{aligned}
(R_\lambda^* \omega)_q(X) &= (R_\lambda^* \omega_{q \cdot \lambda})(X) \\
&= \omega_{q \cdot \lambda}((R_\lambda)_*(X)) = \omega_{q \cdot \lambda}(X \cdot \lambda) \\
&= \mathrm{Im}(\overline{q^1\lambda}\mathrm{d}q^1 + \overline{q^2\lambda}\mathrm{d}q^2)(X_1 \cdot \lambda, X_2 \cdot \lambda) \\
&= \mathrm{Im}(\lambda^{-1} \cdot \bar{q}^1 \cdot X_1 \cdot \lambda + \lambda^{-1} \cdot \bar{q}^2 \cdot X_2 \cdot \lambda) \\
&= \mathrm{Im}(\lambda^{-1}(\bar{q}^1 \mathrm{d}q^1 + \bar{q}^2 \mathrm{d}q^2)(X) \cdot \lambda) \\
&= \lambda^{-1} \cdot (\mathrm{Im}(\bar{q}^1 \mathrm{d}q^1 + \bar{q}^2 \mathrm{d}q^2)(X)) \cdot \lambda \\
&= \mathrm{Ad}(\lambda^{-1})\omega_q(X).
\end{aligned}$$

因此

$$R_\lambda^* \omega = \mathrm{Ad}(\lambda^{-1}) \cdot \omega, \quad \forall \lambda \in \mathrm{Sp}(1).$$

所以，ω 满足定理 3.3 的条件，因而它是主丛 $\pi: S^7 \to S^4$ 上的一个联络 H 的联络形式.

(14) 把 $\tilde{s}$ 的定义式代入 ω 的表达式直接计算得

$$\tilde{s}^* \omega = \mathrm{Im}\left(\frac{\bar{\xi}\mathrm{d}\xi}{1 + |\xi|^2}\right).$$

另外，

$$\tilde{s}^* \Omega = \mathrm{Im}\left(\frac{\mathrm{d}\bar{\xi} \wedge \mathrm{d}\xi}{(1 + |\xi|^2)^2}\right) = \frac{\mathrm{d}\bar{\xi} \wedge \mathrm{d}\xi}{(1 + |\xi|^2)^2}.$$

31. (1) 对于任意的 $\lambda > 0$ 和任意的 $h \in \mathbb{H}$, 定义映射 $\Psi_{\lambda,h} : S^7 \to S^7$ 如下:

$$\Psi_{\lambda,h}(q) = (|\lambda q^1 + hq^2|^2 + |q^2|^2)^{-\frac{1}{2}}(\lambda q^1 + hq^2, q^2),$$
$$\forall q = (q^1, q^2) \in S^7 \subset \mathbb{H}^2.$$

容易看出, $\Psi_{\lambda,h}$ 和 $\Phi_{\lambda,h}$ 都是光滑映射. 可以直接验证: $\Psi_{\lambda,h} = \Phi_{\lambda,h}^{-1}$. 所以, $\Phi_{\lambda,h}$ 是光滑同胚. 此外, 对于任意的 $a \in \mathrm{Sp}(1)$, 由于 $|a|^2 = 1$,

$$\Phi_{\lambda,h}(q \cdot a) = (|q^1 a - hq^2 a|^2 + \lambda^2|q^2 a|^2)^{-\frac{1}{2}}(q^1 a - h \cdot q^2 a, \lambda \cdot q^2 a)$$
$$= (|q^1 - hq^2|^2 + \lambda^2|q^2|^2)^{-\frac{1}{2}}(q^1 - hq^2, \lambda q^2) \cdot a$$
$$= (\Phi_{\lambda,h}(q)) \cdot a, \quad \forall q = (q^1, q^2) \in S^7 \subset \mathbb{H}^2.$$

所以, $\Phi_{\lambda,h} : S^7 \to S^7$ 是主丛同构.

(2) 由 $\Phi_{\lambda,h}$ 和 $\bar{s}$ 的定义, 对于任意的 $\xi \in \mathbb{H}$,

$$(\Phi_{\lambda,h} \circ \bar{s})(\xi) = \Phi_{\lambda,h}\left(\frac{\xi}{\sqrt{1 + |\xi|^2}}, \frac{1}{\sqrt{1 + |\xi|^2}}\right)$$
$$= (|\xi - h|^2 + \lambda^2)^{-\frac{1}{2}}(\xi - h, \lambda)$$
$$= \left(\frac{\xi - h}{\sqrt{|\xi - h|^2 + \lambda^2}}, \frac{\lambda}{\sqrt{|\xi - h|^2 + \lambda^2}}\right).$$

所以

$$\bar{s}^* \omega_{\lambda,h} = \bar{s}^*(\Phi_{\lambda,h}^* \omega) = (\Phi_{\lambda,h} \circ \bar{s})^* \omega = \mathrm{Im}\left(\frac{(\bar{\xi} - \bar{h})}{|\xi - h|^2 + \lambda^2}d\xi\right).$$

再由结构方程 (5.15), 有

$$\bar{s}^* \Omega_{\lambda,h} = \bar{s}^*\left(d\omega_{\lambda,h} + \frac{1}{2}[\omega_{\lambda,h} \wedge \omega_{\lambda,h}]\right) = \mathrm{d}(\bar{s}^* \omega_{\lambda,h}) + \bar{s}^* \omega_{\lambda,h} \wedge \bar{s}^* \omega_{\lambda,h}$$
$$= \mathrm{Im}\left(\frac{\lambda^2}{(|\xi - h|^2 + \lambda^2)^2}d\bar{\xi} \wedge d\xi\right) = \frac{\lambda^2}{(|\xi - h|^2 + \lambda^2)^2}d\bar{\xi} \wedge d\xi.$$

参 考 文 献

1. 陈省身、陈维桓著, 微分几何讲义 (第二版), 北京: 北京大学出版社, 2001.

2. 陈维桓编著, 微分几何初步, 北京: 北京大学出版社, 1990.

3. 陈维桓编著, 微分流形初步 (第二版), 北京: 高等教育出版社, 2001.

4. 伍鸿熙、陈维桓著, 黎曼几何选讲, 北京: 北京大学出版社, 1993.

5. 伍鸿熙、沈纯理、虞言林著, 黎曼几何初步, 北京: 北京大学出版社, 1989.

6. 白正国、沈一兵等编著, 黎曼几何初步, 北京: 高等教育出版社, 1992.

7. 村上信吾, 齐性流形引论, 上海: 上海科学技术出版社, 1983.

8. 丁同仁、李承志编著, 常微分方程教程, 北京: 高等教育出版社, 1991.

9. 项武义、侯自新、孟道骥著, 李群讲义, 北京: 北京大学出版社, 1992.

10. 孟道骥编著, 复半单李代数引论, 北京: 北京大学出版社, 1998.

11. 严志达著, 实半单李代数, 天津: 南开大学出版社, 1998.

12. 严志达、许以超, Lie 群及其 Lie 代数, 北京: 高等教育出版社, 1985.

13. 尤承业编著, 基础拓扑学讲义, 北京: 北京大学出版社, 1997.

14. W. M. Boothby, *An Introduction to Differentiable Manifolds and Riemannian Geometry*(Second Edition), Academic Press, Inc., 1986.

15. J. Cheeger, D. G. Ebin, *Comparison Theorems in Riemannian Geometry*, Amsterdam: North-Holland Publishing Company, 1975.

16. S. S. Chern, *Complex Manifolds Without Potential Theory*, New York: Springer-Verlag, 1979.

17. S. S. Chern, A simple intrinsic proof of the Gauss-Bonnet formula for closed Riemannian manifolds, In: Selected Papers, Vol.1, 83~88. New York: Springer-Verlag, 1978.

18. S. S. Chern, Minimal submanifolds in a Riemannian manifold, In: Selected Papers, Vol.4, 399~462, New York: Springer-Verlag, 1989.

19. S. S. Chern, Vector bundle with connection, In: Selected Papers, Vol.4, 245~268, New York: Springer-Verlag, 1989.

20. M. Dajczer, *Submanifolds and Isometric Immersions*, Houston: Publish or Perish, 1990.

21. M. P. doCarmo, *Riemannian Geometry*, Boston: Birkhauser, 1992.

22. Ph. Griffiths, J. Haris, *Principles of Algebraic Geometry*, New York: John Wiley & Sons, 1978.

23. M. Gromov, *Partial Relations*, New York: Springer-Verlag, 1986.

24. S. Helgason, *Differential Geometry, Lie groups, and Symmetric Spaces*, New York: Academic Press, 1978.

25. M. W. Hirsch, *Differential Topology*, GTM33, New York: Springer-Verlag, 1976.

26. D. Husemoller, *Fibre Bundles*, New York: McGraw-Hill, 1966.

27. G. L. Naber, *Topology, Geometry, and Gauge Fields: Foundations*, New York: Springer-Verlag, 1997.

28. G. L. Naber, *Topology, Geometry, and Gauge Fields: Interactions*, New York: Springer-Verlag, 1997.

29. S. Kobayashi, K. Nomizu, *Foundations of Differential Geometry*, Vol. 1, Vol. 2, New York: Wiley-Intersciences, 1963, 1969.

30. M. Spivak, *A Comprehensive Introdiction to Differential Geometry*, Vols. 1~5, Berkeley: Publish or Perish, 1979.

31. J. A. Wolf, *Space of Costant Curvature*, Berkeley: Publish or Perish, 1974.

进一步的参考文献

32. T. Aubin, *Nonlinear Analysis on Manifolds, Monge-Ampere Equations*, New York: Springer-Verlag, 1982.

33. M. Berger, *Riemannian Geometry During The Second Half of The 20th Century*, University Lecture Series, vol.17, Providence: Amer. Math. Soc., 2000.

34. M. Berger, B. Gostiaux, *Differential Geometry: Manifolds, Curves, and Surfaces*, New York: Springer-Verlag, 1988.

35. R. Bryant, S. S. Chern, R. B. Gardner, I. L. Goldschmidt and Ph. A. Griffiths, *Exterior Differential Systems*, New York: Springer-Verlag, 1991.

36. I. Chavel, *Riemannian Geometry: A Modern Introduction*, Cambridge: Cambridge University Press, 1993.

37. M. doCarmo, R. N. Wallach, Minimal immersions of spheres into spheres, In: Ann. of Math., 93(1971), 43~62.

38. S. Gallot, D. Hullin, J. Lafontaine, *Riemannian Geometry*, Berlin: Springer-Verlag, 1990.

39. J. Jost, *Riemannian Geometry and Geometric Analysis*, New York: Springer-Verlag, 1998.

40. W. Klingenberg, *Riemannian Geometry*, Berlin: De Gruyter, 1982.

41. S. Lang, *Differential and Riemannian Manifolds*, GTM 160, Springer-Verlag, 1995.

42. J. M. Lee, *Riemannian Manifolds*, GTM176, New York: Springer-Verlag, 1997.

43. P. Petersen, *Riemannian Geometry*, GTM171, New York: Springer-Verlag, 1998.

44. T. Sakai, *Riemannian Geometry*, TMM149, Providence: Amer. Math. Soc., 1996.

45. P. W. Sharpe, *Differential Geometry*, GTM166, New York: Springer-Verlag, 1997.

46. F. W. Warner, *Foundations of Differentiable Manifolds and Lie Groups*, New York-Berlin-Heidelberg-Tokyo: Springer-Verlag, 1983.

47. T. J. Willmore, *Riemannian Geometry*, Oxford: Oxford University Press, 1993.

48. 吴光磊，示性式的超渡 ((I), (II))，《数学学报》，第 19 卷 (1976), 52~62, 119~125 .

49. W. Zhang, *Lectures on Chern-Weil Theory and Witten Deformations*, Singapore: World Scientific, 2002.

索　引

(以拼音为序)

北京大学出版社数学重点教材书目

1. 北京大学数学教学系列丛书

书　　名	编著者	定价（元）
高等代数简明教程（上、下）（北京市精品教材）（教育部"十五"规划教材）	蓝以中	32.00
实变函数与泛函分析	郭懋正	20.00
复分析导引	李　忠	15.00
黎曼几何引论（上册）	陈维桓　李兴校	24.00
黎曼几何引论（下册）	陈维桓　李兴校	18.00
金融数学引论	吴　岚	18.00
寿险精算基础	杨静平	17.00
二阶抛物型偏微分方程	陈亚浙	16.00
普通统计学（北京市精品教材）	谢衷洁	18.00
数字信号处理（北京市精品教材）	程乾生	18.00
抽样调查（北京市精品教材）	孙山泽	13.50
测度论与概率论基础（北京市精品教材）	程士宏	15.00
应用时间序列分析（北京市精品教材）	何书元	16.00

2. 大学生基础课教材

书　　名	编著者	定价（元）
数学分析新讲（第一册）（第二册）（第三册）	张筑生	44.50
数学分析解题指南	林源渠　方企勤	20.00
高等数学简明教程（第一册）（教育部 2002 优秀教材一等奖）	李　忠等	13.50
高等数学简明教程（第二册）（获奖同第一册）	李　忠等	15.00
高等数学简明教程（第三册）（获奖同第一册）	李　忠等	14.00
高等数学（物理类）（第一册）	文　丽等	20.00
高等数学（物理类）（第二册）	文　丽等	16.00

书　　名	编著者	定价（元）
高等数学(物理类)(第三册)	文　丽等	14.00
高等数学(生化医农类)上册(修订版)	周建莹等	13.50
高等数学(生化医农类)下册(修订版)	张锦炎等	13.50
高等数学解题指南	周建莹　李正元	25.00
高等数学解题指导——概念、方法与技巧(工科类)	李静主编	18.00
大学文科基础数学(第一册)	姚孟臣	16.50
大学文科基础数学(第二册)	姚孟臣	11.00
数学的思想、方法和应用(修订版)(北京市精品教材)(教育部"九五"重点教材)	张顺燕	24.00
线性代数引论(第二版)	蓝以中等	16.50
简明线性代数(理工、师范、财经类)	丘维声	16.00
线性代数解题指南(理工、师范、财经类)	丘维声	15.00
解析几何(第二版)	丘维声	15.00
解析几何	尤承业	15.00
微分几何初步(95教育部优秀教材一等奖)	陈维桓	12.00
基础拓扑学	M. A. Armstrong	11.00
基础拓扑学讲义	尤承业	13.50
初等数论(第二版)(95教育部优秀教材二等奖)	潘承洞　潘承彪	25.00
简明数论	潘承洞　潘承彪	14.50
模形式导引	潘承洞　潘承彪	18.00
模曲线导引	黎景辉　赵春来	17.00
实变函数论(教育部"九五"重点教材)	周民强	16.00
复变函数教程	方企勤	13.50
简明复分析	龚　昇	10.00
常微分方程几何理论与分支问题(第三版)	张锦炎等	19.50
调和分析讲义(实变方法)	周民强	13.00
傅里叶分析及其应用	潘文杰	13.00
泛函分析讲义(上册)(91国优教材)	张恭庆等	11.00
泛函分析讲义(下册)(91国优教材)	张恭庆等	12.00
有限群和紧群的表示论	丘维声	15.50

书　　名	编著者	定价（元）
微分拓扑新讲（教育部99科技进步教材二等奖）	张筑生	18.00
数值线性代数（教育部2002优秀教材二等奖）	徐树方等	13.00
现代数值计算方法	肖筱南等	15.00
数学模型讲义（教育部"九五"重点教材，获二等奖）	雷功炎	15.00
概率论引论	汪仁官	11.50
新编概率论与数理统计	肖筱南等	19.00
高等统计学	郑忠国	15.00
随机过程论（第二版）	钱敏平等	20.00
应用随机过程	钱敏平等	20.00
随机微分方程引论（第二版）	龚光鲁	25.00
非参数统计讲义（教育部2002优秀教材二等奖）	孙山泽	12.50
实用统计方法与SAS系统	高惠璇	18.00
统计计算	高惠璇	15.00

3. 高职高专、学历文凭考试和自考教材

书　　名	编著者	定价（元）
微积分（高职高专）（经济类适用）	刘书田	13.50
微积分学习辅导（高职高专）（经济类适用）	刘书田	13.50
高等数学（上、下册）（高职高专）	刘书田	27.50
高等数学学习辅导（上、下册）（高职高专）	刘书田	24.00
线性代数（高职高专）	胡显佑	9.00
线性代数学习辅导（高职高专）	胡显佑	9.00
概率统计（高职高专）	高旅端	12.00
概率统计学习辅导（高职高专）	高旅端	10.00
高等数学（学历文凭考试）	姚孟臣	10.50
高等数学（学习指导书）（学历文凭考试）	姚孟臣等	9.50
高等数学（同步练习册）（学历文凭考试）	姚孟臣等	12.00
高等数学（一）考试指导与模拟试题（自考）（财经类、经济管理类专科段用书）	姚孟臣	18.00

书　　名	编著者	定价(元)
高等数学(二)考试指导与模拟试题(自考) (财经类、经济管理类专升本用书)	姚孟臣	20.00
组合数学(自考)	屈婉玲	11.00
概率统计(第二版)(自考)	耿素云等	16.00
概率统计题解(自考)	耿素云等	16.00

4. 研究生基础课教材

书　　名	编著者	定价(元)
微分几何讲义(北京大学数学丛书)(第二版)	陈省身等	21.00
黎曼几何初步(北京大学数学丛书)	伍鸿熙等	13.50
黎曼几何选讲(北京大学数学丛书)	伍鸿熙等	8.50
代数学(上下)(北京大学数学丛书)	莫宗坚等	28.80
微分动力系统导引(北京大学数学丛书)	张锦炎等	10.50
李群讲义(北京大学数学丛书)	项武义等	12.50
矩阵计算的理论与方法(北京大学数学丛书)	徐树方	19.30
位势论(北京大学数学丛书)	张鸣镛	16.50
数论及其应用(北京大学数学丛书)	李文卿	20.00
模形式与迹公式(北京大学数学丛书)	叶扬波	15.00
复半单李代数引论(天元研究生数学丛书)	孟道骥	18.00
群表示论(天元研究生数学丛书)	曹锡华等	12.50
模形式讲义(天元研究生数学丛书)	陆洪文等	20.00
高等概率论(天元研究生数学丛书)	程士宏	20.00
近代分析引论(天元研究生数学丛书)	苏维宜	15.50

　　邮购说明　读者如购买北京大学出版社出版的数学重点教材,请将书款(另加 15％的邮挂费)汇至:北京大学出版社北大书店王艳春同志收,邮政编码:100871,联系电话:(010)62752015。款到立即用挂号邮书。

北京大学出版社展示厅
2003 年 7 月